经时济世
继往开来
贺教育部
重大攻关项目
成果出版

季羡林
时年九十有八

教育部哲学社会科学研究重大课题攻关项目

“十四五”时期国家重点出版物出版专项规划项目

基于“零废弃”的城市生活垃圾管理政策研究

RESEARCH ON MUNICIPAL SOLID WASTE MANAGEMENT POLICIES BASED ON "ZERO WASTE"

褚祝杰

等著

中国财经出版传媒集团

经济科学出版社
Economic Science Press

图书在版编目（CIP）数据

基于“零废弃”的城市生活垃圾管理政策研究/褚祝杰等著. -- 北京：经济科学出版社，2022.12

教育部哲学社会科学研究重大课题攻关项目　“十四五”时期国家重点出版物出版专项规划项目

ISBN 978-7-5218-4401-6

Ⅰ.①基…　Ⅱ.①褚…　Ⅲ.①城市-生活废物-垃圾处理-研究-中国　Ⅳ.①X799.305

中国版本图书馆 CIP 数据核字（2022）第 240272 号

责任编辑：孙丽丽　撖晓宇
责任校对：刘　昕
责任印制：范　艳

基于“零废弃”的城市生活垃圾管理政策研究
褚祝杰　等著
经济科学出版社出版、发行　新华书店经销
社址：北京市海淀区阜成路甲 28 号　邮编：100142
总编部电话：010-88191217　发行部电话：010-88191522
网址：www.esp.com.cn
电子邮箱：esp@esp.com.cn
天猫网店：经济科学出版社旗舰店
网址：http://jjkxcbs.tmall.com
北京季蜂印刷有限公司印装
787×1092　16 开　21.75 印张　420000 字
2022 年 12 月第 1 版　2022 年 12 月第 1 次印刷
ISBN 978-7-5218-4401-6　定价：88.00 元
（图书出现印装问题，本社负责调换。电话：010-88191545）

总 序

哲学社会科学是人们认识世界、改造世界的重要工具，是推动历史发展和社会进步的重要力量，其发展水平反映了一个民族的思维能力、精神品格、文明素质，体现了一个国家的综合国力和国际竞争力。一个国家的发展水平，既取决于自然科学发展水平，也取决于哲学社会科学发展水平。

党和国家高度重视哲学社会科学。党的十八大提出要建设哲学社会科学创新体系，推进马克思主义中国化、时代化、大众化，坚持不懈用中国特色社会主义理论体系武装全党、教育人民。2016 年 5 月 17 日，习近平总书记亲自主持召开哲学社会科学工作座谈会并发表重要讲话。讲话从坚持和发展中国特色社会主义事业全局的高度，深刻阐释了哲学社会科学的战略地位，全面分析了哲学社会科学面临的新形势，明确了加快构建中国特色哲学社会科学的新目标，对哲学社会科学工作者提出了新期待，体现了我们党对哲学社会科学发展规律的认识达到了一个新高度，是一篇新形势下繁荣发展我国哲学社会科学事业的纲领性文献，为哲学社会科学事业提供了强大精神动力，指明了前进方向。

高校是我国哲学社会科学事业的主力军。贯彻落实习近平总书记哲学社会科学座谈会重要讲话精神，加快构建中国特色哲学社会科学，高校应发挥重要作用：要坚持和巩固马克思主义的指导地位，用中国化的马克思主义指导哲学社会科学；要实施以育人育才为中心的哲学社会科学整体发展战略，构筑学生、学术、学科一体的综合发展体系；要以人为本，从人抓起，积极实施人才工程，构建种类齐全、梯队衔接的高校哲学社会科学人才体系；要深化科研管理体制改革，发挥高校人才、智力和学科优势，提升学术原创能力，激发创新创造活力，建设中国特色新型高校智库；要加强组织领导、做好统筹规划、营造良好学术生态，形成统筹推进高校哲学社会科学发展新格局。

哲学社会科学研究重大课题攻关项目计划是教育部贯彻落实党中央决策部署的一项重大举措，是实施“高校哲学社会科学繁荣计划”的重要内容。重大攻关项目采取招投标的组织方式，按照“公平竞争，择优立项，严格管理，铸造精品”的要求进行，每年评审立项约40个项目。项目研究实行首席专家负责制，鼓励跨学科、跨学校、跨地区的联合研究，协同创新。重大攻关项目以解决国家现代化建设过程中重大理论和实际问题为主攻方向，以提升为党和政府咨询决策服务能力和推动哲学社会科学发展为战略目标，集合优秀研究团队和顶尖人才联合攻关。自2003年以来，项目开展取得了丰硕成果，形成了特色品牌。一大批标志性成果纷纷涌现，一大批科研名家脱颖而出，高校哲学社会科学整体实力和社会影响力快速提升。国务院副总理刘延东同志做出重要批示，指出重大攻关项目有效调动各方面的积极性，产生了一批重要成果，影响广泛，成效显著；要总结经验，再接再厉，紧密服务国家需求，更好地优化资源，突出重点，多出精品，多出人才，为经济社会发展做出新的贡献。

作为教育部社科研究项目中的拳头产品，我们始终秉持以管理创新服务学术创新的理念，坚持科学管理、民主管理、依法管理，切实增强服务意识，不断创新管理模式，健全管理制度，加强对重大攻关项目的选题遴选、评审立项、组织开题、中期检查到最终成果鉴定的全过程管理，逐渐探索并形成一套成熟有效、符合学术研究规律的管理办法，努力将重大攻关项目打造成学术精品工程。我们将项目最终成果汇编成“教育部哲学社会科学研究重大课题攻关项目成果文库”统一组织出版。经济科学出版社倾全社之力，精心组织编辑力量，努力铸造出版精品。国学大师季羡林先生为本文库题词：“经时济世　继往开来——贺教育部重大攻关项目成果出版”；欧阳中石先生题写了“教育部哲学社会科学研究重大课题攻关项目”的书名，充分体现了他们对繁荣发展高校哲学社会科学的深切勉励和由衷期望。

伟大的时代呼唤伟大的理论，伟大的理论推动伟大的实践。高校哲学社会科学将不忘初心，继续前进。深入贯彻落实习近平总书记系列重要讲话精神，坚持道路自信、理论自信、制度自信、文化自信，立足中国、借鉴国外，挖掘历史、把握当代，关怀人类、面向未来，立时代之潮头、发思想之先声，为加快构建中国特色哲学社会科学，实现中华民族伟大复兴的中国梦做出新的更大贡献！

教育部社会科学司

前 言

近年来，随着城市化进程的加快和人们消费水平的不断提高，我国城市生活垃圾产生量和堆存量也随之激增，约占全世界产生总量的1/3，堆存量累计已高达70亿吨，侵占土地超过了500万公亩，每年经济损失为300亿元。城市生活垃圾对人们健康和生态环境的损害不容小觑，著名的“拉芙运河案”“菲律宾的帕雅塔斯事件”以及我国各地出现的雾霾天气都对我们敲响了警钟，有效治理城市生活垃圾已成为城市现代化管理和城市环境保护的重中之重，是我国国计民生、环境保护的重大问题。

我国城市产生的生活垃圾种类繁多，自1949年10月1日到2019年12月31日，已经出台的城市生活垃圾管理政策已达500多个。不同种类的城市生活垃圾数量差异很大，国家采取城市生活垃圾管理政策也是多种多样，不同管理政策的实施组合更是繁多。同时，城市生活垃圾要实现“零废弃”目标应该制定什么样的管理政策？这些管理政策如何执行？管理政策的实施能否达到预期效果？这些问题亟待探讨。

因此，本书通过分析城市生活垃圾管理政策的现状，结合国外发达国家的相关政策经验，在深入分析“零废弃”管理思想的基础上，以解决“垃圾围城”问题为根本，以不同历史时期、不同政府部门发布的城市生活垃圾管理政策文本为基础，以城市生活垃圾“零废弃”为目标，在纵横交织的宏观与微观维度上对城市生活垃圾管理政策进行分析，研究了基于“零废弃”的城市生活垃圾管理政策制定、执行和效果，以期实现城市生活垃圾的源头控制和资源的循环再利用，从而化解我国的“垃圾围城”问题。

总之，本书主要采用系统科学与系统工程的思想，运用系统分析方法对城市生活垃圾管理政策进行系统研究，并试图探寻适合我国国情的基于“零废弃”的城市生活垃圾管理政策，具有一定的学术价值、应用价值以及社会价值。

在研究过程中，我们参阅了大量中外文文献，吸收了众多中外学者的研究成果，在行文中不能一一注出，在此一并致谢！

摘 要

“垃圾围城”“垃圾围村”“垃圾漫海”带来的环境和国家声誉问题已相当严重。为了解决这些问题，我国出台了大量的城市生活垃圾管理政策，并取得了一些成绩。但是，整体上来说，目前的城市生活垃圾管理政策还不能从根本上解决问题，特别是，不能适应新形势新要求，故研究“基于‘零废弃’的城市生活垃圾管理政策”显得尤为重要。

首先，我们以“两个反思”（先进国家和我国城市生活垃圾管理政策）为参照系，基于公共物品理论、外部性理论、行为理论、可持续发展理论、政策变迁理论和新制度主义政治理论，科学界定了“零废弃”城市生活垃圾管理政策的科学内涵和具体特征。其次，我们以解决具体政策问题为导向，研究了基于“零废弃”的城市生活垃圾管理政策制定的目标、原则、体系结构和具体内容，确定了管理政策执行主体、执行原则、执行过程、执行路径和执行模式，预估了基于“零废弃”的城市生活垃圾管理政策实施效果。再次，我们从自然条件、经济特征、行政等级、城市规模、人口数量5个维度出发，筛选出华北区北京市、东北区黑龙江省哈尔滨市、华东区上海市、中南区广东省乐昌市、西北区青海省西宁市和西南区重庆市6个城市作为实证仿真样本，模拟仿真了基于“零废弃”的城市生活垃圾管理政策实施效果。最后，根据理论研究和案例仿真结果，我们从完善管理政策体系、优化管理政策内容、丰富管理政策手段、加强管理政策监管4个方面对我国城市生活垃圾管理政策提出了具体建议。

Abstract

The environmental and national reputation issues brought about by "garbage siege" "garbage siege on villages" and "garbage flooding the sea" have become extremely serious. To address these issues, China has implemented a large number of municipal solid waste management policies and achieved some success. However, the current municipal solid waste management policies still cannot fundamentally solve the problems, especially in adapting to new situations and requirements. Therefore, it is particularly important to study "Zero Waste" municipal solid waste management policies.

First, we take the "two reflections" (the developed countries and China's municipal solid waste management policies) as a reference system. The research based on public goods theory, externality theory, behavior theory, sustainable development theory, policy change theory and new institutionalist political theory. We defined the connotation and characteristics of "Zero Waste" municipal solid waste management policies. Secondly, we focused on solving specific policy problems and studied the objectives, principles, system structure, and specific content of the "Zero Waste" urban solid waste management policies based on research, and determined the executing subject, executing mode, executing principles, executing process, executing path, and executing mode of the management policy. We also estimated the implementation effect of the "Zero Waste" municipal solid waste management policies. Secondly, in order to solve policy issues, we studied the goals, principles, system structure and content of "Zero Waste" municipal solid waste management policies. At the same time, we determined the implementation subject, implementation principles, implementation process, implementation path and implementation mode of "Zero Waste" municipal solid waste management policies. And we estimated the implementation effect of municipal solid waste management policies based on "Zero Waste". Thirdly, we selected six cities as empirical simulation samples for the implementation of "Zero Waste" municipal solid waste management policies based on natural conditions, economic characteristics, administrative level, urban scale, and population size. These cities include Beijing in the North China region, Harbin in the Northeast China region, Shanghai in the East China region, Lechang in the Central and South China region, Xining in the Northwest China region, and Chongqing in the Southwest China region. Finally, based on theoretical research and case simulation results, we have proposed specific recommendations for China's municipal solid waste management policies from four aspects: improving the policy system, optimizing the policy content, enriching the policy means, and strengthening policy supervision.

目录

Contents

Contents

第一章

我国城市生活垃圾现状研究

第一节　我国城市生活垃圾概述

一、我国城市生活垃圾的组分

（一）城市生活垃圾的基本内涵

根据城市生活垃圾的来源，我们认为城市生活垃圾是在城市日常生活中或者为城市日常生活提供服务的活动中产生的固体废物以及法律、行政法规规定视为城市生活垃圾的固体废物，主要包括居民生活垃圾；商业垃圾；集贸市场垃圾；街道垃圾；公共场所垃圾；机关、学校、厂矿等单位产生的生活垃圾（工业废渣及特种垃圾等危险固体废物除外）[1]。

（二）我国城市生活垃圾的基本组分

城市生活垃圾的主要组成物包括居民城市生活垃圾、社会团体垃圾以及清扫

① 汪清清：《生命周期评价在成都市生活垃圾可持续填埋中的应用》，西南交通大学硕士学位论文，2010 年。

垃圾（见表1-1）[1]。其中，最主要的成分是居民城市生活垃圾，约占城市生活垃圾总量的60%，其成分构成最复杂，易受季节与时间的影响，具有一定的波动性。其次是社会团体垃圾，约占城市生活垃圾总量的30%。随着产源单位主体发生变化，其组成物也随之发生变化，但从总体上看，社会团体垃圾成分相对稳定，平均含水量较低，且高热值易燃物含量较高。最后则是清扫垃圾，约占城市生活垃圾总量的10%，其平均含水量低，热值比居民城市生活垃圾略高。

表1-1　城市生活垃圾的组成

来 源	主要组成物
居民城市生活垃圾	食物垃圾、纸屑、布料、木料、金属、玻璃、塑料、橡胶、陶瓷、燃料灰渣、碎砖瓦、废器具、杂品等
社会团体垃圾	商业、工业、事业单位和交通运输部门产生的垃圾，不同部门产生的组成物差异较大
清扫垃圾	公共场所产生的废弃物，包括泥沙、灰土、枯枝败叶、商品包装等

在我国社会持续发展以及城市居民生活水平显著提高的同时，我国城市生活垃圾的构成、热值也在不断发生变化[2]。特别是随着科学技术的快速发展，在经济发展水平较高的城市和地区，城市生活垃圾的种类趋于多样化[3]，旧自行车、废旧电动车和旧电子产品等也被当作垃圾丢弃[4]。同时，由于城市中家用电器、塑料制品和食品包装袋等产品的大量消耗，城市生活垃圾中可燃成分的含量也大大增加[5]。

依据《生活垃圾采样和物理分析方法》CJ/T313-2009规定，我国城市生活垃圾主要包括11类（见表1-2）[6]，具体包括：厨余类、纸类、橡塑类、纺织

① 张敏：《基于物流过程的北京市生活垃圾管理优化分析》，北京交通大学硕士学位论文，2007年。

② 赵振振、张红亮、殷俊、黄慧敏：《对我国城市生活垃圾分类的分析及思考》，载于《资源节约与环保》2021年第8期。

③ 贾悦：《基于BP神经网络模型的城市生活垃圾组分预测研究》，载于《环境卫生工程》2018年第3期。

④ Vergara S. E., Tchobanoglous G. Municipal solid waste and the environment: a global perspective [J]. *Annual Review of Environment and Resources*, 2012, 37: 277-309.

⑤ 粟颖：《广东省城市生活垃圾组分分析及对垃圾分类的启示》，载于《再生资源与循环经济》2021年第11期。

⑥ 曾秀莉：《成都市典型地区农村生活垃圾处理与利用的适宜性研究》，西南交通大学硕士学位论文，2012年。

类、木竹类、灰土类、砖瓦陶瓷类、玻璃类、金属类、混合类以及其他[①]。在相同区域内，不同组分城市生活垃圾的含量是不同的。在不同区域内，同一组分城市生活垃圾的含量相差也是比较大的。以北京市为例，对双气住宅区、高级住宅区、商业区、医院、事业区、平房区的城市生活垃圾组分进行监测[②]，发现近年来，随着恩格尔系数的增加，城市生活垃圾中的食品含量最大，占城市生活垃圾总重的50%以上，但其比例逐年下降；其次是塑料和纸类城市生活垃圾。由于天然气使用的普及，砖瓦、灰土（除平房外）的含量逐渐减少。

表1-2　　我国城市生活垃圾的基本组分

序号	类别	来源
1	厨余类	各种动、植物类食品（包括各种水果）的残余物
2	纸类	各种废弃的纸张及纸制品
3	橡塑类	各种废弃的塑料、橡胶、皮革制品
4	纺织类	各种废弃的布类（包括化纤布）、棉花等纺织品
5	木竹类	各种废弃的木竹制品及花木
6	灰土类	炉灰、灰砂、尘土等
7	砖瓦陶瓷类	各种废弃的砖、瓦、瓷、石块、水泥块等块状制品
8	玻璃类	各种废弃的玻璃、玻璃制品
9	金属类	各种废弃的金属、金属制品（不包括各种纽扣电池）
10	其他	各种废弃的电池、油漆、杀虫剂等
11	混合类	粒径小于10毫米的、按上述分类比较困难的混合物

（三）我国不同区域城市生活垃圾的组分

我国地域辽阔，自然环境复杂多样，城市性质、城市规模、城市功能、城市经济发展水平以及居民生活习惯存在着差异，导致我国不同区域的城市生活垃圾组分明显不同。为清晰了解我国不同区域的城市生活垃圾组分间的差异，我们把全国除港澳台之外的省份划分为东北、华北、华东、华中、华南、西南和西北7大地理区域对城市生活垃圾组分进行详细分析[③]。我们将城市生活垃圾细分为餐

① 董小婉：《基于群决策层次分析法的重庆市生活垃圾处理技术方案优选研究》，重庆大学硕士学位论文，2016年。

② 周翠红、路迈西、吴文伟：《北京市城市生活垃圾组分预测》，载于《安全与环境学报》2004年第5期。

③ 周材华：《我国战略性新兴产业环境技术效率的测度研究》，江西财经大学硕士学位论文，2014年。

厨垃圾、灰渣垃圾、橡塑垃圾、纸类垃圾、纺织垃圾、木竹垃圾、玻璃垃圾、金属垃圾和其他垃圾9种类型①，并依据各类型城市生活垃圾在全国城市生活垃圾产生总量中所占的比例不同，将城市生活垃圾组分细分为三种情况进行分析。

1. 餐厨垃圾、灰渣垃圾和橡塑垃圾占城市生活垃圾产生总量的比例分布

根据《中国城市建设统计年鉴》数据，我们得出了餐厨、灰渣和橡塑垃圾所占城市生活垃圾产生总量的比例分布（见图1-1）。按区域来分，餐厨垃圾占城市生活垃圾产生总量的比例从大到小依次为华东、东北、西南、西北、华南、华北和华中；灰渣垃圾占城市生活垃圾产生总量的比例从大到小依次为华中、西北、西南、华南、华北、东北和华东；橡塑占城市生活垃圾产生总量的比例从大到小依次为华南、西南、华东、华北、东北、西北和华中。

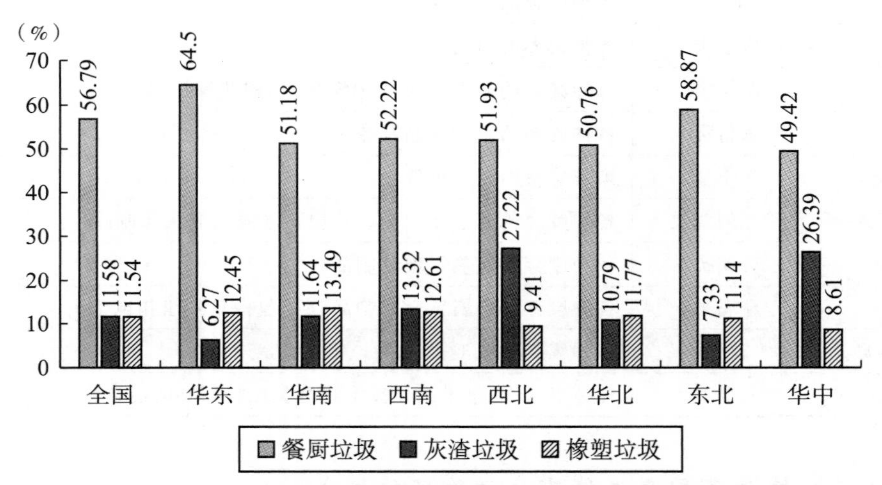

图1-1　餐厨、灰渣和橡塑垃圾占城市生活垃圾产生总量的比例分布

2. 纸类垃圾、其他垃圾和纺织垃圾占城市生活垃圾产生总量的比例分布

从图1-2可以清楚地看到，纸类垃圾占城市生活垃圾产生总量的比例从大到小依次为华南、华北、西南、华东、东北、西北和华中；其他垃圾占城市生活垃圾产生总量的比例从大到小依次为华中、西南、东北、华南、西北、华东和华北；纺织垃圾占城市生活垃圾产生总量的比例从大到小依次为华北、华中、华南、全国、西南、西北、东北和华东。

① 杨娜、邵立明、何品晶：《我国城市生活垃圾组分含水率及其特征分析》，载于《中国环境科学》2018年第3期。

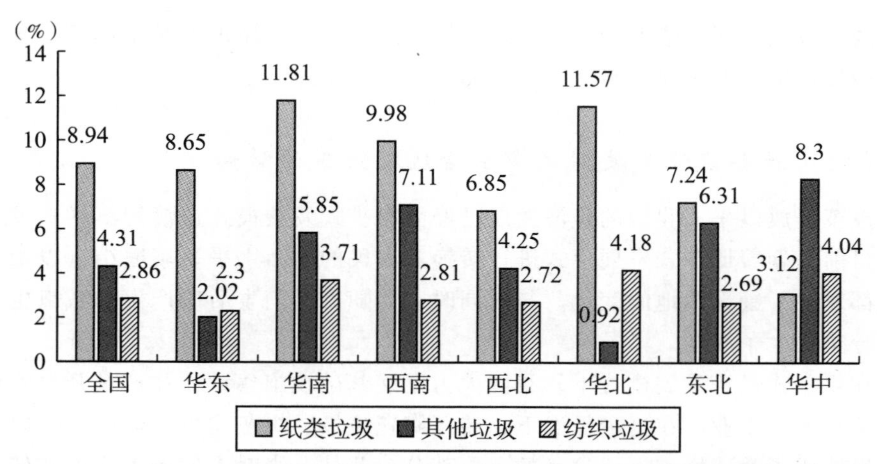

图 1-2　纸类、其他和纺织垃圾占城市生活垃圾产生总量的比例分布

3. 木竹垃圾、玻璃垃圾和金属垃圾占城市生活垃圾产生总量的比例分布

从图 1-3 可以看出，木竹垃圾占城市生活垃圾产生总量的比例从大到小依次为东北、华中、华北、西南、华南、西北和华东；玻璃垃圾占城市生活垃圾产生总量的比例从大到小依次为华北、东北、华东、西北、华南、西南和华中；金属垃圾占城市生活垃圾产生总量的比例从大到小依次为华北、西北、西南、东北、华中、华南和华东。

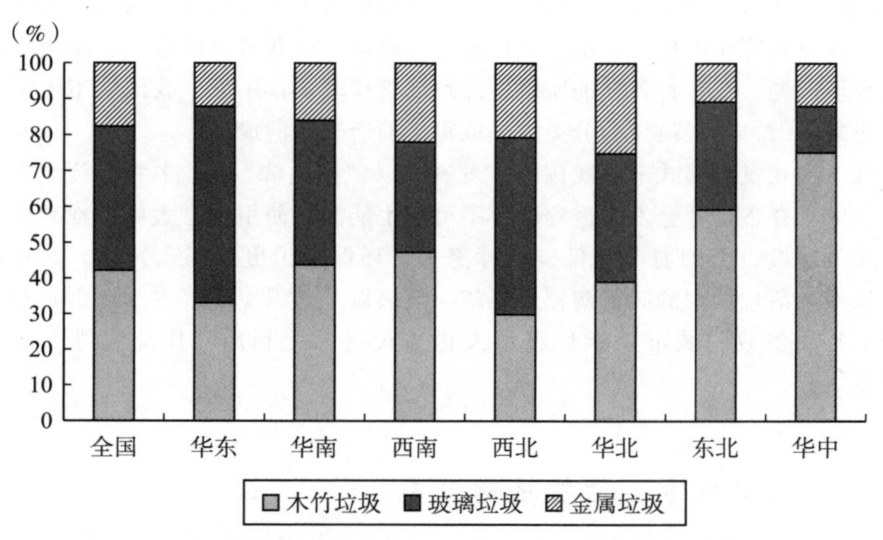

图 1-3　木竹、玻璃和金属垃圾占城市生活垃圾产生总量的比例分布

从图 1-1、图 1-2、图 1-3 对比来看，各个区域中的餐厨垃圾占城市生活垃圾产生总量的比例最大；其次是灰渣垃圾，其他几种垃圾占城市生活垃圾产生总量的比例从大到小依次为橡塑垃圾、纸类垃圾、其他垃圾、纺织垃圾、木竹垃圾、玻璃垃圾以及金属垃圾。

（四）社会经济发展对城市生活垃圾组分的影响

改革开放以来，我国的经济发展已经由粗犷式发展模式过渡到集约式发展模式，目前正朝着低碳式发展模式进行转换。人民的生活水平、家庭结构以及生活方式都发生了翻天覆地的变化。与此同时，伴随着人们生活所产生的城市生活垃圾组分也发生了改变。

在粗犷式经济发展模式下，我国大力发展基础设施建设，并通过开发不可再生能源来发展工业。在这种情况下，砖瓦陶瓷垃圾、煤灰垃圾、玻璃垃圾以及纺织垃圾构成了我国城市生活垃圾的主要部分。此外，当时人们的生活方式较为单一，生活水平也较为低下，大部分家庭多以三代及以上为主，人们更多注重“吃饱、穿暖”的现实问题。因此，在这种发展模式下，资源浪费相对较少，厨余垃圾在城市生活垃圾中所占的比例也相对较少。

在集约式经济发展模式下，经济整体发展水平相对较高，人们的生活水平普遍得以提高，家庭结构多以两代人的小家庭为主，人们更加注重生活品质的提升。在这种情况下，资源浪费相对较多，城市生活垃圾的种类和数量也明显增多。然而，集约式经济发展模式不仅注重经济的增长问题，也关注经济的高质量发展问题，并对经济发展带来的环境污染问题进行了深入思考。因此，在这种情况下，地方政府相继推出城市生活垃圾分类政策，以期解决城市生活垃圾增长带来的环境问题。在各种各样的城市生活垃圾管理政策作用下，我国城市生活垃圾组分更加细致，干湿垃圾的分类效果取得了前所未有的成绩。

在低碳式发展模式下，我国经济发展是以“碳达峰”“碳中和”为出发点和落脚点的。在整个社会发展进程中，不可再生能源的使用将会大幅度地减少，基础设施的建设也会朝着节能低碳目标努力，环保意识更加深入人心。这种情况下，城市生活垃圾中的砖瓦陶瓷、煤灰、玻璃以及纺织垃圾等占的比例将会大幅下降，绝大多数的城市生活垃圾最大化地被资源化利用，其价值得以最大化实现。

二、我国城市生活垃圾的分类

（一）我国城市生活垃圾的分类标准

目前，我国城市生活垃圾主要根据生活垃圾的成分性能、降解性能和国家标准进行分类。

1. 按照生活垃圾的成分性能进行分类

按照生活垃圾的成分性能，城市生活垃圾可分为可回收垃圾、餐厨垃圾、有害垃圾和其他垃圾 4 大类。具体来说，可回收垃圾包括可以通过综合处理进行回收利用的纸类、金属、塑料、玻璃等，这类城市生活垃圾能够在有效减少对环境造成污染的同时实现资源的节约利用；餐厨垃圾包括剩菜剩饭、骨头、菜根菜叶等食品类废物，这类城市生活垃圾可通过高温焚烧方式进行处理，而焚烧残留的炉渣和飞灰等物质则可通过卫生填埋方式进行处理；有害垃圾则需要根据国家危险废弃物有关规定进行特殊处理①。这种城市生活垃圾分类方式的特点是能够根据城市生活垃圾成分差异性有针对性地进行分类处理，一方面可以通过分类处理实现不同资源的回收利用，另一方面可以减少填埋和焚烧处理过程中能源的消耗以及对生态环境造成的破坏和污染②。

2. 按照生活垃圾的降解性能进行分类

按照生活垃圾的降解性能，城市生活垃圾可分为有机垃圾和无机垃圾。具体来说，有机垃圾是指纸张、纤维、塑料、树叶、竹子以及餐厨垃圾等含有有机物成分的城市生活垃圾，通过回收利用或焚烧方式进行处理。有机垃圾占城市生活垃圾总量的一半以上，并且随着人们生活水平的不断提升而逐年增长③。无机垃圾则是指玻璃瓶、易拉罐、废旧金属、废旧家电当中的废弃物以及生活渣土等含有无机成分的城市生活垃圾，不能被微生物所降解，通常采用回收利用或填埋方式进行处理。这种城市生活垃圾分类方式的最大特点是城市生活垃圾的分类方法简单，方便掌握。

3. 按照国家标准进行分类

首先，在国家标准层面，按照我国 2008 年修订的 GB/T19095 - 2019《生活垃圾分类标志》标准，城市生活垃圾分为可回收物、有害垃圾、厨余垃圾和其他垃圾 4 大类。具体来说，可回收物分为纸类、塑料、金属、玻璃、织物 5 个小类；有害垃圾分为灯管、家用化学品、电池 3 个小类；厨余垃圾分为家庭厨余垃圾、餐厨垃圾以及其他厨余垃圾 3 个小类。《生活垃圾分类标志》规定了生活垃圾的标志类别构成、大类用图形符号、大类标志的设计、小类用图形符号、小类标志的设计以及生活垃圾分类标志的设置等要求。

其次，在行业标准层面，按照 2004 年颁布实施的 CJJ/T102 - 2004《城市生活垃圾分类其评价标准》，将城市生活垃圾分为可回收物、大件垃圾、可堆肥垃

① 杨彩丽：《郑州市生活垃圾分类可持续推进研究》，郑州大学硕士学位论文，2017 年。

②③ 王澄：《城市生活垃圾分类处理及对策探究》，载于《绿色环保建材》2018 年第 9 期。

圾、可燃垃圾、有害垃圾和其他垃圾 6 大类①，并规定各地区城市生活垃圾的分类应根据城市环境卫生专业规划要求及城市生活垃圾的特性和处理方式进行选择。

最后，在地方标准层面，各地根据实际情况制定本地区的城市生活垃圾分类标准。例如：上海市按照 2019 年 5 月 1 日实施的《生活垃圾分类标志标识管理规范》，将城市生活垃圾分为有害垃圾、湿垃圾、可回收物和干垃圾 4 类垃圾，并对生活垃圾分类的定义、类别、设计、标志和标识等方面都做出了统一规范。

这种城市生活垃圾分类方式的特点是有利于国家、职能部门和各地政府进行城市生活垃圾的统一管理。

（二）我国城市生活垃圾分类情况

目前我国大部分城市把城市生活垃圾分为厨余垃圾、可回收物、其他垃圾和有害垃圾（见图 1-4），并将其作为城市生活垃圾的分类标准。2016 年 6~8 月，中国再生资源回收利用协会会同中国环境卫生协会及相关领域的专家，赴华北、华东、华南、西南的 10 个主要城市实地调研城市生活垃圾分类收集现状和“两网融合”试点情况，并访谈了当地城管和商务部门，考察了环卫企业、回收企业、试点社区②。在专家组调查的居民社区中，由于不同的城市生活垃圾分类方法和实施力度，试点社区中可回收垃圾、不可回收垃圾以及厨余垃圾的比例分布有所不同。

图 1-4　城市生活垃圾的分类

从表 1-3 可以看出，在 10 个城市试点小区中，厨余垃圾所占比例为 45%~72.27%，平均为 56%；可回收垃圾所占比例为 15%~35%，平均为 26%；其他垃圾所占比例为 7.6%~28%，平均为 17%。

---

① 李倩：《邵阳市城市生活垃圾处理问题与对策研究》，湖南大学硕士学位论文，2018 年。

② Buenrostro O., Bocco G., Cram S. Classification of sources of municipal solid wastes in developing countries [J]. *Resources, Conservation and Recycling*, 2001, 32 (1): 29-41.

表 1－3　　我国主要城市试点小区生活垃圾分类比例

社区名称	试点人口（人）	厨余垃圾（%）	可回收垃圾（%）	不可回收垃圾（%）
贵阳振华小区	294	72.27	15.57	12.16
贵阳城市山水小区	1 008	58.21	31.87	9.92
珠海红旗村、新家园、银鑫花园	20 000	55	30	15
深圳宝安新村	3 255	51.5	32	16.5
苏州 300 个垃圾分类小区	—	65	27.4	7.6
上海松江区	140 000	62	15	23
杭州 1 800 个小区	332.5 万	61	25	14
广州市	1 600 万	46	29	25
山东济南	—	49	35	16
山东平度	—	45	27	28
平均比例		56	26	17

从全国城市生活垃圾分类情况来看，厨余垃圾占 56%，可回收垃圾占 26%，其他垃圾仅占 17%，有害垃圾仅占 1%（见图 1－5）。目前我国大多数地方城市生活垃圾分类尚处于起步阶段，4 种城市生活垃圾大部分进入环卫清运轨道。研究发现，若把可回收垃圾和厨余垃圾从中分离出来，将其作为资源加以循环利用，那么只有 17% 的城市生活垃圾会被清运到填埋场和焚化炉中，这将大大减轻城市生活垃圾处理的终端压力。因此，我国必须对城市生活垃圾进行分类回收，其工作重点是分离并收集可回收垃圾和厨余垃圾。

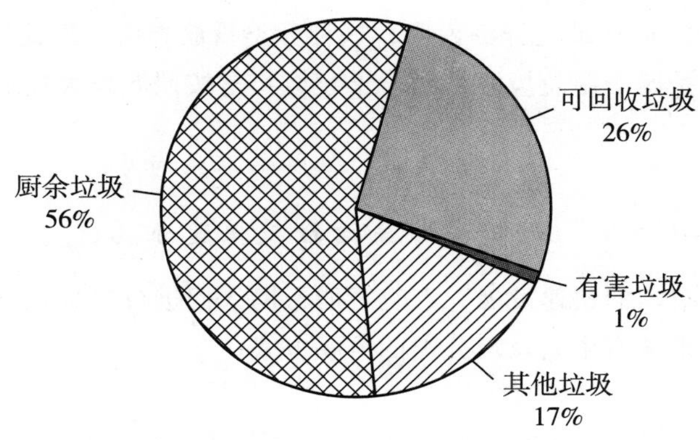

图 1－5　我国城市生活垃圾分类比例

（三）我国城市生活垃圾的分类标准存在的主要问题

通过对城市生活垃圾的分类标准的比较分析，我们发现我国城市生活垃圾分类标准存在着以下主要问题：

1. 城市生活垃圾分类标准不统一

从我们的研究可以看出，我国城市生活垃圾分类标准总体上有三种划分方法，其中有的划分方法又进一步细化出了更多不同的划分方法，特别是按照地方标准划分，每个城市都可以根据自身特点制定划分方法[①]。这导致我国各省、市均有自己的分类标准，无法做到生活垃圾分类类别的统一，无法大规模使用分类技术，城市生活垃圾管理效率低下等问题。例如：在46个城市生活垃圾分类试点城市中，有80%的城市采用了“四分法”（可回收物、有害垃圾、厨余垃圾和其他垃圾）作为城市生活垃圾分类标准；南京市和广元市等部分城市则采用了“三分法”（可回收、不可回收和有害垃圾）作为城市生活垃圾分类标准；深圳市在“四分法”的基础上将城市生活垃圾分为废弃玻璃、废弃金属、废弃塑料、废弃纸类、有害垃圾和其他垃圾；北京市也在原四分法基础上增加了建筑垃圾。

2. 城市生活垃圾分类投放指引不明晰

我们发现随着科学技术的发展，人们生活水平的提高，市场上销售的商品越来越多，商品的构成材料也越来越复杂，导致居民无法准确判断城市生活垃圾的组分，很难按照政府提供的城市生活垃圾分类投放指引进行投放，增加了垃圾分拣员的工作量和工作难度，使得城市生活垃圾分类的预期效果极大降低[②]。例如：按照上海市《生活垃圾分类标志标识管理规范》分类规定，干垃圾中包括大骨，但是对“大骨”的具体种类、大小等缺少详细说明；同时在湿垃圾中还包含碎骨，对于“碎骨”同样缺乏详细说明，这种分类投放指引直接让居民疑惑——其吃剩下的猪腿骨是属于湿垃圾还是属于干垃圾？是按照湿垃圾投放还是按照干垃圾投放？

（四）“互联网＋”助力城市生活垃圾快速分类

随着互联网技术的快速发展，人工智能帮助人们进行更加快速、精准的垃圾分类，也成为未来城市生活垃圾分类的重要方式。

---

① 李朝明：《城市生活垃圾分类存在的问题及对策研究》，载于《资源节约与环保》2022年第1期。

② Buenrostro O., Bocco G., Cram S. Classification of sources of municipal solid wastes in developing countries [J]. *Resources, Conservation and Recycling*, 2001, 32 (1): 29-41.

首先，垃圾分类智能APP和微信小程序帮助居民更快识别出城市生活垃圾种类，从而实现垃圾的准确投放。城市生活垃圾分类政策开始实施时，大多数居民不清楚如何对城市生活垃圾进行分类，“这是什么垃圾?”成了当时困扰居民进行垃圾分类的一个重要问题。据此，互联网企业相继推出APP和微信小程序来帮助居民进行垃圾识别。居民通过APP和微信小程序扫描不明类别垃圾，了解该垃圾的具体类别，居民再将其准确地投放，这极大地提高了城市生活垃圾分类投放准确率。

其次，智能垃圾分类设备等新型科技产品的诞生也为垃圾分类提供了直接的帮助①②。尽管我们倡导城市生活垃圾分类，但并不是每一位居民都能自觉地完成这一任务。有些居民还是会冒着被罚款、扣积分的风险随意丢弃生活垃圾，这直接对城市生活垃圾的源头分类产生了负面影响，进而给后续城市生活垃圾运输和处理带来困难。智能垃圾分类设备通过AI技术、图像处理技术，基于机器学习等相关算法实现对混合垃圾的识别与分类，从而实现机器对城市生活垃圾的分类。智能垃圾分类设备等科技产品不仅能帮助人们进行城市生活垃圾分类，还能减少相关的经济、社会和生态损失③。但是，目前这项技术还不能做到百分之百地准确分类城市生活垃圾，但是可以帮助垃圾从业者在垃圾中转站和垃圾处理站的二次和三次分拣工作。

最后，大数据分析和云计算等技术的快速发展推动互联网监督体系的进一步完善，帮助职能部门和物业管理企业对居民垃圾分类行为进行监控，进而从外部约束居民垃圾分类的行为。目前，虽然很多社区采用垃圾分类积分兑换的方式来保持居民垃圾分类的热情，但是有些社区因为监督体系不完善导致整个垃圾分类积分兑换和惩罚情况难以时时监管，这不仅不能对不遵守垃圾分类的人员进行制约，还打击了实施垃圾分类行为人员的积极性。因此，借助大数据分析和云计算等技术完善互联网的监督体系，保证垃圾分类行为的持续进行是非常重要的。

---

① Bhanot N., Sharma V. K., Parihar A. S., et al. A conceptual framework of internet of things for efficient municipal solid waste management and waste to energy implementation [J]. *International Journal of Environment and Waste Management*, 2019, 23 (4): 410 - 432.

② Peng H., Zhou J. Study on urban domestic waste recycling process and trash can automatic subdivision standard [C]//IOP Conference Series: Earth and Environmental Science. IOP Publishing, 2019, 330 (3): 032043.

③ Tao C., Xiang L. Municipal solid waste recycle management information platform based on internet of things technology [C]//2010 International Conference on Multimedia Information Networking and Security. IEEE, 2010: 729 - 732.

三、我国城市生活垃圾的产生量

根据2020年国家统计局的统计数据，2019年，我国城市生活垃圾清运量为24 206.2万吨，人均172.9千克①。根据国家统计局数据，我们整理出了从2010～2019年的城市生活垃圾产生量变化趋势，得出城市生活垃圾产生量呈现稳步上升态势的结论（见图1-6）。

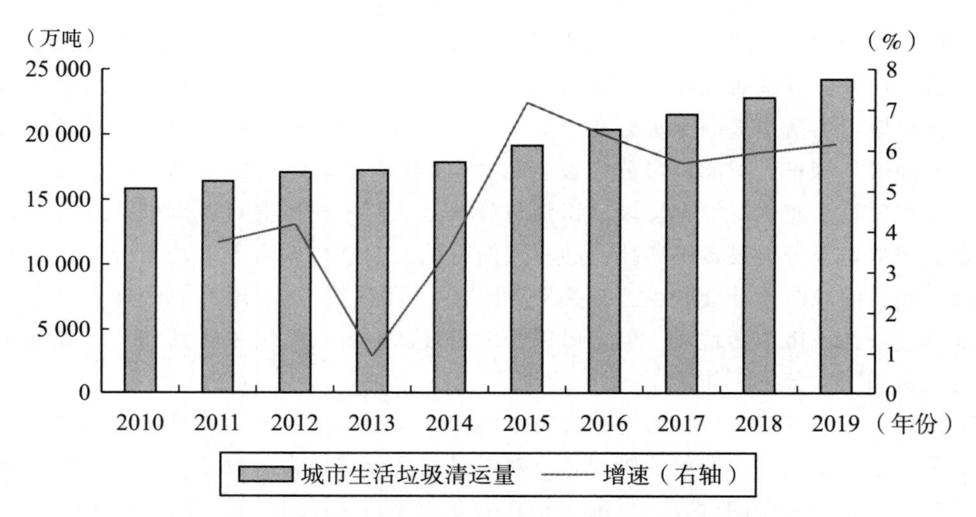

图1-6　2010～2019年城市生活垃圾产生量变化趋势

我国城市生活垃圾产生量增长速度与城镇人口增长速度基本保持一致②，但与GDP增长速度相比较缓慢，这与发达国家城市生活垃圾产生量变化规律相比存在一定差异。发达国家城市生活垃圾产出量增长速度快于城镇人口增长速度，且与GDP增长速度大致相同。究其原因，一方面，我国对城市生活垃圾产生量的数据统计口径不同。我国城市生活垃圾产生量是基于城市生活垃圾清运量进行数据统计的，而不是基于城市生活垃圾产出量进行数据统计的，这导致部分城市生活垃圾未纳入统计范围。另一方面，虽然我国正处于经济飞速发展阶段，但是人民生产生活消费方式尚未改变，我国国情的特殊性使城市生活垃圾产生量与GDP增长速度不同步③。

---

① 国家统计局：《中国统计年鉴2020》，中国统计出版社2020年版。

② Zhou H., Long Y. Q., Meng A. H., et al. Classification of municipal solid waste components for thermal conversion in waste - to - energy research [J]. *Fuel*, 2015, 145: 151 - 157.

③ 赵薇：《基于准动态生态效率分析的可持续城市生活垃圾管理》，天津大学博士学位论文，2009年。

四、城市生活垃圾产生量随社会变迁而改变

我国经济社会快速发展不仅带动着城市生活垃圾组分的改变，而且也使城市生活垃圾产生量发生了剧烈变化。

改革开放初期，我国以经济发展为社会发展的首要目标。大量公职人员下海经商，城市经济运行模式的改变、社会人员结构的变化以及人们生活方式的提升都使得城市生活垃圾产生量激增。在这一时期，城市生活垃圾主要来自三个方面：首先，城镇化进程的加快使得我国建筑工程数量增多，产生了大量的建筑垃圾。这些建筑垃圾往往被丢弃在城市周边的空地上，对耕地面积造成了严重影响。其次，伴随着人们生活水平的提升，城市居民产生的各种生活垃圾也迅速增加，大量的城市生活垃圾急需无害化处理。最后，大量公职人员下海经商，我国工商业的发展也进入了新时代，大量密集型产业迅速壮大，随之带来的商业垃圾也急剧增多，例如：纺织垃圾、电子垃圾的大量产生对我国生态环境造成了非常严重的影响。

随着人们的“钱袋子”变鼓之后，国家开始注重社会的高质量发展，也就是在发展经济的同时要考虑社会发展和生态环境。鉴于城市生活垃圾对生态环境的负面影响，国家开始出台一些城市生活垃圾管理政策控制城市生活垃圾产生量，例如使用城市生活垃圾收费政策减少城市生活垃圾产生量。然而，这些政策并没有从根本上减少城市生活垃圾产生量，城市生活垃圾产生量依旧保持着一定增长速度。究其原因，一方面是虽然我国城镇化建设速度放缓了，但是，由于城市生活垃圾资源化利用技术还不太成熟，部分城市生活垃圾很难变成再生资源加以循环利用，城市生活垃圾产生量还是呈现出增长的态势。另一方面，居民生活水平以及互联网技术的发展，家庭产生的垃圾、商业产生的垃圾以及电子垃圾仍然保持着很高的增长速度。

近年来，气候变化、能源危机以及生态环境恶化等风险逐渐暴露，我国开始强调低碳发展，尤其是2020年提出“碳达峰”“碳中和”战略后，社会低碳发展已引起每个人的重视。我国已明确要求通过特定的回收机构将可再生垃圾（比如玻璃、废纸、塑料、纺织物以及金属等垃圾）处理为可供使用的商品。对于不可再生垃圾，我国要求通过堆肥、焚烧等处理技术实现了城市生活垃圾的无害化处理。在此情况下，城市生活垃圾的产生和处理必须实现平衡，也就是我们所研究的城市生活垃圾“零废弃”。城市生活垃圾“零废弃”是城市生活垃圾管理政策的目标，也是政府、企业、社会组织和公众共同努力的目标。在“零废弃”目标引领下，城市生活垃圾产生量逐渐减少，在不久的将来可能会实现城市生活垃圾“零废弃”状态。

第二节　我国城市生活垃圾收集现状研究

一、我国城市生活垃圾收集时间的现状

（一）我国城市生活垃圾收集量

1. 城市生活垃圾的收集量

根据1979～2018年《中国城市建设统计年鉴》数据发现，随着我国经济快速发展和城市化步伐加快，我国城市生活垃圾的产生量逐年增加，与此同时，城市生活垃圾收集量也随之大幅增加（见图1－7）。

从图1－7可以看出，改革开放以来，我国城市生活垃圾收集量总体呈线性上升趋势，已由1979年的2 508万吨迅速增长到2019年的24 206万吨，增长了9.65倍。从城市生活垃圾收集量的变化来看，可以分为4个阶段：（1）从1979年的2 508万吨增长到1986年的5 009万吨，城市生活垃圾收集量增加了2 501万吨，历时7年，城市生活垃圾收集量增长速度较快；（2）从1986年的5 009万吨到1994年的9 952万吨，城市生活垃圾收集量在8年内增加了近5 000万吨，城市生活垃圾收集量增长速度加快；（3）从1994年到2003年，城市生活垃

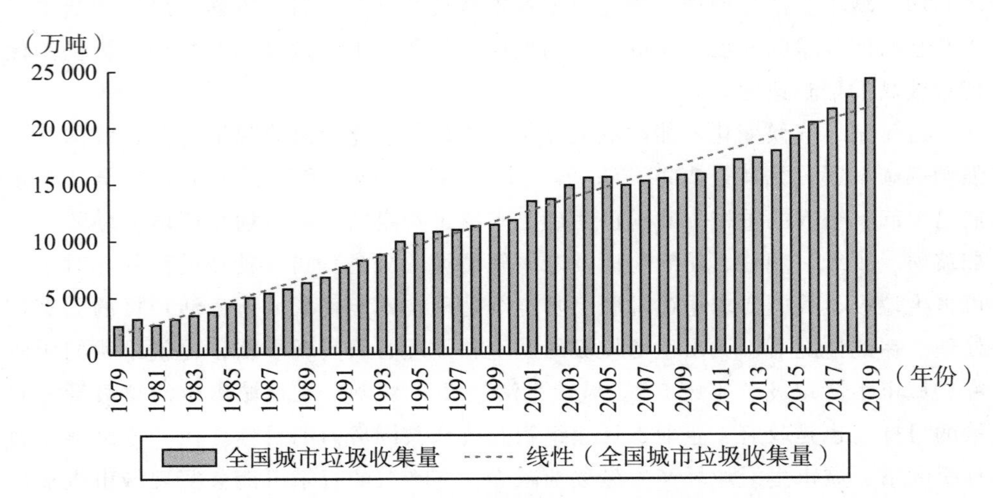

图1－7　1979～2019年城市生活垃圾收集量增长情况

圾收集量由 9 952 万吨增加到 14 857 万吨，城市生活垃圾收集量增长速度稍微放缓，但是城市生活垃圾收集量基数大，城市生活垃圾处理的压力仍在增大；（4）在 2004 ~ 2019 年期间，城市生活垃圾收集量从 14 857 万吨到 24 206 万吨，城市生活垃圾收集量增长速度进一步加大。

2. 城市生活垃圾收集量的变化情况

研究城市生活垃圾收集量的变化情况可以更加详细地了解每一年城市生活垃圾收集量的实际上涨或下降情况，因此，我们用城市生活垃圾收集量增长率来反映我国城市生活垃圾收集量变化状况。我们界定城市生活垃圾收集量增长率的公式为：（目标年城市生活垃圾收集量 - 前一年城市生活垃圾收集量）×100%/前一年的城市生活垃圾收集量。

根据 1979 ~ 2018 年《中国城市建设统计年鉴》数据发现（见图 1 - 8），我国城市生活垃圾收集量的增长率在 -20% ~ 30% 波动，其变动幅度相对较大（由于数据缺失，未计入 1979 年以前的城市生活垃圾的收集量）。此外，1981 年和 2007 年的城市生活垃圾收集量是负增长，2005 年和 2010 年的城市生活垃圾收集量基本与前一年保持一致，大部分年份的城市生活垃圾收集量的增长率保持在 0 ~ 20%，波动十分明显的是 1980 年和 1981 年。由于绝大多数年份的城市生活垃圾收集量增长率在 0 以上，这表明我国城市生活垃圾收集量是逐年增加的。

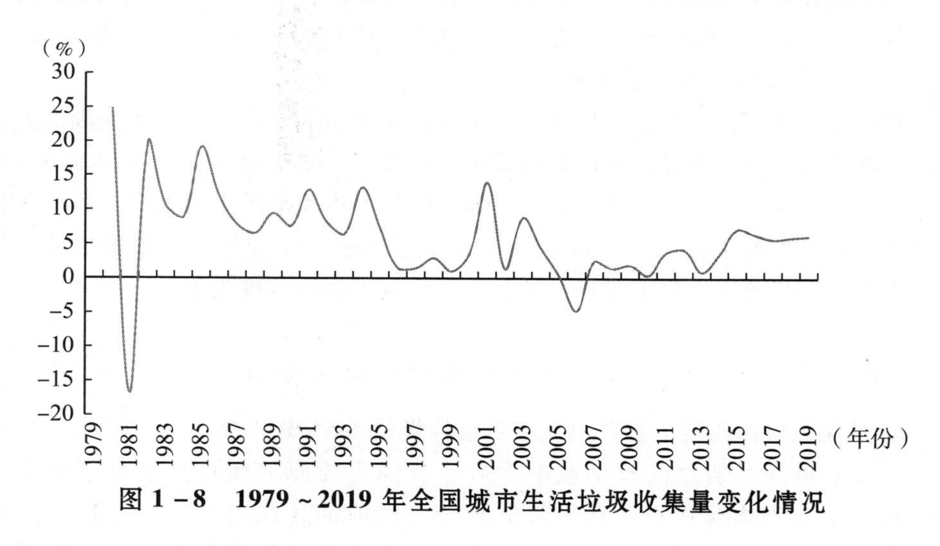

图 1 - 8　1979 ~ 2019 年全国城市生活垃圾收集量变化情况

3. 城市生活垃圾收集量的分布情况

根据 2019 年《中国城市建设统计年鉴》数据，我们得出 2019 年我国各省城市生活垃圾收集量的分布情况。2019 年我国各省城市生活垃圾收集量因地域差异而有所不同，其中广东省城市生活垃圾收集量最高，达到了 3 347.30 万吨，占全国城市垃圾收集量的 13.83%。城市生活垃圾收集量在 1 500 万吨至 2 000 万吨的省份有江苏省、浙江省和山东省，分别占全国城市生活垃圾收集总量的7.48%、6.32%和7.38%。河南省的城市生活垃圾收集量为1 134.6万吨，约占全国城市生活垃圾收集总量的4.69%。四川省的城市生活垃圾收集量为1 168.6万吨，约占全国城市生活垃圾收集总量的4.83%。其他各省城市生活垃圾收集量均在1 000万吨以下。其中，西藏自治区的城市生活垃圾收集量最少，仅为64.7万吨。

（二）我国城市生活垃圾收集时间

1. 早晨上班高峰期之前收集城市生活垃圾

我国有些城市选择在早晨上班高峰期之前收集城市生活垃圾。例如：在6：30~9：00，北京市收集城市生活垃圾；在7：30~8：30，上海市的绝大多数街区收集城市生活垃圾，部分街道将时间向前延长至6：30~8：30；7：00~9：00是苏州市生活垃圾的收集时间。

2. 晚上下班高峰期之后收集城市生活垃圾

我国有些城市选择在晚上下班高峰期之后收集城市生活垃圾。例如：北京市在早晨上班高峰期之前收集城市生活垃圾的基础上，在晚上下班高峰期后又设置17：30~20：00为城市生活垃圾收集时间段。上海市设置了19：00~20：00的城市生活垃圾收集时间段。苏州市设置了18：30~20：30的城市生活垃圾收集时间段。其中，深圳市比较特殊，仅在晚上7：00~9：00增加了厨余垃圾收集时间。

3. 全天候收集城市生活垃圾

我国有些城市对城市生活垃圾进行全天候收集。全天候收集生活垃圾的城市分为两种情况：一种情况是未设置城市生活垃圾定时收集的城市，这些城市实际实行的是全天候生活垃圾收集方式，例如：哈尔滨市和沈阳市等城市；另一种情况是实行定时收集生活垃圾的城市设定固定时间进行全天候生活垃圾收集，例如：上海市部分街区在每个星期日实行全天候城市生活垃圾收集。

（三）基于SWOT模型的三种收集时间比较分析

1. 早晨上班高峰期之前收集城市生活垃圾的SWOT分析

早晨上班高峰期之前收集城市生活垃圾的主要内部优势是缩减了城市生活垃圾收集工作人员进行生活垃圾分类投捡的时间，同时便于部分居民上班前投放生活垃圾，节省了居民投放时间。主要内部劣势在于不利于上班时间晚或者不上班的居民投放生活垃圾，道路清扫时间容易与上班高峰期冲突。主要外部机遇是强迫居民增强环保意识。主要外部挑战是城市生活垃圾收集时间与早晨上班高峰期有时会重叠，使实际效果与预期目标之间出现偏差（见表1-4）。

表1-4　早晨上班高峰期之前收集城市生活垃圾的SWOT分析

早晨上班高峰期之前收集城市生活垃圾的SWOT分析	
内部优势 （Strengths）	（1）缩减了城市生活垃圾收集工作人员进行生活垃圾分类投捡的时间。 （2）便于部分居民上班前投放生活垃圾，节省了居民投放时间
内部劣势 （Weaknesses）	（1）不利于上班时间晚或不上班的居民投放生活垃圾。 （2）道路清扫时间容易与上班高峰期冲突
外部机遇 （Opportunities）	强迫居民增强环保意识
外部挑战 （Threats）	收集时间与早晨上班高峰期有时会重叠，使实际效果与预期目标之间出现偏差

2. 晚上下班高峰期之后收集城市生活垃圾的SWOT分析

晚上下班高峰期之后收集城市生活垃圾的主要内部优势是居民有比较宽松的时间整理生活垃圾，方便部分居民下班后投放生活垃圾。主要内部劣势在于工作人员只能在第二天对收集后的城市生活垃圾进行分类投捡，容易造成生活垃圾的二次污染，另外，产生的道路污渍只能在第二天进行清洁，影响了道路的外观。主要外部机遇是强迫居民增强环保意识。外部挑战是收集时间与晚上下班高峰期有时会重叠，使实际效果与预期目标之间出现偏差（见表1-5）。

表1-5　晚上下班高峰期之后收集城市生活垃圾的SWOT分析

晚上下班高峰期之后收集城市生活垃圾的SWOT分析	
内部优势 （Strengths）	（1）居民有比较宽松的时间整理生活垃圾。 （2）方便部分居民下班后投放生活垃圾
内部劣势 （Weaknesses）	（1）工作人员只能在第二天对收集后的城市生活垃圾进行分类投捡，容易造成生活垃圾的二次污染。 （2）产生的道路污渍只能在第二天进行清洁，影响了道路的外观
外部机遇 （Opportunities）	强迫居民增强环保意识
外部挑战 （Threats）	收集时间与晚上下班高峰期有时会重叠，使实际效果与预期目标之间出现偏差

3. 全天候收集城市生活垃圾的SWOT分析

全天候收集城市生活垃圾的主要内部优势是方便居民随时投放生活垃圾，缩短了生活垃圾在产生地存放的时间。主要内部劣势在于城市生活垃圾收集效率低，需要更多的工作人员。主要外部机遇为为方便快捷的收集技术研发提供了市场。主要外部挑战是需要长期的城市生活垃圾存放空间，环境保护难度加大（见表1－6）。

表1－6　　全天候收集城市生活垃圾的SWOT分析

全天候收集城市生活垃圾的SWOT分析	
内部优势（Strengths）	（1）方便居民随时投放生活垃圾。 （2）缩短了生活垃圾在产生地存放的时间
内部劣势（Weaknesses）	（1）城市生活垃圾收集效率低。 （2）需要更多的工作人员
外部机遇（Opportunities）	为方便快捷的收集技术研发提供了市场
外部挑战（Threats）	需要长期的城市生活存放空间，环境保护难度加大

4. 三种收集时间的主要优缺点分析

通过对三种收集时间的SWOT分析，我们发现早晨上班高峰期之前收集城市生活垃圾的主要优点是缩减了城市生活垃圾收集工作人员进行生活垃圾分类投捡的时间；主要缺点是道路清扫时间容易与上班高峰期发生冲突。晚上下班高峰期之后收集城市生活垃圾的主要优点是居民有比较宽松的时间整理生活垃圾；主要缺点是工作人员只能在第二天对收集后的城市生活垃圾进行分类投捡，容易造成生活垃圾的二次污染。全天候收集城市生活垃圾的主要优点是方便居民随时投放生活垃圾；主要缺点是城市生活垃圾收集效率较低（见表1－7）。

表1－7　　三种收集时间的主要优缺点

类型	主要优点	主要缺点
早晨上班高峰期之前收集城市生活垃圾	缩减了城市生活垃圾收集工作人员进行生活垃圾分类投捡的时间	道路清扫时间容易与居民上班高峰期冲突
晚上下班高峰期之后收集城市生活垃圾	居民有比较宽松的时间整理生活垃圾	工作人员只能在第二天对收集后的城市生活垃圾进行分类投捡，容易造成生活垃圾的二次污染
全天候收集城市生活垃圾	方便居民随时投放生活垃圾	城市生活垃圾收集效率较低

二、我国城市生活垃圾收集方式的现状

（一）我国城市生活垃圾收集方式

1. 垃圾房/集装箱式收集方式

我国将垃圾房收集/集装箱收集等收集方式统称为定点收集。在此收集方式下，居民将装袋后的城市生活垃圾直接投入垃圾房中的垃圾桶内，然后经垃圾收集车运往垃圾转运站或垃圾处理厂进行垃圾处理[①]。城市生活垃圾定点收集不仅可以减少垃圾的存放和周转环节，节约垃圾清运资金，也可以进一步提高城市环境卫生质量，避免生活垃圾在存放中对环境造成二次污染。定点收集方式主要适用于居民小区、城市街道两侧和企事业单位。

2. 密闭式清洁站收集方式

密闭式清洁收集方式是指生活垃圾袋放在指定的场所或居民家中入口和出口处的垃圾站，然后经垃圾收集车运往垃圾转运站或垃圾处理厂进行垃圾处理的垃圾收集方式。密闭式清洁收集方式所需垃圾站是一种特制集装箱，其具有封口、包装、不规则等特点，特别是，集装箱内设有压缩机能够对投入的垃圾进行压缩。居民不能清洁垃圾站，而是配有清洗人员将其运送到垃圾收集站进行定期清理。密闭式清洁收集方式的优点是方便居民投放城市生活垃圾，便利清洁人员收集和运输城市生活垃圾。同时，由于特制集装箱具有压缩功能，密闭式清洁收集方式还提高了城市生活垃圾运输效率，降低了城市生活垃圾收集成本，利用有限的空间收集到了更多的城市生活垃圾[②]。密闭式清洁收集方式主要适用于大型居民区。

3. 压缩车流动收集方式

压缩车流动收集方式是压缩车流动于城市中的大街小巷，各个居民区，随时随地收集城市生活垃圾，并将收集到的垃圾通过车辆后装挂桶装置倒入传送带上，经过压缩储存到密封车厢内，然后直接运往垃圾转运站或垃圾处理厂进行垃圾处理的垃圾收集方式。目前，压缩车流动收集方式是我国很多城市采用的主要城市生活垃圾收集方式。压缩车流动收集方式的优点是收集时间灵活，方便居民

---

① 郑芬芸：《城市生活固体废弃物回收处理物流系统的构建与评价》，载于《科技管理研究》2011年第5期。

② 宋国君、杜倩倩、马本：《城市生活垃圾填埋处置社会成本核算方法与应用——以北京市为例》，载于《干旱区资源与环境》2015年第8期。

投放生活垃圾。压缩车流动收集方式广泛适用于环卫、市政、物业小区，以及垃圾产生量多而集中的居民区。

（二）基于SWOT模型的三种收集方式比较分析

1. 垃圾房/集装箱式收集方式的SWOT分析

垃圾房、集装箱式收集方式的主要内部优势是去掉了城市生活垃圾存放、周转环节，节省垃圾清运资金，方便居民投放垃圾[①]。主要内部劣势在于城市生活垃圾会造成一定程度的地面污染，增加收集人员的劳动作业强度[②]。主要外部机遇是为垃圾房的升级改造带来了契机。主要外部挑战是需要城市生活垃圾收集站点[③]（SWOT分析如表1-8所示）。

表1-8　垃圾房/集装箱式收集方式的SWOT分析

垃圾房/集装箱式收集方式的SWOT分析	
内部优势（Strengths）	（1）减少垃圾的存放、周转环节，节约垃圾清运资金。 （2）进一步提高城市环境卫生质量，避免居民生活垃圾在存放中对环境造成的二次污染。 （3）居民投放垃圾更加便利
内部劣势（Weaknesses）	（1）城市生活垃圾会污染地面。 （2）在装车作业时会增加劳动作业强度
外部机遇（Opportunities）	（1）对垃圾房进行进一步的升级改造。 （2）由于我国对城市环境卫生的愈发重视，城市生活垃圾收集愈发严格，该类城市生活垃圾收集的方式使用范围变大
外部挑战（Threats）	垃圾收集站点的普及

2. 密闭式清洁站收集方式的SWOT分析

密闭式清洁站收集方式的主要内部优势是操作简单，密闭性好，整体性强。主要内部劣势在于城市生活垃圾收集成本较高，普及率较低。主要外部机遇是为城市生活垃圾有效回收利用和该类收集方式的使用范围扩大带来了契机。主要外部挑战是需要大量城市生活垃圾收集站点（SWOT分析见表1-9所示）。

---

① 赵莉莉：《谈城市生活垃圾收集方式与方法的选用》，载于《科技展望》2015年第36期。
② 盛金良、杨云：《我国城市生活垃圾收集模式综述与展望》，载于《科技资讯》2008年第10期。
③ 朱皓洁：《大型集会生活固体废弃物物流系统构建研究》，北京交通大学硕士学位论文，2009年。

表 1 - 9　　密闭式清洁站收集方式的 SWOT 分析

密闭式清洁站收集方式的 SWOT 分析	
内部优势 (Strengths)	(1) 操作简单，只需要一个保洁人员就可以进行设备操作。 (2) 密闭性好，能够有效防止渗沥液的移洒。 (3) 整体性强，可以进行整体的移动
内部劣势 (Weaknesses)	收集成本较高，普及率较低
外部机遇 (Opportunities)	(1) 从源头分类收集垃圾，实现城市生活垃圾有效回收利用。 (2) 由于我国对城市环境卫生的愈发重视，城市生活垃圾收集愈发严格，该类收集方式使用范围变大
外部挑战 (Threats)	垃圾收集站点的普及

3. 压缩车流动收集方式的 SWOT 分析

压缩车流动收集方式的主要内部优势是减少了垃圾车和垃圾收集点的数量，减少垃圾倒运产生的环境污染。主要内部劣势在于城市生活垃圾存放时间长，垃圾收集容量受车辆承载力限制。主要外部机遇是为彻底解决城市生活垃圾运输过程中产生的二次污染问题带来了契机。主要外部挑战是需要大量的压缩车和收集站点（SWOT 分析见表 1 - 10 所示）。

表 1 - 10　　压缩车流动收集方式的 SWOT 分析

压缩车流动收集方式的 SWOT 分析	
内部优势 (Strengths)	(1) 提高装载量和减少垃圾车的数量。 (2) 可以减少垃圾收集点的数量
内部劣势 (Weaknesses)	(1) 垃圾存放时间长（前一天白天倾倒的垃圾要到第二天凌晨统一清运，几乎存放一整天的时间）。 (2) 垃圾桶点容量有限，装满后只好堆放在周围空地上。 (3) 污水、泔水等流质垃圾乱倒，极易从垃圾收集装置流出。 (4) 有些居民不按规定收集装置堆放垃圾，随意丢在公路边或小区的空地上。 (5) 压缩式设备在作业过程中可能会产生噪声

续表

压缩车流动收集方式的SWOT分析	
外部机遇（Opportunities）	（1）较为彻底地解决城市生活垃圾运输过程中的二次污染的问题。 （2）由于我国对城市环境卫生的愈发重视，城市生活垃圾收集愈发严格，该类收集方式使用范围变大
外部挑战（Threats）	流动收集压缩车以及垃圾收集站点的普及

4. 三种收集方式的主要优缺点分析

为了更直观、更便捷地比较三种收集方式的优缺点，我们基于SWOT分析进行了归纳总结，得出垃圾房/集装箱式收集方式的优点是去掉了城市生活垃圾的存放和周转环节，节约了垃圾清运资金，进一步提高了城市环境卫生质量，避免居民生活垃圾在存放中对环境造成的二次污染；缺点是城市生活垃圾会在一定程度上对地面造成污染，并且增加了保洁人员在装车作业的过程中的工作强度。密闭式清洁站收集方式的优点是操作简单，只需要一个保洁人员就可以进行设备操作；密闭性好，能够有效防止渗沥液的移洒；整体性强，可以进行整体的移动。密闭式清洁站收集方式的缺点是收集成本较高，普及率低。压缩车流动收集方式的优点是提高了城市生活垃圾的装载量，一定程度上减少了垃圾车和垃圾收集点的数量[①]。压缩车流动收集方式的缺点是城市生活垃圾存放时间长，垃圾点（桶）容量有限，污水和泔水等流质垃圾极易从垃圾收集装置流出造成环境污染，见表1－11。

表1－11　　三种收集方式的主要优缺点分析

	优点	缺点
垃圾房/集装箱式收集方式	（1）去掉了垃圾的存放、周转环节，节约垃圾清运资金。 （2）进一步提高城市环境卫生质量，避免居民生活垃圾在存放中对环境造成的二次污染	（1）城市生活垃圾会在一定程度上对地面造成污染。 （2）增加了保洁人员的工作强度

① 赵莉莉：《谈城市生活垃圾收集方式与方法的选用》，载于《科技展望》2015年第36期。

续表

	优点	缺点
密闭式清洁站（垃圾收集站）收集方式	（1）操作简单，只需要一个保洁人员就可以进行设备操作。 （2）密闭性好，能够有效防止渗沥液移洒。 （3）整体性强，可以进行整体的移动	收集成本较高，普及率低
压缩车流动收集方式	（1）提高了垃圾装载量。 （2）减少了垃圾车和垃圾收集点的数量	（1）垃圾存放时间长（前一天白天倾倒的垃圾要到第二天凌晨统一清运，几乎存放一整天的时间）。 （2）垃圾点（桶）容量有限，装满后只好堆放在周围空地上。 （3）污水、泔水等流质垃圾乱倒，极易从垃圾收集装置流出。 （4）有些居民不按规定收集装置堆放垃圾，随意丢在公路边或小区的空地上。 （5）压缩式设备在作业过程中可能会产生噪声

（三）“互联网 +”下的城市生活垃圾收集体系

随着互联网技术的快速发展，“互联网 +”已经渗透到我国的方方面面，城市生活垃圾收集也不例外。目前，“互联网 +”主要在两个方面对城市生活垃圾收集产生影响。具体来说，一方面，“互联网 +”为城市生活垃圾收集提供了必要的监督功能，从源头上破解了城市生活垃圾乱丢的困境。另一方面，对于再生资源来说，“互联网 +”模式下的再生资源回收电子商务平台为再生资源提供更加便捷的回收渠道，从而实现了再生资源高数量和高质量回收。

1. “互联网 +”下的城市生活垃圾收集监督管理

近年来，我国各地都在有序开展城市生活垃圾分类工作。在没有监督管理或者监督管理不到位的情况下，城市生活垃圾随意倾倒的现象时有发生。为此，各个城市开始使用物联网技术、大数据分析以及云平台等工具来监督管理城市生活垃圾的收集过程，形成“互联网+”下的城市生活垃圾收集监督管理，并据此对城市生活垃圾的收集状况进行奖惩。具体来说，有些城市社区制定完善的积分兑换机制，通过“互联网+”的方式对居民的城市生活垃圾分类行为进行奖励，从而提高居民分类投放垃圾的积极性。同时，这些城市社会还通过“互联网+”记录居民投放生活垃圾的数据，并利用大数据预测居民未来分类行为，从而提前约束居民乱丢乱放的非正规行为。

2. “互联网+”下的再生资源回收电子商务平台

长期以来，我国再生资源回收存在回收人员上门慢，回收价格不透明，回收物品计量不准确，回收后的再生资源无处存放等诸多问题，这直接导致再生资源回收效率低。近年来，再生资源回收借助“互联网+”开展了线上回收。线上再生资源回收主要分为顾客下单和专门回收人员上门收取两个过程。具体来说，居民通过再生资源回收App进行线上预约，填写再生资源的上门回收时间、类别、重量、收址和联系方式等订单信息，再生资源回收平台自动将这些订单信息发送给专门回收人员①。随后，专门回收人员通过订单信息上门回收，并核算城市生活垃圾回收价格提交给平台，平台确认后系统自动支付用户费用。“互联网+”改变了传统的再生资源回收模式，不仅提高了再生资源回收效率，也使整个再生资源回收市场朝着规范化方向发展，万亿级可回收资源市场蓄势待发。

三、我国城市生活垃圾收集容器的现状

（一）我国城市生活垃圾收集容器

1. 120升城市生活垃圾收集桶

120升垃圾桶是清洁和环卫等行业使用较多的产品，一般被放置在城市街道和居民区等公共场所。目前，我国大约有5亿多个120升垃圾桶，其中铁皮和木制的垃圾桶占66%，可循环利用的塑料垃圾桶只占30%。120升垃圾桶的规格为46×53×94厘米，开口尺寸为40.5×40厘米，共有6个图案标识，分别为干垃圾图案标识、湿垃圾图案标识、可回收物图案标识、有害垃圾图案标识、厨余垃圾图案标识和其他垃圾图案标识（见图1-9）。

① 张永红：《浅谈城市生活垃圾物流收集系统中的环卫工人收集方式》，载于《科技资讯》2018年第4期。

图 1-9　120 升城市生活垃圾收集桶

2. 240 升城市生活垃圾收集桶

240 升垃圾桶是最为常见的垃圾桶，一般被小区物业或环卫部门的配套环卫车使用。车站机场、景点名胜、宾馆客房、酒店餐饮、公园广场和高速服务区等客流量大、垃圾产生量多的公共场所也都使用 240 升垃圾桶。240 升垃圾桶的产品规格为 59×74×102 厘米，开口尺寸为 52×58 厘米，共有 6 个图案标识，分别为干垃圾图案标识、湿垃圾图案标识、可回收物图案标识、有害垃圾图案标识、厨余垃圾图案标识和其他垃圾图案标识（见图 1-10）。

图 1-10　240 升城市生活垃圾收集桶

（二）基于 SWOT 模型的两种收集容器比较分析

1. 120 升城市生活垃圾收集桶的 SWOT 分析

120 升城市生活垃圾收集桶的主要内部优势是耐酸、耐碱和耐腐蚀性强；投递口圆角设计，安全无利口；表面光洁，能够减少垃圾残留，易于清洁；可相互套叠，方便运输，节省空间等。主要内部劣势是相较于240升城市生活垃圾收集桶而言，其容量较小；相对于钢制和木质垃圾桶来说，材质较脆弱。主要外部机遇是随着城市生活垃圾收集愈发严格，收集桶需求量增大。主要外部挑战是随着信息时代的到来，高技术和高科技含量的城市生活垃圾收集桶应运而生，120升城市生活垃圾收集桶被替代的可能性越来越大（SWOT分析如表1－12所示）。

表1－12　　120升城市生活垃圾收集桶的SWOT分析

120升城市生活垃圾收集桶的SWOT分析	
内部优势（Strengths）	（1）耐酸、耐碱和耐腐蚀性强。 （2）投递口圆角设计，安全无利口。 （3）表面光洁，能够减少垃圾残留，易于清洁。 （4）可相互套叠，方便运输，节省空间。 （5）能在－30℃～65℃区间内正常使用。 （6）有多款颜色选择，可根据分类需求随心搭配
内部劣势（Weaknesses）	（1）相较于240升城市生活垃圾收集桶而言，其容量较小。 （2）相对于钢制和木质垃圾桶来说，材质较脆弱
外部机遇（Opportunities）	由于我国对城市环境卫生的愈发重视，城市生活垃圾收集愈发严格，收集桶需求量增大
外部挑战（Threats）	随着信息时代的到来，高技术和高科技含量的城市生活垃圾收集桶应运而生，其被替代的可能性越来越大

2. 240升城市生活垃圾收集桶的SWOT分析

240升城市生活垃圾收集桶的主要内部优势是注塑成型，耐酸、耐碱和耐腐蚀；一体成型的塑料结构，坚韧耐用，可承受一定程度的外力冲击；箱口加厚加固，可配合机械提升装置或环卫车辆使用；桶盖密合，可防止异味散发、雨水侵入和蚊蝇滋生。主要内部劣势是相较于120升城市生活垃圾收集桶而言，其占地较大，不易清洁；相对于钢制和木质垃圾桶来说，材质较脆弱。主要外部机遇是随着城市生活垃圾收集愈发严格，收集桶需求量增大。主要外部挑战是随着信息时代的到来，高技术和高科技含量的城市生活垃圾收集桶应运而生，240升城市生活垃圾收集桶被替代的可能性越来越大（SWOT分析见表1－13所示）。

表 1-13　　240 升城市生活垃圾收集桶的 SWOT 分析

240 升城市生活垃圾收集桶的 SWOT 分析	
内部优势（Strengths）	（1）注塑成型，耐酸、耐碱和耐腐蚀。 （2）一体成型的塑料结构，坚韧耐用，可承受一定程度的外力冲击。 （3）箱口加厚加固，可配合机械提升装置或环卫车辆使用。 （4）桶底不易塌陷、变形与磨损，产品使用寿命较长。 （5）桶盖密合，可防止异味散发、雨水浸入和蚊蝇滋生。 （6）桶身可相互套叠，方便运输，节省空间。 （7）内外表面光洁，便于倒空垃圾与清洗。 （8）设计符合人体工程学，轻便好用。 （9）颜色可自定义，适用于不同的环境与垃圾分类收集
内部劣势（Weaknesses）	（1）相较于 120 升城市生活垃圾收集桶而言，其占地较大，不易清洁。 （2）相对于钢制和木质垃圾桶来说，材质较脆弱
外部机遇（Opportunities）	由于我国对城市环境卫生的愈发重视，城市生活垃圾收集愈发严格，收集桶需求量增大
外部挑战（Threats）	随着信息时代的到来，高技术和高科技含量的城市生活垃圾收集桶应运而生，其被替代的可能性越来越大

3. 两种收集容器的主要优缺点分析

根据对 120 升和 240 升城市生活垃圾桶的 SWOT 分析，我们发现 120 升城市生活垃圾桶的主要优点是占地小，易于挪动以及清理。120 升城市生活垃圾桶的主要缺点是垃圾收集桶容量小；相对于钢制和木质垃圾桶来说，材质较脆弱。240 升城市生活垃圾桶的主要优点是垃圾桶容量大，便于储存更多的城市生活垃圾。240 升城市生活垃圾桶的主要缺点是垃圾收集桶占地较大，不易清洁；相对于钢制和木质垃圾桶来说，材质较脆弱（见表 1-14）。

表 1-14　　两种垃圾收集桶的主要优缺点

项目	120 升城市生活垃圾收集桶	240 升城市生活垃圾收集桶
优点	相较于 240 升城市生活垃圾桶而言，其占地小，易于挪动以及清理	相较于 120 升城市生活垃圾桶而言，其容量较大，便于储存更多的城市生活垃圾
缺点	（1）相较于 240 升城市生活垃圾收集桶而言，其容量较小。 （2）相对于钢制和木质垃圾桶来说，材质较脆弱	（1）相较于 120 升城市生活垃圾收集桶而言，其占地较大，不易清洁。 （2）相对于钢制、木质垃圾桶来说，材质较脆弱

（三）智能化收集设备的出现

随着人工智能的出现，城市生活垃圾收集设备变得更加智能化。智能化的城市生活垃圾收集设备是指通过辅助或替代居民的方式来完成城市生活垃圾收集工作的设备，主要包括智能化垃圾箱和垃圾分拣机器人。

1. 智能化垃圾箱

智能化垃圾箱可以辅助居民分辨出城市生活垃圾的类型，从而减少错扔垃圾所带来的经济损失。在使用智能垃圾回收箱投放不可回收垃圾时，居民必须对其提前进行详细分类。在使用智能垃圾回收箱投放可回收垃圾时，居民只需要对可回收垃圾进行简单分类就可以按照智能垃圾箱上的引导进行投放①。根据可回收垃圾的数量和种类，智能化垃圾箱能够给居民一定的积分回报。居民可以使用积分兑换所需的生活物资。需要注意的是，智能化垃圾箱只能辅助居民进行城市生活垃圾分类，不能直接对城市生活垃圾进行分拣。

2. 垃圾分拣机器人

理想情况下，垃圾分拣机器人可以智能识别出不同类型的城市生活垃圾，并对其进行精准分类，实现城市生活垃圾分类的全自动化。目前，由于垃圾分拣机器人技术还不太成熟，对有些城市生活垃圾还无法精确识别和分类，垃圾分拣机器人仅限于城市生活垃圾中转站从事垃圾分拣工作。从发展趋势来看，在人工智能及自动化技术发展的加持下，垃圾分拣机器人必然会提高垃圾分类效率，减少分拣误差，全面代替人工进行城市生活垃圾分类工作，从而减少分拣员工的工作量，保护分拣员工的身体健康②。

第三节　我国城市生活垃圾运输现状研究

一、我国城市生活垃圾运输设施的现状

目前我国城市生活垃圾运输车大体上分为压缩式垃圾车、车厢可分离式垃圾

① 程毕燊、徐海兼、曹景林、刘先勇：《基于情感化理念的城市生活垃圾收集产品再设计》，载于《设计》2021 年第 16 期。

② 马嘉宁、张立昂、张荣峰、蔚嘉龙：《智能垃圾分拣机器人》，载于《河北农机》2021 年第 7 期。

转运车、挂桶垃圾车和城市生活垃圾智能运输车四种类型。其中，压缩式垃圾车和车厢可分离式垃圾转运车是最主要的城市生活垃圾运输车辆类型。

（一）压缩式垃圾车

压缩式垃圾车是由密封式垃圾箱、液压系统和操作系统三部分组成的（见图1-11）。压缩式垃圾车的优点是：首先，进料口低，操作方便，易于垃圾的收集[①]。其次，压缩比高，最大破碎压力可达12吨；装载量大，相当于同吨级非压缩垃圾车的2.5倍。再次，垃圾桶能自行压缩，并倾倒内存城市生活垃圾，垃圾桶的提升结构提高了车辆的机械化程度，大大降低了环卫工人的作业强度[②]。最后，具有灵活的驾驶和转向功能，机动性好。压缩式垃圾车也存在着一些问题：首先，结构复杂。压缩式垃圾车的垃圾箱固定于汽车底盘，两者不可分割，在相同的转移规模下，压缩式垃圾车较车厢可分离式垃圾转运车需配置更多的汽车底盘。其次，转运时间长。驾驶者在转运站需较长时间，以等待压缩机将城市生活垃圾压装到垃圾箱中，这不仅影响车辆的利用率和站点的交通，也导致转运站的人工成本和运营成本较高。最后，普遍存在作业噪声大、扰民等问题。

图1-11　压缩式垃圾车

（二）车厢可分离式垃圾转运车

车厢可分离式垃圾转运车又称勾臂式垃圾车或拉臂式垃圾车（见图1-12），车厢可分离式垃圾转运车带自卸功能，液压操作，方便倾倒，广泛适用于学校和

---

① 刘中华、张寅：《一种新型环保压缩式垃圾车》，载于《专用汽车》2022年第1期。

② 罗方娜、周振峰、王佩：《某新型压缩式垃圾车液压系统测试》，载于《建设机械技术与管理》2021年第5期。

城市街道的垃圾运输。车厢可分离式垃圾转运车的优点是：首先，高效灵活。垃圾容器轻巧灵活，有效容积大，且净负荷率高，同时底盘与垃圾集装箱可自由组合和彻底分离，两者可以单独工作，从而使车辆维护更加方便，提高了运输效率，设备投资和运行成本也较低[①]。其次，一车可配备多个垃圾斗。各个垃圾点放置多个垃圾斗，可实现循环运输。最后，可根据客户的实际需求，定制城市生活垃圾箱，运输方式较为灵活。车厢可分离式垃圾转运车也存在着一些问题：首先，压缩机机头行程短，压缩能力有限，且压缩比相对较低。其次，容器上部不宜填充垃圾，车辆的垃圾装载量相对较低。最后，垃圾是在压缩机和转运车集装箱之间被压装，容易出现污水、恶臭以及垃圾的遗撒外漏现象，给环境造成污染。

图 1－12　车厢可分离式垃圾转运车

（三）挂桶垃圾车

挂桶垃圾车又被称为自装卸式垃圾车（见图 1－13），是由密封式垃圾箱、液压系统和操作系统三部分构成的，主要用于各环卫市政及大型厂矿部门运载各种垃圾。一方面，挂桶垃圾车的上盖和后盖均采用液压开启、关闭形式。液压系统是由优质的举升油缸、操作阀、卡套式接头、高压软管和高压钢管组成，同时布置了可靠的固定装置，能够保证长时间无任何泄漏。另一方面，垃圾箱是由优质的钢板制成的，箱底板可加装不锈钢钢板，保证介质自卸时的平滑性，同时箱底还可根据温度情况加装防冰冻设置，从而保障车辆的正常运行。

---

① 吴涛、李浩斐、牛其东：《拉臂式垃圾车的发展现状分析》，载于《现代国企研究》2016 年第 8 期。

图 1-13　挂桶垃圾车

（四）城市生活垃圾智能运输车

随着科技进步，城市生活垃圾运输车也变得更加智能化，出现了城市生活垃圾智能运输车。相比之前的运输车，智能化的城市生活垃圾运输车更加注重城市生活垃圾的分类运输和对实时信息的监控。城市生活垃圾智能运输车将分类后的城市生活垃圾运输至不同的垃圾处理厂进行处理处置。在整个运输过程中，城市生活垃圾智能运输车通过安装的智能设备实时接收运输时产生的各种信息数据，例如：行驶路线、车辆载重、车容车貌、外挂外露垃圾、抛洒滴漏垃圾污水和车辆不按交通规则行驶等信息，并将其上传至相关职能部门。相关职能部门通过对这些信息的实时监控了解城市生活垃圾运输的实际情况，为城市生活垃圾有效管理提供了依据。

城市生活垃圾运输车辆还通过智能监控系统将车辆定位信息全部集成到系统中进行监管，并通过平台实时查看车辆工作状态和运行轨迹。具体来说，一方面，城市生活垃圾运输车辆智能监控系统通过城市生活垃圾运输车上的智能设备得到洒漏、污染以及不按规定路线和时间行驶的相关问题，迅速协调其他车辆进行及时清理，确保作业道路干净整洁。另一方面，在城市生活垃圾收运过程中，城市生活垃圾智能运输车司机和前端收集人员通过云平台提前对接，缩短收运时间，确保道路上的垃圾桶仅在收运时间内停留，减少城市生活垃圾运输、中转过程中产生的二次污染等问题的发生。

二、我国城市生活垃圾运输人员的现状

课题组成员通过对北京、上海、西安、成都以及天津等多个社区进行走访发现，我国城市生活垃圾运输人员平均每人每日可倾倒垃圾桶及垃圾包 150 个，清

运垃圾 10～12 吨，且一个社区通常会配备 3 名（1 名驾驶员和 2 名清运工）城市生活垃圾运输人员。以北京市为例，北京市共有城市生活垃圾运输人员 8.3 万人，每日可清理 1.65 万吨城市生活垃圾。通过抽样调查统计，城市生活垃圾车辆驾驶员以及清运工通常以 50 岁以上的男性为主，部分为 50 岁以上女性，他们通常是初中或中专学历。

在工资待遇方面，课题组成员通过对北京、上海、西安、成都以及天津等城市 20 多位生活垃圾清运工作人员进行访谈发现，目前绝大多数的城市生活垃圾车驾驶员和清运工的工资都是以车为单位进行发放。例如：杭州市的城市生活垃圾车的驾驶员工资为 9 000 元/月（包含统筹费用），还需自带装车工 1 名（装车工的薪酬由驾驶员个人支付）。有些城市采用计件的形式核发工资。例如：岳阳市的城市生活垃圾车正式驾驶员按基本工资总额加月标准任务量得出每车标准工资额后，结合每月实际完成车数核算月工资，超过车辆核定数的按 18 元/车计算。临聘驾驶员月工资则按 18 元/车计算，多劳多得。凡未完成日定额 5.5 车清运量的，城市生活垃圾车的驾驶员工资则一律按每车标准额扣除。

在人员结构方面，随着城市生活垃圾运输行业待遇的提升，从业人员也逐渐增加，对城市生活垃圾运输人员的要求也逐渐提高，甚至出现了硕士或本科毕业生争夺一个岗位的现象。这些高学历人才为我国智能化垃圾运输车的大范围使用提供了人员基础。同时，这些高学历人才还通过传、帮、带的方式按照智能化垃圾运输设施的要求，培训现有运输从业人员，使其从内心接受智能化垃圾运输设施，提高实际操作和使用能力，保障智能化垃圾运输车辆的大规模推广使用，为智能化垃圾运输行业朝着更加高端化方向发展夯实了基础。

三、我国城市生活垃圾运输路线的现状

我国城市生活垃圾运输路线一般分为直接运输和中转运输两种类型（见图 1－14）。

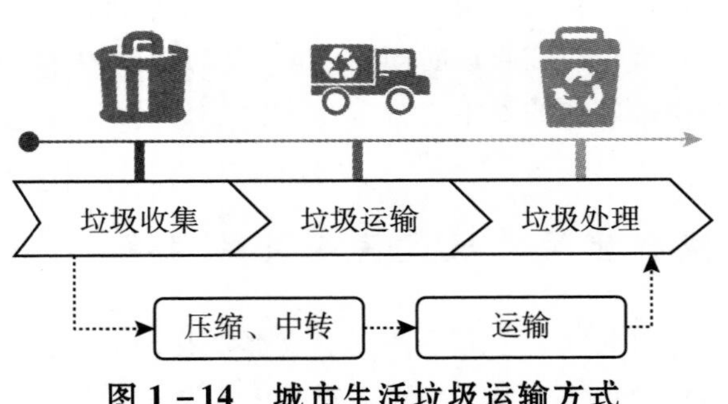

图 1－14　城市生活垃圾运输方式

（一）直接运输

直接运输是指垃圾运输车将收集到的城市生活垃圾直接运送至最终垃圾处理场（厂）进行处理的运输方式。这些城市生活垃圾既包括居民社区产生的生活垃圾，也包括商业活动产生的垃圾，还包括企事业单位产生的生活垃圾。城市生活垃圾既可以在堆放点进行压缩处理，也可以不用进行压缩处理。直接运输方式能够避免城市生活垃圾抛洒滴漏外泄等问题的发生，从而减少城市生活垃圾收运过程中的二次环境污染[①]。

（二）中转运输

中转运输是将收集到的居民社区、街道、企事业单位内的生活垃圾，通过各种垃圾运输工具和车辆运至城市生活垃圾转运站，然后垃圾运输车经过一个或多个垃圾转运站收集垃圾后，再将垃圾压缩处理后直接运往垃圾处理场（厂）进行处理的运输方式。中转运输方式能够兼顾多个垃圾堆放点，实现最优化的垃圾运输车辆配置组合，但是运输路线过长可能会导致运输途中产生二次环境污染。另外，由于城市生活垃圾运输量预测不准确可能会导致垃圾运输车空跑，从而造成运输成本的增加[②]。

（三）城市生活垃圾运输的路线优化

不管是直接运输，还是中转运输，都需要多辆垃圾运输车将分布在城市各处的城市生活垃圾运输至特定的垃圾处理场（厂）进行处理。在运输过程中，城市生活垃圾运输车辆和运输驾驶员的数量都是有限的。如何在垃圾运输车辆和运输驾驶员数量等有限的情况下，规划出耗时最短、费用最低以及排放空气污染物最少的城市生活垃圾运输路线，成为各城市政府最为关注的问题之一[③]。

在城市生活垃圾管理初期，城市生活垃圾运输人员在运输城市生活垃圾时不会系统性地考虑资源约束和路线最优等问题，只会依靠个人工作经验或直觉去运输城市生活垃圾，直至运完为止，运输效率不高。近年来，随着各种智能优化技术的推广，城市生活垃圾运输人员会借助计算机软件实现运输路线的优化以便增加其收入。特别是，各城市政府也更加关注城市生活垃圾运输车辆数量和型号与

---

① 赵玲玲：《城市生活垃圾治理问题与对策研究》，湘潭大学硕士学位论文，2019 年。

② 贾娜：《我国城市生活垃圾收运系统的研究》，大连海事大学硕士学位论文，2014 年。

③ 王芳芳、秦侠、刘伟：《城市生活垃圾收集与运输路线的优化》，载于《四川环境》2010 年第 4 期。

垃圾点位的垃圾品种、数量和时间的匹配，进而从全局出发，系统性地规划城市生活垃圾运输车的运输路径，大大地提高了运输效率①。

第四节　我国城市生活垃圾无害化处理现状研究

一、我国城市生活垃圾处理量

近年来，我国城市生活垃圾清运量与无害化处理量都在逐渐增加（见图 1 - 15）。据《中国城市建设统计年鉴》（1979 ~ 2020）统计，截至 2019 年，我国共有城市生活垃圾无害化处理厂 1 183 座，无害化处理能力达到 869 875 吨/日，其中填埋厂（场）652 座，处理能力为 367 013 吨/日，约占处理总量的 42.2%；焚烧发电厂 389 座，处理能力为 456 499 吨/日，约占处理总量的 52.6%；其他无害化处理厂 141 座，处理能力为 45 222 吨/日，约占处理总量的 5.2%。在 2019 年底，我国城市生活垃圾无害化处理率达到 99.2%。

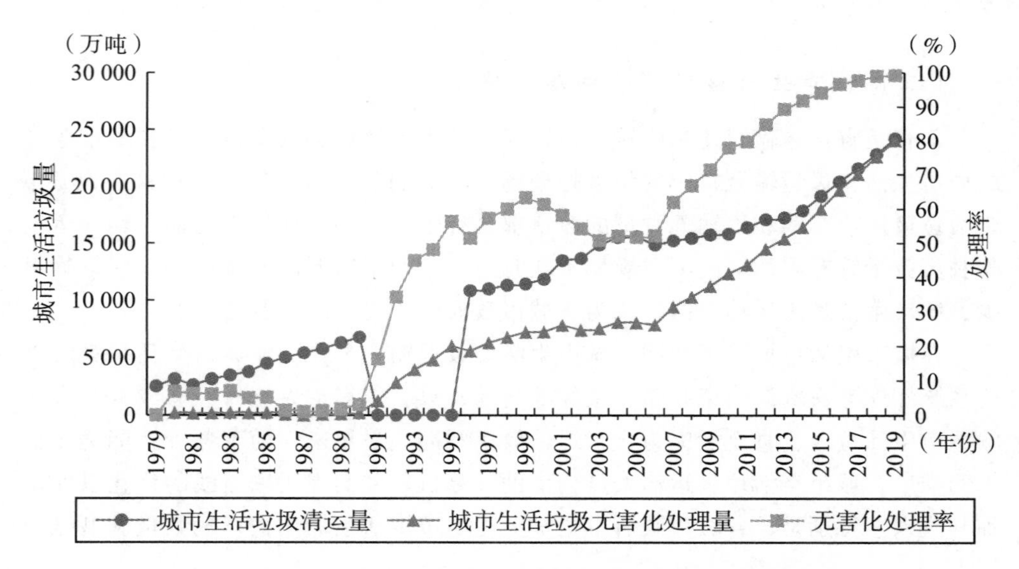

图 1 - 15　1979 ~ 2019 年我国城市生活垃圾处理情况

① Das S., Bhattacharyya B. K. Optimization of municipal solid waste collection and transportation routes [J]. *Waste Management*, 2015, 43: 9 - 18.

从图1－16中，我们直观清晰地发现我国城市生活垃圾处理厂数量和处理能力总体上来说是比较匹配的，即随着城市生活垃圾处理厂数量的逐年递增，垃圾处理压力也逐年增加。但是1991～2007年除外，在这一时期，我国城市生活垃圾处理厂数量比较多而处理能力相对比较低。究其原因，职能部门科学地预见到未来我国的城市生活垃圾产生量将急剧增加，各地新建了很多城市生活垃圾处理厂以应未来之需。

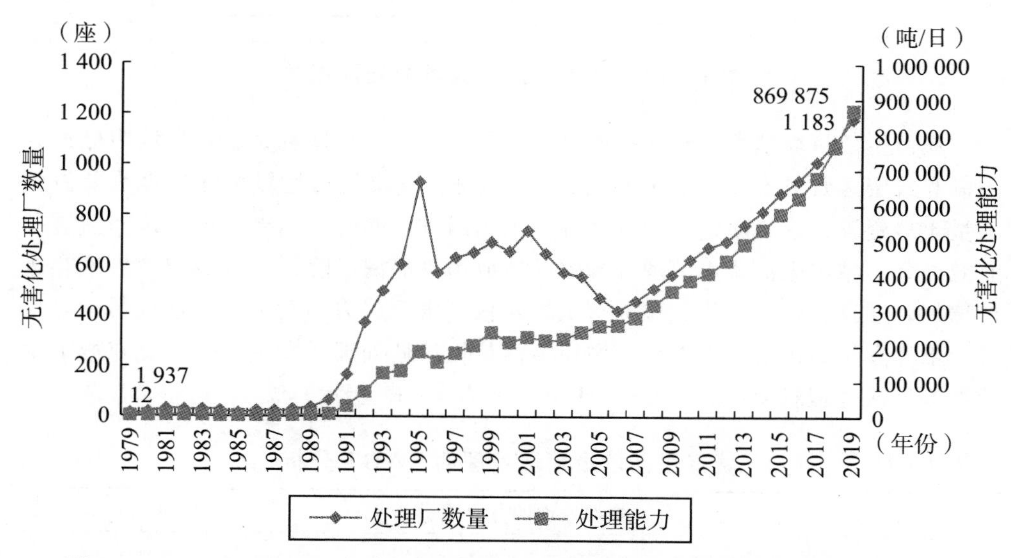

图1－16　1979～2019年全国城市生活垃圾处理厂数量及其处理能力变化

二、我国城市生活垃圾处理方式的现状

（一）我国城市生活垃圾填埋处理的现状

城市生活垃圾填埋处理是指将城市生活垃圾倾倒至洼地或者大坑后，压实表面并用防渗材料将地面覆盖，通过有机物的自然分解而实现城市生活垃圾填埋处理的一种方式，也是我国传统城市生活垃圾处理的主要方式[①]（见图1－17）。城市生活垃圾填埋处理适用于各种类型的城市生活垃圾处理，具有处理量大、适应性广、成本低廉、操作简单和技术成熟等优点。在处理城市生活垃圾过程中，城市生活垃圾填埋处理要避免生活垃圾渗滤液进入地下水，从而污染我国地下水

① 赵玲玲：《城市生活垃圾治理问题与对策研究》，湘潭大学硕士学位论文，2019年。

资源[1]。目前，根据填埋技术的不同，城市生活垃圾填埋分为简易填埋场、受控填埋场和卫生填埋场三种类型[2]。

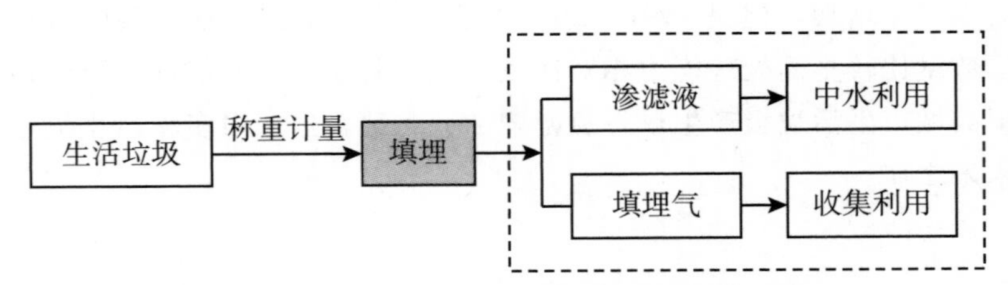

图 1－17　城市生活垃圾填埋处理流程

城市生活垃圾填埋处理有技术可靠、便于操作、处理量大、对垃圾组分没有限制和投资运营成本较低等主要优点[3]。但是，城市生活垃圾填埋处理需要占用大量土地资源，这给新建填埋场选址带来了困难。同时，如果污染源未提前进行有效处理，城市生活垃圾填埋处理容易造成污染泄漏风险，并且随着垃圾堆存量的增加，堆存时间的延长，垃圾对土壤及地下水等周边环境也容易造成污染。另外，堆存多年的生活垃圾能够使城市生活垃圾填埋处理场发生矿化，导致城市生活垃圾再次处理难度增大[4]（SWOT 分析如表 1－15 所示）。

表 1－15　　城市生活垃圾填埋处理的 SWOT 分析

填埋处理的 SWOT 分析	
内部优势 (Strengths)	（1）技术可靠。 （2）操作管理简单，不需要进行后续处置。 （3）处理量大，对垃圾组分没有严格要求。 （4）投资成本较低
内部劣势 (Weaknesses)	（1）占用大量土地资源，新建填埋场选址困难。 （2）污染源未进行有效处理易产生泄漏风险，容易对土壤及地下水造成污染。 （3）堆存多年的生活垃圾能够使填埋场发生矿化，导致垃圾再次处理的难度增大

①③　曾志文、于紫萍、胡术刚：《"无废城市"生活垃圾的处理与发展》，载于《世界环境》2019 年第 2 期。

②　李丹：《城市生活垃圾不同处理方式的模糊综合评价》，清华大学硕士学位论文，2014 年。

④　宋河宇、徐凌、赵宇等：《基于 ICMOMILP 模型的固体废物管理研究——以大连开发区为例》，环境污染与大众健康学术会议，2010 年。

续表

填埋处理的 SWOT 分析	
外部机遇（Opportunities）	政府对城市生活垃圾处理产业的重视程度增强
外部挑战（Threats）	（1）土地资源有限。 （2）很多城市生活垃圾填埋场处于超负荷运行

（二）我国城市生活垃圾焚烧处理的现状

城市生活垃圾焚烧处理是指将城市生活垃圾作为燃料被投放到燃烧炉内，可燃成分与空气充分混合，在高温燃烧情况下发生热分解、燃烧和熔融等氧化反应，清除病毒与细菌，成为残渣或者熔融固体物质，从而实现垃圾减量、减重和资源化的过程（见图 1－18）。城市生活垃圾焚烧处理要求炉内温度必须控制在 800～1 000℃，焚烧后生成的残渣类固体废弃物要采用填埋等方式进行直接处理[①]。城市生活垃圾焚烧设施主要分为简易类焚烧炉、国产类焚烧装置和综合类焚烧设备三种类型。

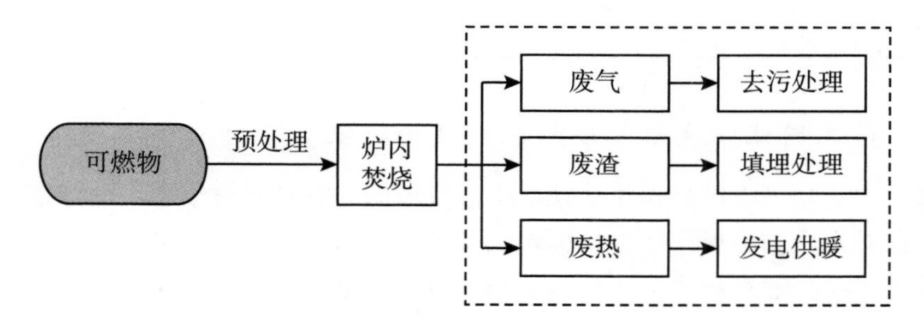

图 1－18　城市生活垃圾焚烧处理流程

城市生活垃圾焚烧处理方式具有很多优点。首先，在使用城市生活垃圾焚烧处理后，城市生活垃圾中的病原体被彻底消灭，有毒有害物质也转化为无害物。其次，城市生活垃圾焚烧厂的占地面积小，可节约大量土地资源。最后，城市生活垃圾焚烧处理不易受天气影响，能够全天候处理城市生活垃圾。城市生活垃圾焚烧处理方式也存在着一些缺点[②]。例如：城市生活垃圾焚烧处理投资资金较大，

① 李丹：《城市生活垃圾不同处理方式的模糊综合评价》，清华大学硕士学位论文，2014 年。

② Sun X., Li J., Zhao X., et al. A review on the management of municipal solid waste fly ash in American [J]. *Procedia Environmental Sciences*, 2016, 31: 535－540.

垃圾热值对燃烧炉工作效果也存在着影响。特别是，在城市生活垃圾焚烧处理过程中，大量含有重金属和有机类污染物的烟气被产生。这些烟气若未经有效处理排入环境介质中，会造成严重的二次环境污染①（SWOT 分析见表 1 - 16 所示）。

表 1 - 16　　城市生活垃圾焚烧处理的 SWOT 分析

焚烧处理的 SWOT 分析	
内部优势 (Strengths)	(1) 彻底消灭垃圾中的病原体。 (2) 可节约大量土地资源。 (3) 垃圾焚烧厂占地面积小。 (4) 焚烧处理可全天候操作，不易受天气影响
内部劣势 (Weaknesses)	(1) 焚烧处理资金投资大，垃圾热值对燃烧效果也有影响。 (2) 容易造成环境二次污染。 (3) 核心技术难度较高，不易操作
外部机遇 (Opportunities)	政府对城市生活垃圾处理产业的重视程度增强
外部挑战 (Threats)	极易引起邻避事件

（三）我国城市生活垃圾堆肥处理的现状

城市生活垃圾堆肥处理是使城市生活垃圾中的有机物与土壤中的细菌、酵母菌、真菌和放线菌等微生物发生生物化学反应，形成肥料并用来改良土壤，从而实现城市生活垃圾降解或消化的一种垃圾处理方式②。城市生活垃圾堆肥处理方式通常包括前期处理、首次发酵、中间处理、再次发酵、后期处理、脱臭和储存等步骤（见图 1 - 19）。

城市生活垃圾堆肥处理方式包括简易堆肥和工厂堆肥两种方式。在中小城市中，简易堆肥被普遍使用③。简易堆肥是基于静态发酵技术的堆肥，其所需费用较少。在环保措施比较完善的城市，工厂堆肥被使用得比较多。工厂堆肥是基于

---

① 程明涛、潘安娥：《城市生活垃圾焚烧处理环境补偿价值评估》，载于《安全与环境工程》2019 年第 6 期。

② 张环：《生活垃圾焚烧处理 BOT 项目效益评价研究》，上海工程技术大学硕士学位论文，2016 年。

③ Hargreaves J. C. , Adl M. S. , Warman P R. A review of the use of composted municipal solid waste in agriculture [J]. *Agriculture, Ecosystems & Environment*, 2008, 123 (1 - 3): 1 - 14.

半动态或动态发酵技术而形成的[1]。城市生活垃圾堆肥处理方式具有能够减少或减轻土传病害、土壤改良和改善土壤利用等优点[2]。但是，由于受气候影响较大，城市生活垃圾堆肥处理方式不适宜在寒冷的北方地区推广。另外，城市生活垃圾堆肥处理方式所需堆肥时间较长，堆肥设施和土地资金投入较大（SWOT 分析如表 1－17 所示）。

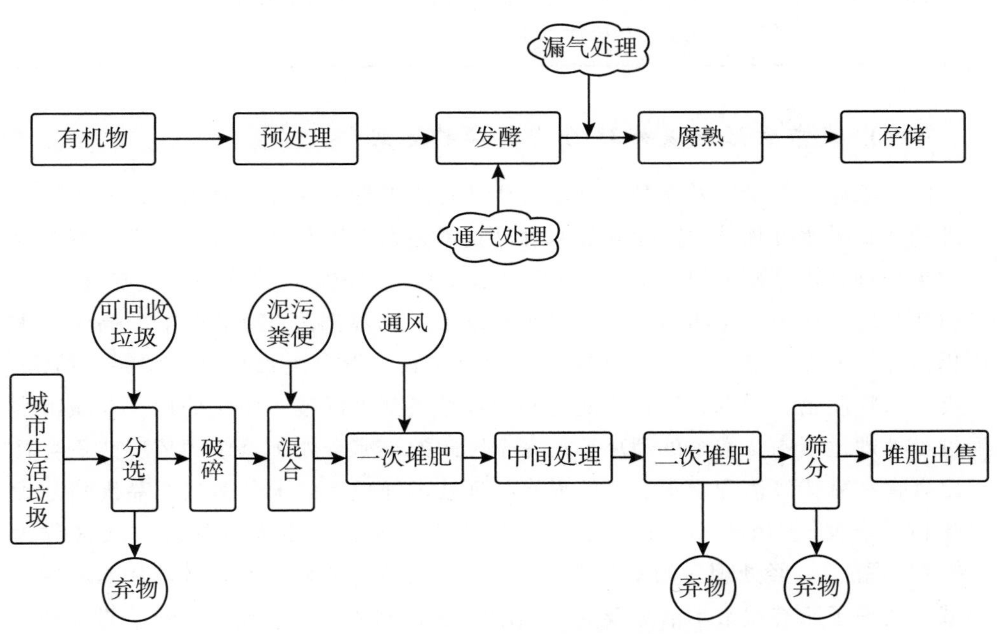

图 1－19　城市生活垃圾堆肥处理流程

表 1－17　城市生活垃圾堆肥处理的 SWOT 分析

堆肥处理的 SWOT 分析	
内部优势 （Strengths）	（1）减少或减轻土传病害。 （2）能够改良土壤
内部劣势 （Weaknesses）	（1）堆肥处理受气候影响较大，不适宜在寒冷的北方地区推广。 （2）堆肥所需时间较长、堆肥设施和土地资金投入较大。 （3）防渗防漏要求高

① 李丹：《城市生活垃圾不同处理方式的模糊综合评价》，清华大学硕士学位论文，2014 年。

② 田阳、项娟、路垚、李妍、梁海恬、何宗均：《生活垃圾堆肥处理研究》，载于《中国资源综合利用》2020 年第 11 期。

续表

堆肥处理的 SWOT 分析	
外部机遇（Opportunities）	政府对城市生活垃圾处理产业的重视程度增强
外部挑战（Threats）	（1）缺乏专门针对再生资源回收利用的可操作性政策和标准。 （2）公众参与积极性不高

（四）城市生活垃圾处理的“第四种方式”

除了填埋、焚烧以及堆肥三种城市生活垃圾处理方式外，我国还研发了较为先进的亚临界水处理技术。亚临界水处理技术是在引进和吸收日本先进的城市生活垃圾处理技术基础上研发的①。亚临界水又称超加热水、高压热水或热液态水，是指在一定的压力下，将水加热到 100℃ 以上，临界温度 374℃ 以下的高温，水体仍然保持液态状态。采用这种技术，餐厨垃圾、混合生活垃圾、塑料、纺织、纸类、医疗废物、污泥、家畜排泄物和固体垃圾都可以被一体化处理。在城市生活垃圾处理过程中，整个处理环节是完全密闭的，完全处于杀菌的环境，不会释放出有害和有味气体和废水。亚临界水处理技术处理后的未分解物产品堆料是无臭味和无公害②。由于不使用酸、碱和催化剂的水，亚临界水处理方式被称为“绿色处理法”。经处理后的水和堆料完全可以再次进入农业和市政等用水和用肥领域，实现了所有城市生活垃圾的“通吃”和再利用的良性循环。亚临界水处理技术是我国继填埋、焚烧以及堆肥处理方式后的第四种城市生活垃圾处理方式，对实现城市生活垃圾资源化、无害化、减量化目标具有重要意义③。

三、我国城市生活垃圾处理方式比较分析

（一）城市生活垃圾处理方式的技术比较分析

从表 1 – 18 可以看出，城市生活垃圾填埋与堆肥处理方式的初始投资少、运行费用低而且技术工艺简单，但是城市生活垃圾减量化、资源化和无害化效果不

①② 阮辰旼、吴晓晖：《亚临界水处理技术处理污泥效果的初步试验》，载于《给水排水》2012 年第 S2 期。

③ 陈劲、傅菊惠、张建会、王显赫、王洪艳：《亚临界水技术的应用研究进展》，载于《分子科学学报》2021 年第 5 期。

明显，二次污染难以控制。虽然，城市生活垃圾焚烧处理方式实现了城市生活垃圾减量，也回收了一部分热量，但建设投资高，技术工艺复杂，无法彻底解决烟气排放污染问题以及飞灰和灰渣的安全性问题①。

表 1-18　　城市生活垃圾处理方式比较

内容	填埋	焚烧	堆肥
技术安全性	较好，注意防火	好	好
技术可靠性	可靠	可靠	可靠，国内经验丰富
占地	大	小	中等
选址	较困难，需考虑地形、地质条件，一般远离市区，运输距离较远	易，可靠近市区建设，运输距离较近	较易，需避开居民密集区，区域影响半径小于200米，运输距离适中
适用条件	无机物高于60%，含水率低于30%，密度大于500千克/天	垃圾低位热值高于3 300千焦/千克时，不需要添加辅助燃料	从无害化角度，垃圾中可生物降解有机物不低于10%；从肥效角度，垃圾中可生物降解有机物高于40%
最终处置	无	仅残渣需做填埋处理，为初始量的10%～20%	非堆肥物质做填埋处理，为初始量的20%～25%
产品市场	气回收，沼发电	产生热能或电能	建立稳定的堆肥市场较困难
建设投资	较低	较高	适中
资源回收	无现场分选实例，但有潜在可能	在处理厂区无；在炉灰填埋时，其对地表水的污染可能性比填埋小	前处理工序可回收部分原料，但取决于垃圾中可利用物比例
地表水污染	可能，虽可采取防渗措施，但仍然有可能发生渗漏	无	在非堆肥物填埋时与填埋相仿
地下水污染	无	无	重金属等可能随堆肥制品污染地下水

① 龙海丽：《乌鲁木齐市城市垃圾管理市场化运作研究》，新疆师范大学硕士学位论文，2006年。

续表

内容	填埋	焚烧	堆肥
大气污染	有，采取覆盖压实等措施控制	可控，但二噁英等微量剧毒物质须采取措施控制	有轻微气味，污染指数不大
土壤污染	限于填埋场	无	需控制堆肥制品中重金属含量

（二）城市生活垃圾处理方式的应用比较分析

图 1－20 和图 1－21 清晰地显示出 2006～2019 年我国城市生活垃圾处理厂数量和垃圾处理量情况。据此，我们可以看出，我国城市生活垃圾处理厂数量与处理能力逐年上升。虽然，城市生活垃圾填埋处理方式占比不断回落，但是城市生活垃圾填埋处理仍然是我国最主要处理方式。城市生活垃圾焚烧处理方式占比越来越大。特别是，自 2010 年起，城市生活垃圾焚烧处理处于快速发展时期。我国城市生活垃圾焚烧处理厂已由 2006 年的 69 座上升至 2019 年的 389 座，处理量由 2006 年的 1 137.6 万吨提高到 2019 年的 12 174.2 万吨。城市生活垃圾堆肥处理则处于逐渐萎缩状态，已由 2006 年的 20 座处理厂急剧减少到 2010 年的 11 座，且 2010 年后《中国统计年鉴》不再对其进行统计。

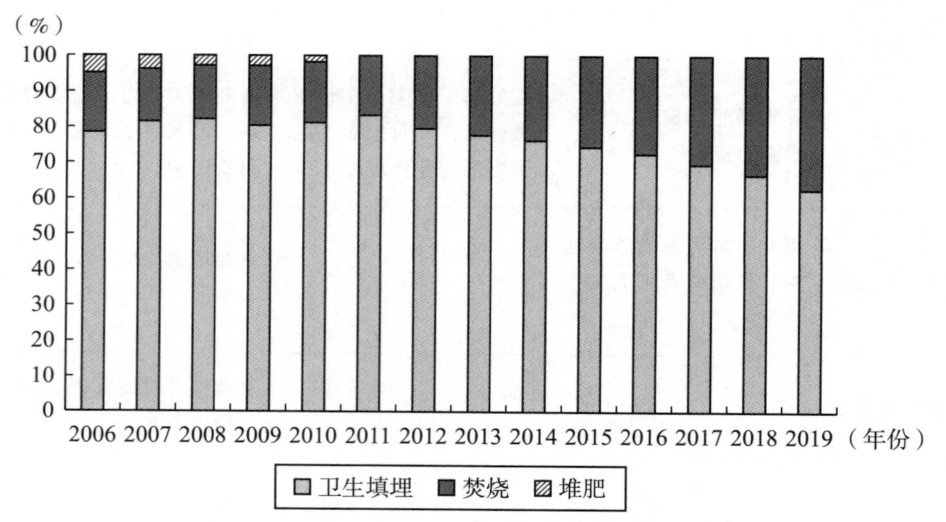

图 1－20　我国城市生活垃圾各处理方式下的处理厂

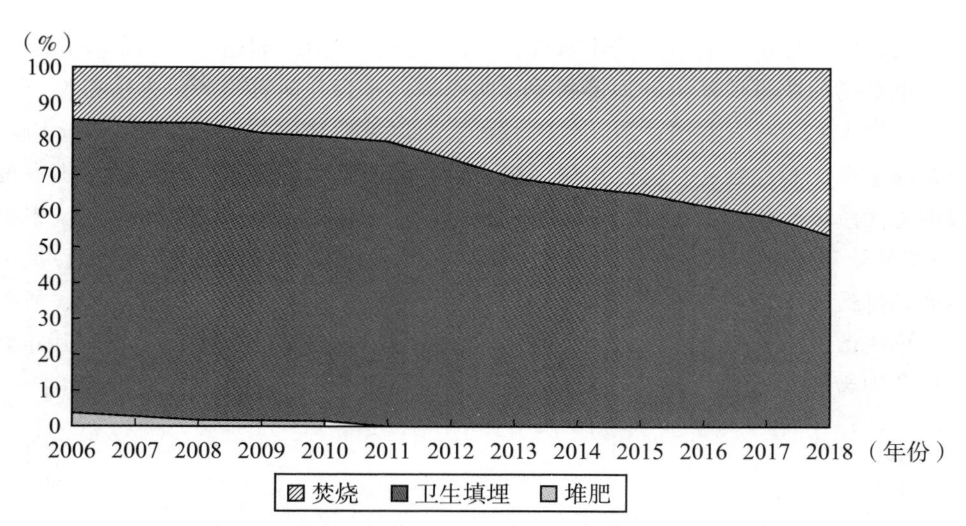

图 1-21　我国城市生活垃圾各处理方式下的处理量

2010 年以前，我国 31 个省、自治区及一些超大城市均不同程度上采用城市生活垃圾填埋方式处理城市生活垃圾。除青海和陕西两个省份以外，其余 29 个省、自治区和超大城市都建有城市生活垃圾焚烧厂。2020 年以后，24 个省、自治区和超大城市已经建成了其他垃圾处理厂。

从图 1-22 可以看出，广东省的城市生活垃圾填埋场数量最多，且年处理量也比其他省、自治区和超大城市高。天津市、上海市和西藏自治区拥有的城市生活垃圾填埋场数量最少，其中，上海市的城市生活垃圾填埋年处理量最多，天津

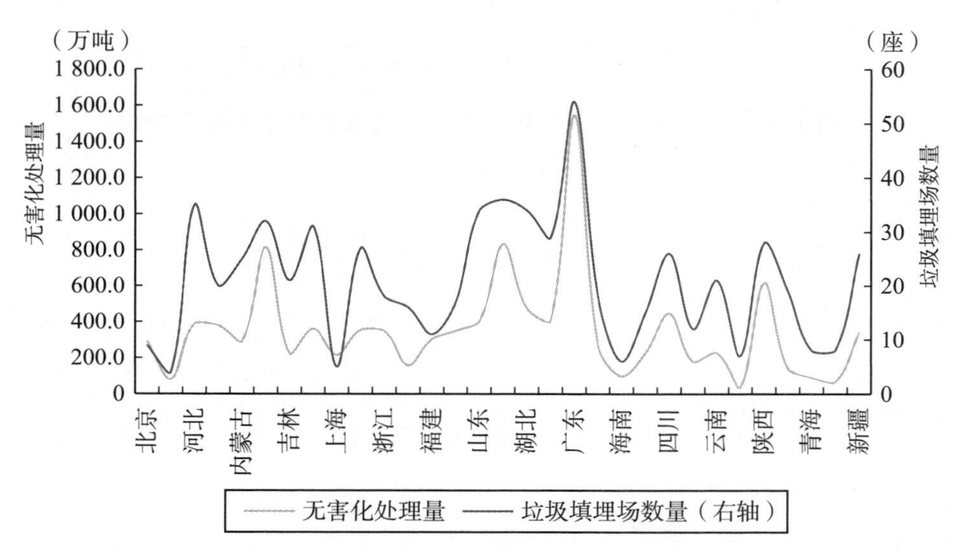

图 1-22　2019 年全国各省份卫生填埋场数量及其年处理量情况

市次之，西藏自治区最少。整体来说，全国各省、自治区和超大城市的城市生活垃圾填埋场的数量及其年处理量的变化曲线接近重合，两者的关系为正相关。

从图1－23可以看出，浙江省的城市生活垃圾焚烧厂数量最多，高达39座，年处理量也比其他省、自治区和超大城市多。陕西省和新疆维吾尔自治区拥有的城市生活垃圾焚烧厂数量最少，年处理量分别为14.1万吨和11.5万吨。根据《中国统计年鉴》数据，我们发现北京市采用其他处理方式处理城市生活垃圾的年处理量最多，高达170万吨，处理厂的数量也最多。吉林省、江西省、河南省、重庆市、云南省和陕西省较少使用其他处理方式处理城市生活垃圾，其年处理量分别为10.5万吨、4.5万吨、1.7万吨、4.3万吨、3.9万吨和1.5万吨。

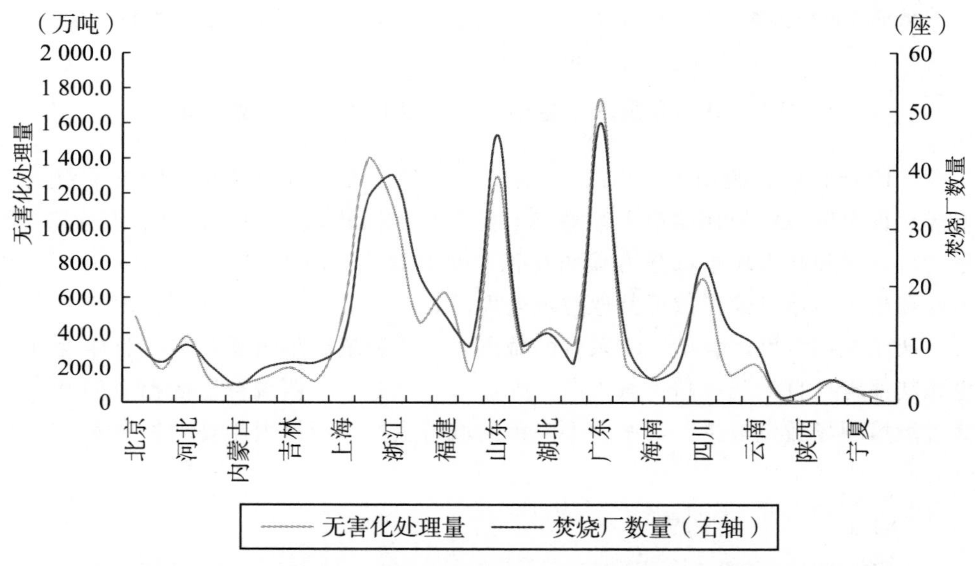

图1－23　2019年全国各省份焚烧厂数量及其年处理量情况

第二章

我国城市生活垃圾管理政策的现状研究

为了更全面地掌握我国城市生活垃圾管理政策的现状，我们综合运用时间序列研究法和政策种类研究法对我国1949年10月1日~2020年5月31日70多年的城市生活垃圾管理政策进行了科学梳理，筛选出102个国家层面的城市生活垃圾主要管理政策（如附表A1所示）和51个各地方市级层面城市生活垃圾主要管理政策（如附表A2所示）作为核心研究样本。据此，我们采用词频分析法，使用SPSS22.0软件对所收集到全部城市生活垃圾管理政策进行了文本分析，明晰城市生活垃圾管理政策制定、执行、实施效果的真实状况，探寻我国城市生活垃圾管理政策70多年的变化历程，划分出了我国城市生活垃圾管理政策的发展阶段，并对在演变过程中存在的问题进行了探究，最后找出了其背后存在的根本原因。

第一节　我国城市生活垃圾管理政策发展历程

我国城市生活垃圾管理政策发展经历了起步构建阶段、形成框架体系阶段、实现战略转变阶段和全面综合决策阶段四个阶段，具体如下：

一、起步构建阶段（1949~1979年）

1949年新中国成立到1979年间，各方面处于起步阶段，除了要面对复杂的国际形势以外，我国将更多的精力放在国防建设和经济发展方面。在这个阶段，城市生活垃圾管理仅是环境保护工作中的很少一部分工作内容，还没有形成一套完整的城市生活垃圾管理政策框架，地方层面也没有出台相应的管理政策配套文件，城市生活垃圾管理政策处在起步构建阶段。但是，国家层面已经有意识地组织各地区进行垃圾清运工作及后续的卫生防疫工作来保障人民的生活需求。

具体来说，1957 年在《中华人民共和国治安管理处罚条例》中首次出现"垃圾"字样，明确要求禁止随意向街道上倾倒垃圾。1978 年颁布了 78 版宪法，第十一条中规定"国家保护环境和自然资源，防治污染和其他公害"，为城市生活垃圾管理工作提供了根本依据，也为我国城市生活垃圾管理政策的发展奠定了基础。1979 年通过的《中华人民共和国环境保护法（试行）》是我国首部有关环境保护的专门性法律，文本中共出现 27 次"保护环境"字样，2 次"垃圾"字样，这些高频词的出现也表明我国环境保护工作上了新台阶。在 20 世纪 50 年代，我国也曾经出现城市生活垃圾分类收集的呼声，但当时的实际效果并没有达到预期目标。究其原因，我们发现城市生活垃圾管理不仅需要技术和制度层面的支持，更需要全国民众心理、风俗文化和道德等层面的支持。如果无法破解民众接受度这个最根本的难点，任何城市生活垃圾管理政策都是纸上谈兵，很难达到预期目标。

二、形成框架体系阶段（1979 ~1999 年）

在 1982 年颁布的《城市市容环境卫生管理条例》中首次出现"城市生活垃圾"字样，并对城市生活垃圾种类进行了详细划分，同时要求对生活废弃物进行分类收集、运输和回收处理以减少城市生活垃圾数量，更为重要的是首次将社会化服务引入城市生活垃圾管理，还提出了市场化的观念。1986 年在行政法规中首次出现了"垃圾分类"字样，并提出垃圾分类是可持续发展环境的基础。1989 年重新修订并颁布实施了《中华人民共和国环境保护法》，与试行版相比较而言，"环境保护"词频增加了 1 倍，共计出现 48 次，强化了政府相关部门的监察责任，明确了各自的权力，特别是将相关的法律责任细化到了中央、各级地方政府及企业三个层面。1995 年正式颁布实施的《中华人民共和国固体废物污染环境防治法》中"城市生活垃圾"出现 14 次，明确了城市生活垃圾处理的 3R（减量化、资源化和无害化）原则及相关概念。在这个阶段，各地方也开始出台地方性城市生活垃圾管理政策①。第一部地方性的城市生活垃圾管理政策是 1982 年北京

① 万筠、王佃利：《中国城市生活垃圾管理政策变迁中的政策表达和演进逻辑——基于 1986 ~ 2018 年 169 份政策文本的实证分析》，载于《行政论坛》2020 年第 2 期。

市政府颁布的有关区分生活垃圾及其他垃圾的收费办法。在之后17年中全国共颁布了32个相关管理办法文件，涉及北京、广州、南京、昆明和哈尔滨等20多个地市。昆明是第一个颁布了整套城市生活垃圾管理办法的城市，其涉及收集、运输和收费等问题，虽不完善，但仍有很多可借鉴之处。

自20世纪80年代以来，特别是90年代中后期，我国出台的城市生活垃圾管理政策呈上升趋势，初步形成了以宪法为根基，《中华人民共和国环境保护法》为基本法，《中华人民共和国固体废物污染环境防治法》和《城市市容和环境卫生管理条例》为主体，《全国城市生活垃圾无害化处理设施建设规划》和《城市生活垃圾处理及污染防治技术政策》等为具体内容的城市生活垃圾管理政策体系[①]。在已出台的城市生活垃圾管理政策文件中，从首次出现“垃圾”字样转变为“生活垃圾”再调整为“城市生活垃圾”，体现出我国在发展过程中对城市生活垃圾管理的认识逐渐清晰，目标逐渐明确，内容逐渐翔实。在国家层面的引领下，地方性的城市生活垃圾管理政策也开始逐步发展起来，各地区也纷纷根据自身情况制定适合的管理政策。在这个阶段，我们也发现城市生活垃圾管理政策还存在一些不足，例如：管理理念的割裂，对可持续发展缺乏支撑等问题。

三、实现战略转变阶段（2000～2016年）

为了更有效地解决“垃圾围城”问题，建设部（2008年改为住房和城乡建设部）分别于2004年、2013年、2015年和2016年对《固体废物污染环境防治法》进行了修订，内容涉及城市生活垃圾减量化、无害化和资源化等方面，其中“生活垃圾”等字样出现上百次。在2008年《中华人民共和国循环经济促进法》中再次出现了“垃圾分类”字样，并选择了一些条件相对成熟的城市（如上海和厦门）进行城市生活垃圾分类收集试点[②]。在2016年的人大会议中出现“垃圾分类”相关字样提案8个，颁布其他“城市生活垃圾”相关法律及文件108个，其中提到“城市生活垃圾”“垃圾分类”“垃圾”等字样多达500次。在有些相关管理政策文件中，专辟章节对城市生活垃圾管理进行说明。在这个阶段，地方性城市生活垃圾管理政策也蓬勃发展，共公布1 400余个管理政策，其总颁布量占1949年以来管理政策总数的68%，全国23个省市、自治区和超大城市都依据相关管理政策制定并公布了适合自身发展的城市生活垃圾管理政策。

---

① 龚文娟：《城市生活垃圾治理政策变迁——基于1949～2019年城市生活垃圾治理政策的分析》，载于《学习与探索》2020年第2期。

② 刘宁宁、简晓彬：《国内外城市生活垃圾收集与处理现状分析》，载于《国土与自然资源研究》2008年第4期。

2000～2016年，我国城市生活垃圾管理政策进入一个全新发展时期，实现了战略转型，这与人民生活质量成为各级政府最先考虑的问题是密不可分的。提高人民生活质量的重要支撑点就是解决“垃圾围城”问题。在这个阶段，城市生活垃圾管理政策呈现出井喷状态。特别是党的十八大以后，环境保护及城市生活垃圾成为社会热点话题，各级政府密集出台城市生活垃圾分类管理法律法规及规章制度，这些管理政策多倾向于从源头控制城市生活垃圾产生量。另一方面，这一阶段的城市生活垃圾管理政策在纵向上还实现了战略转型，即由原本的中央领导变成了分区自治管理。各地区根据自身实际情况，自主确定政策主体、客体及手段，形成了由政府完全把控变为政府主导、社会力量参与共同制定城市生活垃圾管理政策的局面，完成了由命令为主导到多元协商的管理政策组合工具的转变，为企业、公众和社会组织参与城市生活垃圾分类、收集、运输和处理政策的制定夯实了基础。

四、全面综合决策阶段（2017～2020年）

2017年3月30日，国务院办公厅发布了《生活垃圾分类制度实施方案》通知，进一步扩大了城市生活垃圾分类试点城市范围，细化了各项工作内容，并要求与其他规定进行统筹规划。2018年重新对《中华人民共和国循环经济促进法》进行了修订，增加了有关“垃圾分类”“垃圾处理”的内容，同时对城市生活垃圾的处理提出了进一步的要求。2020年再次对《固体废物污染环境防治法》进行修改，“垃圾分类”字样出现15次。同年，厦门市发布了《厦门经济特区生活垃圾分类管理办法》，这也是中央指示以后的第一部垃圾分类相关办法。紧随其后，2019年上海市颁布了《上海市垃圾分类管理条例》。《上海市垃圾分类管理条例》从群众着手，联动整个上海市城市生活垃圾管理体系，并以空前的管理强度进行执行，效果显著。短短三年时间，全国共颁布垃圾综合管理及垃圾分类政策文件4 000余个。政策文件数量最多的是江苏省，高达114个，相比较而言，西部地区的政策文件较少，西藏自治区和新疆维吾尔自治区等地区仅出台3～5个政策文件，内容涉及范围也比较小。

在这个阶段，我国城市生活垃圾管理政策持续更新，不再局限于出台某一个方面的城市生活垃圾管理政策，而是形成了全面的城市生活垃圾源头减量、中间回收利用和末端无害化处理的城市生活垃圾管理政策体系，这标志着我国城市生活垃圾管理政策已处于全面综合决策阶段。城市生活垃圾管理政策更加强调将市场和社会力量引入城市生活垃圾管理，要求城市生活垃圾由原来的“被动治理”转变为“主动管理”，实现“以人为本”的目标，即城市生活垃圾管理政策在保持政策工具理性的同时也要重视政策价值理性，兼顾政策技术可操作性，公众的心理需求和生活习惯等政策环境[①]。国家和地方政府通过城市生活垃圾管理政策这个着力点来凝聚公共意志，管理公共事务，实现公共利益。

第二节　我国城市生活垃圾管理政策现状

一、我国城市生活垃圾减量政策现状

我国城市生活垃圾减量政策分为两大类：城市生活垃圾分类减量政策和城市生活垃圾收费减量政策。

截至2020年底，我国有350个国家层面的管理政策涉及城市生活垃圾分类减量，其中法律有17个，行政法规有52个，部门章程有278个，其他有关规定有36个。例如：2015年住房和城乡建设部修订的《中华人民共和国环境保护法》，其中第三十六条、第三十七条、第三十八条、第四十条分别规定了产品的二次使用和节能减排，废弃物分类处理和回收利用等具体措施，目的是实现城市生活垃圾减量化、资源化和无害化。2020年全国人大常委会修订的《固体废物污染环境防治法》为国家推行生活垃圾分类制度提供了法律保障，明确了生活垃圾分类原则[②]。8 466个地方性管理政策涉及城市生活垃圾分类减量，涵盖全国31个省和地区，其中广东省、北京市和上海市等地的城市生活垃圾分类减量政策数量最多。例如：2011年广州市出台了《广州市城市生活垃圾分类管理暂行规定》；2012年北京市颁布实施了《北京市生活垃圾管理条例》；2013年杭州市的《杭州市城市生活垃圾管理办法》和2015年甘肃省的《甘肃省城市市生活垃圾处理办法》。这些地方性城市生活垃圾分类减量政策都明确了城市生活垃圾管理目标和管理权限，细化了环境部门具体职责，号召公众参与到城市生活垃圾减量化工作的各个环节中去。

在城市生活垃圾收费减量政策方面，虽然我国国家层面的政策起步较早，但总量相比城市生活垃圾分类减量政策而言要少很多。具体来说，我国现有涉及

① 龚文娟：《城市生活垃圾治理政策变迁——基于1949～2019年城市生活垃圾治理政策的分析》，载于《学习与探索》2020年第2期。

② 《全国人大常委会再次审议〈固体废物污染环境防治法〉》，载于《砖瓦》2020年第1期。

"垃圾收费"的国家层面管理政策共有 17 个（3 个行政法规和 14 个部门章程），但没有一个管理政策明确提出城市生活垃圾收费减量内容。由于缺乏国家层面管理政策文件引领，地方性城市生活垃圾收费减量政策也相对较少。目前，我国地方性城市生活垃圾收费政策共有 284 个，涉及全国 29 个省市和地区，其中上海市出台的最多，共有 29 个。虽然我国在 1991 年就提出了城市生活垃圾处置服务型收费制度，但与发达国家相比，我国的城市生活垃圾收费制度还处于初级阶段，仍存在许多不足之处[①]。例如：目前我国实行的城市生活垃圾收费政策只是象征性收费，并没有明确地与垃圾减量相挂钩，特别是没有切实地将"污染者付费"落到实处，导致城市生活垃圾减量效果不明显。

二、我国城市生活垃圾收集政策现状

我国城市生活垃圾收集政策最早可以追溯到 1991 年印发的《城市环境卫生当前产业政策实施办法》，这是我国首部城市生活垃圾收集政策。其明确要求城市生活垃圾收集率必须达到 100%，并且要按时清除。目前国家层面的城市生活垃圾收集政策共有 250 个。这些城市生活垃圾收集政策绝大多数仅是在纲领上对城市生活垃圾收集作出了要求，但是缺乏城市生活垃圾收集的详细规定。2020 年 9 月我国颁布了《中华人民共和国固体废物污染环境防治法》，这是我国现有最完善的城市生活垃圾管理法律，对城市生活垃圾收集作出了极其细致的规定，特别是对县级单位也提出了具体要求。

我国地方层面涉及城市生活垃圾收集的管理政策共有 8 537 个，它们都是根据自己所在省市和地区的实际情况，按照国家层面总领性政策要求进行制定的。例如：杭州市是我国首批"生活垃圾分类收集试点城市"之一，制定了城市生活垃圾分类收集的具体操作标准。同时在《杭州生活垃圾管理条例》第三十二条、三十三条、三十六条、三十七条、三十八条、三十九条、四十条、四十一条和四十二条对城市生活垃圾的分类投放、分类收集单位的资质、责任人和主管部门都进行了详细规定。《浙江省城镇生活垃圾分类管理办法》明确单位和个人应从源头减少城市生活垃圾产生量，并履行分类投放的责任与义务[②]。长沙市也出台了城市生活垃圾管理条例，要求生活垃圾必须按照分类减量原则进行分类收集，并对城市生活垃圾大小和种类都做了细致规定。

---

① 俞卫民、向盛斌：《城市生活垃圾减量对策分析》，载于《环境卫生工程》2002 年第 4 期。

② 朱雨茜：《城市生活垃圾分类回收的法律规章制度》，载于《科学咨询（科技·管理）》2019 年第 12 期。

三、我国城市生活垃圾运输政策现状

目前我国国家层面涉及城市生活垃圾运输的管理政策共有 98 个。在早期的政策文本中，通常使用“生活垃圾收运”这个关键词来定义城市生活垃圾运输，其所指内容不仅仅是城市生活垃圾运输，还包括一部分城市生活垃圾收集。随着城市生活垃圾管理细化，管理政策文本中逐渐用城市生活垃圾收集和运输代替了“城市生活垃圾收运”这个关键词。2016 年《国家信息化规程》中提到要强化“互联网 +”再生资源回收利用，建立健全回收利用体系，提高正逆向物流的耦合度，进一步推进垃圾收运和再生资源回收利用体系的“两网融合”①。2017 年颁布的《城乡垃圾分类实施方案》中提到要加强对垃圾运输的监管和更新老旧垃圾运输车辆。这些城市生活垃圾运输政策使城市生活垃圾运输更加秩序化，有利于城市生活垃圾的综合处理，为后续城市生活垃圾体制化管理，甚至为城市生活垃圾“零废弃”目标的实现夯实了基础。

截至 2020 年 9 月 1 日，地方层面涉及城市生活垃圾运输的管理政策数量高达 3 235 个。在这些政策中，无一例外仅出现过一次“垃圾运输”这个关键词，这表明各地仅提醒实际工作人员要注意城市生活垃圾运输工作，没有指明城市生活垃圾运输的具体工作方向。在城市生活垃圾运输政策制定方面，工作比较突出的城市是上海市。上海市分别于 2008 年和 2010 年出台了两部专门的“城市生活垃圾收运文件”，对上海市城市生活垃圾运输单位的责任进行了明确划分，确保每一个运输地区都有负责人进行监督，同时将生活垃圾分类和运输进行了融合。在城市生活垃圾运输过程中，城市生活垃圾分类未达到相关文件要求的，生活垃圾运输作业服务单位有权力将情况报告当地人民政府或者街道办事处对其进行惩处。2019 年成都市发布了《生活垃圾袋装管理办法》，要求将生活垃圾进行分类以后袋装回收，这不仅减少了城市生活垃圾运输成本，还减少了城市生活垃圾运输过程中的二次污染。总的来说，各个城市的生活垃圾运输政策仍处于起步阶段，仅有总的纲领性文件进行引导，缺乏对应的细化政策来促进具体执行。

四、我国城市生活垃圾处理政策现状

在国家层面上，我国已经出台 1 317 个涉及城市生活垃圾处理的管理政策。

① 《国务院关于印发“十三五”国家信息化规划的通知》，载于《国家国防科技工业局文告》2017 年第 2 期。

特别是2008年以后，每年都有大量的有关生活垃圾处理政策被修改或出台。我们利用AntConc软件对所有管理政策进行检索发现，这些管理政策中提到最多的是生活垃圾处理基础设施，通过具体分析得出这些管理政策都希望完善现有生活垃圾处理措施来提高生活垃圾处理效率。例如：2016年颁布的《“十三五”全国城镇生活垃圾无害化处理设施建设规划》指出，要建立健全城镇垃圾处理设施和垃圾收运系统，增加垃圾焚烧处理比重，建立健全城镇污水处理设施，进一步推进污泥无害化处理，强化资源化利用，力求保证城镇生活污水和垃圾处理设施全覆盖。

在国家管理政策指导下，各地政府也积极出台涉及城市生活垃圾处理的管理政策。地方层面涉及城市生活垃圾处理的政策共有8 951个，涉及全国31个省份和地区。例如：2020年长沙实施的《长沙市城市生活垃圾管理条例》中规定长沙市按照法律规定的产生者付费原则，建立生活垃圾处理收费制度。生活垃圾处理各环节涉及的费用应专款专用，不得擅自挪作他用。泰安和合肥等城市的管理条例中提到，积极进行垃圾处理技术创新的同时要建设信息管理平台，掌握每一件垃圾的实际去处。这些涉及城市生活垃圾处理的管理政策认真贯彻了中央指导文件思想，改善了所在区域的实际环境，并提高了城市生活垃圾处理效率。

第三节　我国城市生活垃圾管理政策取得的成绩

一、重点城市完成了城市生活垃圾管理政策立法

立法是保障城市生活垃圾管理政策实施效果的强制性手段，也是各地政府重视城市生活垃圾管理工作的一种体现。2000年，北京、上海、广州、深圳、杭州、南京、厦门和桂林8个城市成为我国第一批垃圾分类处理试点城市。2017年，我国明确将46个城市（包括超大城市、省会城市和计划单列市等）作为第一批生活垃圾分类试点城市开始强制其推行生活垃圾分类工作。2019年又明确将11个城市作为“无废城市”开始建设。

截至2021年7月，46个城市生活垃圾强制分类重点城市均已出台不同形式和不同内容的城市生活垃圾管理政策。例如：北京市、天津市和上海市等25个重点城市出台了城市生活垃圾管理条例。四川省广元市将生活垃圾分类管理作为《广元市城市市容和环境卫生管理条例》的重点内容。河北省邯郸市和甘肃省兰

州市等19个重点城市制定了城市生活垃圾分类管理条例。作为最后一个出台城市生活垃圾管理政策的河北省石家庄市，其也出台了《石家庄市城市生活垃圾分类管理条例》，这标志着我国46个重点城市均通过立法形式保障了城市生活垃圾分类工作的顺利开展。

11个“无废城市”全部完成了城市生活垃圾管理政策和法律规章的建设，但是，11个“无废城市”的立法角度和立法数量还存在着差异。例如：在项目设计、建筑节能、绿色社区和绿色城市等方面，深圳市构建了城市生活垃圾源头减量法律体系。浙江省绍兴市分别出台了《关于加强城市社区再生资源回收利用工作的实施办法》《绍兴市区社区再生资源回收站点建设指导意见》《关于规范绍兴市城市社区再生资源回收站点经营管理行为的指导意见》和《关于加强再生资源队伍建设的指导意见》等系列法律，保障绍兴市“无废城市”中的城市生活垃圾管理效果实现。

综上所述，我国重点城市均已全部完成了城市生活垃圾管理立法全覆盖，完成了在城市生活垃圾管理政策领域的探索。重点城市的典型做法将为在全国范围内高效开展城市生活垃圾管理提供宝贵经验，促进城市生活垃圾管理政策常规化展开。

二、城市生活垃圾管理政策内容趋于完善

城市生活垃圾管理政策内容的完善程度代表了我国城市生活垃圾管理工作的力度。目前我国城市生活垃圾管理政策主要分为城市生活垃圾管理政策目标、管理标准、管理措施和管理政策保障四大类，这四大类又细分为19小类，基本实现了从城市生活垃圾收集到处理的全过程覆盖；从城市生活垃圾类别到利益相关者的全要素覆盖，以及城市生活垃圾产生到城市生活垃圾消亡的全成本覆盖，城市生活垃圾管理政策内容越来越趋于完善。

城市生活垃圾管理政策的减量化、资源化和无害化目标最早出现在北京市的《北京市城市垃圾分类收集回收利用综合利用工作方案》中，随后很多城市的城市生活垃圾管理政策文本中直接沿用了类似表述。我们发现，首先，各地政府出台的以城市生活垃圾管理政策减量化、资源化和无害化目标为核心内容的城市生活垃圾管理政策数量相差无几。其次，城市生活垃圾管理标准主要集中在城市生活垃圾分类方面。目前的城市生活垃圾分类标准主要分为三分法、四分法和五分法。再次，城市生活垃圾管理措施主要集中在城市生活垃圾源头减量、分类投放、分类收集、分类运输、分类处置和规划建设环节中。从城市生活垃圾源头减量及杜绝过度包装到实行责任人管理制度；从城市生活垃圾基础设施建设方案到

资源化利用产业发展方式都出现在了大量的城市生活垃圾管理政策文本中。最后，城市生活垃圾管理政策保障是城市生活垃圾管理政策落实的后盾。各地出台的很多城市生活垃圾管理政策文本中都出现了从组织分工、财政金融、技术应用、宣传教育、监督考核、激励机制到惩罚机制七个方面的各种各样的保障内容，以期确保城市生活垃圾管理政策的顺利推进。

综上所述，随着我国城市生活垃圾管理工作的持续有力推进，城市生活垃圾管理政策所涉及的范围越来越广，囊括的人、财、物也越来越多，涵盖的内容也越来越全面，已经初步形成了一套完整的、具有中国特色社会主义的城市生活垃圾管理政策内容体系。

三、城市生活垃圾管理政策的宣传达到了新高度

大范围、多方面和全方位的正向宣传是我国城市生活垃圾管理政策取得成功的法宝之一。我国城市生活垃圾管理政策的宣传推广取得了良好效果，宣传模式也屡屡创新，实现了党政军等公共机构的全覆盖。随着宣传深度、宣传高度和宣传广度的不断提升，我国城市生活垃圾管理政策已经走入人民群众的日常生活中，为我国推进城市生活垃圾管理工作的顺利开展作出了巨大贡献[①]。

截至 2020 年 12 月底，我国已有 17 个城市在学校开展了城市生活垃圾管理政策的专项教育工作。其中，厦门市、深圳市以及广州市等 9 个城市印发了幼儿园、小学和中学 3 个版本的城市生活垃圾管理政策宣传教材和知识读本。上海市、厦门市、深圳市、宁波市和杭州市等城市在推进城市生活垃圾管理政策中的核心经验就是全市动员，广泛参与，充分发挥人民群众的力量。其中，北京市已有 134 家中央单位、27 家驻京部队以及数千家事业单位执行了城市生活垃圾分类工作。在宣传模式方面，很多城市别出心裁地推出了很多新的宣传模式。例如：绍兴市首创了“敲门行动”。具体来说，绍兴市的综合行政执法局机关党委与云东社区党委签订党建契约，双方共同开展党建活动，全面宣传城市生活垃圾分类“1+6”契约化共建活动。绍兴市的综合执法局下属党支部与小区居民楼以及社区综合执法大队、小区物业、垃圾分拣员、志愿者和居民分别签订契约，共同宣传城市生活垃圾管理的规范化操作。

综上所述，为了敦促居民参与到城市生活垃圾管理政策中来，宣传已成为政府必不可少的手段。宣传不仅助推了城市生活垃圾管理政策的顺利开展，还提升

① 刘细良、胡芳倩：《基于 SWOT - AHP 的城市生活垃圾分类管理研究》，载于《天津商业大学学报》2022 年第 2 期。

了政府形象，展现了公众精神风貌，传递了“爱家、爱国、爱人民”正能量，弘扬了社会主旋律。

第四节　我国城市生活垃圾管理政策存在的主要问题

一、我国城市生活垃圾管理政策制定存在的主要问题

（一）公民参与还处于初级阶段

公民行使参与权的一个重要方面就是参与政策的制定。长期以来，为让公民积极参与城市生活垃圾管理政策制定，我国政府做了很多努力，不仅在法律上明确公民参与权利，还在实践中确定公民参与流程。但是，由于我国公民参与城市生活垃圾管理政策制定起步较晚，城市生活垃圾管理政策制定方面还存在一些主要问题。

第一，公民参与城市生活垃圾管理政策制定的整体水平偏低。我们通过数据分析、实地调查和访谈发现：有些公民，特别是年龄较大的公民不愿意过多地参与政府工作，缺乏主动参与意识，导致公民自主自愿参与城市生活垃圾管理政策制定的人数不多[①]。由于受自身知识结构、文化水平和参与能力等方面限制，有些公民不能参与城市生活垃圾管理政策制定。由于不知如何获取信息资源，有些公民难以发挥参与作用[②]。另外，由于对城市生活垃圾管理政策的观点和建议没有被重视和采纳，有些公民的参与主动性和自觉性不高。更有甚者，有些政府工作人员为了规避错误，减少风险或者将错误责任转嫁给整个城市生活垃圾管理政策制定团队，故意将城市生活垃圾管理政策制定的程序复杂化，导致公民无法正常参与。

第二，公民参与城市生活垃圾管理政策制定呈现出非理性化。在城市生活垃圾管理政策制定中，我们发现公民在参与过程中过于情绪化。主要表现为：一是有些公民参与城市生活垃圾管理政策制定比较随意，不深入学习了解城市生活垃

① 陈云俊、石磊：《论我国城市生活垃圾治理中的公众参与制度》，载于《科技视界》2014年第20期。

② 闫国东、康建成、谢小进、王国栋、张建平、朱文武：《中国公众环境意识的变化趋势》，载于《中国人口·资源与环境》2010年第10期。

圾管理，缺少对城市生活垃圾管理的深刻认识，对管理政策制定很难提出独特的和有建设性的意见，有时甚至盲目顺从某些权威人士，导致参与效果很难达到预期目标[①]。二是有些公民发现其参与制定出来的城市生活垃圾管理政策与其初衷有所偏差，便在社交群体中散布一些不实言论，从而误导了公民参与，出现群体极化现象，严重的甚至扰乱了社会正常秩序，破坏了社会和谐稳定。

（二）城市生活垃圾管理政策的目标不清晰

第一，在制定各项城市生活垃圾管理政策时，对管理政策目标设置不清楚，政策执行者只能按照自身或本部门或本市对管理政策目标的理解，结合具体工作经验摸索着执行管理政策，导致管理政策预设目标很难实现，有时甚至会出现同一国家层级的城市生活垃圾管理政策，各地方政府执行严重不一致的情况[②]。例如：2016 年公布的《“十三五”全国城镇生活垃圾无害化处理设施建设规划》强调到 2020 年底生活垃圾回收利用率达到 35% 以上的政策目标。有的地方在这项管理政策公布之初就表明其已经达到了这个政策目标，究其原因，其将再生资源回收利用和生活垃圾回收利用加总进行核算，而有的地方表示很难达到这个政策目标，因为其仅仅核算了生活垃圾回收利用率。相比较来说，35% 生活垃圾回收利用率的政策目标确实需要地方政府政策执行者付出艰苦的努力。

第二，在制定各项城市生活垃圾管理政策时，对管理政策目标描述不清晰，导致国家或地方政府无法对管理政策执行者的具体工作情况进行实测，很难区分出各地城市生活垃圾管理政策执行的好坏，严重影响了管理政策执行者的工作热情[③]。例如：2016 年公布的《“十三五”全国城镇生活垃圾无害化处理设施建设规划》中规定，到 2020 年底，建立健全城镇生活垃圾处理监管体系。这项管理政策目标中的“较为完善”“处理监管体系”都是比较模糊的说法，特别是“较为完善”这个政策目标具体怎么界定没有详细说明，导致很多地方城镇生活垃圾处理监管体系形同虚设，无法真正发挥作用，浪费了大量的人力、物力和财力。

（三）城市生活垃圾管理政策的内容设计不合理

首先，有些城市生活垃圾管理政策的内容设计与现实脱节。通过梳理文献、

---

① 周睿、毕晨：《城市生活垃圾分类公众参与机制探讨》，载于《今日财富（金融发展与监管）》2011 年第 11 期。

② 吴宇：《从制度设计入手破解“垃圾围城”——对城市生活垃圾分类政策的反思与改进》，载于《环境保护》2012 年第 9 期。

③ 綦文生：《城市生活垃圾分类策略探讨——以循环经济为视角》，载于《人民论坛》2014 年第 14 期。

数据分析和现场访谈，我们发现我国有些地方在城市生活垃圾管理政策内容设计时，没有充分考虑当时的现实基础和所处的环境，特别是人文历史环境，导致有些管理政策内容设计严重超前，有些管理政策内容设计严重滞后，无法指导城市生活垃圾管理实践工作。例如：2017年颁布的《生活垃圾分类制度实施方案》要求采用密闭专用垃圾运输车辆运送易腐垃圾，并且运输途中要避免产生泄漏、遗撒的情况。受地方财力限制，目前我国很多城市购买的密闭专用车辆远远满足不了实际需求，无法实现对易腐垃圾的密闭运输，垃圾泄漏遗撒时有发生。

其次，有些城市生活垃圾管理政策的内容设计与政策目标不匹配。一项城市生活垃圾管理政策的好坏是与其内容设计能否精准表达出政策目标密不可分的。有效的城市生活垃圾管理政策的政策内容必然是严格按照政策目标进行设计的，不会出现大的偏离。我们通过研究发现，我国有些城市生活垃圾管理政策的内容不是基于政策目标进行设计的，导致政策内容不能支持政策目标的实现，政策目标也不能引领政策内容的施行；更有甚者，有些政策内容与政策目标严重背离，导致政策实施效果极差；有的管理政策还没有实施，管理政策直接无效。

最后，有些城市生活垃圾管理政策的内容相互冲突。由于城市生活垃圾管理涉及面广，不论是国家层面的，还是地方层面的，城市生活垃圾管理政策不可能由一个部门专门制定，很多部门都需要出台各自职权范围内的城市生活垃圾管理政策。这些城市生活垃圾管理政策制定部门间交织着个人与集体、集体与集体以及集体与社会之间的利益矛盾，这使得有些城市生活垃圾管理政策制定部门有意或无意地将自身利益需求显性或隐含在管理政策内容中，造成各部门出台的很多管理政策的内容不一致、不协调，甚至相互矛盾，消减了管理政策合力作用，导致很多城市生活垃圾管理政策无法起作用。

二、我国城市生活垃圾管理政策执行存在的主要问题

（一）管理政策执行主体的价值取向错位

在公共政策理论中，公共政策的执行和实施是非常重要的问题，因此，城市生活垃圾管理政策的成功与否，要依赖它的问题认定和正确制定，更要依赖它的高效执行。也就是说城市生活垃圾管理政策要实现预期目标，取得预期实施效果，关键在于管理政策的有效执行，而政策有效执行又依赖于政策执行的具体操作者——政策执行主体。

在城市生活垃圾管理政策执行中，管理政策执行主体的价值取向存在错位问题。主要表现为：第一，城市生活垃圾管理政策的执行主体认为执行管理政策仅

是为了完成一项任务，管理政策执行得好坏并不是重要的。我们研究发现，很多管理政策执行主体表示城市生活垃圾管理政策执行仅是其日常工作内容中很小一部分，其大量精力用于其他繁琐主营业务。因为主营工作的好坏对其职业生涯发展或部门业绩核算有着重要的影响，为此，他们认为在城市生活垃圾管理政策执行中只要不出现大的纰漏就算完成了任务，至于执行好坏并不是其关注重点。

第二，城市生活垃圾管理政策的执行主体在执行管理政策时，更注重完成物质利益衡量指标，而忽视精神利益衡量指标。究其原因，主要是物质利益衡量指标更容易衡量和实现，更容易让人感知，相对来说，精神利益方面不容易出成果，要想出成果必须经过一段时间持续不断的努力，有时候呈现出来的结果还未必是理想的，也就是说“性价比”较低。另外，无论是单个的个体还是一个组织的整体，管理政策执行主体都具有“理性经济人”的特征。在城市生活垃圾管理政策执行中，管理政策执行主体都有趋利避害的倾向，有意或无意地为自身所代表的利益集团代言，维护利益集团的权益。当一项城市生活垃圾管理政策触动了利益集团的利益时，管理政策执行主体就会弱化管理政策执行主体的职能，严重的甚至放弃管理政策执行，导致管理政策执行偏离了原来管理政策预定路线。

（二）管理政策执行程序急需优化

首先，城市生活垃圾管理政策执行程序照抄照搬现象严重。正常情况下，无论是国家层面还是地方层面的城市生活垃圾管理政策都有一整套科学、合理、规范的管理政策执行程序，以确保管理政策执行不偏离政策目标。但是，我们研究发现，很多城市生活垃圾管理政策，特别是地方政府出台的管理政策，它们的文本内容、组织机构和执行流程等方面都大体一致，体现不出差异性和特殊性。

其次，城市生活垃圾管理政策执行程序随意性现象较为普遍。我们研究发现，很多城市生活垃圾管理政策被执行前都缺乏管理政策执行的整体设计，缺乏管理政策执行内容的合理性评估，单凭以往经验和文件要求安排管理政策执行人员和分配管理政策任务，使得管理政策执行中产生人为割裂问题，降低了管理政策执行效率[①]。另外，管理政策执行者形式化现象严重。我们研究发现，为了规避麻烦，有些政策执行者就依照出台的城市生活垃圾管理政策文本内容要求按照常规工作程序进行管理政策执行工作，导致管理政策执行严重滞后。

① 周月婷：《基于执行力改善的基层政府政策执行程序优化研究》，长安大学硕士学位论文，2013年。

最后，城市生活垃圾管理政策执行缺乏有效监督。在城市生活垃圾管理政策执行过程中，有效的监督能够帮助管理政策执行主体理解城市生活垃圾管理政策和提高自身执行能力，我们研究发现，目前很多城市生活垃圾管理政策执行缺乏有效的监督，导致很多城市生活垃圾管理政策执行偏离预定轨道，执行滞后，严重影响了城市生活垃圾管理政策的实施效果①。

三、我国城市生活垃圾管理政策实施效果存在的主要问题

（一）实施效果不理想

由于城市生活垃圾管理政策实施要经过众多环节、涉及多个部门，极易出现管理政策内容失真现象②。另外，城市生活垃圾管理政策实施还需经过层层工作人员之手，工作人员的个人素质差异也会使部分管理政策实施效果偏离预期目标，导致城市生活垃圾管理政策实施效果总体欠佳。

以杭州市为例，作为我国第一批城市生活垃圾分类试点城市，杭州市颁布了生活垃圾分类政策——《杭州生活垃圾管理条例》，但实施效果与前期预设目标有很大的出入。经过实地调查统计发现，在城市生活垃圾桶使用方面，28.31%的居民认为存在生活垃圾桶使用不当的现象；39%的居民认为生活垃圾桶存放地点不适宜；21%的居民不清楚生活垃圾桶的分类规定；仅有12%的居民认可生活垃圾桶的使用方式。在城市生活垃圾分类方面，48%的居民表示他们投放生活垃圾前会进行简单的分类，36%的居民表示他们投放生活垃圾前未在家中对生活垃圾进行分类，仅有16%的居民表示他们投放生活垃圾前会按照生活垃圾分类标准分类家中的生活垃圾③。

（二）公众接受度不高

任何公共政策实施的最终结果都会在公众身上体现出来，城市生活垃圾管理政策也是如此。我们研究发现，目前我国城市生活垃圾管理政策实施中存在着公众不了解管理政策根本目的的现象，这导致城市生活垃圾管理政策很难完美落

① 宣琳琳、马丹阳：《城市生活垃圾问题与治理——以哈尔滨市为例》，载于《哈尔滨商业大学学报》（社会科学版）2014年第1期。

② 许锋：《我国城市生活垃圾收集处理存在的问题及对策》，载于《科技创新与应用》2014年第24期。

③ 汪鲸、吴金铭、夏越等：《我国垃圾分类回收政策实施效果的探究——以杭州为例》，载于《经济视角（下）》2012年第3期。

实，严重的甚至会引起群体性事件①。例如：北京市垃圾焚烧厂选址事件、浙江省余杭市抗议垃圾处理场建设事件和广州市番禺居民反对建设垃圾焚烧发电厂事件②。这些事件的发生均是由于部分公众对城市生活垃圾处理政策不了解而造成的，从而导致生活垃圾处理设施不能落地，影响了城市生活垃圾管理政策实施效果。

另一方面，公众对城市生活垃圾管理政策接受度不高，导致有些城市生活垃圾管理政策形同虚设③。例如：2019年上海实施的《上海市生活垃圾管理条例》。此条例被称为"最严生活垃圾分类条例"。从我们的研究发现来看，上海市居民对此项管理政策的认可度并不高。有些居民认为过于细化的生活垃圾分类消耗了他们的业余休息时间；有些居民认为仅生活区比较严格地要求他们进行生活垃圾分类，其他区域还是老样子，故生活垃圾分类积极性不高。上海市涌现的新兴行业——"垃圾分类师"也违背了《上海市生活垃圾管理条例》的初衷——提高人民整体环保意识。

第五节　我国城市生活垃圾管理政策存在问题的根本原因分析

一、人员方面的根本原因分析

（一）思想上存在偏差

首先，有些问题不愿意正面应对。城市生活垃圾不仅会引起环境污染和身体损害等问题，甚至会制约我国经济发展。针对城市生活垃圾已经引起或者是即将导致的各种各样问题，城市生活垃圾管理政策的制定者、执行者和实施者都不同程度地存在着"趋利避害"的思想。也就是说除了不得不去解决迫切的实际问题

---

① 薛立强、范文宇：《城市生活垃圾管理中的公共管理问题：国内研究述评及展望》，载于《公共行政评论》2017年第1期。

② 赵春雷：《论公共政策解读中的冲突与整合》，载于《南京工业大学学报》（社会科学版）2011年第3期。

③ 阎宪、马江雅、郑怀礼：《完善我国城市生活垃圾分类回收标准的建议》，载于《环境保护》2010年第15期。

外，他们更愿意着眼于弥补现行城市生活垃圾管理政策的缺陷与不足，而不愿意去触碰城市生活垃圾中一些情况复杂、难度大、周期长、见效慢和不确定性多的问题，导致很多城市生活垃圾管理政策针对的问题过于表面化和模式化，管理政策实施效果始终不理想。例如：我国出台了很多城市生活垃圾分类政策，指导各地进行城市生活垃圾分类工作，但是截至目前还没有出台解决制约城市生活垃圾分类的核心问题——资金问题的管理政策。究其原因，国家层面没有统一的资金支持方案，而地方层面的财政状况也是参差不齐，制定一项科学的、有效的城市生活垃圾分类资金政策成为一道谁都不愿意面对的难题。

其次，有些新鲜事物不愿意接受。任何一项城市生活垃圾管理政策都必须经历制定、执行、完善到调整的一个逐步演化和完善的渐进过程。随着过程推进，管理政策系统内部与外部相关人员都会调整各自的行为慢慢顺应管理政策的各项具体要求，这时就形成了一定的习惯行为和工作路径。当一件新鲜事物出现时，通常情况下会引发相关的城市生活垃圾问题，往往需要恰当的城市生活垃圾管理政策去应对，这时就需要管理政策系统内部与外部相关人员打破原有管理政策束缚，改变一直以来的习惯行为，切换原有工作路径，严重的甚至会彻底调整工作职能，这无疑会给管理政策系统内部与外部相关人员带来时间成本、经济成本甚至职能成本，导致他们不愿意接受新鲜事物。

最后，系统论思想有待于进一步加强。目前我国城市生活垃圾管理政策基本上处于“头痛医头脚痛医脚”的状态，很少从系统论角度对城市生活垃圾管理政策进行理性思考和整体设计。特别是没有将城市生活垃圾管理政策作为一个全过程、全要素和全周期的复杂系统来对待。城市生活垃圾管理政策未全面遵循减量化、资源化和无害化原则，仅仅囊括了城市生活垃圾产生、收集、运输和处理的内容；或者仅割裂式地按照城市生活垃圾制定、执行和实施等过程推进，没有体现公众和社会组织的作用，导致城市生活垃圾管理政策的“孤岛效应”严重，没有形成城市生活垃圾管理政策的合力。

（二）行动上存在瑕疵

第一，现实情况调查不彻底。针对一项城市生活垃圾管理政策，城市生活垃圾管理政策的制定者、执行者和实施者都需要根据自身工作职责要求进行相应的现实情况调查，从而为落实工作夯实基础。然而，一方面，由于工作时间的有限性，或者行政级别的时间压缩导致城市生活垃圾管理政策的制定者、执行者和实施者的调查时间不充分，很难在短时间内对现实情况有一个整体、客观和翔实的把握。另一方面，由于现实情况调查是一个既费力又费神的事情，不仅要精心确定调查主题，还要设计出科学严谨的调查问题，这都需要城市生活垃圾管理政策的制定者、执行者和实施者提前开展查阅文献资料，推测调查对象，预设调查偏差，并提出应对预案等工作，无疑激增了工作量，“走过场”现象难免发生。

第二，信息传递存在着障碍。在制定、执行和实施一项城市生活垃圾管理政策后，各式各样的正式信息和非正式信息会产生。通过对这些正式和非正式信息的系统和有序地梳理，城市生活垃圾管理政策的制定者、执行者和实施者会有意或者无意地对其认为不利的信息、“杂质”信息或错误信息进行过滤，避免更多的人了解和掌握这些信息，增加职业风险①。另外，有些城市生活垃圾管理政策的制定者、执行者和实施者还会对某些信息进行再加工，形成带有其知识、技能、经验和情绪等特征的“新”信息。在一定程度上，这些“新”信息不能活化成客观和真实的信息流，流向城市生活垃圾管理政策的制定者、执行者和实施者，实现信息价值，从而为城市生活垃圾管理政策服务。

（三）能力上存在不足

首先，决策能力有待提升。一项城市生活垃圾管理政策无时无刻不将城市生活垃圾管理政策的制定者、执行者和实施者置于各种决策之中，因此需要城市生活垃圾管理政策的制定者、执行者和实施者具有一定的判断能力和魄力，能根据有限的信息作出最佳决策②。但是，在深入研究我国城市生活垃圾管理政策后，我们发现城市生活垃圾管理政策制定者决定什么时候制定管理政策、制定的管理政策解决什么问题、有哪些职能部门参与管理政策制定以及管理政策以什么等级颁布等能力相对不足；城市生活垃圾管理政策执行者决定选择什么样的执行程序、哪些部门主要负责、哪些部门配合管理政策执行和如何配备各种资源等能力还有提升空间；城市生活垃圾管理政策实施者决定管理政策实施区域如何选择、实施对象如何确定、实施目标与预期目标不一致如何调整管理政策等能力还需提高。

其次，预见能力有待加强。一项成功的城市生活垃圾管理政策应该是有韧性、有弹性和有延展性的。也就是说，无论外部条件如何千变万化，成功的城市生活垃圾管理政策都能够实现其预期目标。但是，我们发现现实情况恰恰相反，很多城市生活垃圾管理政策的制定者、执行者和实施者不具有消除不利客观条件对管理政策造成的不良影响的解决能力和发挥有利客观条件给管理政策带来的积极影响的推动能力，不能科学地对客观条件变化趋势做出事先估计，或者预估不

---

① 占绍文、张海瑜：《城市垃圾分类回收的认知及支付意愿调查——以西安市为例》，载于《城市问题》2012 年第 4 期。

② 秦梦真、陶鹏：《政府信任、企业信任与污染类邻避行为意向影响机制——基于江苏、山东两省四所化工厂的实证研究》，载于《贵州社会科学》2020 年第 10 期。

充分，使城市生活垃圾管理政策无法适应客观条件的变化，有些城市生活垃圾管理政策形同虚设。另外，由于城市生活垃圾管理政策的制定者、执行者和实施者还缺乏对管理政策预期效果的预测能力，导致其对城市生活垃圾管理政策最终能带来什么样的成果无法科学和准确地判定，从而常常处于被动挨打境地。

最后，反思能力尚显不足。无论城市生活垃圾管理政策的制定、执行还是实施都不是一劳永逸的，而是一个不断改进和完善的过程，都需要城市生活垃圾管理政策的制定者、执行者和实施者不断对过去的、现行的城市生活垃圾管理政策进行反思。目前，城市生活垃圾管理政策的制定者、执行者和实施者还没有反思城市生活垃圾管理政策出台的时间是否恰当，以及系统地反思管理政策具体目标确定、文本撰写和职能分工等方面存在的问题。

二、资金方面的根本原因分析

（一）财政政策与管理政策匹配度不高

首先，财政政策落后于管理政策。目前，虽然我国出台了一些财政政策支持城市生活垃圾管理，但是从数量上来说，颁布的财政政策远远少于城市生活垃圾管理政策；从内容上来说，针对城市生活垃圾管理的财政政策不能与时俱进，缺少解决城市生活垃圾管理新问题的财政支撑，例如：针对各地开展的城市生活垃圾分类工作，目前还没有一个财政政策能够提供垃圾分类所需资金，导致有些城市的生活垃圾分类工作难以为继。另外，在我国已经出台的为数不多的财政政策中，很多财政政策还仅仅是针对城市生活垃圾处理新技术，其他方面的非常少。这不仅减少了城市生活垃圾管理所需货币的供应量，还削弱了货币供应量的整体效果，阻碍了城市生活垃圾管理政策实施效果的发挥。

其次，财政政策地域差异大。目前，我国的财政政策是通过中央财政直接补贴的方式支撑城市生活垃圾管理政策的制定，推动城市生活垃圾管理政策的执行和实施。虽然，财政政策促进了城市生活垃圾管理工作的开展，但是距离城市生活垃圾管理政策的预期目标还有一定差距，还必须在中央财政支持基础上制定地方性财政政策。由于各地经济状况不同，地方财政差异较大，地方财政政策呈现出明显的地域性特征。总体来说，东部沿海地区的财政政策对城市生活垃圾管理政策的支撑力度要比中西部地区大。例如：为了保障《上海市生活垃圾管理条例》的顺利推进，2019 年上海市实施了《上海市生活垃圾分类专项补贴政策实施方案》。据初步统计，在生活垃圾分类初期，各街镇在改造垃圾投放站点、配置分类收运工具、入户宣传分类知识和提供志愿者服务等方面的成本为户均人民币500元左右，分类效果凸显。而西安市由于缺乏资金保障，城市生活垃圾分类工作举步维艰。

最后，财政政策手段单一。我国的财政政策主要使用税收优惠、预算投入和财政补贴等手段支持城市生活垃圾管理政策的制定、执行和实施。国债投入、财政贴息和以奖代补等财政手段还没有被有效地使用，导致城市生活垃圾管理政策很难依靠市场力量解决城市生活垃圾管理问题，增加了公共部门的负担和财务风险。另外，单一的财政手段不能充分调动地方或者企业的自主性，不能激发地方或者企业的积极性和创造性，这使得地方或者企业不愿意投入资金需求量大的城市生活垃圾管理项目。单一的财政手段还无法支持城市生活垃圾新型技术的研发和产业化，从而使部分城市生活垃圾管理政策无法正常执行和实施。

（二）资金使用存在瑕疵

首先，资金使用缺乏前瞻性。资金使用的前瞻性对城市生活垃圾管理政策的制定、执行和实施具有重要的指引性作用。目前我国城市生活垃圾管理政策还不能根据资金走向，调整管理政策制定、执行和实施的目标、内容和具体流程。也就是说，资金使用缺乏前瞻性导致城市生活垃圾管理政策的制定、执行和实施存在着目标设定与资金流向不一致，内容设计与财政能力不匹配，具体流程与财政规定相冲突等问题，城市生活垃圾管理政策的制定、执行和实施很难达到预期目标。例如：目前由于资金没有很好地发挥指引作用，我国城市生活垃圾堆肥政策制定缓慢。

其次，资金使用缺乏系统性。城市生活垃圾管理政策制定、执行和实施是一个系统工程，为此与之相匹配的资金使用也必须是一个庞杂的系统。我们只有通过系统地使用资金才能提升城市生活垃圾管理政策的制定、执行和实施的效果，实现城市生活垃圾管理政策的制定、执行和实施的目标。现有的条块式资金使用方式割裂了城市生活垃圾管理政策的制定、执行和实施，瓦解了城市生活垃圾管理政策的合力，制约了城市生活垃圾管理政策的长远发展，使城市生活垃圾管理政策无法灵活多样地适应复杂多变的内外部环境变化。例如：现有的城市生活垃圾焚烧中央财政补贴资金仅按城市生活垃圾焚烧量计算，而没有考虑对焚烧后所剩炉渣和飞灰的处理是资金奖励还是惩罚，这不可避免地使社会责任淡薄的企业为了获得更多中央财政补贴资金加大焚烧量，而不管后续炉渣和飞灰产生率，导致城市生活垃圾焚烧政策只能“头痛医头脚痛医脚”，不能系统地解决城市生活垃圾问题。

最后，资金使用缺乏计划性。目前，对于城市生活垃圾管理政策的财政专项资金如何使用，主管部门提出的仅是使用方向、绩效考核和财政制度规范等宏观指导，具体细则则下放到其他辅助部门或下属部门。从实践情况来看，这种“放管服”资金使用方式很难使其他辅助部门或下属部门“接得住，接得好”。其他辅助部门或下属部门囿于自身体制机制和思维限制，在资金使用上缺乏从全局角度考虑管理政策资金的分配，缺乏从局部角度考虑管理政策资金的使用效率，有时为了应对检查突击花费资金，严重的甚至会出现资金被挤占和挪用的现象，无法保障城市生活垃圾管理政策顺利制定、执行和实施。

三、技术方面的根本原因分析

（一）平衡利益博弈的技术较差

第一，各职能部门和地方政府平衡利益相关者之间物质利益的技术水平有待进一步提升。城市生活垃圾管理政策的制定、执行和实施都涉及很多利益相关者。一项城市生活垃圾管理政策很难让所有利益相关者都获得最大物质收益，使其非常满意。如何在城市生活垃圾管理政策中平衡各方利益，减少管理政策执行和实施过程中的冲突，遵循管理政策制定之初衷，就体现了各职能部门和地方政府平衡利益博弈的技术水平和能力。目前，有些城市生活垃圾管理政策都是应强势利益群体要求而制定的，往往有意或无意地会对强势利益群体的物质利益有所倾斜，而忽视其他利益群体的需求，特别是弱势利益群体的需求，有时甚至会损害部分利益群体的物质利益，造成物质利益失衡。这很大程度上导致城市生活垃圾管理政策的执行满意度低，执行效果差，实施目标偏离。

第二，物质利益和精神利益不平衡。利益像一根中轴线贯穿于城市生活垃圾管理政策的全过程。一项成功的城市生活垃圾管理政策必然是在保障物质利益基础上收获精神利益，是物质利益和精神利益的完美结合。但是，目前我国绝大多数的城市生活垃圾管理政策基本上还是以物质利益为出发点和着力点，更强调物质利益的基础性作用和前提性地位，而忽视精神利益的能动性作用和主导性地位，导致城市生活垃圾管理政策无法引导人们追求自我价值，提高人们的精神文明水平，促进人民整体素质的提升。低段位的城市生活垃圾管理政策无法满足中国特色社会主义现代化发展的客观需要。

（二）全局掌控技术水平较低

首先，专业化程度不够。我国城市生活垃圾管理政策既包括宏观层面，也包括微观层面，为此必须要有专业人员、专业机构按照城市生活垃圾的特殊要求制定、执行和实施专业化的城市生活垃圾管理政策。然而，目前我国城市生活垃圾管理政策基本上是根据各个职能部门或地方政府的工作职能进行制定、执行和实施的，还没有上升到专业化的高度。已出台的城市生活垃圾管理政策的专业化水平也参差不齐，很多城市生活垃圾管理政策不同程度上存在“先天发育不良，后天营养不足”的问题，系统性、科学性、有效性、规模性、引导性、操作性和复制性比较差，临时性和变动性比较大，难以发挥城市生活垃圾管理政策应有的社会影响力。

其次，问题把握不准确。目前我国有些城市生活垃圾管理政策的出台是比较仓促的，往往是有些职能部门或地方政府看到一个问题或一个现象就出台管理政策进行解决。而对这一问题或现象是由什么原因引起的、牵扯哪些人、根本症结是什么、怎样解决等问题，各个职能部门或地方政府没有想清想透。为此，在解决这一问题或现象时，职能部门或地方政府就会把握不住或把握不准“关键点”，确定不了“突破口”，抓不紧管理政策和问题或现象的“结合点”，寻求不到管理政策的“着力点”，从而出现“凭症下药难奏效，药不对症病难除”的局面。

最后，理论与实际结合不紧密。无论是城市生活垃圾管理政策的制定，还是执行和实施都需要各种各样的理论支撑，同时也需要通过实践进行检验。理论与实践的紧密程度是对管理政策成功与否进行科学、正确判断的标准。也就是说，一项成功的城市生活垃圾管理政策必须是理论和实践的紧密结合。目前我国有些城市生活垃圾管理政策还存在着重理论、轻实践的问题，部分城市生活垃圾管理政策还是借鉴国外相关管理政策，运用国外盛行的理论来解决我国城市生活垃圾管理面临的现实问题。通常情况下这些城市生活垃圾管理政策会出现“水土不服”，也就是理论与实践匹配度低的问题，导致城市生活垃圾管理政策的执行者和实施者难以找到恰当的切入点解决管理政策拟解决的问题，管理政策的执行和实施效果与预期目标相差较大。

（三）管理政策解读的能力较弱

首先，地方或部门主义作祟。无论国家层级的，还是地方层级的城市生活垃圾管理政策都要依靠各职能部门落实。这些职能部门在落实城市生活垃圾管理政策时会形成上下级业务关系和平级业务关系。当一项城市生活垃圾管理政策由一个或多个职能制定时，往往会出现对上下级或平级职能部门的利益考虑不周的情况，严重的甚至有些城市生活垃圾管理政策会损害到部门的利益，为此可能出于地方或部门的利益考虑，职能部门有意识或无意识地对城市生活垃圾管理政策作出有利于自身的解读，导致被解读的城市生活垃圾管理政策与制定之初的出发点出现偏差，甚至南辕北辙。

其次，管理政策解读空间边界不清晰。城市生活垃圾管理政策解读空间是管理政策解读存在的先决条件。在合理的解读空间内，城市生活垃圾管理政策是合理的。目前我国的城市生活垃圾管理政策还很不完善，还存在很多不合理之处。特别是在城市生活垃圾管理政策中，有些问题的规定不够清晰，使职能部门或地方政府难以解读，或者各职能部门或地方政府"八仙过海各显神通"地进行片面的解读，使管理政策偏离了原有意图[①]。

最后，管理政策解读不科学。目前我国还没有一套科学的城市生活垃圾管理政策解读机制，每项城市生活垃圾管理政策出台后都是依靠各个职能部门或地方政府的具体工作人员的自身理解和感悟进行解读。对于各个解读主体来说，由于在地域空间、年龄、性别、文化、专业技能和行政级别等方面的差异，他们无法全面、科学、系统和精准地对城市生活垃圾管理政策进行解读，导致城市生活垃圾管理政策被漏解、多解和曲解，从而使城市生活垃圾管理政策的实际效果得不到有效发挥。

第六节 "无废城市"建设试点工作方案实施现状

2018 年 12 月 29 日国务院办公厅印发了《"无废城市"建设试点工作方案》。方案中第一次提出了"无废城市"的概念——以创新、协调、绿色、开放、共享的新发展理念为引领，通过推动形成绿色发展方式和生活方式，持续推进固体废物源头减量和资源化利用，最大限度减少填埋量，将固体废物环境影响降至最低的城市发展模式。"无废城市"并不是不产生固体废弃物，也不是意味着固体废弃物能完全被资源化利用，而是一种先进的城市管理理念，旨在实现整个城市的固体废弃物产生量最小、资源化利用最充分、处置最安全的目标。现阶段，"无废城市"试点能够统筹经济和社会发展中的固体废弃物管理，大力推进源头减量化、资源化利用和无害化处置，坚决遏制非法转移倾倒，形成可复制、可推广的建设模式，为指导地方开展"无废城市"建设提供参考。

一、"无废城市"试点建设工作开展情况

《"无废城市"建设试点工作方案》提出后，11 个试点城市（深圳市、包头

① 赵春雷：《论公共政策解读中的冲突与整合》，载于《南京工业大学学报》（社会科学版）2011 年第 3 期。

市、包头市、铜陵市、威海市、重庆市（主城区）、绍兴市、三亚市、许昌市、徐州市、盘锦市和西宁市）积极响应，全面开展“无废城市”建设。就目前的情况来看，“无废城市”建设试点城市主要从制度体系、技术体系、市场体系和监管体系四大方面对城市生活垃圾管理展开工作。

（一）深圳市

2019 年 12 月深圳市政府出台《深圳市生活垃圾分类管理条例》。条例提出以城市生活垃圾减量化和资源化为工作核心，明确城市生活垃圾分类标准，规定城市生活垃圾投放、收运和处理全过程管理要求。2020 年 7 月，为了解决建筑废弃物管理问题，深圳市司法局出台了《深圳市建筑废弃物管理办法》，在全国首次提出新建项目建筑废弃物限额排放管控制度，对工地建筑废弃物实行排放核准和消纳备案管理，实施建筑废弃物收运处置申报登记和电子联单管理，明确了综合利用产品认定办法，强化了综合利用激励制度措施，推动了建筑废弃物源头减排和资源化利用。

在“无废城市”建设过程中，深圳市以城市生活垃圾减量化和资源化为核心，从城市生活垃圾的产生到处理都形成了严格的制度要求。此外，深圳市还将建筑垃圾也纳入管理工作体系，加大了“无废城市”建设的深度。

（二）包头市

2019 年 12 月包头市制定了《包头市主城区生活垃圾分类工作实施方案》，选取 2 个居民小区和 5 个街道办事处，开展城市生活垃圾分类试点工作，要求公众进行城市生活垃圾分类，为城市生活垃圾资源化打下了坚实基础。此外，包头市还对党政机关和企事业单位提出了城市生活垃圾分类的具体要求，要求 2020 年底前实现城市生活垃圾分类全覆盖。为了解决建筑垃圾方面的问题，包头市于 2021 年 4 月出台了《关于进一步加强民用建筑节能和绿色建筑发展的实施意见》，加大绿色建材推广应用和装配式建筑比例，实现可再生资源的再利用。

在“无废城市”建设过程中，包头市对实施对象进行了一定程度的扩充。包头市将政府机关和企事业单位重点纳入城市生活垃圾管理范围，并进一步结合居民小区和街道办事处等实施主体，形成了机关带头与全民参与的一种新模式，为“无废城市”推行奠定了良好的群众基础。此外，包头市还拓展了城市生活垃圾处理范围，将建筑垃圾也纳入管理范畴，提高了“无废城市”的建设效果。

（三）铜陵市

2020 年 2 月铜陵市出台了《铜陵市餐厨垃圾管理办法》，规定城市化管理区域内餐厨垃圾的产生、收集、运输、处置及其监督管理活动；同时也出台了《铜陵市建筑垃圾管理办法》，规定了城市化管理区域内建筑垃圾的暂存、倾倒、运输、中转、回填、消纳和利用等处置活动及监督管理工作。为了规范城市生活垃圾分类管理，促进城市生活垃圾减量化、资源化和无害化，2020 年 3 月铜陵市出台了《铜陵市生活垃圾分类管理条例》，从整体上规定城镇区域内城市生活垃圾的源头减量、分类投放、分类收集与运输、分类处置、资源化利用以及相关监督管理活动。2020 年 10 月铜陵市将工作重点放在了城市生活垃圾资源化利用方面，出台了《铜陵市再生资源回收管理办法》，要求再生资源回收管理必须坚持统筹规划、合理布局的原则，鼓励守法经营、公平竞争，要求建立规范的再生资源回收利用网络体系，提高再生资源回收利用率。

在“无废城市”建设过程中，铜陵市对餐厨垃圾、建筑垃圾和生活垃圾都提出了规范性要求，涉及源头减量、分类、收集、运输、处置和利用全过程，建立了较为完备的城市生活垃圾管理政策。此外，铜陵市以资源化利用为核心，从政府、企业和个体三个主体着手对再生资源的经营和利用进行引导，为“无废城市”后续的建立打下了坚实基础。

（四）威海市

2019 年 10 月，威海市政府印发了《威海市城市生活垃圾分类实施方案》，明确公共机构和示范片区主要采取“四分法”进行城市生活垃圾分类，有条件的区域可以因地制宜地增加城市生活垃圾分类种类。为了进一步提高城市生活垃圾分类管理效果，2020 年 12 月威海还制定了《威海生活垃圾分类管理办法》，对生活垃圾分类工作进行了严格管控，并对城市生活垃圾处理的全过程提出了要求。同时，威海市还非常注重农村生活垃圾管理工作，制定了《2020 年农村生活垃圾分类考核工作方案》，推广了“农村垃圾分类与全域化社会信用体系建设衔接”模式，全面提升了农村生活垃圾减量化和资源化水平。

在“无废城市”建设过程中，威海市采用因地制宜的方法，根据不同城市片区的经济水平和基础设施条件进行城市生活垃圾分类管理，避免了“一刀切”情况的发生。此外，威海市对农村生活垃圾管理也进行了充分考虑，以提高农村生活垃圾分类覆盖面为主要目标，建立了农村生活垃圾分类和处理标准，扩大了“无废城市”建设的边界。

（五）重庆市（主城区）

2020 年重庆市出台了《重庆市深化生活垃圾分类工作三年行动计划（2020～2022 年）》，确定 75% 城市建成区和 40% 行政村开展生活垃圾分类示范目标；

2021年7月重庆市出台《重庆市生活垃圾管理条例》（草案）并将其纳入立法后备库，加快推进固体废弃物污染防治和建筑垃圾管理立法调研，并对行政区域内生活垃圾的设施规划建设、源头减量、投放、清扫、收集、运输、处理、资源化利用及其监督管理等活动制定了规范。此外，重庆市出台生活垃圾分类、餐厨垃圾管理和废弃农膜回收等5项规章，制定生活垃圾处理异地补偿、危险废物填埋场封场运营资金预提留和塑料污染治理等13项管理制度，形成了全面的生活垃圾管理体系。

在"无废城市"建设过程中，重庆市（主城区）步步为营，不断推进，建立了城市生活垃圾分类示范点，细化了城市生活垃圾分类目标，指明了城市生活垃圾资源化利用的前进方向。此外，重庆市（主城区）还对城市生活垃圾管理主体进行了细分，并创建了新的城市生活垃圾管理模式。例如：针对有物业管理的小区，物业公司是城市生活垃圾管理主体，其必须履行城市生活垃圾分类管理责任人义务。重庆市（主城区）以点突破，逐步朝着"无废城市"目标迈进。

（六）绍兴市

2020年10月绍兴市发布了《绍兴市生活垃圾分类管理办法》，据此制定了《生活垃圾分类指导手册》，强化了城市生活垃圾分类要求，加强了城市生活垃圾的培训和宣传工作，提升了居民城市生活垃圾分类意识，提高了城市生活垃圾分类的质量和效果，城市生活垃圾焚烧或填埋处置逐步减少。在城市生活垃圾分类目标不断实现过程中，绍兴市政府高度重视城市生活垃圾资源化利用，出台了《关于加强城市社区再生资源回收利用工作的实施办法》《绍兴市区社区再生资源回收站点建设指导意见》和《关于规范绍兴市城市社区再生资源回收站点经营管理行为的指导意见》等一系列文件，为城市生活垃圾资源化回收制定了企业标准，指明了企业未来发展方向。

在"无废城市"建设过程中，绍兴市以提升居民城市生活垃圾分类意识为重心，通过宣传和培训等手段，在居民思想上植入了"无废城市"理念，为城市生活垃圾管理政策的实施夯实了基础。此外，绍兴市还以社区为单位开展城市生活垃圾资源化回收工作，通过多项管理政策帮助社区制定城市生活垃圾资源化利用标准和构建城市生活垃圾资源化利用商业模式，以点到面，逐步完成整个城市的"无废城市"建设目标。

（七）三亚市

2020年5月和7月三亚市分别出台了《三亚市生活垃圾分类实施工作方案》和《三亚市生活垃圾分类实施工作指南》，明确要求按照其他垃圾、厨余垃圾、可回收物和有害垃圾的“四分类”法推进城市生活垃圾全过程分类系统建设。为了进一步应对日益增长的餐厨垃圾，2020 年 10 月三亚市开始执行《三亚市餐厨垃圾管理规定》，对餐厨垃圾实行统一收运，集中处置的特许经营管理，在产生、运输和处置环节实行台账和联单管理。在城市生活垃圾收费保障制度方面，三亚市实行了《关于印发三亚市生活垃圾处理费征收使用管理实施办法的通知》，对城市生活垃圾处理费的征收、使用和管理都做出了明确规范。

在“无废城市”建设过程中，三亚市以城市生活垃圾管理政策为导向，城市生活垃圾收费制度为把手，对城市生活垃圾全过程管理提出了详尽要求。此外，三亚市还采用特许经营方式对餐厨垃圾进行限制，通过台账和联单管理的模式提高了餐厨垃圾的处理效率和效果，保障了餐厨垃圾处理的可持续性。

（八）许昌市

在餐厨垃圾方面，许昌市对餐厨垃圾管理的要求更加严格。2019 年 10 月许昌市印发了《许昌市餐厨废弃物管理办法（暂行）》，人民政府统一领导餐厨废弃物管理工作，将餐厨废弃物治理规划纳入了城市总体规划，要求建设餐厨废弃物收集、运输体系和处置设施，鼓励社会资本参与餐厨废弃物相关工作的建设和运营。此外，许昌市还印发了《许昌市 2019 年公共机构生活垃圾分类工作实施方案》和《许昌市推进党政机关等公共机构生活垃圾分类工作实施方案》，强制党政机关等公共机构实施城市生活垃圾分类工作，强化公共机构示范带动作用。

在“无废城市”建设过程中，许昌市通过严格要求自身的方式，全面推进党政机关等公共机构的城市生活垃圾分类工作，起到了良好的模范带头作用。此外，针对餐厨垃圾来说，许昌市还引导社会资本进入，参与餐厨垃圾运输、处置行业，在解决好餐厨垃圾问题之余，建立起了良好的产业氛围和产业生态，为“无废城市”建设奠定了坚实的企业基础。

（九）徐州市

2020 年 12 月徐州市颁布了《徐州市生活垃圾管理条例》，强化了城市生活垃圾分类收集、运输和处置体系全过程监管，并针对违规行为处以 500 元至 50 万元的罚款。为了加强城市生活垃圾终端处理设施运营监管，徐州市印发了《徐州市生活垃圾终端处理设施运营监管办法》，对全市城市生活垃圾终端处理设施的监管作出严格规范，提高了城市生活垃圾处理设施的运营管理能力和监管工作整体水平。

在“无废城市”建设过程中，徐州市对城市生活垃圾处理设备有着较为严苛的要求，补齐了城市生活垃圾处理终端设备的短板，并加强了对城市生活垃圾处理终端设备运营状态的监管水平，保障了城市生活垃圾处理的有效性。此外，徐州市还通过罚款等方式为城市生活垃圾管理政策推行提供了条件，也为“无废城市”的建立提供了保障。

（十）盘锦市

2019 年 8 月盘锦市颁布了《盘锦市城乡生活垃圾分类和资源化利用实施方案》，要求全力推行城市生活垃圾分类工作，建立政府主导、属地管理、全民参与、城乡统筹的工作机制，逐步提升城市生活垃圾分类水平，为城乡生活垃圾的资源化利用提供了管理政策依据。2021 年 3 月盘锦市批准制定了《盘锦市生活垃圾分类管理条例》，对市行政区域内城市生活垃圾源头减量、分类投放、分类收集、分类运输、分类处置、资源化利用及其他相关管理都作出了详细规定。此外，为了解决城市生活垃圾资源化利用问题，盘锦市还完成了《盘锦市再生资源回收体系建设实施方案》（初稿），初步确立了城市生活垃圾资源化利用规范。

在“无废城市”建设过程中，盘锦市强调政府为主导，根据不同地域的不同情况，因地制宜地联合所在辖区的全部居民共同参与管理政策的制定、执行和实施。此外，盘锦市还逐步摸索出了一条“无废城市”发展之路，实现了从城市生活垃圾分类投放到源头减量再到最后资源化利用的全程“无废”，为其他省市“无废城市”建设提供了参考。

（十一）西宁市

在餐厨垃圾和建筑垃圾方面，西宁市出台了《西宁市餐厨垃圾收运处置企业监管考核办法》和《西宁市加快推进绿色建筑发展奖励办法》等管理政策，通过激励政策强化正向引导作用。在城市生活垃圾资源化方面，2020 年 12 月实施《西宁市再生资源回收利用管理办法》和《推行医疗机构可回收物分类回收指导意见》，补齐了关键环节的制度短板，建立起了完善的城市生活垃圾资源化利用体系。

在“无废城市”建设过程中，西宁市对餐厨和建筑垃圾都制定了严苛的规章制度，并引入城市生活垃圾处理收运企业，建立了较为完善的城市生活垃圾市场机制。此外，西宁市还以城市生活垃圾资源化利用为中心，在城市生活垃圾和医疗垃圾等领域进行垃圾回收利用，为“无废城市”的最后实现做好了前期准备。

二、“无废城市”试点建设取得成效

2018 年 12 月 29 日，国务院办公厅印发《“无废城市”建设试点工作方案》。

2019 年 4 月 30 日，中华人民共和国生态环境部公布 11 个“无废城市”建设试点。之后，11 个试点城市成立了以党委、政府主要负责同志为组长的领导小组，编制了高水准的无废城市实施方案，合计 900 余项任务，500 余项工程项目，资金投入为 1 200 余亿元。在各方辛苦努力下，11 个试点城市在城市生活垃圾分类、处理、资源化利用、管理模式和居民参与等方面均取得了较大成效。

（一）城市生活垃圾分类方面

“无废城市”试点建设以来，11 个试点城市加大了城市生活垃圾分类政策的实施力度，并取得了一定成效，基本实现了市域范围内城市生活垃圾分类全覆盖，为后续城市生活垃圾处理与资源化利用奠定了坚实的基础。

《2020 年中国垃圾分类及处理行业深度调研与分析报告》数据显示，深圳市城市生活垃圾分类收运系统覆盖率达到 100%，城市生活垃圾分类回收利用率从 2018 年的 24% 提高到 2020 年的 42%，装配式建筑占新建建筑比例从 2018 年的 16% 提高到 2020 年的 38%，实现了城市生活垃圾分类管理智能化、专业化和信息化。绍兴市推进农村生活垃圾分类示范片区、示范村和分类投放准确村建设，累计创建省级高标准农村生活垃圾分类处理示范村 59 个、市级城市生活垃圾分类示范村 69 个，2020 年绍兴市农村生活垃圾分类处理行政村覆盖率高达 90.7%。西宁市 25 个街道办事处、106 个社区、350 个居民小区、105 个机关企事业单位、115 所学校和 3 家市级医院都开展了城市生活垃圾分类试点工作。西宁市生活垃圾分类覆盖居民累计 30.4 万户，达标占比 95%，市民践行绿色无废生活方式的积极性越来越高。

（二）城市生活垃圾处理方面

“无废城市”试点建设以来，11 个试点城市都调整了城市生活垃圾处理方式，继续降低了城市生活垃圾填埋比例，提高了城市生活垃圾焚烧和资源化利用比例。2019 年中国城乡建设统计年鉴数据显示，城市生活垃圾无害化处理率基本达到 100%。

深圳市实现了原生城市生活垃圾全量焚烧处置和零填埋。铜陵市完成了铜陵海螺水泥窑协同处置城市生活垃圾工程提产改造，一批城市建筑垃圾、餐厨垃圾及城市生活垃圾转运处置等项目也已开工建设。威海市的城市生活垃圾焚烧处置能力和建筑垃圾资源化利用能力得到了很大提升。重庆市（主城区）医疗废物集中无害化处置实现镇级全覆盖，中心城区实现原生生活垃圾零填埋和餐厨垃圾全量资源化利用，城镇污水污泥无害化处置率达到 100%。绍兴市按照“补齐缺口、留有富余、全面焚烧、全国领先”的要求，绍兴市区的循环生态产业园（二期）、诸暨、嵊州和新昌 4 个焚烧项目先后建成投入运行，实现了其他垃圾“全焚烧”。

（三）城市生活垃圾资源化利用方面

“无废城市”试点建设以来，11 个试点城市以“无废城市”为目标，通过出台多项管理政策，提高了城市生活垃圾资源化利用率，实现了城市生活垃圾的再利用。

各城市《“无废城市”建设试点工作总结报告》显示，深圳市城市生活垃圾分类回收利用率从 2018 年的 24% 提高到 2020 年的 42%；建筑废弃物资源化利用率从 2018 年的 7% 提高到 2020 年的 13.5%。重庆市（主城区）构建了再生资源回收体系。再生资源回收实现了社区全覆盖，乡村覆盖率达 50%，寄递企业电子运单使用率为 99%。三亚市城市生活垃圾回收利用率由 2018 年的 19.75% 上升至 2020 年的 32.24%；再生资源回收量增长率由 2018 年的 12.7% 上升至 2020 年的 17.5%；相较 2018 年，2020 年餐厨垃圾回收利用量增长率达到 48%，主要废弃产品回收利用量增长率高达 1 093%。许昌市试点小区生活垃圾回收利用率达 36%，中心城区已开工建设的 27 条市政道路和 51 个市政工程项目均使用建筑垃圾再生产品，中心城区建筑垃圾资源化综合利用率达 98.66%。

（四）城市生活垃圾管理模式方面

“无废城市”试点建设以来，11 个试点城市将自身实际情况与“无废城市”具体要求紧密结合，摸索出一些非常具有借鉴意义的城市生活垃圾管理模式。

铜陵市着力构建了“垃圾分类 + 再生资源 + 物联网”三网融合模式，推动了城市生活垃圾源头减量和资源化利用；建立了楼栋、小区、社区和辖区分层负责的城市生活垃圾分类管理体系和“桶长制”工作机制；成立了再生资源回收个体从业者联盟，再生资源回收系统及手机 App 上线运行，第一批 9 处大型再生资源城市生活垃圾回收联盟站点挂牌。徐州市积极推进城市生活垃圾分类，城市生活垃圾“四分类”设施实现全覆盖，农村地区生活垃圾“组保洁、村收集、镇转运、县（市）处理”模式也日益成熟，实现了城乡生活垃圾协同处置、全量焚烧和“零填埋”。三亚市开展了“无废城市细胞”建设，数量高达 140 余个；创建 32 个“无废酒店”、8 个“无废旅游景区”和 4 个绿色商场，基本实现了三亚市内快递业务绿色包装应用全覆盖。

（五）居民参与方面

“无废城市”试点建设以来，11 个试点城市开展了针对不同人群的线上和线下宣传活动，使“无废城市”理念深入人心。

盘锦市调研了城市生活垃圾分类和处理建设情况，现场与社区居民深入交流，了解广大居民对城市生活垃圾分类推进工作的意见和建议，并向广大居民宣讲了“无废城市”建设和城市生活垃圾分类工作的重大意义；结合“六五”世界环境日，开展“无废城市”宣传月活动，制作宣传展板，现场发放宣传传单，向广大居民宣传“无废城市”建设建设目标与任务；开展盘锦市城乡垃圾治理宣传月暨“低碳环保·你我同行”研学活动；结合党员进社区主题党日活动，围绕党政机关、企事业单位、社区和家庭等不同社会单元，广泛开展“无废城市”理念和措施的宣传推广，现场邀请了各媒体对“无废城市”建设和城市生活垃圾分类的重要性和如何分类进行报道，不断提高城市生活垃圾减量化、资源化、无害化的社会知晓度、公众参与度和满意度，促进形成良好的“无废城市”建设氛围。西宁市积极宣传普及《西宁市绿色生活公约》，深入实施《关于普及生态文明倡导绿色生活方式的实施意见》，推进“光盘行动”，倡导绿色出行，多角度多途径引导公众积极践行“无废”生活；制定了《西宁市进一步加强塑料污染治理的实施方案》，努力探索环保可替代产品，在大型超市和市场开展试点，可降解塑料袋等产品推广成效明显。

第三章

发达国家城市生活垃圾管理政策的经验研究

纵观全世界，我们发现美国、德国、日本、瑞典和韩国等国家都形成了完整的城市生活垃圾管理政策体系。完整的城市生活垃圾管理政策体系使这些国家的城市生活垃圾减量化、资源化和无害化取得了不菲的成绩，为此分析这些国家的城市生活垃圾管理政策对我国的城市生活垃圾管理政策发展和完善具有重要意义。

第一节　发达国家城市生活垃圾管理政策发展历程

一、美国

（一）萌芽阶段（1940～1965 年）

20 世纪 40 年代，美国政府开始关注城市生活垃圾管理，并陆续出台生活垃圾处理方面的管理政策。例如：为了消除露天堆放的生活垃圾造成的环境污染问题，美国卫生署（USPHS）推行从“卫生填埋代替露天堆放”到“垃圾堆肥的探索和试验”，再到“垃圾焚烧”的技术性试验。为了解决固体废弃物处理不当问题，1965年美国颁布了固体废弃物领域纲领性管理政策——《固体废弃物处置法》，该管理政策为以后固体废弃物相关管理政策的制定确定了法律框架，从根本上改进和完善了生活垃圾行业的评价标准和管理体系，扩大了生活垃圾市场规模，为各地政府的生活垃圾管理行为提供了依据①。

萌芽阶段的美国城市生活垃圾管理政策的特点是管理政策影响范围小、管理政策实施方式单一和管理政策实施效果弱。首先，美国仅出台了城市生活垃圾处理方面的管理政策，生活垃圾如何分类、如何进行收集和运输等方面还没有涉及。已出台的城市生活垃圾处理政策仅对焚烧和填埋提出了要求，忽视了其他更加绿色环保和符合可持续发展的处理方法（如堆肥和再利用），同时对生活垃圾处理对环境破坏等问题也缺乏关注。其次，美国的生活垃圾处理政策是通过立法方式规定了生活垃圾处理的整体思路，缺少生活垃圾教育、定期讲座和奖惩措施等多种方式的使用，缩小了城市生活垃圾管理政策的作用范围，降低了城市生活垃圾管理政策的影响力，无法保障管理政策的实施效果。最后，美国的城市生活垃圾管理政策仅涉及政府和处理厂，对生活垃圾的其他主体（如居民、社区和非政府组织）的做法未提供合理的推荐方案，导致其他主体不知道如何参与城市生活垃圾管理，降低了管理政策的可行性，削弱了管理政策实施效果。

（二）成长阶段（1965～1990年）

1965年，美国持续向城市化迈进，同时许多外来人员也来到美国追寻“美国梦”。日益增多的人口给美国带来了经济的快速发展，但同时也造成了城市生活垃圾产生量的大幅度增加。民众饱受到垃圾堆积的困扰。在这种情况下，美国愈发关注城市生活垃圾管理问题，城市生活垃圾管理政策接连出台，城市生活垃圾管理政策进入迅速成长阶段。其中具有代表性的管理政策是，1970年美国出台的《资源回收法案》（该法是对《固体废物处置法案》的修正）。该法案改变了萌芽阶段的城市生活垃圾管理政策仅仅关注末端生活垃圾处理的狭隘眼光，提出了资源回收这一可持续发展理念。在生活垃圾各项技术发展缓慢之际为美国各地生活垃圾管理系统的完善提供了经济和技术保障，提高了美国生活垃圾管理的能力与意识。为了进一步促使资源回收理念的推广，1976年美国颁布了《资源环保与回收法》，标志着美国开始实施以预防为主的环境保护战略。《资源环保与回收法》规定美国的城市生活垃圾减量化政策应以联邦政府为主体，强化其主导

① 杨光、刘懿颉、周传斌：《生活垃圾资源化管理的国际实践及对我国的经验借鉴》，载于《环境保护》2019年第12期。

作用，发挥联邦政府出台的基本法和州政府执行的实施法案的管理政策效力，以促进城市生活垃圾减量化目标的实现，同时给予各州政府适度的自行选用方法和措施的权力，以便早日达到城市生活垃圾减量约束性指标的标准。虽然联邦政府和各州政府合作共同推进了减量化目标的实现，但仍存在职能分配重叠和授权混乱的现象。为此 1984 年美国修订了《固体废物处置法》，调整了联邦政府和州政府之间的生活垃圾管理职能分工和权力分配，增加了生活垃圾的监管权。1990 年美国《污染防治法》首次从立法层面确定了污染治理的“源头消减”政策，倡导废弃物的循环利用与清洁生产，要求按照清洁生产原则对生活垃圾相关企业进行规范化治理①。

成长阶段的城市生活垃圾管理政策的特点首先是城市生活垃圾管理政策的范围扩大了。从广度来看，城市生活垃圾管理政策从萌芽阶段关注生活垃圾处理问题扩大到关注城市生活垃圾管理全过程问题，逐步形成了从生活垃圾前端产生到末端处理的完整政策管理体系。从深度来看，城市生活垃圾管理政策提出了减量化概念和资源回收利用发展理念，给予生活垃圾处理新活力，为城市生活垃圾绿色管理夯实了基础。其次，城市生活垃圾管理政策明确提出要对生活垃圾管理进行监督。很多美国联邦政府和各州政府出台的城市生活垃圾管理政策明确规定城市生活垃圾要进行全过程管理，同时要求各州政府制定约束性指标完善监督体系，加强政府部门的监督作用。最后，城市生活垃圾管理政策执行力度得到了提升。很多美国联邦政府和各州政府出台的城市生活垃圾管理政策明确了各执行部门的职能和责任，要求各执行部门必须按照职能和责任进行城市生活垃圾管理，一定程度上增强了管理政策执行力度。例如：美国环境保护署与美国公共卫生署共同制定了垃圾焚烧填埋标准，同时，还设立了城市生活垃圾罚款政策，对于生活垃圾焚烧或填埋不达标的企业给予罚款。这项管理政策颁布后，美国管理的生活垃圾处理企业作业不达标的情况鲜有发生。

（三）成熟阶段（1990～2020 年）

1990 年以后，美国将目光聚焦在城市生活垃圾管理的各个领域，形成了以《资源保护与回收利用法》为核心的城市生活垃圾管理政策系统，这标志着美国城市生活垃圾管理政策进入了成熟阶段。在这个阶段，1994 年美国联邦政府颁布了比较具有代表性的《合理废弃计划》，要求美国工商企业要合作共同减少生活垃圾产生量，将工商企业纳入了城市生活垃圾管理的核心层。2003 年加州政

① 褚祝杰、王文拿、徐寅雪、汪璇、谢元博：《国际先进城市生活垃圾管理政策的经验与启示》，载于《环境保护》2021 年第 6 期。

府通过了《电子废料回收》，对废旧电脑和电视等废旧设备的回收处理做了详细规定。2005年总统布什签署了《能源政策法》，第一次将城市生活垃圾焚烧发电明确为可再生能源，标志着生活垃圾资源化利用的范围进一步扩大了。

成熟阶段的美国城市生活垃圾管理政策的特点首先是城市生活垃圾管理政策涉及的范围越来越大，由最初的减少生活垃圾产生扩大到分类、收集和运输效率以及回收处理等方面。其次，城市生活垃圾管理政策日趋细化。在城市生活垃圾减量化方面，管理政策从商品生产到生活垃圾产生都有详细要求；在城市生活垃圾收集方面，城市生活垃圾管理政策规定了市政管理部门与企业合作的方式；在城市生活垃圾处理方面，城市生活垃圾管理政策要求各州政府采取适当的生活垃圾处理方式，提高生活垃圾回收率；最后，城市生活垃圾管理政策强化了对城市生活垃圾管理全过程的监管，明确规定对生活垃圾分类或其他方面存在问题的居民或企业进行罚款。

二、德国

（一）萌芽阶段（19世纪60年代~19世纪80年代）

20世纪60年代德国开始关注城市生活垃圾问题，并建设了数量众多的垃圾填埋场，但是由于工艺简陋，填埋场液体渗透、尾气排放和金属污染十分严重，引起了诸多环境问题。在这种情况下，1972年德国政府出台了第一部城市生活垃圾管理政策——《废弃物处理法》，制定了生活垃圾填埋标准与要求。随后1986年德国将《废弃物处理法》修改为《废物限制及废物处理法》，着眼于生活垃圾分类和减量化问题，强调把工作重点放在避免垃圾产生方面[①]。

在萌芽阶段，德国城市生活垃圾管理政策为后续城市生活垃圾管理政策的完善夯实了基础。具体来说，这一阶段的城市生活垃圾管理政策将目光瞄准于公众，通过学校教育和社区活动等一系列手段，帮助公众养成良好的自觉管理意识和自我约束意识，让公众认为参与城市生活垃圾管理工作是再正常不过的事情，为后续城市生活垃圾管理政策制定打下了坚实的群众基础，提高了管理政策的可行性。

虽然德国城市生活垃圾管理政策逐步完善了生活垃圾处理规范，但是仍存在着管理政策涉及范围小的问题。第一，与美国一样，德国城市生活垃圾管理政策先关注生活垃圾处理，后期提到了生活垃圾减量化方式，但对生活垃圾收集、运

① 杨杰：《德国循环经济起源和现状》，载于《北方环境》2010年第3期。

输等方面涉猎较少。特别是，没有涉及城市生活垃圾减量和处理等规范要求。第二，德国城市生活垃圾管理政策对生活垃圾处理责任主体的认定不明确，没有规定生活垃圾归谁处理，如何惩罚未按规定处理生活垃圾的主体等内容。

（二）成长阶段（20 世纪 80 年代～21 世纪初）

20 世纪 80 年代初，德国城市生活垃圾管理政策进入成长阶段，逐步走上了以可持续发展为管理政策核心的新道路。其中比较具有代表性的管理政策是，1986 年德国实施《废物限制及废物处理法》。《废物限制及废物处理法》是以“避免垃圾产生、减少垃圾产生、无害化处理垃圾”为基本原则，强调生活垃圾资源化处理概念。这是德国对生活垃圾处理的一次全新探索，是生活垃圾管理与国家可持续发展的完美结合，是对城市生活垃圾价值的充分解读，这表明德国已经基本具备现代化城市生活垃圾管理体系特征。1996 年德国实施的《循环经济和废物管理法》是“以循环经济为基本指导原则”要求积极贯彻循环经济理念，追求城市生活垃圾的源头减量，落实各个环节、层级的管理负责人以便实现城市生活垃圾资源的循环利用，并确保“绿色包装”的大范围应用的一部法律。《循环经济和废物管理法》确定了生活垃圾分类的行业标准，为城市生活垃圾管理指明方向——城市生活垃圾循环利用[①]。

在成长阶段，德国城市生活垃圾管理政策为生活垃圾分类提供了政策保障，构建了生活垃圾分类规则与标准，革新了生活垃圾管理模式，加强了居民自律意识，完善了生活垃圾处理流程，在政策范围、政策目标和政策宣传等方面都取得了很大进步。在政策范围方面，德国城市生活垃圾管理政策不仅关注减量化政策制定，还注重生活垃圾资源化利用政策的出台，同时规定了生活垃圾处理各方面的具体工作，并且根据国内实际情况不断进行更新调整。在当时，德国城市生活垃圾管理政策的完善程度是处于世界领先地位的。在政策目标方面，基于可持续发展国家战略，德国城市生活垃圾管理政策侧重于生活垃圾回收利用，重点强调通过生活垃圾再利用解决生活垃圾处理产生的经济和环境问题，改变了萌芽阶段城市生活垃圾管理政策割裂地看待生活垃圾的经济问题和环境问题的局面。在政策宣传方面，德国城市生活垃圾管理政策更加注重采用有偿补贴和志愿服务等多种形式引导公众参与各项城市生活垃圾管理工作，同时通过教学、宣传与报道等方式培养公众自律意识，整体提高了全社会的生活垃圾管理素质，为城市生活垃

---

① Schmidt S., Laner D., Van Eygen E., et al. Material efficiency to measure the environmental performance of waste management systems: a case study on PET bottle recycling in Austria, Germany and Serbia [J]. *Waste Management*, 2020, 110: 74－86.

圾管理政策的持续发展夯实了基础。

（三）成熟阶段（21 世纪初～2020 年）

2000 年以来，德国城市生活垃圾管理政策已趋于完善，步入了成熟阶段①。在电子废弃物方面，2005 年德国颁布了《电子电器设备销售管理、回收与无害化处理法案》。其目的在于通过法律政策控制人们随意丢弃电子电器类设备（EEE）的行为，减小 EEE 和其有害物质对环境的危害。《电子电器设备销售管理、回收与无害化处理法案》规定生产商必须承担产品整个寿命周期内的责任；生产商每年必须为投放市场的 B2C 产品提供保证金。德国规定从 2006 年 7 月 1 日起，在市场上流通的 EEE 中的铅、汞、六价铬、聚溴联苯与聚溴二苯醚含量要小于 0.1%，镉含量要小于 0.01%。2009 年生效的《电池法》要求德国境内所有出售电池的商户必须设立电池回收点回收电池；顾客在购买新的铅酸蓄电池时，如果不能交给商店旧的蓄电池，就必须缴纳 7.5 欧元作为电池押金。2012 年德国将预防城市生活垃圾产生的理念进行整合，颁布了《闭环废物管理法令》，体现了德国预防和避免废弃物产生的理念，标志着德国已将生活垃圾末端处理思想彻底转为前端预防。

在成熟阶段，德国有 800 多项城市生活垃圾管理政策被实施，相关行政条例高达 5 000 多项，城市生活垃圾管理政策体系非常完善。具体来说，首先，城市生活垃圾管理政策的内容更加翔实，形成了以《循环经济与废弃物管理法》为主要指导的生活垃圾减量化与循环经济发展的管理政策体系，明确了各个环节的操作流程和责任人。其次，按照城市生活垃圾管理政策的要求，德国设立了三层生活垃圾处理主管机构，加强了管理政策实施的层层把控力，明确了联邦政府和联邦环境保护部负责宏观层面的管理政策制定和辖区内生活垃圾管理监督的工作职责。各区政府所管辖的城市负责日常生活垃圾收集、运输和处理工作。再次，城市生活垃圾管理政策更加注重公众参与，将生活垃圾分类深度融入居民的日常生活当中，从小学教育到社会宣传全面增强国民环保意识。同时也将民间力量纳入城市生活垃圾管理工作中，形成了相互监督、相互鼓励的良好社会气氛。最后，城市生活垃圾管理政策规制的范围越来越广，不仅要求生产厂商必须对商品全过程负责（《包装条例法》要求生产厂家依据产品种类、性质和回收等情况缴纳费用，政府将这些费用用于生活垃圾分类、回收和处理），还要求消费者必须承担税负用于特殊用品（手机、电池等）的处理。生产厂家和消费者通过“生态税”

---

① 褚祝杰、王文拿、徐寅雪、汪璇、谢元博：《国际先进城市生活垃圾管理政策的经验与启示》，载于《环境保护》2021 年第 6 期。

的方式承担生活垃圾分类成本，既实现了减少垃圾产生量的城市生活垃圾管理政策目标，也优化了城市生活垃圾管理政策实施环境。

三、瑞典

（一）萌芽阶段（20 世纪初～20 世纪 90 年代）

早在 1969 年瑞典就颁布了《环境保护法》，确定了许可证制度和环境保护制度，要求减少生活垃圾对城市的污染程度。然而，《环境保护法》存在城市生活垃圾管理规章制度不够细化、保护环境效果差等问题。因此，在 20 世纪 70 年代，瑞典政府颁布了多项城市生活垃圾管理政策以减少生活垃圾对环境的破坏作用。例如：1975 年的《政府支持污染控制开发技术条例》《有害废弃物条例》和 1979 年的《清洁卫生法》及其条例等。这些城市生活垃圾管理政策都将城市生活垃圾管理作为环境保护的重要组成部分进行规范和要求①。

在萌芽阶段，瑞典城市生活垃圾管理政策非常关注城市生活垃圾处理问题，确定了可持续发展思想，并形成了一套完整的生活垃圾管理监督机制。这些城市生活垃圾管理政策的出台解决了生活垃圾管理不当问题，提高了生活垃圾管理能力。但是，城市生活垃圾管理政策也存在一些缺陷，例如：城市生活垃圾管理力度小和缺少生活垃圾资源化利用规划等问题。

（二）成长阶段（20 世纪 90 年代～21 世纪初）

20 世纪 90 年代至 21 世纪初是瑞典城市生活垃圾管理政策的成长阶段。在这一期间，瑞典出台了一些比较具有代表性的城市生活垃圾管理政策。例如：1994 年瑞典出台了《废弃物收集与处置条例》。《废弃物收集与处置条例》对城市生活垃圾分类投放、收运和处理都做了详细规定，标志着瑞典城市生活垃圾分类工作的正式启动。1994 年瑞典政府颁布了生产者责任制度，规定汽车、纸张、电子产品和轮胎等产品的生产商必须承担起回收、资源化利用或者处理产品废弃物的责任；生产者应在明显的包装处印刷上有关回收的注意事项。在汇总城市生活垃圾管理政策的基础上，1999 年瑞典颁布了具有里程碑意义的《国家环境保护法典》，明确规定所有个人及单位的环保责任与义务。为了更好地管理环保案例，《国家环境保护法典》还规定设立环保法庭和国家环保最高法庭，强调了公众参

① 罗朝璇、童昕、黄婧娴：《城市“零废弃”运动：瑞典马尔默经验借鉴》，载于《国际城市规划》2019 年第 2 期。

与的作用。

在成长阶段，瑞典城市生活垃圾管理政策得以快速发展，不仅强调了城市生活垃圾处理减量化理念，而且还明确了通过严格执法和加大环保科技研发等手段资源化利用城市生活垃圾。同时，瑞典城市生活垃圾管理政策还强调在管理政策落地过程中要及时调整、优化政策内容和方向，保证管理政策发挥最高效用。

（三）成熟阶段（21世纪初~2020年）

21世纪初，瑞典城市生活垃圾管理政策进一步深化，确定了减量化和资源化是管理政策追求的最终目标，并于2017年颁布了《关于废物预防和管理的城市废物指引》。《关于废物预防和管理的城市废物指引》不仅要求最大化地回收利用城市生活垃圾，减少城市生活垃圾进入处理环节，同时还规定政府作为城市生活垃圾全过程管理的责任主体，要发挥主导作用，优化全生命周期的制度体系，将计划和收集、处理生活垃圾作为主要义务，提高了生活垃圾管理的权威性和执行效果。2017年瑞典颁布了生活垃圾处理缴费政策，要求各地按照重量对城市生活垃圾收费。截至目前，瑞典已有30个城市实施了生活垃圾处理缴费政策。

在成熟阶段，首先，瑞典城市生活垃圾管理政策更加注重部门间的协同管理，将市区管理局、城市规划管理局、交通管理办公室和城市发展管理局都纳入城市生活垃圾管理的大格局中，使其成为生活垃圾管理的重要组成机构，分担着不同的责任义务。其次，瑞典城市生活垃圾管理政策加大了对先进技术的推介。例如：世界先进的生活垃圾管道收集技术将生活垃圾从路面或小区垃圾桶直接导入地下垃圾管道，使用真空将垃圾送入中央收集站，垃圾运输效率大大提升，也避免了市容市貌的垃圾污染。最后，瑞典城市生活垃圾管理政策明确要求城市生活垃圾管理要与专业的、有影响力的社会组织和非政府组织合作，并将公众也纳入城市生活垃圾管理体系中。总的来说，这一阶段的瑞典城市生活垃圾管理政策体系已经趋于完善。

四、日本

（一）萌芽阶段（1900~1970年）

日本城市生活垃圾管理政策起步较早。在1900年，日本出台了最早的废弃物法律——《污物扫除法》。《污物扫除法》要求将生活垃圾收集和处理作为市、町和村的义务，目的是防止蝇蚊传播疾病。第二次世界大战后，为了保持生活环境的清洁，在1954年日本用《清扫法》取代了《污物扫除法》。《清扫法》不仅优化了市、町和村的生活垃圾管理责任方案，落实了居民个人责任，还新增了城市生活垃圾的财政支持，强调了在技术发展过程中国家和地方政府的责任等内容。20世纪60年代，日本颁布了《废弃物处理法》，第一次对一般废弃物和产业废弃物进行了区分，并明确了处理责任①。

在萌芽阶段，日本城市生活垃圾管理政策管理尚处于起步阶段，存在着管理政策范围小、管理政策体系不完善和公众参与不足等问题。具体来说，首先，日本城市生活垃圾管理政策范围狭窄。从广度来说，无论是《清扫法》还是《废弃物处理法》仅涉及了生活垃圾处理，没有对生活垃圾分类、收集和运输等内容进行规定，给生活垃圾全过程管理带来了困难；从深度来说，日本城市生活垃圾管理政策仅明确了指导思想，对于如何引导和实施并未作出详细规则，管理政策缺乏实际指导价值。其次，日本城市生活垃圾管理政策体系不完善。在明治维新后期，城市生活垃圾管理政策仅要求生活垃圾产生者处置生活垃圾，缺少监督。第二次世界大战结束后，城市生活垃圾处理成为日本市政当局的责任，生活垃圾产生者与市政当局的关系不明确。最后，日本城市生活垃圾管理政策的公众参与不足。城市生活垃圾管理政策仅规定了政府和企业的职能，对公众的要求较少。总体来说，萌芽阶段的日本城市生活垃圾管理政策处于被动应付状态。

（二）成长阶段（1970～1991年）

1970～1991年，日本城市生活垃圾管理政策处于成长阶段。在这一时期，日本正处于泡沫经济发展的巅峰，生产活动的扩大刺激了居民消费，从而使生活垃圾产生量急剧上升。为了减少城市生活垃圾产生量，提高资源再利用率，1991年日本颁布了《再生资源利用促进法》，第一次在法案中明确“资源再利用”理念，不仅要求公众对废弃物进行分类投放和回收利用，还要求产品设计、制造、销售和使用等环节都要符合环境保护要求。同年，《再生资源利用促进法》被全面修改为《资源有效利用促进法》，确立了3R（Reduce，Reuse，Recycle）城市生活垃圾管理原则，将生活垃圾管理提到了一个新高度。1991年日本又修订了《废弃物处理法》，增加了控制排放和资源再利用等内容，旨在推动废弃物减量化和建立循环型社会。

在成长阶段，日本城市生活垃圾管理政策获得了长足发展，主要表现在管理

① 鞠阿莲、陈洁：《日本“零废弃”城市的垃圾分类回收及处理模式——以德岛县上胜町为例》，载于《环境卫生工程》2017年第3期。

政策涵盖范围越来越大。具体来说，日本城市生活垃圾管理政策将建立循环型社会作为城市生活垃圾管理政策的终极目标，不再局限于生活垃圾末端处理，增加了以生产和消费源头预防为重心的生活垃圾前端科学分类内容，强调了生活垃圾减量化等方式对城市生活垃圾管理的重要性，这对城市生活垃圾的经济价值和环境价值实现具有重要的引领作用。

（三）成熟阶段（1991～2020年）

自1991年开始，日本城市生活垃圾管理政策进入到成熟阶段。城市生活垃圾管理政策更加注重资源循环利用和资源再生，为此，2000年日本颁布了《循环型社会形成推进基本法》，进一步明确了3R在生活垃圾管理中的地位，即从源头减少城市生活垃圾排放量，多次利用同一物品，以及将使用完毕的东西再次循环成为资源，同时还规定了生活垃圾分类、收集、运输与处理等方面的具体要求。为了保证《循环型社会形成推进基本法》的顺利实施，日本又出台了一些管理政策为其保驾护航。例如：2000年出台的《食品再利用法》；2001年的《环保商品购买法》和2002年的《汽车再利用法》等。

在成熟阶段，日本城市生活垃圾管理政策体系已基本形成，为城市生活垃圾全过程管理夯实了基础。例如：日本通过生活垃圾收费政策和生活垃圾处理奖惩政策间接地降低了城市生活垃圾产生量。很多城市也制定了各种各样的城市生活垃圾管理政策，明确了社会全体成员的责任与义务，并通过精准的权责认定，将生活垃圾管理全过程拆分为多个组成部分，严格监管各个流程的执行，从而提高了管理政策实施效果。更为重要的是，在这个阶段的日本城市生活垃圾管理政策特别关注城市生活垃圾教育和培训。日本城市生活垃圾管理政策要求将生活垃圾管理列入中小学课本，利用学生强大的接受和学习能力，达到高效宣传城市生活垃圾管理政策的目的，取得了较好的成效。另外，日本城市生活垃圾管理政策还要求社区举办活动，通过发放日历等方式宣传和培训居民生活垃圾分类行为，帮助居民养成定时定点投放的习惯。成熟阶段的日本城市生活垃圾管理政策为其他国家城市生活垃圾管理政策的制定、执行和实施提供了很好的经验借鉴。

五、韩国

（一）萌芽阶段（1961～1986年）

从20世纪60年代开始，韩国经济快速发展。经济发展不仅改变了韩国民众的消费结构，还给资源开发带来了严重威胁，也使环境面临着巨大的挑战。加强城市生活垃圾管理，充分利用垃圾资源已成为韩国减轻资源短缺压力和保护环境的重要措施。为此，1986 年韩国制定了第一个有关城市生活垃圾管理的《废弃物管理法》，明确提出减少废弃物的产生量。

在萌芽阶段，韩国城市生活垃圾管理政策刚刚起步，虽然管理政策目标比较明确，就是减少废弃物排放量和促进废弃物资源化利用还存在着关键概念模糊的问题。例如：《废弃物管理法》未区分城市生活垃圾与工业垃圾，将它们统称为废弃物，缺少对城市生活垃圾概念的科学界定。

（二）成长阶段（1986～1997 年）

1986～2006 年韩国城市生活垃圾管理政策进入成长阶段，涌现出了一些具有代表性的管理政策。例如：1995 年韩国修订补充了《废弃物管理法》。《废弃物管理法》正式提出按照废弃物不同来源将其划分为生活垃圾和生产垃圾，这也是第一次把生活垃圾这一概念从笼统的固体废弃物中剥离出来。同时，韩国政府还出台了生活垃圾手续费从量政策，以期通过增加排放者经济负担的方式，达到减少生活垃圾产生量的目的。1993 年韩国开始实行生活垃圾分类政策。第一次通过管理政策的形式将生活垃圾收集表述出来，并要求收集并再利用可回收垃圾。生活垃圾违法投放举报奖金政策将监管引入城市生活垃圾管理中，通过奖励举报者和惩罚生活垃圾违法者，扩充了监管范围与手段，提高了监管效果，同时也提高了居民生活垃圾管理意识。1997 年韩国制定了食品垃圾收集、运输和分类标准。随后又出台了食品垃圾减量化与循环利用发展规划，旨在最大程度地减少食品垃圾的比重。

在成长阶段，韩国城市生活垃圾管理政策的涉及范围更广，内容设置更完善，监管群体更多元。在涉及范围方面，韩国城市生活垃圾管理政策聚焦于生活垃圾全过程管理，不仅涉及生活垃圾的减量、分类和运输，还突破了萌芽阶段仅关注生活垃圾处理的桎梏。在内容设置方面，韩国城市生活垃圾管理政策对居民和企业的要求更加详细，科学地将生活垃圾引起的环境问题与经济手段巧妙地结合在一起，核算出生活垃圾投放与收费之间的定量关系，减轻了政府的经济负担。在监管群体方面，韩国城市生活垃圾管理政策不再仅仅依靠政府主管部门，而是引入了全体居民进行监管。特别是，生活垃圾违法投放举报奖金政策将监管扩大到各职能部门，形成了政府全部门、社会全组织和居民全员监管的局面。

（三）成熟阶段（1997～2020 年）

从 1997 年开始，韩国城市生活垃圾管理政策进入成熟阶段，出台了很多管理政策。例如：为了保证生活垃圾减量化和资源化利用政策顺利落地，2000 年韩国出台了垃圾违法投放举报奖金政策。在 2007 年，韩国修订并补充了《废弃物管理法》，详细规定了生活垃圾分类收装、处理、垃圾袋标准和奖惩等内容。

在成熟阶段，韩国城市生活垃圾管理政策趋于完善，进入世界先进行列。究其特点：第一，韩国城市生活垃圾管理政策的实施机构齐全，从地方到中央分别是环境部、特别市、广域市及市和郡区，这些机构各司其职。例如：环境部的主要职责是支持城市生活垃圾处理技术和支援财政投资；环境部资源循环局的废资源管理科的主要职责是收集与转运生活垃圾；废资源能源小组的主要职责则是管理生活垃圾的卫生填埋和焚烧设施。第二，韩国城市生活垃圾管理政策更加注重生活垃圾减量化管理和资源化利用，并将其作为管理政策制定的首要目标。

第二节　发达国家城市生活垃圾管理政策现状

一、美国

在城市生活垃圾减量政策方面，美国出台了很多减量化管理政策，其中最具有代表性的是 1976 年美国联邦政府颁布的《资源保护与回收利用法》。《资源保护与回收利用法》是美国政府管理城市生活垃圾源头减量的基本法，不仅优化了城市生活垃圾管理体系，还严格规定了城市生活垃圾预防、排放、资源化利用、转运、堆积和处理等方面的要求①。美国各州可以向联邦政府申请行使《资源保护与回收利用法》的权利并以此为基准制定各自的城市生活垃圾法律法规，明确资源再循环目标。在 1980 年、1984 年、1988 年和 1996 年，美国修订了《资源保护与回收利用法》，最终构建并优化了城市生活垃圾管理的 4R 原则［分别是修复（recovery）、分类回收（recycle）、重复利用（reuse）和减量（reduction）］，为诸多固体废弃物循环利用管理政策制定提供了参考。1990 年的《污染防治法》首次在立法层面确定了治理污染的“源头削减”政策，倡导废弃物的循环利用与清洁生产。在 1994 年实行的《合理废弃计划》是一项自愿性行动计划。制定和出台《合理废弃计划》的目的在于通过与美国工商企业合作的方式推进城市生活垃圾减量进程和扩大减量范围，使公众认识到减少城市生活垃圾所带来的生

① 周兴宋：《美国城市生活垃圾减量化管理及其启示》，载于《特区实践与理论》2008 年第 5 期。

态和商业效益。《合理废弃计划》明确规定美国联邦环保局通过提供技术帮助成员公司减少废弃物产生，收集可回收物和制造购买再生产品。在 2004 年，美国联邦环保局和国际购物中心委员会共同发布了《购物中心城市固体废物减量化导则》，旨在帮助各大购物中心寻找减少城市生活垃圾产生量的途径和方案，促进购物中心与城市固体废弃物循环机构的合作，指导它们设计和实施生活垃圾循环方案①。

在城市生活垃圾收集和运输政策方面，1980 年美国在《全面环境响应、赔偿和责任法》中强调相关责任人必须按照严格的分类标准和回收流程管理有巨大危险性的城市生活垃圾，否则将承担法律责任。1989 年，美国通过了《垃圾分类回收法》，明确指出城市居民必须履行城市生活垃圾分类义务，包括购买不同型号垃圾袋或垃圾桶方便分类城市生活垃圾，否则居民就要承担法律责任。在 1990 年，美国政府进一步完善和扩充了《垃圾分类回收法》，把电子垃圾（如旧电池）和塑料橡胶制品（如旧轮胎）等品类的废弃物纳入城市生活垃圾范围，强制规定居民必须将电子垃圾和塑料橡胶制品送至专业回收管理站点处理，不可随意丢弃。

在城市生活垃圾处理政策方面，1970 年尼克松政府颁布了具有代表性的环保类政策法案——《国家环境政策法》。《国家环境政策法》规定国家要从人类后代的长远发展角度进行环境保护，在联邦政府的带领下每位公民都要参与环境管理，每个人都要认领环境保护中的任务和责任，并积极地为实现目标而努力。1991 年美国颁布了《城市固体废物填埋场标准》，规定了城市生活垃圾填埋标准。在 1996 年，美国议会通过了《烟漫处置计划弹性法案》，规定废弃物的填埋要因地制宜，结合当地情况科学实行。2003 年美国颁布的《加州电子废料回收法》明确了废弃电脑和手机等电子产品的处理方式，同时规定消费者购买时要预付处理费用。

二、德国

德国城市生活垃圾管理结构分为联邦、州、地区、市以及社区 5 个层级。联邦的主要职责是颁布政府最新通过的法律法规；州的主要职责是作为法律规定的实施主体，落实好每项管理政策；地区的主要职责在于审批城市生活垃圾管理项目；市的主要职责是监督和优化城市生活垃圾投放、收运和处理的全链条；社区

① 刘抒悦：《美国城市生活垃圾处理现状及对我国的启示》，载于《环境与可持续发展》2017 年第 3 期。

的主要职责是城市生活垃圾投放和收集的基本单元，是城市生活垃圾管理体系中最基础却也是最重要的组成部分[①]。

在城市生活垃圾减量政策方面，1972 年德国出台的《废弃物处理法》是最具有代表性的废弃物管理政策之一。随着废弃物管理标准的提高，德国将减少废弃物产生量和最终处理量作为首要管理目标之一，由此制定了许多管理条例。1982 年的《废物避免及治理法》首次提出城市生活垃圾源头减量的观点。1990 年德国的垃圾收费制度也推动了生活垃圾减量化。以莱比锡市为例，60 升垃圾桶需交纳 3.31 欧元/次·桶基础费，普通回收费为 3.76 欧元/次·桶，高频率定期回收为 5.44 欧元/次·桶，特殊回收为 8.63 欧元/次·桶。80 升垃圾桶需交纳 4.11 欧元/次·桶基础费，普通回收费为 4.79 欧元/次·桶，高频率定期回收为 6.46 欧元/次·桶，特殊回收为 9.66 欧元/次·桶。莱比锡市通过经济手段强迫居民少产生垃圾，并取得了良好效果。为适应管理思路变化，紧跟最新废弃物管理标准，1991 年德国制定了《包装废弃物管理法》，从利益相关者角度出发明确提出了生产者责任制的指导作用，延展生产者责任到整个产品生命周期。另外，2012 年生效的《闭环废物管理法令》是德国预防和避免废弃物产生的标志性管理政策。这些城市生活垃圾管理政策的出台标志着德国生活垃圾管理从末端处理彻底转变为前端预防。

在城市生活垃圾收集和运输政策方面，1992 年的《废车限制条例》是德国极具代表性的管理政策之一。《废车限制条例》明确规定城市生活垃圾收运车辆制造商必须承担废旧车辆的管理责任，违反规定者将予以惩罚。在 2003 年，德国成为欧洲首个实行塑料瓶回收押金制度的国家。塑料瓶回收押金制度要求公民购买塑料瓶饮品的同时缴纳 0.25 欧元作为包装瓶押金。当将空的塑料瓶被投放到回收机器时，公民就会收回自己的这笔押金。塑料瓶回收押金制度不仅提高了塑料制品的回收率，还减少了原资源的消耗，更潜移默化地将“使用更有利于环保的循环使用制品比使用一次性产品更优惠”的理念传递给消费者。2005 年德国颁布的《电子电器设备法案》规定电子垃圾要与中小城市生活垃圾区分开，进行分类投放和收集，保证金属原料的利用回收，并且无害化处理电子垃圾，防止污染物的扩散，危害生态环境。

在城市生活垃圾处理政策方面，1986 年德国颁布的《废物防止和治理工作法》重点规定了城市生活垃圾减量管理要求；《防止和再生利用包装废弃物条例》重点提出了城市生活垃圾资源循环利用的重要性和必要性，对城市生活垃圾

① 张舟航：《“零废弃”未来展望：中国生活垃圾管理机制的路径完善》，载于《世界环境》2021 年第 6 期。

管理提出了更为严格的要求，更加重视城市生活垃圾全生命周期管理。1991年，德国出台的《包装条例》强化了“谁生产垃圾谁负责处理”理念，明确规定了生活垃圾处理的主导地位，并且要求生产者和销售者按照规定回收并资源化利用产品中有再使用价值的物品，以减少资源浪费。1992年德国制定了包装材料回收双轨制，要求在领土内对废弃包装材料进行全面回收。包装材料回收双轨制加速了包装材料回收速度，提高了包装材料利用价值，减少了生活垃圾的产生。1996年德国实施的《循环经济与废物管理法》规定了生活垃圾回收和处理原则，强调生活垃圾管理应以预防产生为主，对于无法避免产生的生活垃圾，要以再用和他用为主，提高资源的再利用率，对经过一系列“压榨”后再进入处理末端环节的生活垃圾也要尽可能地实现无害化处理，避免对环境造成严重污染和破坏。《循环经济与废物管理法》确定了德国城市生活垃圾处理基准。2005年的垃圾填埋条例要求进入垃圾填埋场的所有生活垃圾都必须经过预处理，将有机碳减少到5%以下才能进行卫生填埋。同时，垃圾填埋条例也规定未经处理的原生垃圾不能进入卫生填埋场，只有经过生物处理或焚烧后的残余垃圾才可以进入卫生填埋场。

三、瑞典

瑞典是世界上城市生活垃圾管理最先进的国家之一，这得益于完善的城市生活垃圾管理政策体系。

在城市生活垃圾减量政策方面，1994年瑞典政府首次提出了“生产者责任制”理念，这也是瑞典进行城市生活垃圾减量化管理的具有代表性和原创性的管理政策理念。与以往生产者只负责设计和生产产品不同，生产者责任制要求政府为企业提供资金支持和技术支撑，以促使企业做好产品生产和废弃物回收的全过程管理。2012年瑞典环保局推出了《从生活垃圾到资源——瑞典2012~2017年生活垃圾处理规划》，划分了政府在城市生活垃圾管理中的引导和主体责任，居民的执行责任和企业的承接责任，强化各主体的责任意识。《从生活垃圾到资源——瑞典2012~2017年生活垃圾处理规划》还加大城市生活垃圾管理的宣传教育，培养居民减量化管理理念，并且依靠税收、经济和法律的强制性手段约束企业的生产和转接工作。同年，瑞典环保局推出了《2014~2017生活垃圾减量化计划》，主要目的是监督城市生活垃圾“减量化、资源化、无害化”的实现。

在城市生活垃圾收集和运输政策方面，1885年瑞典政府制定并优化了押金回收管理政策。押金回收管理政策是瑞典创新性城市生活垃圾管理的显著标志[1]。押金回收管理政策要求在可回收生活垃圾出现最频繁的位置安装专门的回收装置，回收包装箱、塑料制品、钢、铁和铝等金属制品。除了具有回收作用，回收装置还能自动识别回收物品并开出回收凭证，使用者可以根据回收凭证获取积分或者兑换券等，以此激励公民回收城市生活垃圾。1999 年的《国家环境保护法典》规定居民将生活垃圾分类后投入指定投放点，如果投放不规范将不予收集。

在城市生活垃圾处理政策方面，作为欧盟成员国，瑞典主要遵循《欧盟垃圾框架指令》。《欧盟垃圾框架指令》明确规定城市生活垃圾管理优先级顺序为减量、重复使用、生物技术处理、焚烧处理和填埋处理。1985 年瑞典政府认为不能再扩建焚烧处理炉，并且应该对当前已有焚烧厂进行调查检测，以判定是否符合城市生活垃圾管理要求标准。经过全面检查，1986 年瑞典政府确认可以继续使用焚烧设备处理生活垃圾后，才放开焚烧处理并制定了更加完善的管理政策。1994 年瑞典的"生产者责任"明确规定生产企业和销售企业必须全过程管理本企业产品。2000 年瑞典开始征收生活垃圾填埋税。2005 年瑞典环保局出台禁止填埋有机生活垃圾（比如厨余生活垃圾）。2017 年瑞典的《关于废物预防和管理的城市废物指引》正式生效。《关于废物预防和管理的城市废物指引》规定所有公共行政机构都有责任解决废物问题，并要求各市政府制定垃圾管理计划，并监管和负责管理政策执行。

在城市生活垃圾监管政策方面，1999 年瑞典出台的《国家环境保护法典》不仅明确了城市生活垃圾基本概念和囊括范围，还确定了城市生活垃圾管理链条总目标和总原则，划分了政府、企业和居民在城市生活垃圾管理中的角色和职责，对不符合管理政策规定的行为，依法追究各主体的管理责任。

四、日本

由于国土面积小，人口数量多和国内资源十分匮乏，日本非常关注城市生活垃圾资源化利用，高度重视生活垃圾分类、收集、运输和处理等工作，为此，日本的城市生活垃圾"减量化、无害化、资源化"水平处于世界领先地位[2]。

在城市生活垃圾减量政策方面，日本一直将"减量化"作为城市生活垃圾管理的主要指导思想，并以此为基础出台了一系列管理政策，其中具有代表性的是

---

① 高广阔、魏志杰：《瑞典垃圾分类成就对我国的借鉴及启示》，载于《物流工程与管理》2016 年第 9 期。

② 金科学：《日本城市生活垃圾分类的经验及借鉴》，载于《城乡建设》2020 年第 19 期。

2000年的《循环型社会形成推进基本法》。《循环型社会形成推进基本法》以循环经济理论为基础，提出了城市生活垃圾减量化、再使用和再循环理念。由于时代发展和垃圾含量变化，城市生活垃圾管理要求也不断提高，为此，2003年日本政府推出了《循环社会形成推进基本计划》。《循环社会形成推进基本计划》是在参考基本法基础上制定的，优化了管理政策体系，细化了城市生活垃圾减量目标。2007年的《一般废弃物处理收费化指南》明确了市、町和村的城市生活垃圾管理方案内容，要求更快、更好地落实到每一村。为了优化生活垃圾管理目标，2013年日本修订并补充了《第三次循环型社会形成推进基本计划》，强调"减量"是最高管理优先级。

在城市生活垃圾收集和运输政策方面，根据产品的不同属性，日本制定了《食品回收法》和《家用电器回收法》。其中，《食品回收法》提出将食品残渣等生活垃圾集中收集后进行有效转化；《家用电器回收法》明确规定消费者必须对购买并使用的电器进行有效管理，包括安全使用和按照标准回收，对不按要求回收电器的居民处以罚款。

在城市生活垃圾处理政策方面，1900年日本出台的《污物扫除法》提出政府不仅要制定管理政策，还应该监督和落实管理政策，并在公共卫生管理中承担引导和主体责任，进一步明确处理生活垃圾的主要目的是解决公共卫生问题。1954年出台的《清扫法》规定了日本的市、町和村应当对城市生活垃圾进行分级管理，每一级管理者和当地居民都有特定的任务，由下及上层层支撑，完善垃圾治理体系，解决公共卫生问题。随着城市生活垃圾管理设施的不断完善，城市生活垃圾管理标准愈发严格，为了适应社会对城市生活垃圾管理的最新要求，1970年日本制定并出台了《废弃物处理法》。《废弃物处理法》明确划分了一般废弃物和产业废弃物的界限，并细化了参与主体的职责和权限，要求市、町和村只能处理一般废弃物，工业废弃物则交由专业的机构或企业进行处理。2001年的《绿色采购法》、2002年的《工业废弃物特别措施法》和2013年的《小型家电再生利用法》标志着基本法统率综合法与专项法的城市生活垃圾处理政策体系在日本已形成。

在城市生活垃圾循环利用政策方面，1991年日本首次提出控制和减少城市生活垃圾产生量的理念，并强调垃圾资源重复使用的优点和必要性，同时明确了公众应该分担的责任和任务。除此之外，日本还创新性地提出垃圾收费原则。同年，日本在《再生资源利用促进法》中规定加大产品的重复使用率，多利用废弃物发展副产品，这标志着日本开始实施"垃圾循环利用"国策。1993年的《环境基本法》大力推进城市生活垃圾循环利用。《容器包装循环利用法》是一项日本在1995年出台并于1997年实施的包装物处理政策。《容器包装循环利用法》

重点研究包装类物品管理过程，规定消费者要先将玻璃包装容器、金属容器、塑料包装制品和纸质类物品分类，由市、町和村按照标准分层收集生活垃圾，最后交予专业管理机构或企业回收或处理。2001 年日本开始实施《家用电器循环利用法》。《家用电器循环利用法》提出家庭用的废弃家电必须先经居民分类和回收管理，再由企业进行资源化利用和最终处理，并明确了各主体的责任。2003 年的《促进循环型社会建设基本计划》标志着日本的城市生活垃圾管理政策已进入资源循环阶段。

在城市生活垃圾监管政策方面，1997 年修订后的《废弃物处理法》要求建立专门资金管理部门以便管理生活垃圾处理设施（包括设施配置、维修和使用），对违反规定的行为依法予以处罚以震慑公众。2006 年的《绿色采购法》要求生产商提供产品的环保信息，减少环境危害型产品开发，监管城市生活垃圾造成的环境危害。

五、韩国

在城市生活垃圾减量政策方面，1986 年韩国实施了《废弃物管理法》，改变了过去简单地将城市生活垃圾分为普通垃圾和特定垃圾的做法，有效地促进了生活垃圾减量化。1995 年生活垃圾服务费从量政策在韩国全面实施，在 2008 年取得一定成绩。生活垃圾服务费从量政策要求生活垃圾排放者购买不同容量的垃圾袋。排放越多的生活垃圾，生活垃圾排放者就要购买更多的垃圾袋，以此通过经济手段减少生活垃圾产生量，并且积累更多资金用于城市生活垃圾管理行业的发展。为了彻底实现城市生活垃圾减量化，2000 年韩国出台了举报制度，即对于违反管理政策的行为，一经举报核实，被举报人会被处以罚款，而举报人则获得奖励，奖金最高可占罚款的 80%，以此形成互相监督机制减少生活垃圾违法投放①。

在城市生活垃圾处理政策方面，1986 年韩国颁布的《废弃物管理法》第十五条（食物废弃物丢弃者义务）对食物垃圾处理提出了具体要求。1995 年韩国修订和补充了《废弃物管理法》，规定了生活垃圾分类标准和处理方案。1993 年《关于节约资源和促进再利用的法律》开始实施，其目的在于引导公众使用再生资源，帮助企业研发新产品，通过限制有害物质的使用和提高产品回收利用率，节约原生资源，促进生态环境和国民经济的共同发展。

---

① 胡一蓉：《从国外城市生活垃圾的分类处理看我国城市垃圾处理发展方向》，载于《天津科技》2011 年第 1 期。

第三节　发达国家城市生活垃圾管理政策存在的问题

一、党政分野使城市生活垃圾管理政策效率低下

发达国家普遍实行的是两党制或多党制。在这种政党体制下，政策本质上是垄断资产阶级用民主外衣包装的阶级统治工具，体现的是资产阶级内部的民主。无论是两党制的美国，还是多党制的德国、瑞士、日本及韩国，在制定公共政策时，它们首先想到的不是人民群众的切身利益，而是如何通过这个公共政策控制行政权力，并通过公共政策执行对权力运行过程施加影响，实践自身所在政党的政治纲领，推行对自身所在政党和自身利益集团有利的公共政策，这几乎是所有发达国家政党都倾力追求的首要目标。

在阶层明显的发达国家，执政党严重影响着城市生活垃圾管理政策。当执政党的指导方针更亲民时，城市生活垃圾管理政策执行范围就比较广，普通社区甚至贫民窟的城市生活垃圾收集、运输和处理效果比较好，垃圾收费和回收定价等比较合理。当执政党更倾向于服务精英人群时，普通社区的城市生活垃圾回收频率就会降低，甚至贫民窟的城市生活垃圾得不到收集，从而使城市生活垃圾管理政策效率低下。另外，发达国家设计两党制或多党制的主要目的是通过两党或多党竞争来协调统治阶级内部矛盾，防止统治阶级内部各集团利益不平衡，遏制少数人滥用权力。但是，在城市生活垃圾等公共政策领域其效果却不佳，不同政党之间的内部矛盾难以协调，导致城市生活垃圾管理政策立法效率低下。有些城市生活垃圾管理政策的立法周期长达三年，有些急需的城市生活垃圾管理政策迟迟不能出台。例如：中国禁止进口“洋垃圾”后，发达国家的城市生活垃圾存留量创新高，非执政党派趁机疯狂攻击执政党，但是并没有提出有效的解决措施，这足以看出，政党分野在一定程度上会降低城市生活垃圾管理政策效率，导致公众权益受损。

二、媒体混淆了城市生活垃圾管理政策制定和执行视听

在发达国家政党决策中，媒体发挥着传递信息的重要作用，可以使政府和公众进行充分的沟通和交流，帮助政府深入了解公众的实际需求。一直以来，发达

国家的媒体以“自由”而著称。虽然这种“自由”媒体加强了城市生活垃圾管理政策制定和执行中的导向功能和舆论监督功能，但是也迫使政府决策机构在制定和执行城市生活垃圾管理政策过程中过度关注公众反馈，混淆了政府决策机构制定和执行城市生活垃圾管理政策的视听。

发达国家的“自由”媒体给公众提供了一个泄愤平台。当一部分公众对现有城市生活垃圾管理政策不满时，他们就会利用“自由”媒体过度参与的特点对现有城市生活垃圾管理政策进行干预，从而引诱不明真相的公众一起讨伐管理政策制定和执行机构，造成城市生活垃圾管理政策制定和执行机构不敢、不能从实际出发制定和执行客观、公正、科学的城市生活垃圾管理政策。另外，发达国家的“自由”媒体也是政府解决社会阶层问题的重要工具。通常来说，发达国家政府对城市生活垃圾问题不太重视，特别是涉及到普通人群或贫民迫切需要解决的城市生活垃圾问题。在这种情况下，发达国家的政府就利用“自由”媒体的导向功能，转移公众对城市生活垃圾问题的注意力，制定一些容易操作的城市生活垃圾管理政策。当公众质疑城市生活垃圾管理政策不能彻底解决问题时，政府将责任推给“自由”媒体，让公众产生错觉是媒体误导了政府。

三、社会组织对城市生活垃圾管理政策制定和执行的影响过大

发达国家的“金钱政治”是外界所熟悉的一种政治手段。很多社会组织都是“金钱政治”中的利益相关者的代言人，代表着利益集团的利益。为了实现政治或经济利益，利益集团会强迫这些社会组织通过游说、影响选举、法律诉讼、塑造舆论甚至游行示威等手段对政府施压以影响城市生活垃圾管理政策制定和执行，把控城市生活垃圾管理政策的走向。例如：在美国，社会组织曾经鼓动民众游行示威反对使用塑料垃圾袋。迫于压力，美国政府出台了布袋代替塑料垃圾袋的管理政策。但是管理政策实施效果并不理想，塑料垃圾袋使用量没有减少。

更为恶劣的是，有些社会组织举着环保旗帜威胁政府推行一些看似环保的城市生活垃圾管理政策蛊惑公众，破坏其他国家生态环境，危害其他国家公众健康。例如：在20世纪，当发达国家的垃圾填埋场逐渐饱和时，社会组织提出要向发展中国家输送“可循环利用废品”促进世界垃圾资源的循环利用，从而减少海洋垃圾的产生，同时也帮助发展中国家发展经济，减少发展中国家资源利用。在社会组织不断游说下，发达国家将其作为一项重要城市生活垃圾管理政策开始制定和执行，并减缓了城市生活垃圾处理产业的发展。根据美国前环保委员的说法，美国仅回收具有高利用价值的金属垃圾和约50%的塑料垃圾，其余城市生活垃圾出口到发展中国家，进行最终处理。城市生活垃圾回收行业有个肮脏的秘

密，就是很多发展中国家不能或不愿意将城市生活垃圾变为“绿色”。发达国家的社会组织假装用“垃圾般的道德”拯救地球的做法是损人不利己的。

四、公众参与城市生活垃圾管理政策制定和执行的程度不高

发达国家的公众比较崇尚自由主义和利己主义。当一件事情发生时，公众会自觉不自觉地分析判断这件事给自己带来的是收益还是损失，以及如何最大化自身收益。从本质来看，城市生活垃圾管理是一个造福于全社会的活动。相比较而言，社会效用会大于个人效用。这导致公众参与城市生活垃圾管理的意愿不太强烈，从而影响了城市生活垃圾管理政策的实施效果。

在城市生活垃圾管理政策制定和执行时，公众主要通过三种方式消极参与。第一种消极参与方式是“无奈型”公众参与。上层精英是城市生活垃圾管理政策制定和执行主体，公众参与只不过是个形式，并不会有效果，造成城市生活垃圾管理政策不能解决普通公众所关注的生活垃圾问题。公众仅仅走个过场而已。第二种消极参与方式是“功利型”公众参与。跟政党或社会组织有紧密联系的公众，他们参与城市生活垃圾管理政策制定和执行主要是基于自身利益，而不是基于公众的社会责任，为此，他们在参与城市生活垃圾管理政策制定和执行时表现得比较功利，不能从根本上彻底解决垃圾问题。第三种消极参与方式是“失望型”公众参与。当公众与政党或社会组织没有直接利益时，通常情况下公众的意见不会被政党或社会组织所关注，长此以往，公众感受到自己的参与对城市生活垃圾管理政策制定和执行没有任何影响或难以施加影响时，公众会逐渐产生“挫败感”和失望情绪，公众参与城市生活垃圾管理政策制定和执行的主动性、能动性和迫切性将日渐减弱直至殆尽。这三种公众消极参与方式导致公众参与城市生活垃圾管理政策只能浮于表面，不能切入要害。

第四节　发达国家的经验对我国的启示

经济发展往往和生态环境治理相关联。在经济快速发展的新时代，如何进行高效的城市生活垃圾管理逐渐成为新时期国家重点关注的问题之一。根据发达国家城市生活垃圾管理政策的经验和我国国情与发展阶段，我国应从城市生活垃圾政策顶层设计、城市生活垃圾政策内容细化、推动公众参与等方面进一步完善我国城市生活垃圾管理政策，切实提高城市生活垃圾管理水平，保障可持续发展战

略的实施，加快我国环保型国家的建设。

一、完善城市生活垃圾管理政策的顶层设计

（一）确定每项城市生活垃圾管理政策的核心内容

通过深入分析发达国家的城市生活垃圾管理政策，我们发现发达国家的城市生活垃圾管理政策都有其遵循的核心内容。例如：美国《资源环保与回收利用法》的核心内容是生活垃圾资源化利用。为了保证这个核心内容的实现，美国政府明确了城市生活垃圾管理系统①。德国《循环经济与废物管理法》的核心内容是城市生活垃圾的源头减量，为此德国转变了城市生活垃圾管理的传统思想——末端处理，重新确定城市生活垃圾管理必须要前端预防②。瑞典《2014～2017生活垃圾减量化计划》的核心内容是生活垃圾无害化、减量化和再循环利用，并且从瑞典国情出发，参考居民意见后，将垃圾划分为有机垃圾、有害垃圾、电子垃圾和其他垃圾③。日本《废弃物处理法》的核心内容是监督城市生活垃圾管理，为此建立了准备金制度、记录制度和查询制度，同时加大了惩罚力度，明确了非法丢弃生活垃圾的罚款额度，更是提出了对严重的违法行为和当事人处以刑罚的规定④。

发达国家的经验告诉我们，我国城市生活垃圾管理政策作为环境保护和可持续发展战略的基本组成部分，必须从覆盖面广，涉及范围大，参与群体多和管理过程繁杂的系统中抽离出每项城市生活垃圾管理政策亟须解决的核心问题，明确每项城市生活垃圾管理政策的核心内容，只有这样才能防止城市生活垃圾管理政策出现“眉毛胡子一把抓”的情况。具有明确和针对性核心内容的城市生活垃圾管理政策能够规避其他非关键、非基本和非核心的城市生活垃圾问题带来的困扰，减少城市生活垃圾管理政策制定者、执行者和实施者的工作压力和强度，提高各种资源的有效配置，克服城市生活垃圾的结构性问题和城市生活垃圾管理的薄弱环节，将有限的资金配备到最需要的地方，从而真正发挥出管理政策的价值⑤。

---

① 周兴宋：《美国城市生活垃圾减量化管理及其启示》，载于《特区实践与理论》2008年第5期。

② 陈秀珍：《德国城市生活垃圾管理经验及借鉴》，载于《特区实践与理论》2012年第4期。

③ 杨君、高雨禾、秦虎：《瑞典生活垃圾管理经验及启示》，载于《世界环境》2019年第3期。

④ 张梦玥：《日本〈废弃物处理法〉对我国城市生活垃圾分类立法的启示》，载于《再生资源与循环经济》2020年第3期。

⑤ Mani S., Singh S. Sustainable municipal solid waste management in India: A policy agenda [J]. *Procedia Environmental Sciences*, 2016, 35: 150－157.

为此，我国应瞄准城市生活垃圾管理未来发展的主流方向，汇聚各职能部门和地方政府、高等院校、科研院所和相关企业的专业人士，针对目前各个领域城市生活垃圾的实际情况，确定目前和未来一段时间内我国城市生活垃圾管理政策的核心主题，为各项城市生活垃圾管理政策的核心内容设计确定好原则，设置好边界。

（二）完善城市生活垃圾管理政策的组织体系

发达国家的城市生活垃圾管理政策都有比较完备的组织框架①②。例如：美国《资源环保与回收法》明确设定了二层组织框架，建立了以联邦政府为主导，各州政府配合的组织关系，要求它们相互协同共同完成国家城市生活垃圾减量化战略。《固体废物处置法》更是进一步调整了联邦政府和州政府两大组织之间的权力和职能分工，并增加了监管权。德国《循环经济与废弃物管理法》和《环境义务法案》设立了三层主管机构，并规范了各个机构的行为。最高层级为德国联邦政府和联邦环境保护部，负责城市生活垃圾管理政策制定过程的总体引导和监督；中间层级为联邦州政府和州政府环境保护部，主要工作职责在于监督和落实垃圾管理政策；基层为各区政府管辖城市，主要负责日常生活垃圾收集、运输和处理。瑞典《国家环境保护法典》将政府和各公共行政部门纳入城市生活垃圾管理体系。瑞典政府负责监督城市生活垃圾管理；城市规划局和交通管理办公室为城市生活垃圾管理政策目标实现提供保障。日本以《循环型社会形成基本法》为核心，形成了政府、企业和居民三层组织体系。政府负责监管、制定和执行城市生活垃圾管理政策；企业和居民负责具体执行和实施城市生活垃圾管理政策，居民还有监督城市生活垃圾管理政策制定、执行和实施的义务。

鉴于此，我国必须高度重视城市生活垃圾管理政策的组织体系问题，因为它既是城市生活垃圾管理政策制定、执行和实施的着力点，也是完善城市生活垃圾管理政策的基石和重要保障，还是各个职能部门和各级政府相互合作的纽带③。我国每项城市生活垃圾管理政策或每个城市生活垃圾管理政策系统都要建立一套适应管理政策核心内容的、完整的、快速多变的组织体系。这个组织体系中的每位成员都明确自己的角色、职能和主要任务；知晓与其他成员的隶属关系和合作

① 冯亚斌、张跃升：《发达国家城市生活垃圾治理历程研究及启示》，载于《城市管理与科技》2010年第5期。

② dos Muchangos L. S. , Tokai A. , Hanashima A. Analyzing the structure of barriers to municipal solid waste management policy planning in Maputo city, Mozambique [J]. *Environmental Development*, 2015, 16: 76 – 89.

③ 李梦瑶：《我国城市生活垃圾管理政策的变迁逻辑——基于历史制度主义视角》，载于《四川行政学院学报》2021年第5期。

关系，同时也能够使每位成员有能力、有机会、有条件和有欲望充分利用自身人员、技术、信息和资金等资源优势去抵消或弥补其他成员的不足和劣势，实现组织体系合力最大化。紧密合作、优势互补和灵活多变的组织体系才能够彻底解决我国城市生活垃圾管理“政出多门、各自为战、各自为政、各自为主”的局面，避免各个成员为了自身权益诉求相互拆台、相互碾压的事情发生，同时让组织发挥支撑作用，最终使我国城市生活垃圾管理政策真正有效。

（三）完善城市生活垃圾管理政策的奖惩条款

发达国家的城市生活垃圾管理政策还非常注重奖惩条款的使用。例如：美国西雅图《废物循环再生法》规定对不收集可回收生活垃圾超过10%的居民进行罚款。德国《电子电器设备销售管理、回收与无害化处理法案》要求生产商每年必须为投放市场的B2C产品提供保证金，强迫生产商承担起产品整个寿命期内的责任。德国垃圾收费制度依据“谁产生、谁付费”原则，通过差异化收费标准，强迫居民不产生或少产生生活垃圾。瑞典《国家环境保护法典》规定居民必须将生活垃圾分类后投入指定的投放地点，如果投放不规范将予以惩罚。瑞典生活垃圾处理缴费政策明确规定各地城市按照重量收取生活垃圾费用，并制定了奖惩条款。日本《废弃物处理法》加大了惩罚力度，确定了惩罚人员和具体金额。韩国生活垃圾违法投放举报奖金政策明确列出了生活垃圾违法行为的具体惩罚办法，以及对举报者如何奖励的细则，据此扩充了城市生活垃圾监管范围和手段，提高了监管效果。

纵观我国城市生活垃圾管理政策，我们发现城市生活垃圾管理实施效果与预期目标之间存在较大距离的根源在于城市生活垃圾管理政策中奖惩条款不完善[①]。究其原因，我国城市生活垃圾管理政策中的奖惩是一个比较宽泛的概念，无法起到激励和促使利益相关者做出有益于管理政策目标的行为。在城市生活垃圾管理政策中，奖励和惩罚条款是保证城市生活垃圾管理政策顺利执行和实施的重要手段。一项缺少奖励条款或惩罚条款的城市生活垃圾管理政策是不能发挥管理政策激励作用的。特别是，在利益相关者追求最佳绩效时，奖励作用要大于惩罚作用；在限制利益相关者违规操作时，惩罚作用要大于奖励作用。为此，我国城市生活垃圾管理政策的奖惩条款应该是一个简单的、动态的、具有适用性和严厉性优先的条款，能够对所有要素和利益相关者的关系进行调节，消除城市生活垃圾管理政策执行和实施过程中的负面影响，确保城市生活垃圾管理政策发挥正向促

① 方伶俐、张紫微、吴思雨、王君丽：《主要发达国家城市生活垃圾分类处理的实践及对中国的启示》，载于《决策与信息》2021年第6期。

进作用，阻碍城市生活垃圾管理政策的反向抑制作用，最终提升我国城市生活垃圾整体管理水平。

二、加强城市生活垃圾管理政策的内容细化

（一）明确每项城市生活垃圾管理政策涵盖的范围

每项城市生活垃圾管理政策涵盖的范围非常明确，这也是发达国家城市生活垃圾管理政策的特点。例如：美国《购物中心城市固体废物减量化导则》明确了管理政策只是帮助购物中心获取城市生活垃圾减量的机会，促进购物中心与城市固体废弃物循环机构的合作，包括指导它们设计和实施生活垃圾循环的合理方案。德国《包装废弃物管理法》仅涵盖了废弃物的收集、分类和处置，明确要求生产者必须参与产品生产、销售、使用和废弃的全过程管理。瑞典《2014～2017生活垃圾减量化计划》包括了生活垃圾无害化、减量化和再循环利用的相关规定，生活垃圾类型也仅限于有机垃圾、有害垃圾、电子垃圾和其他生活垃圾4种。日本《家用电器回收法》明确规定消费者必须安全使用和按照标准回收所购买的电器，对不按要求回收的消费者予以处罚。韩国《关于推进回收利用，实施产品结构和材料改进的指南》的目的在于限制有害物质的使用和提高部分材料的回收利用率，帮助企业开展产品创新。

发达国家的经验表明，我国城市生活垃圾管理政策要想真正达到预期效果必须明确和具体化每项城市生活管理政策涵盖范围。第一，在监管界限方面，我国要改变以往城市生活垃圾管理政策的监管“虚而不实”的状态，实行“一政一模式”，确定每项城市生活垃圾管理政策的垂直范围和水平范围。每项城市生活垃圾管理政策的垂直范围要包括城市生活垃圾管理政策制定、执行和实施是由哪个或哪些上级职能部门监管；这个或这些职能部门是用经济性手段还是社会性手段监管等内容。每项城市生活垃圾管理政策的水平范围要包括城市生活垃圾管理政策制定、执行和实施是由哪个或哪些同级职能部门合作开展等内容。第二，在内容界限方面，我国要改变以往城市生活垃圾管理政策内容“大而全”的状态，实行“一政一主题”，明确每项城市生活垃圾管理政策的具体内容。在条件允许情况下，不妨像韩国《关于推进回收利用，实施产品结构和材料改进的指南》和日本《家用电器回收法》等管理政策那样直接将具体要求确定为城市生活垃圾管理政策名称，让职能部门、地方政府以及公众更加方便快捷地知晓管理政策内涵。

（二）细化每项城市生活垃圾管理政策的各项要求

美国、德国、瑞典、日本和韩国等发达国家在细化城市生活垃圾管理政策各项要求方面堪称典范。例如：早在1976年，美国《资源保护与回收利用法》就将城市生活垃圾管理作为一个体系进行完善，详细规定了如何减少城市生活垃圾产生，如何循环利用、运输和储存城市生活垃圾。德国垃圾收费制度详细地说明垃圾收费应按照城市生活垃圾收集频率、垃圾桶大小、生活垃圾类型等服务内容收取不同费用。瑞典城市生活垃圾押金回收政策详细规定了包装垃圾的回收和再利用设备、回收和再利用路径、回收和再利用类型、回收和再利用补贴等要求。日本《家用电器循环利用法》提出家用废弃家电必须由居民分类和回收，再由企业资源化利用和最终处理，各主体都应承担相应的责任。韩国《废弃物管理法》对生活垃圾分类排放和收运等过程进行了详细规定。例如：在家庭生活垃圾分类和投放上，废衣服要捆扎，塑料瓶要分开投放等。在垃圾收集方面，城市生活垃圾收集时间和标准都有详细的规划和安排；在垃圾运输方面，规定大型废弃物要先分拣再送往分拣厂处理。

美国、德国、瑞典、日本和韩国等发达国家的经验告诉我们，我国必须加大力度细化每项城市生活垃圾管理政策的具体要求。每项城市生活垃圾管理政策都是我国要解决城市生活垃圾引起的某一或某几个问题而制定和执行的。城市生活垃圾管理政策能否解决问题取决于城市生活垃圾管理政策的具体要求是否不折不扣地落到实处。因为离开实践载体，城市生活垃圾管理政策就如同“无本之木、无源之水”，陷入“干涸”的困境。为此，我国必须改变原有城市生活垃圾管理政策要求比较抽象的现状，将城市生活垃圾管理政策的各项要求鲜明化、具体化和可操作化，让城市生活垃圾管理政策的执行者和实施者能够精准地确定城市生活垃圾管理政策在哪段时间、哪个地点、什么条件下、什么范围内、针对哪些利益相关者、采取什么手段，怎样进行具体和特殊的操作。具有细化要求的城市生活垃圾管理政策才是破解我国可持续发展道路上日益增多、日益复杂和日益多样的城市生活垃圾难题之利器。

三、推动公众参与城市生活垃圾管理政策全过程

（一）推动居民参与城市生活垃圾管理政策全过程

我们发现发达国家的城市生活垃圾管理政策离不开居民的积极参与①。例如：

① Magrinho A., Didelet F., Semiao V. Municipal solid waste disposal in Portugal [J]. *Waste Management*, 2006, 26 (12): 1477-1489.

美国纽约要求处理涉及面比较广的城市生活垃圾问题时必须要举行听证会。任何感兴趣的居民都可以参加并提出意见和建议，从而让政府全面了解居民对城市生活垃圾管理的不同诉求以及治理城市生活垃圾问题的理念，为政府思考城市生活垃圾管理问题提供新思想，为制定、执行和实施合理、全面和有效的城市生活垃圾管理政策提供新动能。在德国，城市生活垃圾管理是一项全民事业，已经渗透到居民生活的方方面面，为此，在管理政策制定方面，德国充分调研了生活垃圾的数量和管理问题，千方百计地通过各种渠道及方式获取居民的意见和建议，并在管理政策文本中予以体现。在管理政策执行方面，德国侧重考虑居民的执行感受，以“人性”为核心提高居民的政策执行度。在管理政策实施方面，德国让居民主要承担生活垃圾分类收集的义务和监督其他居民生活垃圾分类收集的责任，整个社会形成了“分类光荣，不分类可耻”的良好社会风尚。在这种社会氛围下，德国城市生活垃圾管理政策得到了很好的落实。

以发达国家为鉴，作为商品的最终消费者、城市生活垃圾的重要产生者以及管理政策制定、执行和实施的主要规范者，居民具有不可替代的作用①。积极有效的居民参与能极大地提升我国城市生活垃圾管理政策制定、执行和实施的整体水平，破解困扰我国很多城市的“垃圾围城”难题。为此，我国要加强信息公开制度（特别是对居民公开城市生活垃圾引发的环境和健康损害信息），搭建居民与政府平等对话与合作平台，让居民无任何顾忌地、畅所欲言地去谈真实感受和真正想法，同时拓展居民参与渠道，让居民随时随地地参与城市生活垃圾管理政策制定、执行和实施中的任何一环。另外，我国还要培养居民参与意识，提高居民参与能力，让居民参与更符合城市生活垃圾管理政策需求。只有政府提供的外部条件与居民自身参与素养有效地匹配，我国城市生活垃圾管理政策的制定、执行和实施的信息途径才能真正得以拓展，支撑力量才能真正得以充实，问题捕捉才能真正精准，应对策略才能真正有效。

（二）推动企业参与城市生活垃圾管理政策全过程

发达国家城市生活垃圾管理政策之所以能够成功，很大程度上是因为企业的大力支持。例如：美国《合理废弃物计划》通过购买服务方式，使城市生活垃圾管理市场化。具体来说，通过招标方式，政府让有资质、有能力和负责任的企业从事城市生活垃圾收集、运输和处理业务，实现城市生活垃圾管理政策目标。从经济政策着手，采用补贴资金、部分产品免税或低税生产等方式，德国政府激发

① Zhang D. Q., Tan S. K., Gersberg R. M. Municipal solid waste management in China: status, problems and challenges [J]. *Journal of Environmental Management*, 2010, 91 (8): 1623-1633.

企业参与城市生活垃圾管理的积极性，鼓励企业创新管理模式，实现城市生活垃圾管理政策减量化、无害化和资源化目标。瑞典通过政企合作股份制方式强化了政府和企业的权责利益，并开拓性地实行动态管理，加强了政府和企业之间的协调与互补。在各种激励政策下，瑞典企业不仅积极参与城市生活垃圾管理工作，还从其他国家进口城市生活垃圾进行资源化利用，并取得了巨大经济效益，真正实现了城市生活垃圾有效管理和企业发展的“双赢”。

作为城市生活垃圾管理政策制定、执行和实施的主要抓手，各行各业的大、中、小型企业是我国城市生活垃圾管理政策的最终落脚点。企业参与城市生活垃圾管理政策的状态决定了我国城市生活垃圾管理政策的最终走向。为此，在城市生活垃圾管理政策制定、执行和实施过程中，我国要将企业真正纳入城市生活垃圾管理政策全过程，听取企业心声，把握企业诉求、了解企业困难、寻找到企业的突破口，避免城市生活垃圾管理政策对企业的规定和要求过于苛刻的情况发生，特别是避免给企业的合理经济利益带来损失，只有这样才能调动企业参与城市生活垃圾管理政策全过程的积极性、主动性和有效性，毕竟逐利是企业存在的第一要义①。另外，为了调动企业积极性，我国必须做好一项非常重要的工作，将企业生产能力和社会责任与管理政策期望目标相匹配，保证管理政策不“缺位和越位”，企业“归位”，使城市生活垃圾管理政策借助企业得以执行和实施。

---

① Minghua Z., Xiumin F., Rovetta A., et al. Municipal solid waste management in Pudong new area, China [J]. *Waste Management*, 2009, 29 (3): 1227 - 1233.

第四章

“零废弃”城市生活垃圾管理政策的界定研究

第一节　城市生活垃圾“零废弃”的科学界定

一、城市生活垃圾“零废弃”的基本内涵

（一）城市生活垃圾“零废弃”概念的提出

1973 年，美国耶鲁大学保罗·帕尔默博士在成立“零废弃系统公司”时首次提出“零废弃”概念。“零废弃系统公司”的主要业务是有效管理各种废弃化学物品，实现多元化资源利用[①]。1995 年，世界上首个官方设立无废目标城市——澳大利亚首都堪培拉通过了官方法案，到 2010 年实现“无废”。1998 年，众多民间组织成立旨在从提高公众环境意识和加快立法方面构建“零废弃社会”。2002 年，“零废弃国际联盟”成立。“零废弃国际联盟”提出利用互联网等媒介广泛宣传“零废弃”，主要目标是建立标准以指导“零废弃”战略在全球的发

① 郭燕：《“零废弃”概念、原则及层次结构管理的研究》，载于《纺织导报》2014 年第 10 期。

展。“零废弃国际联盟”定期进行社区普及等活动，这为“零废弃”管理政策成为立法强制执行条例提供了必要支撑①。

在城市生活垃圾“邻避问题”推动下，“零废弃”思想开始进入城市生活垃圾管理领域。2007年，保罗·帕尔默成立了“零废弃研究所”，其是主要在工商业领域运用“零废弃”原理实现城市生活垃圾减量的非营利机构②。2009年，北京市政府推出《北京市生活垃圾“零废弃”管理办法》（试行）征求意见稿和《北京市生活垃圾“零废弃”试点单位管理标准》（试行）征求意见稿，要求“零废弃”试点单位在本单位城市生活垃圾管理中要做到“能减尽减、能分尽分、能用尽用”③。2018年，我国国务院办公厅印发《“无废城市”建设试点工作方案》，以11个城市为试点，持续推进固体废物源头减量和资源化利用，最大限度减少填埋量，降低固体废物环境影响。迄今为止，这是我国首次在全国范围内要求各行各业必须秉承“零废弃”理念谋划未来发展。

（二）城市生活垃圾“零废弃”主要理论依据

1. 循环经济理论

20世纪60年代，美国经济学家波尔丁提出循环经济理念，旨在把依靠资源消耗的线型增长经济转变为依靠生态型资源循环发展经济④。循环经济理论倡导环境与资源和谐共处，要求降低生产流程的物质消耗量，实现从“排除废物”到“净化废物”再到“利用废物”的经济模式转变，达到“最佳生产，最适消费，最少废弃”的经济发展目标。循环经济理论的初衷是提高资源利用效率，保护和改善环境，实现社会可持续发展，这与“零废弃”的概念不谋而合。

我们发现城市生活垃圾“零废弃”遵循了循环经济理论的“减量化、再使用、资源化”原则。具体来说，在减量化方面，城市生活垃圾“零废弃”要求厂商在生产过程中节约资源，减少排放；要求消费者购买包装物少和可循环使用的商品，从源头控制城市生活垃圾产生，实现城市生活垃圾最少废弃⑤。在再使用方面，城市生活垃圾“零废弃”要求厂商统一产品尺寸标准，力争一物多用；要求消费者尽量旧物新用。在资源化方面，城市生活垃圾“零废弃”要求城市生

---

① 刘抒悦：《美国城市生活垃圾减量化管理及其启示》，载于《特区实践与理论》2008年第5期。

② 郭燕：《我国“零废弃”管理实践及意义研究》，载于《商场现代化》2014年第29期。

③ 李文丹、成文连、关彩虹等：《贵州湄潭县固体废弃物综合处置规划》，载于《中国环境科学学会学术年会》，2011年。

④ 陈宏军：《供应链绿色驱动机理与驱动强度评价方法研究》，吉林大学博士学位论文，2012年。

⑤ 仇方道、佟连军、姜萌：《东北地区矿业城市产业生态系统适应性评价》，载于《地理研究》2011年第2期。

活垃圾分类收集，将不能循环利用的少量“分类残余垃圾”，通过填埋和焚烧等方式进行无害化处理；将可循环利用的城市生活垃圾，通过各种技术转化成再生资源或再生产品重新利用[①]。

2. 可持续发展理论

1972 年，斯德哥尔摩联合国人类环境研讨会正式提出“可持续发展”的概念[②]。1987 年，联合国世界环境与发展委员会报告正式将“可持续发展”定义为“既能满足当代人的需要，又不对后代人满足其需要的能力构成危害的发展”。可持续发展理论遵循“公平性、持续性、共同性”三大基本原则[③]。可持续发展理论是由可持续经济、可持续生态和可持续社会三方面内容构成的，要求人类在发展中讲究经济效率、关注生态和谐并追求社会公平，最终达到人的全面发展[④]。城市生活垃圾“零废弃”的目的就是既能满足当代自然、经济和社会发展的需要，又能适时升级，满足未来自然、经济和社会发展的需求；既能实现人与人平等生活，又能实现区域与区域平衡发展和人与自然互利共生。

我们发现城市生活垃圾“零废弃”是以城市生活垃圾管理为着力点的可持续发展理论的一个重要核心任务。城市生活垃圾“零废弃”秉承了可持续发展理论的三个目标——经济发展、环境友好和社会公平。在经济发展方面，城市生活垃圾“零废弃”要求再利用城市生活垃圾中的资源，重新产生经济价值。在环境友好方面，城市生活垃圾“零废弃”最大限度地降低城市生活垃圾对大气、水、土壤、植物、动物和微生物等自然环境的影响，实现了城市生活垃圾与周围自然、人文环境的无缝融合。在社会公平方面，城市生活垃圾“零废弃”避免了因城市生活垃圾引起的社会问题，降低了社会矛盾，减少了社会风险，增加了社会团结，全面改善了民生。

3. 全生命周期理论

20 世纪 60 年代末至 70 年代初，美国开展了一系列包装品的资源化研究，全生命周期理论思想孕育而生。全生命周期理论有助于循环经济发展。究其原因，全生命周期理论既囊括原材料采集和加工等生产过程，也包括产品储存、运输流通和最终处理的环境负荷过程[⑤]。可以通俗地理解为，全生命周期理论是产品

---

① 张学才、李大勇：《城市生活垃圾收费方式比较》，载于《生态经济》（中文版）2005 年第 10 期。

② 郭利利：《物流园区低碳发展竞争力评价体系研究》，郑州大学硕士学位论文，2015 年。

③ 周杰：《低碳视角下的临汾市旅游发展模式研究》，山西师范大学硕士学位论文，2018 年。

④ 刘杨：《基于 SG - MA - ISPA 模型的区域可持续发展评价研究》，重庆大学博士学位论文，2012 年。

⑤ 刘燕、马扬、张红侠：《基于生命周期理论的绥德县生活垃圾卫生填埋评价》，载于《环境卫生工程》2017 年第 5 期。

“从摇篮到坟墓”的整个过程[①]。城市生活垃圾“零废弃”也恰恰强调在源头产品设计时要减少原材料投入，在产品使用时要尽量延长使用时间，在产品生命终结时要尽量资源化利用。

我们发现城市生活垃圾“零废弃”是全生命周期理论在城市生活垃圾领域中的具体应用。城市生活垃圾“零废弃”遵从了全生命周期理论的全过程管理。城市生活垃圾“零废弃”强调城市生活垃圾投放、收集、运输和处理等全过程要坚持“零废弃”城市生活垃圾管理。在城市生活垃圾投放过程中，城市生活垃圾“零废弃”要求精确掌握每一克城市生活垃圾的流向；在城市生活垃圾收集过程中，城市生活垃圾“零废弃”要求不能落下每一克城市生活垃圾；在城市生活垃圾运输过程中，城市生活垃圾“零废弃”要求将每一克垃圾准确运到其应归属地；在城市生活垃圾处理过程中，城市生活垃圾“零废弃”要求每一克城市生活垃圾都要被资源化利用。

4. 绿色生产理论

绿色生产是在工业污染防治过程中逐步形成的环保型生产方式经验[②]，是指企业在生产过程中始终坚持环保原则，从产品研制、开发、选料、生产、包装、运输、销售、消费到废物回收和再利用对环境破坏要降至最低[③]。绿色生产理论主要包括三个方面内容，即绿色产品、绿色生产和绿色能源。绿色生产理论要求减少原材料开发和产品最终处置数量；要求节省原材料和能源；要求尽量使用太阳能、风能和潮汐能等绿色再生能源[④]。同时，绿色生产理论强调控制污染；强调企业使用集约型绿色生产方式进行生产[⑤⑥]。

绿色生产理论为城市生活垃圾“零废弃”实现夯实了基础。究其原因，要想实现城市生活垃圾“零废弃”首先必须打破现行企业生产模式，选择一种新型生产方式来预防和减少生产污染，只有这样才能在源头减少废弃物产生，才能从根本上解决环境污染问题。同时，城市生活垃圾“零废弃”强调废弃物循环利用以及资源和能源节约，在生产过程中遵循物质平衡定理，废物量的最小化产出等同于最大程度的原料（资源）利用。此外，资源与废弃物是一个相对的概念，某种生产过程产生的废弃物可能是另一种生产原料（资源）[⑦]。

---

① 陆颖：《自媒体时代地方政府应对网络舆情的问题研究》，吉林财经大学博士论文，2019 年。
② 姚圣：《基于平衡计分卡的企业环境控制研究》，载于《财会通讯》（理财版）2008 年第 1 期。
③ 黄勇：《绿色生产——21 世纪中国企业的立足之本》，载于《南通职业大学学报》2000 年第 3 期。
④ 袁泉：《中国企业绿色国际竞争力研究》，中国海洋大学硕士学位论文，2003 年。
⑤ 朱洁：《论环境法的价值内涵》，载于《重庆理工大学学报》2002 年第 2 期。
⑥ 王虹：《绿色壁垒下出口制造型企业绿色生产运作系统研究》，天津财经大学博士学位论文，2008 年。
⑦ 张丹：《绿色施工推广策略及评价体系研究》，重庆大学硕士学位论文，2010 年。

（三）城市生活垃圾“零废弃”的主要内涵

Zero Waste（缩写ZW）常被译为零废弃、零废物、零垃圾、零填埋和零浪费等[①]。在2004年11月29日，“零废弃国际联盟”通过了第一个国际公认的“零废弃”定义，即通过道德和经济手段高效引导人们改变生活方式，使废弃物转变成可供使用资源[②]，从而实现可持续循环。2009年8月，“零废弃国际联盟”修订了“零废弃”定义，认为“零废弃”是一个符合伦理、经济、高效和有远见的目标，引导人们改变日常生活方式和做法，效仿自然界将所有废弃材料都设计成可供再使用的资源。“零废弃”要求系统地设计和管理产品，避免和减少原材料使用量、废物产生量、原材料和废物中的有毒物质，并且使用保存或回收方式代替焚烧或填埋方式[③]。2018年，“零废弃国际联盟”还对“零废弃”管理原则、层级管理进行了界定，通过了指导企业和社区“零废弃”工作的《零废物商业原则》（*Zero Waste Business Principles*）和《零废物社区全球原则》（*The Global Principles for Zero Waste Communities*）。

一些欧洲国家，特别是英国，对城市生活垃圾“零废弃”做了界定。英国英格兰将城市生活垃圾“零废弃”界定为实现最大程度循环，阻止物品丢弃和走向生活垃圾减量化，物质资源尽可能地被使用、循环和回收的选择；英国威尔士政府文件认为“零废弃”是一种理想目标，即城市生活垃圾全部被重复使用和循环，没有城市生活垃圾被填埋。布罗摩里的*Zero Waste Strategy for Charnwood Borough*（2012－2024）指出“零废弃”意味着以最小环境影响处理城市生活垃圾，强调城市生活垃圾管理仅侧重城市生活垃圾循环是远远不够的，还应重点关注城市生活垃圾减量，要将减少城市生活垃圾处理量放在首位，然后再关注资源化处理城市生活垃圾。*Zero Waste Strategy for Charnwood Borough*（2012－2024）对城市生活垃圾“零废弃”的界定表明城市生活垃圾管理开始从内涵本质往外延环境转移，从后端处理往前端生产转移，从低层次“零废弃”走向高级别“零废弃”。

综上所述，我们认为城市生活垃圾“零废弃”是一种概念，是一种目标，更是要求全社会都要树立的一种“零废弃”理念，而不是真正的、完全的城市生活垃圾“零”丢弃。从城市生活垃圾“零废弃”体现出的管理等级来看，目前我国大部分城市处于城市生活垃圾“零废弃”的初级阶段，注重城市生活垃圾分类回收。有些城市开始向城市生活垃圾“零废弃”的中级阶段过渡，强调通过重复

---

① 郭燕：《我国“零废弃”管理实践及意义研究》，载于《商场现代化》2014年第29期。

② 刘国伟：《“无废城市”理念溯源 邻避效应逼出“零废弃”小镇》，载于《环境与生活》2019年第6期。

③ 李金惠：《“无废城市”建设的国际经验分析》，载于《区域经济评论》2019年第3期。

使用减少城市生活垃圾产生量，这已成为一种趋势。在中级阶段，城市生活垃圾“零废弃”既包含城市生活垃圾对土壤的“零填埋”，也包含对空气、水体和土壤的“零排放”。城市生活垃圾“零废弃”的高级阶段是一种理想状态，也是各国政府追求的终极目标。在高级阶段，无论是政府制定管理政策，还是企业生产活动，还是公众消费都以“零废弃”为出发点，自觉地减少废弃物产生直至为“零”。

二、城市生活垃圾“零废弃”的具体特征

（一）观念的先行性

城市生活垃圾“零废弃”是人们不断对传统的城市生活垃圾管理反思和突破思维限制的基础上提出来的。

一方面，城市生活垃圾“零废弃”是一种新思想。城市生活垃圾“零废弃”是人们深刻意识到人类生存与发展面临的资源与环境困境，切实领会城市生活垃圾对人类生存与发展的战略意义，并以更加积极的心态看待城市生活垃圾，重新对城市生活垃圾进行理性再思考，最大限度挖掘城市生活垃圾的新价值，破解“垃圾围城”难题之想法。

另一方面，城市生活垃圾“零废弃”是一种新认识。城市生活垃圾“零废弃”改变了城市生活垃圾是废弃物的传统想法，认为自然界不存在无用之物，任何事物都有其附加价值，都能物尽其用，都是资源。特别是，城市生活垃圾更是一种宝贵的再生资源。如果想利用城市生活垃圾这种再生资源，必须使唯一制造废弃物的生物——人加强资源的循环利用，助力城市生活垃圾“零废弃”的实现。

（二）物质的循环性

城市生活垃圾“零废弃”是基于绿色观念，运用一些技术和制度手段，将生产和生活中的各类资源通过“资源—产品—再生资源”过程，实现各类资源在经济系统、社会系统、生态系统内或系统间的高效循环利用。为此，一方面，城市生活垃圾“零废弃”以提高资源配置效率和生产率为目标，按照产品全生命周期要求，倒逼传统的产业链优化升级，促使上游产业废弃物成为下游产业原料，形成闭环的产业链，实现了各类资源在产业链中的循环利用。另一方面，城市生活垃圾“零废弃”还着眼于已经积存的废弃物，强迫积存废弃物归属部门通过新技

术的开发、推广和应用，按照“废弃物—再生资源”线性流程优化配置物质和能量，实现了废弃物的循环利用①，由此可见，城市生活垃圾“零废弃”是以物质循环为核心的。

（三）效益的综合性

作为一种新的城市生活垃圾管理目标，城市生活垃圾“零废弃”是集经济、技术和社会于一体的系统工程，追求经济系统、社会系统和环境系统的和谐统一，要求实现环境效益、经济效益和社会效益的互利共赢②。为此，在经济方面，城市生活垃圾“零废弃”通过“零”产生城市生活垃圾，节约原材料，降低城市生活垃圾分类、收集、运输和处理全过程的成本，实现废物综合化利用。在社会方面，城市生活垃圾的“零废弃”改善了城市居民的体质状况，降低呼吸道疾病、肺炎、流感等病毒的发病率，使城市居民的精力更加充沛，延长了居民的有效活动时间与寿命；此外，城市生活垃圾“零废弃”还维护了城市人文景观和美学财富，提高了城市公民文化素质，挖掘了个人创造潜力。在环境方面，城市生活垃圾“零废弃”减少了对大气、水和土壤的污染物排放量，缓解了大气、水和土壤的自净压力，从而有力地保护和改善了环境。

第二节 “零废弃”对城市生活垃圾管理政策的特殊需求

一、“零废弃”对城市生活垃圾管理政策目标的特殊需求

政策目标被称为城市生活垃圾管理政策的“灵魂”，不仅是城市生活垃圾管理政策制定的基础，还是城市生活垃圾管理政策执行的标准，更是城市生活垃圾管理政策实施效果的检验。而“零废弃”是城市生活垃圾管理政策的出发点和归宿，也是城市生活垃圾管理政策的逻辑起点，为此“零废弃”对城市生活垃圾管理政策目标是有特殊需求的。

① 郇鹏、沈风武：《基于循环经济的垃圾零废弃管理系统研究》，载于《山西财经大学学报》2011年第S3期。

② 罗朝璇、童昕、黄婧娴：《城市“零废弃”运动：瑞典马尔默经验借鉴》，载于《国际城市规划》2019年第2期。

（一）管理政策目标顺序要清晰

纵观我国城市生活垃圾管理政策，我们发现城市生活垃圾管理政策的最终目的就是实现城市生活垃圾的“三化”，即减量化、资源化和无害化[①②]。目前，无论是政府出台的城市生活垃圾管理政策，还是专家学者撰写的学术文章，以及媒体的报道，城市生活垃圾管理政策目标——减量化、资源化和无害化的排序极其随意，没有任何规律。而“零废弃”要求前端减少城市生活垃圾产生，中端必须将前端产生的城市生活垃圾资源化利用，后端要将没有资源化利用的城市生活垃圾无害化处理，据此，我们认为“零废弃”下的城市生活垃圾管理政策目标必须按照减量化、资源化和无害化的顺序依次进行排列，方能达到“零废弃”要求。

（二）管理政策目标撰写要明确

政策目标是城市生活垃圾管理政策制定的目的，也是城市生活垃圾管理政策执行的前提，同时还是城市生活垃圾管理政策实施的最终归属。一个明确、清晰且具体的政策目标是“零废弃”对城市生活垃圾管理政策的一个最基本也是最重要的要求，更是城市生活垃圾管理政策必须遵循的明确指令。因为只有城市生活垃圾管理政策目标被表达得很清楚和明确，才能让管理政策执行者和实施者明了政策导向；才能准确设计“零废弃”城市生活垃圾管理政策的具体流程；才能科学制定出保障“零废弃”实现的机制；才能精确核算城市生活垃圾管理政策“零废弃”实现程度。

（三）具体目标设置要合理

通过文献梳理，我们发现有些国家就“零废弃”制定了一些具体指标。例如：澳大利亚提出要求回收75%城市生活垃圾。威尔士“迈向零废物”战略提出2025年要回收70%生活垃圾目标，2050年实现零废物。2017年12月18日，欧洲议会、欧洲委员会和理事会就修订的欧盟废弃物指南达成一致，设定城市生活垃圾回收利用率目标：2025年为55%，2030年为60%，2035年为65%。据此，我们得出“零废弃”要求城市生活垃圾管理政策必须设定政策目标，而且这些政策目标必须合理、易于理解和能够测量与核算，同时必须可控不能强人所难，不能偏离我国实际情况。更为重要的是，政策目标要有层次性和分解性，能够分级分口管理，

---

① 吴双金：《上海市社区生活垃圾分类激励机制实效探索——以徐汇三个社区为例》，华东理工大学硕士学位论文，2016年。

② 田华文：《中国城市生活垃圾管理政策的演变及未来走向》，载于《城市问题》2015年第8期。

从而将政策目标分解到不同环节、不同部门、不同层次和不同责任中心。

二、"零废弃"对城市生活垃圾管理政策工具的特殊需求

政策工具是达成政策目标的手段，其核心是如何将政策意图转变为管理行为，将政策理想转变为政策现实①。因此"零废弃"的实现离不开政策工具的选择和运用。"零废弃"对城市生活垃圾管理政策工具的特殊需求如下：

（一）政策工具要多元

依据城市生活垃圾管理政策涉入程度的高低，我国城市生活垃圾管理政策的政策工具主要分为自愿性政策工具、混合性政策工具和强制性政策工具三大类②。城市生活垃圾管理政策的自愿性工具主要是通过引导家庭与社区、志愿者组织和市场完成城市生活垃圾管理政策的预定任务；混合性工具主要是通过信息与规劝、补贴、产权拍卖、税收与使用者付费等方式强迫政府、企业、公众和社会组织完成城市生活垃圾管理政策的预定任务；而强制性工具主要是通过管制、直接提供、强制性措施，借助政府权威和强制力强迫政府、企业和居民完成城市生活垃圾管理政策的预定任务③。

目前我国城市生活垃圾管理政策主要是自愿性政策工具使用较多而混合性工具和强制性工具使用相对较少，特别是公众问题显得尤为突出。而公众恰恰是产品的消费者，城市生活垃圾的产生者和"零废弃"的实现者。为此"零废弃"要求城市生活垃圾管理政策的政策工具不仅具有很强的约束力，还要有很强的促进作用，同时也需要很高的效率，而自愿性工具、混合性工具和强制性工具的联合使用能够很好地满足"零废弃"要求，同时能够充分发挥不同工具类型的优势，扬长避短，实现城市生活垃圾管理政策的最大效用。

（二）政府工具要协同

"零废弃"是城市生活垃圾管理政策的高级别目标，对城市生活垃圾管理政策的政策工具要求也比较高，不仅要求每种政策工具都能充分发挥自身优势，还要尽量地克服一些先天不足，特别是需要加强政策工具间的协同，兼顾不同政策

---

① 苟欢：《政策工具视角下地方政府治理能力现代化研究》，西华师范大学硕士学位论文，2015年。

② 闫建星：《新能源汽车产业发展中政策工具选择研究》，华北电力大学（北京）硕士学位论文，2019年。

③ 王碧玉：《城市生活垃圾分类管理政策的可接受性研究》，山西财经大学硕士学位论文，2017年。

工具的重合性，以防出现政策工具的挤出效应，影响“零废弃”实现。例如：2019年上海颁布了史上最严格的城市生活垃圾管理政策——《上海城市生活垃圾管理条例》，其目的就是为了实现城市生活垃圾“零废弃”。《上海城市生活垃圾管理条例》完美地将三种政策工具协同在一起。具体来说：使用强制性工具要求居民必须源头分类；在“餐饮服务提供者或者餐饮配送服务提供者主动向消费者提供一次性筷子、调羹等餐具的，由市场监管部门责令限期改正；逾期不改正的，处五百元以上五千元以下罚款”[①]，这里使用的是混合型工具；自愿性工具要求“鼓励单位和个人使用可循环利用的产品”。

（三）政策工具实施强度要加大

通常情况下，政策工具的实施强度或空间是极具弹性的。政策工具的实施强度反映了一项管理政策的法律效力和影响力，其大小主要取决于管理政策发布部门的层级，从侧面也说明了国家对这项管理政策的重视程度。目前我国绝大多数城市生活垃圾管理政策还仅仅是国家各部委发布的，政策工具实施强度还不能满足“零废弃”需求。作为以经济发展、社会进步和环境美好为目标的“零废弃”不仅涉及我国经济领域，还涉及社会领域和环境领域，是一个国家层面的统领性概念，为此，“零废弃”要求整体提高城市生活垃圾管理政策制定部门的层级，也就是说加大政策工具实施强度。只有加大政策工具实施强度，才能加大国家层面的财政投入力度，增加城市生活垃圾管理政策的监管能力，细化和深化城市生活垃圾管理政策系统，彻底实现各个领域的“零废弃”。

第三节　“零废弃”城市生活垃圾管理政策的科学界定

一、“零废弃”城市生活垃圾管理政策的基本内涵

（一）“零废弃”城市生活垃圾管理政策的概念

依据我国现行的城市生活垃圾管理“三化”，即减量化、资源化和无害化的

① 上观新闻：《上海生活垃圾管理条例7月起施行个人混投垃圾最高罚200元》，载于《住宅与房地产》2019年第7期。

要求，结合"零废弃"对城市生活垃圾管理政策的特殊需求，我们将"零废弃"城市生活垃圾管理政策界定为全国人民代表大会和各地人民代表大会、国务院及其各职能部门和地方政府为解决城市生活垃圾带来的各种问题，按照"预防、减量、再用、他用和处理"的城市生活垃圾管理流程，政策目标优先实现顺序而制定的一系列方向、计划、措施和手段等行为准则的总称。其目的是通过前端"预防和减量"、中端"再用和他用"和后端"处理"实现城市生活垃圾的"零废弃、零污染、零排放"（见图4-1）。"零废弃"城市生活垃圾管理政策是符合社会发展、经济高效、环境友好要求，改变人们生活习惯，规范企业行为，提升政府能力的系统工程。

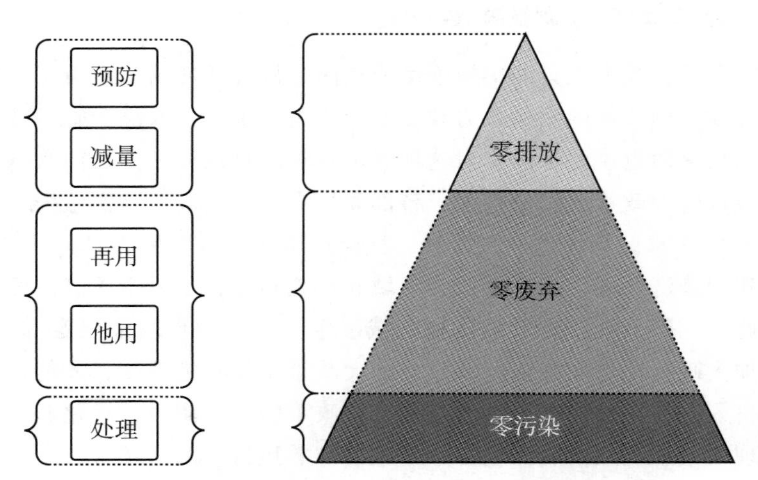

图4-1 "零废弃"城市生活垃圾管理政策

具体来说，"零废弃"城市生活垃圾管理政策的最终目标和主要任务就是实现城市生活垃圾"零排放"。首先，在前端，从全生命周期视角出发，通过产品设计和习惯培养预防城市生活垃圾产生。其次，在前端，以绿色化和减量化为原则，通过产品生产和公众消费尽量减少城市生活垃圾产生。再次，在中端，以经济性最优为原则，通过高水平回收技术将产生的废弃物经过简单加工和改造恢复成原有功能的产品，进行二次使用。再次，在中端，以资源化利用为原则，通过先进技术将不能二次使用的废弃物经过复杂的物理或化学变化加工成其他产品进行使用。最后，在后端，以无害化为原则，配合高端技术设备，将目前无法再重新使用的废弃物进行无害化处理，减少对自然和社会的危害。

"零废弃"城市生活垃圾管理政策的表现形式是与"零废弃"城市生活垃圾管理有关的法律法规、行政规定或命令、国家领导人口头或书面的指示、政府机构大型规划、具体行动计划及相关策略等①。“零废弃”城市生活垃圾管理政策包括城市生活垃圾预防管理、减量管理、再次自用管理、再次他用管理和处理管理等内容。也就是说“零废弃”城市生活垃圾管理政策是一项表现形式多样、所含内容丰富的政策方案系统，具有整体性、相关性、层次性和有序开放性的特征。

“零废弃”城市生活垃圾管理政策具有约束力、强制力、引导性等政策效力。“零废弃”城市生活垃圾管理政策能够完善城市生活垃圾管理政策在“零废弃”方面存在的不足；能够以问题为导向，有效改善城市生活垃圾管理政策本身存在的结构性失衡问题；能够丰富城市生活垃圾管理内涵，提出未来发展思路和建议，早日将我国现实情况与管理理论无缝衔接形成具有社会主义特色的城市生活垃圾管理理论，实现“中国理论说中国故事”的理论创新目标。由此可见，“零废弃”城市生活垃圾管理政策不仅仅是停留在纸上的、没有活力的政策文件，而是“零废弃”管理政策方案与城市生活垃圾管理行为的结合，是人类活动的行为准则和推进方向。

（二）“零废弃”城市生活垃圾管理政策的功能

1. 制约功能

一项政策的制约功能是指在政策制定、执行和实施过程中，通过制定相关规范与条例等对有关法人、自然人和社会组织的行为进行控制，最终实现政策目标的功能。“零废弃”城市生活垃圾管理政策所需要规范的目标群体是广泛的，其行为也是多种多样的，因为“零废弃”城市生活垃圾管理政策必须是立足于整个社会发展层面，从全社会的利益出发而制定的管理政策，能够规制所有群体行为，从而达到人类可持续发展的最终目标。另外，“零废弃”城市生活垃圾管理政策在发挥制约功能时，必定会损害到一部分群体利益，为此“零废弃”城市生活垃圾管理政策还能够对利益受损群体的行为进行制约与规范，从而保障大多数人的权益，推动城市绿色健康发展，实现经济、社会和生态“三赢”。

2. 导向功能

一项政策的导向功能是指政策通过正向提倡以及激励等方式，为有关法人、自然人和社会组织指明未来行动方向，从而使得政策目标群体按照政策决策者期望的方式采取行动，朝着政策决策者所希望的方向努力。由于城市生活垃圾管理具有鲜明的政策依赖性，其兴起与发展都是按照国家经济政策与环境保护政策的基本原则与要求导向进行的，因此“零废弃”城市生活垃圾管理政策也不可避免

① 张媛美：《乐亭县公共文化服务体系建设研究》，燕山大学硕士学位论文，2017 年。

地具有了政策的导向功能。一方面，“零废弃”城市生活垃圾管理政策具有直接引导功能。“零废弃”城市生活垃圾管理政策能够直接明确有关法人、自然人和社会组织的义务，硬性要求有关法人、自然人和社会组织履行责任。另一方面“零废弃”城市生活垃圾管理政策具有间接引导功能。“零废弃”城市生活垃圾管理政策能够潜移默化地影响人们的观念和思想，慢慢规范人们的行为。“零废弃”城市生活垃圾管理政策的直接引导功能和间接引导功能是相辅相成、紧密结合的。

3. 调控功能

外部性作为市场行为的后果，会导致市场失灵，因此政府必须充分利用“看不见的手”的作用，制定、执行和实施相关政策调控市场、企业与个人行为，也就是要发挥政策的调控功能。政策的调控功能是指政府运用政策调节和控制社会公共事务的过程。因此，“零废弃”城市生活垃圾管理政策作为政策的重要组成部分，也具有调控功能。“零废弃”城市生活垃圾管理政策的调控功能主要表现在两个方面：一是直接调控功能，即“零废弃”城市生活垃圾管理政策运用法律手段对城市生活垃圾相关企业和居民个人行为进行控制、指导、规范和监督；运用行政手段使下级职能部门和政府按照行政命令管理城市生活垃圾相关企业和居民，从而达到“零废弃”城市生活垃圾管理政策目标要求。二是间接调控功能，即“零废弃”城市生活垃圾管理政策通过市场机制和教育体系，运用经济手段和教育方式引导、调节、控制和规范城市生活垃圾相关企业和居民个人行为，使其按照“零废弃”城市生活垃圾管理政策要求形成稳定的行为习惯，从而为“零废弃”城市生活垃圾管理政策目标的实现夯实基础。

4. 扶持功能

政策存在的一个基本要件就是能够支持与帮扶某项事物由小到大地发展起来，换句话说，政策必须具有扶持功能。据此，扶持功能是“零废弃”城市生活垃圾管理政策存在的必要和充分条件。具体来说，“零废弃”城市生活垃圾管理政策将与城市生活垃圾产业关联度大的重点企业、循环化产业链的核心链上的关键企业、未来市场需求量大具有良好发展前景的企业、关系到我国未来发展的核心企业以及国际范围内具有动态比较优势的城市生活垃圾相关企业作为扶持对象，通过资金扶持与政策优惠相结合、政策扶持与相关职能部门工作范围相结合以及政策扶持与企业竞争力相结合的方式促进企业快速、稳步、良性发展。例如：“零废弃”城市生活垃圾管理政策通过加大对高新企业的城市生活垃圾渗滤液处理技术研发的资金扶持，弥补高新企业的资金缺失，让高新企业和研发人员潜心钻研技术，从而破解我国城市生活垃圾渗滤液处理技术落后之难题。

二、“零废弃”城市生活垃圾管理政策的主客体分析

（一）“零废弃”城市生活垃圾管理政策的政策主体分析

一般而言，政策主体是直接地或间接地参与政策全过程的个人、团体或组织。政策主体不仅参与和影响政策制定，而且在政策执行、实施等环节也都发挥着重要作用[①]。由于各国政治体制、经济发展和文化传统等方面的差异，政策类型的不同，政策主体的构成及其职责也有所差异。针对“零废弃”城市生活垃圾管理政策的政策主体，依据“政府主导、社会参与”的原则，我们将其主要分为官方决策者和非官方决策者两个部分（见图 4－2）。

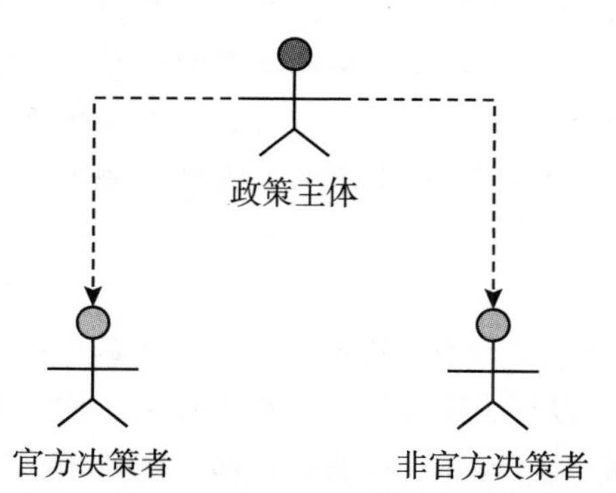

图 4－2 “零废弃”城市生活垃圾管理政策的政策主体

1. 官方决策者

根据在“零废弃”城市生活垃圾管理工作中承担责任、履行责任和监督责任的不同，我们将“零废弃”城市生活垃圾管理政策的官方决策者分为立法机构和行政机关两个政策主体（见图 4－3）。

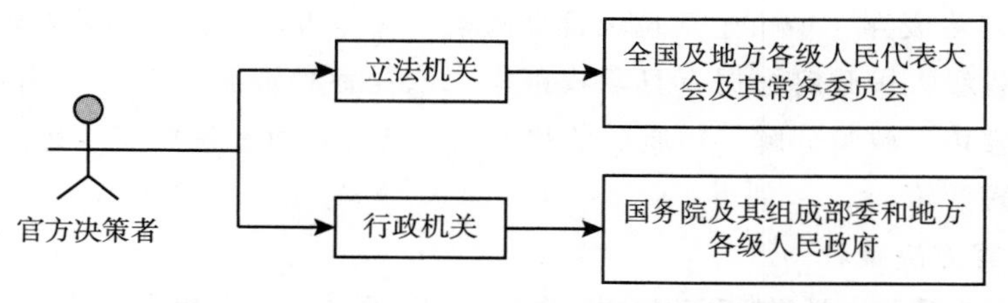

图 4－3 “零废弃”城市生活垃圾管理政策的官方决策者

① 刘晓宇：《我国公共政策冲突及其治理研究》，湖南大学硕士学位论文，2010 年。

（1）立法机构。

立法机构是“零废弃”城市生活垃圾管理政策中最重要的政策主体之一。在“零废弃”城市生活垃圾管理政策中，立法机构主要是指全国及地方各级人民代表大会及其常务委员会。

立法机构的主要职责是立法，即制定、认可、解释、补充、修改或废除“零废弃”城市生活垃圾管理政策。全国人大及其常务委员会是最高权力机关，其制定的“零废弃”城市生活垃圾管理政策具有最高效力。全国人民代表大会及其常务委员会主要制定“零废弃”城市生活垃圾管理政策的秉承理念和方法，也就是制定统摄性的“零废弃”城市生活垃圾管理的元政策。这些“零废弃”城市生活垃圾管理的元政策作为其他各项管理政策的出发点和基本依据，对其他管理政策具有指导和规范作用，基本功能在于保障其他各项管理政策遵循同一套政策理念、谋求统一的政策目标。也就是说，这些“零废弃”城市生活垃圾管理的元政策能够明确地说明哪些团体或组织，按照怎样的程序，依据什么样的原则，采取什么样的方式，制定出怎样的管理政策。省、自治区和超大城市的人民代表大会及其常务委员会主要根据元政策制定“零废弃”城市生活垃圾管理的地方性法规。

（2）行政机关。

在“零废弃”城市生活垃圾管理政策中，作为政策主体的行政机关是指国务院及其组成部委（主要包括国家发展和改革委员会、住房和城乡建设部、生态环境部、工业和信息化部、财政部、自然资源部、商务部、应急管理部、卫生健康委员会和农业农村部等）和地方各级人民政府。

首先，行政机关的主要职责是制定“零废弃”城市生活垃圾管理的全局性或战略性政策。它们是元政策在“零废弃”城市生活垃圾管理领域的具体化或者延伸，其主要规定“零废弃”城市生活垃圾管理的主要目标和任务。其次是制定国务院所属部委的具体行动方案和行为准则，主要是针对特定而具体的“零废弃”城市生活垃圾管理政策问题而作出的政策规定，通常以政府文件的形式存在；最后是执行“零废弃”城市生活垃圾管理政策。具体来说，就是国务院及其组成部委和地方各级人民政府根据自身职权范围，依托各种资源，综合运用各项手段，通过政策宣传、政策分解、物质准备和组织准备等环节，推广“零废弃”城市生活垃圾管理政策。

2. 非官方决策者

非官方决策者主要包括利益集团、大众传媒、思想库和公民个人等（见图4-4）。它们作为体制外的力量，通过游说官方决策者对“零废弃”城市生活垃圾管理政策施加影响。

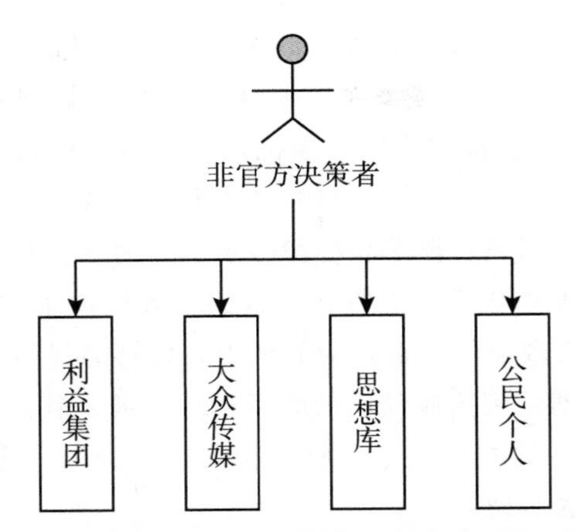

图 4-4 “零废弃”城市生活垃圾管理政策的非官方决策者

（1）利益集团。

纵观国内外，不同利益集团之间的互相竞争与妥协推动了政策的出台（张昕宇，2010）[①]，“零废弃”城市生活垃圾管理政策也不例外。虽然我国是社会主义国家，人民群众当家作主，但是由于“零废弃”城市生活垃圾管理政策是一个多元化的政策体系，其不可避免地会出现利益多样化的诉求，为此关心和卷入“零废弃”城市生活垃圾管理政策的利益集团就会比较多。

利益集团的主要职责是影响“零废弃”城市生活垃圾管理政策制定，执行和实施。首先，利益集团能使目标群体的利益诉求在“零废弃”城市生活垃圾管理政策中体现出来。利益集团经常设法参与各种城市生活垃圾活动（如政府的会议）为政府提供服务或帮助，借此机会取得了与政府官员博弈的主动权，自身政策诉求得到了体现。或者利益集团通过参与法律框架内的各种社会活动，表达其对城市生活垃圾管理的一些主张和意愿，吸引民众的注意力，争取民众的认同和支持，通过舆论迂回地影响“零废弃”城市生活垃圾管理政策制定。

其次，利益集团能够给予“零废弃”城市生活垃圾管理政策执行的相关支持与帮助。利益集团尤其是强势利益集团拥有一定人力、物力和财力等政策资源[②]，也拥有自己的信息系统，特别是拥有与社会方方面面的广泛联系。利益集团的支持、理解和帮助能保障“零废弃”城市生活垃圾管理政策的有效执行，消除管理政策执行过程中的群体障碍。同时，由于利益集团能够充分了解“零废弃”城市生活垃圾管理政策执行的实际情况，及时告知管理政策执行存在的主要的、核心的和关键的问题，这不仅有利于“零废弃”城市生活垃圾管理政策制定，更有利

① 张昕宇：《美对华贸易政策制定中利益集团的影响研究》，载于《商业时代》2010 年第 21 期。
② 韩淑丰：《论利益集团对公共政策执行的影响》，山西大学硕士学位论文，2008 年。

于解决“零废弃”城市生活垃圾管理政策执行的难点问题。

最后，利益集团保障了“零废弃”城市生活垃圾管理政策的实施效果。在“零废弃”城市生活垃圾管理政策中，无论强势利益集团还是弱势利益群体，其成员基本都是来自社会的各个阶层，它们代表着或强或弱的部分群体的实际利益需求，也代表了经济、知识、技术和经验等水平，为此，利益集团特别是强势利益集团是“零废弃”城市生活垃圾管理政策的“政府助手”，具有强烈反对国务院及其组成部委或各级政府的不良行为的能力，能够通过内外压力，强迫“零废弃”城市生活垃圾管理政策按照预设的政策目标行进，避免各种不为人知的“黑箱”操作，消除政府官员的寻租、设租行为，进而保障“零废弃”城市生活垃圾管理政策实施效果的实现。

（2）大众传媒。

在“零废弃”城市生活垃圾管理政策中，大众传媒凭借传播快、范围广、影响大的特点发挥着重要作用。根据大众传媒的传播对象和传播途径的不同，大众传媒分为传统大众传媒和现代大众传媒两种。传统大众传媒以报纸、广播、电视等媒介为主；现代大众传媒主要以互联网和手机媒体为主，如微信公众号、微博、论坛等网络媒介①。

大众传媒的主要职责是影响“零废弃”城市生活垃圾管理政策的制定、执行和实施。首先，大众传媒促使社会问题进入“零废弃”城市生活垃圾管理政策议程。一方面运用自下而上的参与方式，通过对社会问题的揭露、调查引起公众关注和警觉，再通过追踪报道等方式引发公众舆论，从而使“零废弃”城市生活垃圾管理政策的制定者面临强大的舆论外部压力，在政策制定过程中必须考虑和维护公众的诉求；另一方面运用自上而下的参与方式，直接把城市生活垃圾引起的一些社会问题发布，传递给相关政府部门引起关注，从而使解决这些社会问题的“零废弃”城市生活垃圾管理政策早日纳入议程②。

其次，大众传媒监管了“零废弃”城市生活垃圾管理政策执行。一项“零废弃”城市生活垃圾管理政策的出台会对一部分群体的利益产生影响，特别是当政策的制定者也属于利益受损的群体时，维护自身利益与保护公众利益之间就会产生强烈的冲突③，这时大众传媒就要监管“零废弃”城市生活垃圾管理政策是否偏离了“零废弃”城市生活垃圾管理政策制定的初衷，从而形成公众舆论压力，对“零废弃”城市生活垃圾管理政策的执行层形成震慑性警告，一定程度上

---

① 何敏：《大众传媒在青海多民族城市社区宣传中的角色和功能——以西宁市共和路和中华巷社区为例》，载于《青海民族大学学报》（社会科学版）2019 年第 4 期。

②③ 姜寒雪、王胜本：《转型期大众传媒对公共政策制定的影响》，载于《河北联合大学学报》（社会科学版）2014 年第 5 期。

避免“零废弃”城市生活垃圾管理政策执行中腐败现象的衍生。

最后，大众传媒保障了“零废弃”城市生活垃圾管理政策实施效果。“零废弃”城市生活垃圾管理政策是为了最大化地保障社会各个利益群体的各种利益诉求而制定的管理政策。为了保证这些利益诉求的实现，大众传媒对“零废弃”城市生活垃圾管理政策实施效果情况进行调查分析，把相关信息及时、客观地传递给“零废弃”城市生活垃圾管理政策的制定者和执行者，使其了解管理政策的效果并适时进行调整与完善①。调整后的“零废弃”城市生活垃圾管理政策有助于保障社会各个利益群体的利益最大化。

（3）思想库。

现代科学决策离不开政策咨询，思想库就是由专业人员组成的跨学科、跨领域的综合性政策咨询机构。思想库分为官方思想库、半官方思想库、民间思想库和国际思想库四种类型。在“零废弃”城市生活垃圾管理政策中，我们主要指的是官方思想库。

官方思想库的主要职责是帮助决策部门进行“零废弃”城市生活垃圾管理政策制定，引导“零废弃”城市生活垃圾管理政策实施。第一，官方思想库能够帮助决策部门设计“零废弃”城市生活垃圾管理政策。官方思想库通过参与“零废弃”城市生活垃圾管理政策的决策部门提供的研究项目，开展相关研究，形成并向决策者或决策部门汇报研究成果，从而帮助决策部门制定“零废弃”城市生活垃圾管理政策。例如：作为国务院国资委管理的中央骨干企业，中国国际工程咨询有限公司是我国国内规模最大的综合性工程咨询机构。资源与环境业务部参与了国家发改委和住建部联合颁布的《垃圾强制分类制度方案》制定，为我国城市生活垃圾分类打响了第一炮，也为“零废弃”城市生活垃圾管理政策注入了新鲜血液。

第二，官方思想库能够引导“零废弃”城市生活垃圾管理政策实施。通过研究，我们发现官方思想库除了帮助决策部门设计“零废弃”城市生活垃圾管理政策外，更重要的是通过定期出版刊物和发表评论，用图书、报告、备忘录和文件集传播管理政策内容；通过与大众传媒建立联系，宣传管理政策主张，引导社会思潮等间接方式使决策者和公众达成共识，从而形成遵守“零废弃”城市生活垃圾管理政策的社会氛围，为“零废弃”城市生活垃圾管理政策顺利实施保驾护航。

（4）公民个人。

公民是“零废弃”城市生活垃圾管理政策主体的一个重要组成部分，是最为

---

① 姜寒雪、王胜本：《转型期大众传媒对公共政策制定的影响》，载于《河北联合大学学报》（社会科学版）2014 年第 5 期。

广泛的非官方政策主体。公民的主要职责是参与“零废弃”城市生活垃圾管理政策制定与实施。公民参与“零废弃”城市生活垃圾管理政策制定与实施有利于提高“零废弃”城市生活垃圾管理政策的公平性、合法性和合理性，对推进“零废弃”城市生活垃圾管理政策发展具有非常重要的意义。究其原因，公民通过参与表达自身利益诉求，获得“零废弃”城市生活垃圾管理政策制定者认同，并在“零废弃”城市生活垃圾管理政策内容中体现出来。获得认同的公众才会关注这项“零废弃”城市生活垃圾管理政策，才会按照管理政策要求实施管理政策，才不会出现“零废弃”城市生活垃圾管理政策低效甚至无效的现象。

（二）“零废弃”城市生活垃圾管理政策的政策客体分析

政策客体是政策所发生作用的对象，包括政策所要处理的社会问题和所影响的社会成员（目标群体）两个方面。为此，“零废弃”城市生活垃圾管理政策客体不仅包括城市生活垃圾引起的社会问题，还包括城市生活垃圾管理的社会成员。

1. “零废弃”城市生活垃圾管理政策的直接客体：社会问题

（1）城市生活垃圾引起的生态环境问题。

首先，城市生活垃圾引起的大气环境污染问题。在收集、运输和处理时，城市生活垃圾极易引起细末与粉尘飞扬，从而影响空气质量。同时，若城市生活垃圾堆积或不达标地填埋，城市生活垃圾就会发生化学反应，排放出有毒气体。这些含有微量硫化氢、氨气、硫醇和微量有机物的有毒气体会严重污染大气。另外，由于城市生活垃圾焚烧技术还存在一些瓶颈问题，有些焚烧厂焚烧生活垃圾时会释放未燃尽的细小颗粒进入大气，造成大气污染。

其次，城市生活垃圾引起的水环境污染问题。在堆放腐败过程中，城市生活垃圾中的病原微生物会产生高浓度的弱酸性渗滤液，从而溶出垃圾中的很多重金属（包括汞、铅、镉等）形成污染源污染地下水资源。随意堆放和填埋城市生活垃圾也极易使其所含水分和淋入生活垃圾中的雨水产生的渗滤液流入周围地表水体和渗透到地下水，造成黑臭水体和地下水水质混浊等水环境污染问题①。

最后，城市生活垃圾引起的土壤环境污染问题。城市生活垃圾产生的渗滤液进入土壤后，渗滤液中的氯化物、硫酸盐、亚硝酸盐、硝酸盐、氨氮、挥发性酚和不同类型的重金属离子等会发生不同类型的物理、化学以及生化作用②，形成

---

① 李晓微：《可持续发展视野下的农村生活垃圾回收再利用问题》，载于《黑龙江环境通报》2017年第3期。

② 孙玲珑、郭瑞：《哈尔滨程家岗垃圾场垃圾渗滤液对周边土壤污染状况的调查》，载于《黑龙江科技信息》2010年第3期。

大量的污染物，这些污染物融入土体当中，使得土壤发生毒化，从而无法发挥土壤的分解性能，造成土壤结构的板结，严重的会改变周边土壤性质，腐蚀土地，破坏土壤生态功能。

（2）城市生活垃圾引起的市容环境卫生问题。

第一，城市生活垃圾基础设施不足引起的市容环境卫生问题。目前，我国很多城市的生活垃圾基础设施老旧、损坏和丢失现象严重，有些偏远落后地区至今尚未建成高标准的城市生活垃圾处理设施；有些地区的城市生活垃圾投放设施不足，导致居民随手乱丢城市生活垃圾的现象严重；有些地区城市生活垃圾处理能力有限，导致城市生活垃圾不能及时回收处理，从而使城市环境卫生脏、乱、差问题严重，引发了一系列市容环境卫生问题。

第二，城市生活垃圾监督管理不到位引起的市容环境卫生问题。目前，我国有些城市的生活垃圾监督管理人员的专业技能并不能够完全地达到国家要求，还存在着部分工作人员未经专业培训就上岗的现象，导致城市生活垃圾监督管理团队的专业化水平不高，特别是部分城市生活垃圾基层直接管理人员缺乏责任心，在工作中不能严格落实国家的各项管理政策，例如：在运输过程中，城市生活垃圾散落一地无人及时处理或者带有异味的城市生活垃圾未及时处理等，这些都引起了一系列市容环境卫生问题。

（3）城市生活垃圾引起的群体性事件问题。

近年来，随着人民生活水平的不断提高及公众环保意识的不断增强，人们在追求高质量生活品质的同时，更加关注城市生活垃圾焚烧发电厂等城市生活垃圾基础设施带来的潜在环境二次污染问题。全国各地由城市生活垃圾引起的群体性事件频发，例如：2006 年 A 市城市生活垃圾焚烧厂千名群众上访事件；2009 年 B 市城市生活垃圾焚烧发电厂数百人集体上访行动；2009 年 C 市反城市生活垃圾焚烧厂万人街头抗议群体性事件；2014 年 D 市城市生活垃圾焚烧厂群体冲突事件①。

究其原因，第一，城市生活垃圾危害居民健康安全。城市生活垃圾焚烧发电厂是具有负外部性的公共设施，会对周边区域经济发展、生态环境和居民健康产生一定的负面影响。城市生活垃圾焚烧厂排放的有毒金属、二噁英和与二噁英有关的化合物等污染物中包含对人类智力发育和免疫系统造成永久危害的有毒物，危害居民健康安全②。虽然可以通过工业设计及管理监测升级降低城市生活垃圾焚烧发电厂的污染，但是居民还是会担忧健康安全问题，故抵抗情绪非常严重。

---

①② 管素婕：《垃圾焚烧发电厂环境群体性事件中政府和公众的博弈分析》，西南交通大学硕士学位论文，2019 年。

第二，参与缺失加剧了公众抵制情绪。城市生活垃圾焚烧发电厂等城市生活垃圾项目的具体规划和建设运营信息公开和透明度较低，有些公开信息过于简略，特别是在法定环评阶段，环评报告发布渠道比较单一，公众参与度不高，导致公众不能及时获取其关注的城市生活垃圾项目的详细信息，甚至是在偶然被动情境下获知相关信息，这种"被参与"状态加剧了公众的抵制情绪。

2. "零废弃"城市生活垃圾管理政策的间接客体：目标群体

"零废弃"城市生活垃圾管理政策的目标群体就是那些受到"零废弃"城市生活垃圾管理政策规范、管制、调节和制约的社会成员。

首先，"零废弃"城市生活垃圾管理政策的目标群体是各职能部门和政府。基于"零废弃"的城市生活垃圾管理政策就是要消除目前我国城市生活垃圾管理"多头管理""九龙治水"的窘境，解决各职能部门之间、职能部门和政府之间无法协同高效地工作，城市生活垃圾管理体制错位，管理范围重叠和管理领域真空等问题。

其次，"零废弃"城市生活垃圾管理政策的目标群体是企业。基于"零废弃"的城市生活垃圾管理政策就是要规范或激励企业发挥在城市生活垃圾管理中的职能，充分利用市场机制对资源的配置功能①，引导企业按照管理政策要求落实"零废弃"城市生活垃圾管理政策，从而实现企业在城市生活垃圾管理中的重要作用。

再次，"零废弃"城市生活垃圾管理政策的目标群体是社会组织。基于"零废弃"的城市生活垃圾管理政策就是要充分调动社会组织的力量，通过社会组织的专业指导、社会动员、社区推动和宣传教育等作用，将上层（各职能部门和政府）与基层（公众）联系起来共同落实"零废弃"城市生活垃圾管理政策。

最后，"零废弃"城市生活垃圾管理政策的目标群体是公众。基于"零废弃"的城市生活垃圾管理政策就是规范城市生活垃圾产生和排放的最主要关系人——公众的日常行为习惯，引导公众自觉参与城市生活垃圾管理全过程，增强公众主人翁意识，从而全面提高"零废弃"城市生活垃圾管理政策制定、执行和实施的内在质量和外在质量。

---

① 韩冬梅、韩静：《推进市场主导型城市生活垃圾管理对策研究》，载于《经济研究参考》2016年第59期。

第五章

基于“零废弃”的城市生活垃圾管理政策制定研究

政策制定也被称为公共政策形成或公共政策规划，是一项针对社会中的公共政策问题提出多项备选方案，经过考察而选择一种最优解决方案的社会政治行为。政策制定是政策“制定—执行—效果实现”全生命周期中的首要环节，关乎政策问题进入规范化管理的重要环节能否顺利展开。基于“零废弃”的城市生活垃圾管理政策制定是实现城市生活垃圾管理最终目标的重要开端和必要环节，其过程包括“界定政策问题，确定政策目标，设计备选方案，筛选备选方案，选择与合法化政策方案”。一方面，政策制定以系统论理论为主要理论基础，参考“零废弃”对城市生活垃圾管理目标的特殊需求，完善城市生活垃圾管理系统，提高其可操作性，以此解决“垃圾围城”危机。另一方面，政策制定以可持续发展理论为主要理论基础，以基于“零废弃”的城市生活垃圾管理政策的可行性和协调性为原则，以实现城市生活垃圾管理“零废弃”为政策目标，构建以法律政策为核心、经济政策为辅助、社会政策为保障、技术政策为先导的基于“零废弃”的城市生活垃圾管理政策体系，形成“自上而下、自下而上、中间交至”的“横向到边、纵向到底”的网状交织结构，实现“预防、减量、再用、他用、处理”5层级城市生活垃圾管理目标和优先顺序。基于“零废弃”的城市生活垃圾管理政策制定需要从整体上把握和分析城市生活垃圾管理政策的政策取向和战略布局，为国家探究未来城市生活垃圾管理政策的选择和调整方向提供坚实基础，因此基于“零废弃”的城市生活垃圾管理政策制定研究十分重要。

第一节　基于"零废弃"的城市生活垃圾管理政策解决的政策问题

一、解决管理政策目标主次不确定问题

传统的城市生活垃圾管理政策存在目标主次不分的问题，导致管理政策冲突、多变、相容性低等现象发生，使得城市生活垃圾管理政策的引导作用差，政策实施效果难以达到预期目标要求。基于"零废弃"的城市生活垃圾管理政策针对性地解决政策目标主次不确定问题，以"三化"——减量化、资源化、无害化为基本原则，明确基于"零废弃"的城市生活垃圾管理政策的目标优先级顺序为"预防、减量、再用、他用、处理"。正如图 5-1 中的"倒金字塔"所示，基于"零废弃"的城市生活垃圾管理政策强调"末端治理"转向"源头防治"，其中"预防"的优先级是最高的。在城市生活垃圾管理前端，基于"零废弃"的城市生活垃圾管理政策以预防垃圾产生为主，包括产品设计、生产、运输、销售、使用和回收等全过程的城市生活垃圾预防与减量。在城市生活垃圾管理中端，对于有再利用价值的产品，基于"零废弃"的城市生活垃圾管理政策应当首先考虑修复再利用的方案，减少物质相互转化，减少开发新资源，称之为"再用"；对于没有再用价值的产品，基于"零废弃"的城市生活垃圾管理政策应当考虑将其当作其他产品的原材料进行加工处理，称之为"他用"；在城市生活垃圾管理末端，基于"零废弃"的城市生活垃圾管理政策应将没有使用价值的产品进行焚烧或填埋处理，称之为"处理"。基于"零废弃"的城市生活垃圾管理政策要求所有城市生活垃圾管理活动都要遵循"预防、减量、再用、他用、处理"的目标优先级顺序，明确城市生活垃圾管理目标主次，实现城市生活垃圾管理结构从"简单控制型"向"元治理结构"过渡，完善城市生活垃圾管理的战略布局，实现城市生活垃圾的"零废弃、零污染、零排放"。

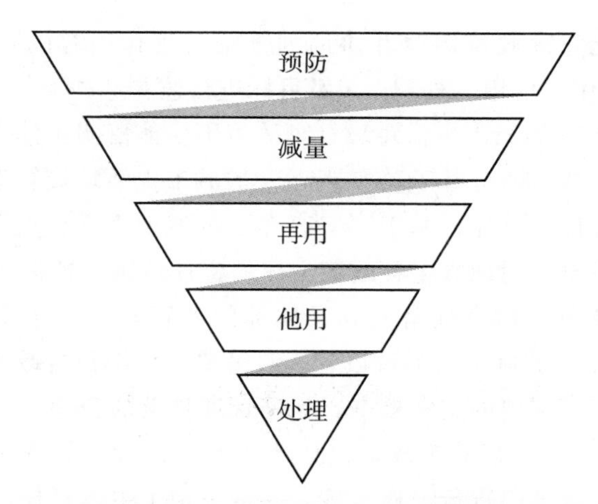

图5-1　基于"零废弃"的城市生活垃圾管理政策目标优先级

二、解决管理政策主体责任不清晰问题

传统的城市生活垃圾管理政策有多个主体共同参与，但是各政策主体都有其所在团体更注重的目标，因此不同政策主体提出的诉求往往不一致，利益博弈明显。同时政策主体之间的权力也存在着交叉现象，导致政策主体责任不明，无法保证公共利益。基于"零废弃"的城市生活垃圾管理政策要明确划分政策主体责任，落实各部门的管理职责，使其各司其职，共同实现城市生活垃圾高效管理。例如：对城市生活垃圾管理政策中的政府责任进行重新界定，强化政府主导作用，将政府"硬性管理"功能转变为"后勤服务"，确定政府真正为企业、公众和社会组织服务的具体任务。具体来说，中国共产党统筹引领基于"零废弃"的城市生活垃圾管理政策制定，担负落实"预防、减量、再用、他用、处理"5级管理优先目标的主要领导责任。立法机构要承担制定基于"零废弃"的城市生活垃圾管理政策相关法律条令的主要责任。例如：立法机构规定使用质量好的原材料生产产品以增加产品使用寿命，减少城市生活垃圾产生；出台"差额法"城市生活垃圾收费方式，以激励居民减少丢弃有使用价值的产品。同时，除了制定相关的管理政策外，立法机构也负责审批并监督基于"零废弃"的城市生活垃圾管理的专项资金使用等。司法机构负责侦查基于"零废弃"的城市生活垃圾管理政策中的违法乱纪行为，以确保管理政策能够按照"预防、减量、再用、他用、处理"5级目标顺利推广，并对违反基于"零废弃"的城市生活垃圾管理政策的行为作出审判。行政机构负责区域内基于"零废弃"的城市生活垃圾管理政策的统一指挥与协调，担负管理与政策有关的日常性事务，综合协调城市生活垃圾管理

部门的工作，优化管理政策内容并协助划分临时工作内容的责任界定，同时对“预防、减量、再用、他用、处理”5级目标进行监督和检查。

基于“零废弃”的城市生活垃圾管理政策不仅能落实主体责任，还能监管主体责任落实情况，从而防范基于“零废弃”的城市生活垃圾管理政策效力不足问题的发生。具体来说，首先，基于“零废弃”的城市生活垃圾管理政策逐级制定并落实主体责任清单，明确界定各政策主体的责任范围，把握管理政策制定的重要时间节点，将政策主体责任落实到具体部门和管理者，共同监督其行为。其次，基于“零废弃”的城市生活垃圾管理政策要求定期报告政策主体责任落实情况，接受上一级管理部门的定期核查，保证管理政策的合理、合法。最后，基于“零废弃”的城市生活垃圾管理政策包括严格的责任考核管理机制，对管理政策中所涉及的各级管理部门进行严格考核，并记录相关主体责任的工作状况，接受公众监督，实现基于“零废弃”的城市生活垃圾管理政策的公平、公正、公开，最终实现城市生活垃圾管理的“零废弃、零污染、零排放”。

三、解决管理政策文本内容碎片化问题

政策文本是公共政策执行的依据，通常情况下包括“事”和“人”两个方面的内容。政策文本容易受到价值冲突、群体社会化、媒体宣传和利益追求等因素的影响。由于缺乏协调和整合不充分，传统的城市生活垃圾管理政策文本碎片化严重，它不仅表现为政策文本数量众多，而且还出现了文本内容交叉和重叠问题。

“事”的方面是指社会问题，也是公共政策作用的直接客体。基于“零废弃”的城市生活垃圾管理政策旨在解决城市生活垃圾管理过程中受到全社会关注的政策问题，并且保证城市生活垃圾管理问题的政策方案满足这些问题所代表的社会需求的期望值。基于“零废弃”的城市生活垃圾管理政策文本要体现出加强政策体系内部沟通和联动能力的要求，并且综合考虑城市生活垃圾管理的市场经济规律和发展客观规律，从而解决城市生活垃圾管理政策文本碎片化问题。具体来说，基于“零废弃”的城市生活垃圾管理政策文本应尽快规定满足基于“零废弃”的城市生活垃圾管理政策实施的生态环境条件与生活条件；完善基于“零废弃”的城市生活垃圾管理政策的配套设施要求；明确基于“零废弃”的城市生活垃圾管理政策的“预防、减量、再用、他用、处理”目标顺序；要求成立专门的基于“零废弃”的城市生活垃圾管理政策管理机构，确定各部门的法律责任和任务分工，做好管理政策实施的监管工作，做到有法可依、有规可循。

“人”的方面是指社会成员，也就是公共政策的间接客体，被称作目标群体。

基于“零废弃”的城市生活垃圾管理政策文本要根据目标群体的特点，厘清目标群体之间错综复杂的关系，规避目标群体分散、涉及范围广和稳定性不高的弊端。具体来说，一方面，基于“零废弃”的城市生活垃圾管理政策文本包括所有城市生活垃圾管理目标群体的行为准则，能够规范、管制、调节和制约目标群体的行为。另一方面，基于“零废弃”的城市生活垃圾管理政策文本要将公众和社会组织纳入基于“零废弃”的城市生活垃圾管理政策体系，通过规范、管制、调节和制约公众和社会组织行为，强化公众环保意识、节约意识、消费适度意识，增强社会组织桥梁作用，从而减少城市生活垃圾产生量，最终达到城市生活垃圾管理的“零废弃、零污染、零排放”目标。

四、解决管理政策工具应用不恰当问题

政策工具是实现政策目标的基本途径，关系到公共政策能否实现预期的政策目标。选择恰当的政策工具与制定科学的政策文本同样重要，恰当的政策工具能极大地提高公众对基于“零废弃”生活垃圾管理政策的接受度，进而加快实现“零废弃、零污染、零排放”的城市生活垃圾管理目标。因此，基于“零废弃”的城市生活垃圾管理政策解决政策工具应用不恰当问题就显得十分重要。

（一）解决政策工具使用不当问题

政策工具一般包括强制性政策工具、自愿性政策工具和混合性政策工具。我国以往的城市生活垃圾管理政策制定、执行和实施时多选择强制性政策工具，也就是说政府通过出台一系列具有法律效力的政策措施，达到公众严格遵守城市生活垃圾管理政策规定的目的。在这一过程中，几乎没有部门、企业或居民个人能够对城市生活垃圾管理政策进行灵活变通的余地，导致城市生活垃圾管理政策工具的使用不仅单一而且灵活性差。因此在制定、执行和实施基于“零废弃”的城市生活垃圾管理政策时新增了自愿性政策工具和混合性政策工具以便发挥管理政策的最大效用。具体来说，一方面，自愿性政策工具引导公众在自愿的基础上完成基于“零废弃”的城市生活垃圾管理政策的预定任务和目标，强调了公众的自愿参与行为。另一方面，混合型工具提出一个创新点，即政府不再全面把控基于“零废弃”的城市生活垃圾管理政策制定、执行和实施的权力，而是可以根据政策目标、执行情况和部门机构的基本特征，选择性地将管理政策制定、执行和实施的最终决定权下放给相关的城市生活垃圾管理职能部门，要求各地区的相关部门根据本地独特现状，联合敲定基于“零废弃”的城市生活垃圾管理政策内容，统一执行基于“零废弃”的城市生活垃圾管理政策，政府仅负责全过程监督。

基于“零废弃”的城市生活垃圾管理政策的政策工具是将“零废弃”理念转变为具象化政策方案的重要手段。将“自愿性政策工具、混合性政策工具”作为基于“零废弃”的城市生活垃圾管理政策的政策工具，一方面能够提高基于“零废弃”的城市生活垃圾管理政策的有效性，增加管理政策制定、执行和实施的社会效益，实现资源配置的最高效率。另一方面能够最小化基于“零废弃”的城市生活垃圾管理政策制定、执行和实施的成本。同时，政策工具还能够及时应对变化着的市场环境，保证基于“零废弃”的城市生活垃圾管理政策的稳定性。鉴于政策工具对实现城市生活垃圾管理的“零废弃、零污染、零排放”这一最终目标的重要作用，基于“零废弃”的城市生活垃圾管理政策必须要使用恰当的政策工具已经在学界和从业者中达成了共识。

（二）解决政策工具选择导向失衡问题

基于“零废弃”的城市生活垃圾管理政策必须要兼顾城市生活垃圾管理的短期调控与长期发展目标，这是解决政策工具选择导向失衡问题的有效方法。基于“零废弃”的城市生活垃圾管理政策的短期调控目标是控制城市生活垃圾产生，使垃圾产生量不再激增。长期发展目标则是实现城市生活垃圾的前端“预防和减量”、中端“再用和他用”和后端“处理”，并最终达到城市生活垃圾“零废弃、零污染、零排放”的管理目标。为此，在选择政策工具时，基于“零废弃”的城市生活垃圾管理政策将强制性政策工具放在第一位，而将自愿性政策工具和混合性政策工具作为强制性政策工具的有益补充。具体来说，基于“零废弃”的城市生活垃圾管理政策通过政府前期的强势干预，划分出城市生活垃圾管理的行政区域，再辅以当地龙头企业的标准化运作市场模式，通过改革、兼并、重组现有城市生活垃圾管理企业，改变企业互不关联、分散经营、无序竞争的局面，提高公众参与意识，优化城市生活垃圾管理结构，从而破解“垃圾围城”难题。

第二节　基于“零废弃”的城市生活垃圾管理政策的具体制定

基于“零废弃”的城市生活垃圾管理政策不仅要确保管理政策目标的准确性，还必须保证管理政策制定所依据原则的科学性，以及管理政策体系结构的规则性，特别是要实现管理政策的完整性。

一、基于“零废弃”的城市生活垃圾管理政策的目标

（一）社会成本最低

基于“零废弃”的城市生活垃圾管理政策制定过程中涉及的社会成本不是简单的会计成本，而是整个社会因基于“零废弃”的城市生活垃圾管理政策而承担的、以市场价核算的总成本，范围涵盖基于“零废弃”的城市生活垃圾管理政策的整个生命周期。从企业角度来说，基于“零废弃”的城市生活垃圾管理政策的社会总成本包括生产企业在生产过程中的城市生活垃圾预防和减量成本、再用和他用的加工成本；对回收利用企业、二手品厂商以及堆肥场和饲料厂的政府补贴。基于“零废弃”的城市生活垃圾管理政策的社会总成本还包括居民处理成本、垃圾处理厂处理成本以及政府治理成本。居民处理生活垃圾成本包括时间成本和资金成本。居民学习基于“零废弃”的城市生活垃圾管理政策的规则和标准，了解城市生活垃圾管理设施的使用方式都需要投入大量的时间成本。当丢弃城市生活垃圾时，居民还需要花费资金去购置特定的垃圾袋或垃圾箱进行分类投放。垃圾处理厂的处理成本包括垃圾运输成本和垃圾处理成本。政府治理成本则包括管理政策的制定成本。由于受财政收入限制，作为社会总成本主要支付方，政府在制定基于“零废弃”的城市生活垃圾管理政策时需要将社会总成本最低作为最重要的目标。

（二）多目标决策

基于“零废弃”的城市生活垃圾管理政策是以循环经济理论、可持续发展理论、绿色生产理论为理论基础，其管理政策目标必然是多种多样的。从定性和定量角度来说，基于“零废弃”的城市生活垃圾管理政策目标可以是定性的，可通过管理政策的完善程度、具体程度和详细程度等方面进行判定。另一方面，基于“零废弃”的城市生活垃圾管理政策目标也可以是定量的，可以从政策条例数量和政策目标实现效果等方面进行判断。基于“零废弃”的城市生活垃圾管理政策的5层目标决定了基于“零废弃”的城市生活垃圾管理政策的目标决策顺序（见图5-2）。具体来说，首先，基于“零废弃”的城市生活垃圾管理政策主要通过管理政策完善和细化重点防控城市生活垃圾产生。其次，基于“零废弃”的城市生活垃圾管理政策主要通过管理政策实施查找出城市生活垃圾“再用”“他用”管理政策存在的不足，对其进行优化，减少资源消耗。最后，基于“零废

弃”的城市生活垃圾管理政策主要通过出台新的管理政策，强有力地引导企业和公众选取风险最小的城市生活垃圾处理方式，减少对环境的二次污染。

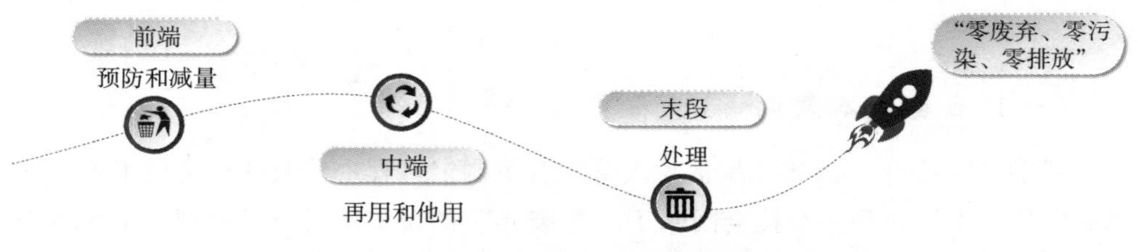

图 5-2　多目标决策顺序

（三）效益最大化

基于“零废弃”的城市生活垃圾管理政策强调通过管理政策实现城市生活垃圾管理的环境效益、社会效益和经济效益的最大化。为此，首先，基于“零废弃”的城市生活垃圾管理政策要创新发展管理措施，减少城市生活垃圾源头排放和最终处理数量，增加资源回收效率，增加环境效益。其次，基于“零废弃”的城市生活垃圾管理政策还要建立健全基于“零废弃”的城市生活垃圾管理政策的专项资金管理机构，扩展基于“零废弃”的城市生活垃圾管理政策的融资渠道，完善城市生活垃圾管理设备，压缩城市生活垃圾管理成本，获得更多的经济效益。最后，基于“零废弃”的城市生活垃圾管理政策还要优化城市生活垃圾管理行业的产业结构，增加就业岗位，维护社会稳定，增加社会效益。

二、基于“零废弃”的城市生活垃圾管理政策制定的原则

（一）前瞻性原则

基于“零废弃”的城市生活垃圾管理政策制定是一个为解决城市生活垃圾管理问题而制定多项管理政策内容的过程。在这个过程中，基于“零废弃”的城市生活垃圾管理政策要注重制定的前瞻性，注意发挥管理政策的预测效应。一方面，因为基于“零废弃”的城市生活垃圾管理政策直接影响城市生活垃圾产业的发展前景，所以要前瞻性地审视城市生活垃圾管理行业发展的机遇和挑战，提前做好管理政策的规划文本，强调各级政府、管理部门、企业、社会组织和公众在基于“零废弃”的城市生活垃圾管理政策制定中的责任和权限，避免管理工作的“滞后性”，为实现“预防、减量、再用、他用、处理”5层级目标打好基础，保障“零废弃”的城市生活垃圾管理政策的顺利推进。

（二）国家战略原则

国家战略是战略体系中最高层次的战略。基于“零废弃”的城市生活垃圾管理政策是国家层面的战略政策，是为了实现城市生活垃圾“零废弃、零污染、零排放”而制定的管理政策，其作用是指导各级政府和各领域的城市生活垃圾管理工作，其任务是参考国际先进的城市生活垃圾管理方式，结合我国城市生活垃圾管理现状，发挥我国独特的政治体制、市场机制、经济激励、科技创新和文化传承等作用，实现城市生活垃圾管理的最高等级目标——“零废弃”，进而推进和引导国家城市生活垃圾行业的建设和发展。因此，基于“零废弃”的城市生活垃圾管理政策不仅要充分体现我国的循环发展、可持续发展和绿色生产理论，还要处理好城市生活垃圾管理政策的连续性、整体性和可持续性问题，保证基于“零废弃”的城市生活垃圾管理政策方向符合国家中长期的宏观规划和战略目标，增加管理政策的针对性和专向性，避免出现“朝令夕改”的状况，提高管理政策的效力作用。

（三）实用性原则

基于“零废弃”的城市生活垃圾管理政策制定时要考虑管理政策的实用性，即管理政策能否顺利实施，实现城市生活垃圾管理的“零废弃、零污染、零排放”理想目标。一方面，基于“零废弃”的城市生活垃圾管理政策制定一定要遵守循环经济发展要求，符合城市生活垃圾管理的市场规律，能够尽快发挥作用，而不是空喊口号，停留在纸面上。另一方面，基于“零废弃”的城市生活垃圾管理政策制定时还要考虑基于“零废弃”的城市生活垃圾管理政策的本质要求和必要规定。这就要求基于“零废弃”的城市生活垃圾管理政策制定的手段不仅需要多样化，还要保证其切实可用，从而确保基于“零废弃”的城市生活垃圾管理政策的有效实施。

三、基于“零废弃”的城市生活垃圾管理政策的体系结构

公共政策体系是一个有机系统整体，是由不同政策之间、同一政策中的不同要素单元之间、系统与环境之间的相互作用而形成的系统。基于“零废弃”的城市生活垃圾管理政策体系是由相互支撑、相互关联、相互牵制的指导“零废弃”工作的各种城市生活垃圾管理政策组成的统一整体。从管理政策的表现形式来看，基于“零废弃”的城市生活垃圾管理政策包括与城市生活垃圾管理有关的法

律法规、政策规定、制度体系、政府机构大型规划、国家领导人口头或书面的指示、具体行动计划及相关策略。从管理政策的内容来看，基于“零废弃”的城市生活垃圾管理政策包括与城市生活垃圾预防管理、减量管理、再次自用管理、再次他用管理和处理管理相关的方案、原则、计划、策略、规定、制度和方向。从管理政策的组织级别来看，基于“零废弃”的城市生活垃圾管理政策体系是一项由中央级（包括中共中央和中央人民政府）制定的城市生活垃圾管理方案、地方级（包括省、自治区、超大城市、城市、县等中共地方党委和地方人民政府）制定的城市生活垃圾管理方案所组成的管理政策体系，涉及多个政府层级。

基于“零废弃”的城市生活垃圾管理政策体系以城市生活垃圾“预防、减量、再用、他用和处理”为总政策目标层级，以实现城市生活垃圾管理“零废弃、零污染、零排放”为最终目标，通过长期努力而构建的管理政策体系（见图5-3）。从纵向来看，基于“零废弃”的城市生活垃圾管理政策体系有高低等级之分，体现在政府管理部门等级。高层级是低层级的指导方针，低层级是高层级的具体落实，两者互为支撑、相互补充；从横向来看，基于“零废弃”的城市生活垃圾管理政策体系内部包含了不同的子系统，子系统之间是协调统一的关系。

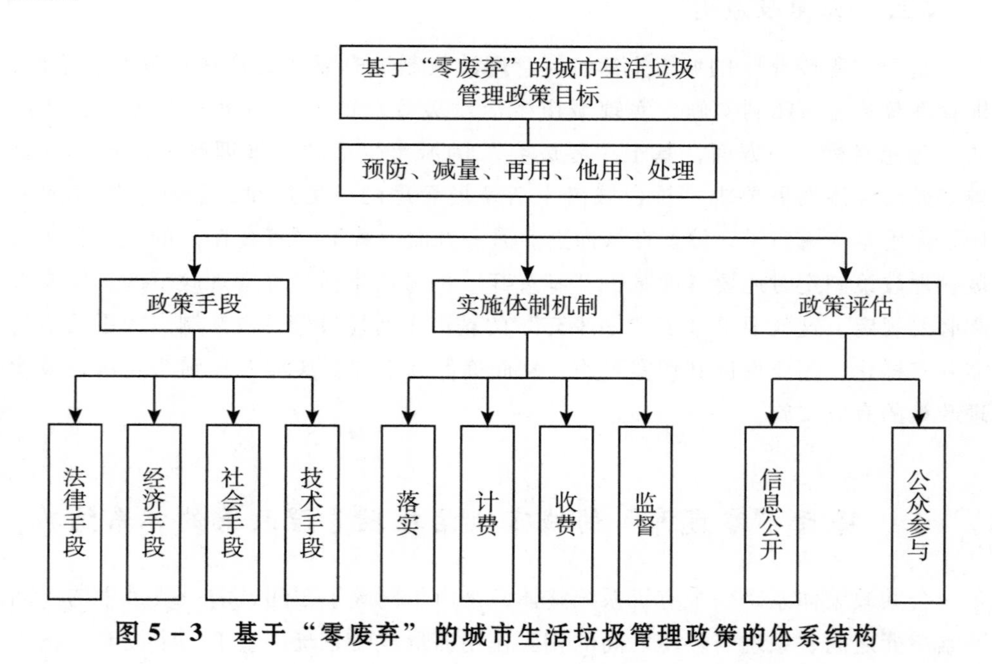

图5-3　基于“零废弃”的城市生活垃圾管理政策的体系结构

（一）政策手段

政策手段是为了达到政策目标而在制定、执行和实施政策时运用的方法和手段，包括法律手段、经济手段、社会手段和技术手段四个方面（见图5－4）。基于“零废弃”的城市生活垃圾管理政策手段是以法律政策为核心、经济政策为辅助、社会政策为保障、技术政策为先导，实现城市生活垃圾的“移动式管理”和动态平衡。首先，在法律政策层面，基于“零废弃”的城市生活垃圾管理政策应是国家或城市出台的正式文件，明确规定“预防、减量、再用、他用、处理”目标优先顺序。其次，在经济政策层面，基于“零废弃”的城市生活垃圾管理政策充分利用各种税收和税费政策、处理“差额”收费政策、排污者付费政策、超标排污罚款等基础政策鼓励城市生活垃圾减量、合理、合格排放。再次，在社会政策层面，基于“零废弃”的城市生活垃圾管理政策协助我国各个部门建立和谐稳定的社会关系，解决当前社会风险问题，确保社会持续、稳定、和谐发展。最后，在技术政策层面，基于“零废弃”的城市生活垃圾管理政策综合考虑技术创新，强调技术的国土化和多元化，实现技术赋能基于“零废弃”的城市生活垃圾管理。

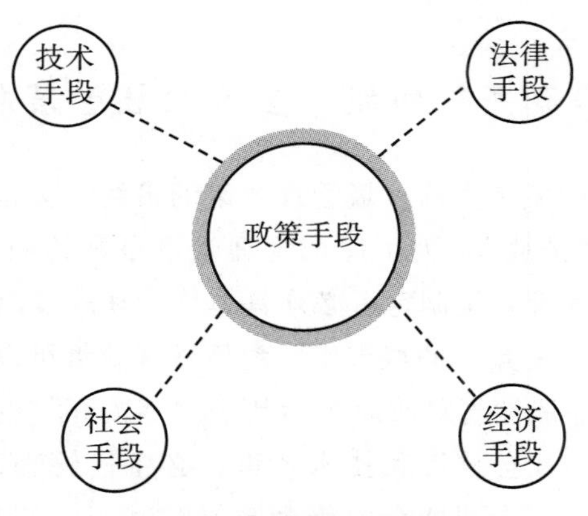

图5－4　四个管理政策手段

（二）实施体制机制

管理政策的权威在于实施，基于“零废弃”的城市生活垃圾管理政策文本要适应城市生活垃圾管理组织和个人需要，方便其按照管理政策文本要求进行有效实施。具体来说，基于“零废弃”的城市生活垃圾管理政策能够充分发挥地方政府的主导作用、企业的主体作用、公众的主力作用以及社会组织的主推作用，监督管理政策文本的落实。一方面，基于“零废弃”的城市生活垃圾管理政策重新构建实施体制机制，并按照体制机制重新部署，把贯彻管理政策文本摆在更加重要的位置，严格遵守管理政策内容，努力提高基层单位依法办事的能力。另一方面，基于“零废弃”的城市生活垃圾管理政策要求政府对企业和个人行为进行监测、记录和报告，并按照有关收费标准进行缴费，所缴费用只能用于城市生活垃圾管理活动，严禁挪用。

（三）政策评估

政策评估是一项由组织或个人根据评价标准和政策评价程序，对公共政策管理所涉及的所有环节和部门行为进行调查研究，并得出政策目标实现程度结论的活动。基于“零废弃”的城市生活垃圾管理政策要求由政府建立专门的、统一的城市生活垃圾管理信息平台，用于发布各种管理信息，以便公众了解基于“零废弃”的城市生活垃圾管理工作的进展和动态，方便其进行监督。同时，基于“零废弃”的城市生活垃圾管理政策通过公众参与检验管理政策实施效果，以便判定已制定的基于“零废弃”的城市生活垃圾管理政策是否科学适用，归纳总结经验教训，据此指导新的管理政策制定，及时有效地提高城市生活垃圾管理水平。

四、基于“零废弃”的城市生活垃圾管理政策的具体内容

基于“零废弃”的城市生活垃圾管理政策的最终目标是实现城市生活垃圾的“零废弃、零污染、零排放”。为了保证管理政策目标的顺利实现，基于“零废弃”的城市生活垃圾管理政策制定者必须具体化管理政策内容。从管理政策的权威层次来看，基于“零废弃”的城市生活垃圾管理政策可以分为一般性管理政策和必备性管理政策。一般性管理政策包括基于“零废弃”的城市生活垃圾管理的法律政策、经济政策、社会政策和技术政策；必备性管理政策包括基于“零废弃”的城市生活垃圾管理专项资金的管理政策和基于“零废弃”的城市生活垃圾管理“按量计费”政策两部分。

（一）一般性管理政策

1. 法律政策

法律政策不仅包括制定和落实的国家政策、执政党政策，还包括没有立法权的国家机关制定的规范性文件。基于“零废弃”的城市生活垃圾管理的法律政策是指为了加强基于“零废弃”的城市生活垃圾管理工作，早日实现“零废弃、零污染、零排放”的最终目标而制定的管理政策，是基于“零废弃”的城市生活垃圾管理活动在法律层面的行为准则。基于“零废弃”的城市生活垃圾管理的法律政策有利于把城市生活垃圾管理的战略和方向从简单的“末端处理”转向

"源头减量"①。一方面，基于"零废弃"的城市生活垃圾管理的法律政策是关乎我国生态文明转型和中华民族可持续发展的一项重要规划。根据我国不同城市的城市生活垃圾组分，将城市生活垃圾组分相似的城市归为同一类别，再针对每一类城市制定统一的基于"零废弃"的城市生活垃圾管理的法律政策，重点制定绿色产业发展管理政策，重点指导和优化我国的产业结构。借助法律政策的强制性作用，基于"零废弃"的城市生活垃圾管理法律政策不仅有利于大力培育绿色环保产业，而且能够推进城市生活垃圾产业绿色发展，进而加快建立城市生活垃圾"预防、减量、再用、他用、处理"5层级目标管理体系，实现城市生活垃圾资源化利用、可持续发展和绿色生产发展。

另一方面，基于"零废弃"的城市生活垃圾管理的法律政策是实现"零废弃"目标的首要政策。首先，政府应完善前端"预防和减量"的城市生活垃圾管理的法律政策，例如：划分产品可循环标准以支持所有源头分拣工作。其次，政府应制定中端"再用和他用"的法律政策，重点聚焦于可回收物，重复使用和资源化利用仍有使用价值的产品；城市生活垃圾分类与有再生资源回收功能的再利用设施，严格推进资源化利用工作。最后，政府应完善末端"处理"的法律政策，重点加快省市级城市生活垃圾处理设施建设全覆盖，完善城市生活垃圾资源化利用设施体系建设提供指导。总之，基于"零废弃"的城市生活垃圾管理的法律政策是一种强制性政策手段，既能够对违反基于"零废弃"的城市生活垃圾管理活动进行处罚，也有权利对基于"零废弃"的城市生活垃圾管理获得显著成果的企业和个人给予相应的奖励和表彰。法律政策的"双管齐下"对于实现城市生活垃圾的"零废弃、零污染、零排放"具有显著作用。

2. 经济政策

经济政策是政府为解决经济问题，增进经济福利而制定的指导方针和措施，包括实现经济快速增长、公民充分就业、稳定物价水平和国际收支平衡等目标。基于"零废弃"的城市生活垃圾管理的经济政策是指使用经济手段解决基于"零废弃"的城市生活垃圾管理问题，指导基于"零废弃"的城市生活垃圾管理工作的政策，它既具有基于"零废弃"的城市生活垃圾管理政策的性质又具有经济政策的性质，是基于"零废弃"的城市生活垃圾管理和社会经济发展工作；基于"零废弃"的城市生活垃圾管理政策和经济政策相互交叉、渗透和结合的产物，反映了基于"零废弃"理念的城市生活垃圾管理行为与经济发展之间密不可分的关系。具体来说，基于"零废弃"的城市生活垃圾管理的经济政策包括城市

---

① Abd Manaf L., Samah M. A. A., Zukki N. I. M. Municipal solid waste management in Malaysia: Practices and challenges [J]. Waste management, 2009, 29 (11): 2902-2906.

生活垃圾管理税收政策、城市生活垃圾管理审计政策、城市生活垃圾产业投资政策、城市生活垃圾产业贸易政策、城市生活垃圾产业补贴政策和城市生活垃圾处理收费政策等各种政策。基于"零废弃"的城市生活垃圾管理的经济政策与经济活动尤其与市场有着十分密切的联系，最大的作用在于兼顾经济发展与城市生活垃圾资源再利用的关系。针对基于"零废弃"的城市生活垃圾管理政策的前端"预防、减量"，中端"再用、他用"，末端"处理"环节制定不同的经济政策以实现城市生活垃圾的"零废弃、零污染、零排放"。

首先，在前端"预防、减量"环节，政府落实城市生活垃圾"按量计费"和"差别化收费"政策，产生越多的城市生活垃圾、越不符合政策规定的城市生活垃圾分装规定，就要承担越多的管理成本，这样可以达到利用经济手段激励公众预防和减少城市生活垃圾产生量的目的。其次，在中端"再用、他用"环节，政府落实资源化利用补贴和退税政策，发布资源回收利用方案，降低可回收资源的收购价格，并且提高原生资源的开采价格和交易价格，以此实现节约原生资源的目的，减少城市生活垃圾产生对生态环境造成的影响。最后，在末端"处理"环节，政府落实"负向经济激励"政策。统筹管理国土空间规划、城市生活垃圾管理专项规划和处理设施建设规划，减少焚烧和填埋处理厂的数量和投入资金；对于不按规定处理城市生活垃圾的行为，可根据情节处以罚款，以此提高公众参与"零废弃"城市生活垃圾管理的主动性。总之，建立健全结构合理、有机衔接、功能完备、协调一致的基于"零废弃"的城市生活垃圾管理的经济政策体系，有利于实现城市生活垃圾产生量与经济增长脱钩，极大地提高城市生活垃圾资源回收再利用工作的效益和效率，实现经济增长与城市生活垃圾产业快速发展的协调统一，进而推进基于"零废弃"的城市生活垃圾管理政策早日落地。

3. 社会政策

社会政策是公共政策在社会建设领域的集中体现，是公共政策的重要组成部分，其作用在于缓解或解决广受关注并亟待解决的社会问题，提升国家治理水平。基于"零废弃"的城市生活垃圾管理的社会政策由国家制定和实施，是解决基于"零废弃"的城市生活垃圾管理问题，发展基于"零废弃"的城市生活垃圾管理行业的规则、计划、方针、措施的总称；是一种协调城市生活垃圾管理和社会发展，缓解两者之间矛盾的社会控制工具，也是基于"零废弃"的城市生活垃圾管理政策的重要构成部分。基于"零废弃"的城市生活垃圾管理的社会政策旨在解决"垃圾围城"难题，实现城市生活垃圾管理的"预防、减量、再用、他用、处理"目标，提升我国基于"零废弃"的城市生活垃圾管理政策成效，进而加强城市生活垃圾管理的社会保障，改善城市生活垃圾管理福利，促进基于"零废弃"的城市生活垃圾管理取得显著进步，为实现城市生活垃圾管理的"零废弃、零污染、零排放”目标提供坚实的社会力量。

一方面，基于“零废弃”的城市生活垃圾管理的社会政策强调城市生活垃圾管理公平有效。以城市生活垃圾管理中常见的“邻避现象”为突破口，全面建设基于“零废弃”的城市生活垃圾管理文化体系，合理分配城市生活垃圾管理的公共资源。通过定期验收和检查城市生活垃圾管理的配套防治设施，及时记录专门的验收与检查报告，公开城市生活垃圾管理的相关信息，接受公众监督。对于违反基于“零废弃”的城市生活垃圾管理政策相关规定的行为，任何单位和个人都有投诉和举报的权利，有关部门应当及时给予处罚，包括经济处罚、扣除积分以及在官方档案内记录违规行为等，以此保证管理政策的公平性，保障公众参与基于“零废弃”的城市生活垃圾管理行为的社会福利。另一方面，基于“零废弃”的城市生活垃圾管理的社会政策强调社会非政府非营利组织的作用。非政府非营利组织利用社会舆论和社会道德等方式激励公众参与基于“零废弃”的城市生活垃圾管理活动，例如：“零废弃”联盟由全国多家公益组织和公众代表共同发起的行动网络与合作平台，坚持发挥人民群众的力量，致力于推动我国“垃圾围城”难题的解决。通过宣传“零废弃”理念的显著优势和必然趋势，“零废弃”联盟倡导全社会参与基于“零废弃”的城市生活垃圾管理活动，不仅助力我国基于“零废弃”的城市生活垃圾管理行业的绿色发展，更能全力推进城市生活垃圾管理的“零废弃、零污染、零排放”目标的实现。

4. 技术政策

技术政策是为了解决技术问题，推动技术发展提出的行动方针与准则，综合考虑了法律、经济、社会和技术等方面的因素，目的是通过技术发展推动社会进步，指导科技攻关、技术选择和科技项目的建设。基于“零废弃”的城市生活垃圾管理的技术政策是指由国家机关制定并落实的，采用科学技术手段和方法进行城市生活垃圾管理的政策、手段、方向等。其目的在于从技术层面出发，解决长期以来危害城市居民的“垃圾围城”问题，完善城市生活垃圾管理技术政策，落实基于“零废弃”的城市生活垃圾管理的前端“预防、减量”管理、中端“再用、他用”管理和末端“处理”管理，实现“零废弃、零污染、零排放”的政策管理目标。基于“零废弃”的城市生活垃圾管理的技术政策有多种表现形式，总体可以分为法定化的技术政策和非法定化的技术政策。法定化的技术政策又称为法定化的技术规范，具有法律强制性；非法定化的技术政策又称为非法定化的技术规范，主要指除了基于“零废弃”的城市生活垃圾管理法律、法规之外的各种管理政策文件中规定的技术政策，没有法律强制性。技术政策在城市生活垃圾管理中发挥着越来越重要的作用，我国应当注重系统化、专门化研究基于“零废弃”的城市生活垃圾管理的技术政策，为实现城市生活垃圾的“零废弃、零污染、零排放”目标提供新的技术政策方案。

首先，基于“零废弃”的城市生活垃圾管理的技术政策要满足基于“零废弃”的城市生活垃圾管理“预防、减量、再用、他用、处理”5层级目标需要。制定的技术政策应引导创新发展技术理念，综合考虑技术可行、设备可靠、综合治理和循环利用等多项因素，鼓励企业积极研究产品生产的新技术和新工艺，选用高效设备和可循环再生原材料进行产品生产，预防和减少城市生活垃圾产生，提高产品再用和他用比例；发展城市生活垃圾管理的识别技术和记录功能，提高末端处理的焚烧技术和渗滤液防治技术等。其次，技术政策指导我国创新发展基于“零废弃”的城市生活垃圾管理行业的结构，包括技术结构、生产结构和产品结构。分析城市生活垃圾管理行业水平现状、技术发展趋势和产品需求，确定城市生活垃圾管理“预防、减量、再用、他用、处理”环节的生产力和生产方式的关系，合理配置前端、中端和末端的投入成本规模和比例，优化出能发挥最高效用的技术结构、生产结构和产品结构。再次，从我国城市生活垃圾管理的技术水平、资源条件、经济条件和社会条件等出发，以促进我国基于“零废弃”的城市生活垃圾管理技术进步为首要原则，技术政策选择并发展最能推进“零废弃”目标落地的技术方案。最后，技术政策明确促进我国城市生活垃圾管理技术进步的途径、路线和措施，引进、消化、吸收适用的先进技术，完善顶层设计和管理体制机制，指导基于“零废弃”的城市生活垃圾管理的技术改造和技术引进。

（二）必备性管理政策

1. 基于“零废弃”的城市生活垃圾管理专项资金的管理政策

专项资金是指国家或者有关部门拨付的专项资金。其特点是：一是来自财务或上级单位；二是用于具体项目；三是需要单独核算。基于“零废弃”的城市生活垃圾管理的专项资金是一项由国家财政部门分拨的，专门用于城市生活垃圾规范管理以达到城市生活垃圾“零废弃、零污染、零排放”状态的资金。专项资金的来源为：一是根据利益相关者机制，向生产企业征收垃圾处理服务费；二是计量收取城市生活垃圾处理服务费，主要向产生和排放城市生活垃圾的居民和商业机构收取；三是中央和地方财政拨付的用于推进基于“零废弃”的城市生活垃圾管理的资金，比如基础设施建设、处理技术发展，知识宣传教育等方面的调查研究支出等。毫无疑问，专项资金是让基于“零废弃”的城市生活垃圾管理政策在市场中运转起来的基础和动力。

基于“零废弃”的城市生活垃圾管理专项资金政策的作用在于：第一，专项资金政策加强了基于“零废弃”的城市生活垃圾管理的统筹规划。各级财政部门和城市生活管理部门会同相关单位与企业，结合本级社会发展规划、资源发展规划、经济发展规划以及科技发展管理规划等，编制近年（一般为5年）内的城市生活垃圾管理专项资金规划统筹基于“零废弃”的城市生活垃圾管理。第二，专项资金政策实现了偏远和贫困地区的倾斜扶持。基于“零废弃”的城市生活垃圾管理专项资金只能用于基于“零废弃”的城市生活垃圾管理项目，因此有相对充足的资金对中西部地区给予适当倾斜扶持，实现基于“零废弃”的城市生活垃圾管理在全国范围内推广实行。总之，基于“零废弃”的城市生活垃圾管理专项资金政策对基于“零废弃”的城市生活垃圾管理政策制定和政策发展有显著的促进作用。

2. 基于“零废弃”的城市生活垃圾管理“按量计费”政策

我国城市生活垃圾管理收费制度正在逐步建设中。“谁污染，谁付费”是我国城市生活垃圾收费管理的基本原则之一，“按量计费”“差异化收费”是我国城市生活垃圾管理收费制度的基本路线。为了充分利用“按量收费”促进城市生活垃圾源头减量，实现“零废弃”要求的前端“预防、减量”目标，政府要求环保部门对城市生活垃圾收费标准和方式做出调整，制定基于“零废弃”的城市生活垃圾管理“按量计费”政策。一方面，“按量计费”既可按产生的城市生活垃圾重量计量收取，也可按产生的城市生活垃圾容积计量收取。“按量计费”不仅明确每重量单位和每容积单位的城市生活垃圾管理基础收费标准，还指出对于超量排放的城市生活垃圾实行加价收费机制。“按量计费”通过量化公众产生城市生活垃圾的成本，使公众直观地感受到城市生活垃圾产生与自身利益的关联，公众会更愿意参与城市生活垃圾“预防、减量、再用、他用、处理”的管理。另一方面，“按量计费”明确了收费主体和收费行为。一般来说，各省、市区级的城管部门负责征收和使用城市生活垃圾处理费。作为收费主体，它们被要求建立专用账户收费，建立健全“按量计费”的收支明细台账，并将公众的缴费情况纳入公共管理信息平台，同时接受物价、财政、审计等多部门的审核监督，以保证收费主体的收费行为符合管理政策要求和规定。总之，“按量计费”在一定程度上限制了城市生活垃圾的源头产生，有利于进一步促进资源循环利用，保障城市生态环境可持续发展、产品绿色生产和经济循环发展，并为早日实现城市生活垃圾的“零废弃、零污染、零排放”的目标夯实了基础。

第六章

基于“零废弃”的城市生活垃圾管理政策执行研究

政策执行是政策“制定—执行—效果实现”全生命周期中至关重要的一个环节，关乎政策正式实施的成败。基于“零废弃”的城市生活垃圾管理政策执行是将基于“零废弃”的城市生活垃圾管理政策制定的目标变成现实的过程，也是基于“零废弃”的城市生活垃圾管理政策实现的唯一途径，是所有的“零废弃”的城市生活垃圾管理政策制定者、执行者以及实施者重点关注的环节。一方面，基于“零废弃”的城市生活垃圾管理政策执行可以实现关于城市生活垃圾前端“预防和减量”、中端“再用和他用”和后端“处理”。另一方面，基于“零废弃”的城市生活垃圾管理政策执行涉及主体较多，执行过程较为复杂，必须对其进行深入分析研究，厘清基于“零废弃”的城市生活垃圾管理政策执行过程中的所有内在关系，才能保证基于“零废弃”的城市生活垃圾管理政策的实施效果。

第一节　确定基于“零废弃”的城市生活垃圾管理政策的执行主体

因为基于“零废弃”的城市生活垃圾管理政策执行涉及多个主体，所以我们需要对基于“零废弃”的城市生活垃圾管理政策的执行主体及其行为进行界定，以期保证管理政策的顺利执行。

一、地方政府

基于“零废弃”的城市生活垃圾管理政策执行主要涉及中央政府和地方政府，其中：中央政府主要负责把握基于“零废弃”的城市生活垃圾管理政策执行的指导思想；地方政府主要是执行具体的管理政策和规章制度。首先，基于“零废弃”的城市生活垃圾管理政策执行中涉及到的地方政府包括省级（超大城市）政府、市级（超大城市区级）政府以及基层政府，其中省级（超大城市）政府和市级（超大城市区级）政府主要是根据上级政府对基于“零废弃”的城市生活垃圾管理政策制定的指导思想执行相关管理政策，基层政府对具体的管理政策条例进行执行。其次，省级（超大城市）政府和市级（超大城市区级）政府属于高层政府，不仅仅对上一级政府的相关管理政策规定进行执行，还要根据上一级政府的基于“零废弃”的城市生活垃圾管理政策制定的指导思想制定出符合地方实际情况的基于“零废弃”的城市生活垃圾管理政策以供基层政府执行。最后，基层政府主要是街道、镇以及县级政府在结合公众、企业以及社会组织参与基于“零废弃”的城市生活垃圾管理政策执行的情况下，通过更有效率的方式执行基于“零废弃”的城市生活垃圾管理政策。

二、企业

基于“零废弃”的城市生活垃圾管理政策执行的目的就是通过管理政策中规定的前端“预防和减量”、中端“再用和他用”和后端“处理”实现城市生活垃圾的“零废弃、零污染、零排放”，从而实现城市生活垃圾“零废弃”目标。企业在基于“零废弃”的城市生活垃圾管理政策执行中有着非常重要的作用。在基于“零废弃”的城市生活垃圾管理政策执行过程中，涉及到的企业主要包括城市生活垃圾管理企业和普通企业。首先，从城市生活垃圾管理企业的角度来看，作为“零废弃”城市生活垃圾管理政策的主要执行者，城市生活垃圾管理企业在城市生活垃圾“收集—运输—处理”的全过程中都起着非常重要的作用。在城市生活垃圾收集阶段，城市生活垃圾收集企业严格执行基于“零废弃”的城市生活垃圾管理政策的相关规定收集生活垃圾。在城市生活垃圾运输阶段，城市生活垃圾运输企业“专车转运、专车专线”运输城市生活垃圾。在城市生活垃圾处理阶段，城市生活垃圾处理企业用科学和环保的方式处理城市生活垃圾。其次，对每一个普通的企业来说，在“绿色生产”指导思想基础上，它们遵守基于“零废弃”的城市生活垃圾管理政策的各项规定。例如：不随意倾倒垃圾、餐饮企业按规范处理厨余垃圾等。

三、公众

公众参与是基于“零废弃”的城市生活垃圾管理政策执行的基础。首先，在对基于“零废弃”的城市生活垃圾管理政策认可的情况下，公众按照政府规定的管理政策进行执行，可以避免政府官员对行政权的过度使用①。例如：按照管理政策中有关城市生活垃圾后端处理规定，越来越多的公众全程参与城市生活垃圾处理设施的选址和过程监督，保障了处理设施选择的合理性，减少了“邻避问题”的发生。其次，公众参与基于“零废弃”的城市生活垃圾管理政策执行有利于推进基于“零废弃”的城市生活垃圾管理政策的民主化进程，加强公众对基于“零废弃”的城市生活垃圾管理政策的相关建议。最后，公众参与基于“零废弃”的城市生活垃圾管理政策执行有利于基于“零废弃”的城市生活垃圾管理政策执行的合理化。

四、社会组织

社会组织是基于“零废弃”的城市生活垃圾管理政策执行的重要助推者，充当政府、公众以及企业在基于“零废弃”的城市生活垃圾管理政策执行问题上的润滑剂，是政府和企业与公众之间相互沟通的桥梁。一方面，在政府制定基于“零废弃”的城市生活垃圾管理政策后，由社会组织向企业和公众进行宣传，调动企业和公众参与基于“零废弃”的城市生活垃圾管理政策执行的效果更佳。另一方面，在基于“零废弃”的城市生活垃圾管理政策执行过程中，政府可能不十分了解公众和企业遇到的困难，这时社会组织会帮助公众和企业向政府和相关职能部门反映问题，从而帮助政府知晓基于“零废弃”的城市生活垃圾管理政策执行的真实情况，改变管理政策执行策略。总之，社会组织在基于“零废弃”的城市生活垃圾管理政策执行中有着不可替代的作用②。

① 郑勤：《试论和谐社会目标下公共政策的有效选择》，载于《福州党校学报》2010 年第 5 期。

② 郭智谋、王翔：《完善公众参与城市生活垃圾管理的对策研究》，载于《现代经济信息》2018 年第 7 期。

第二节 构建基于"零废弃"的城市生活垃圾管理政策的执行模式

一、基于"零废弃"的城市生活垃圾管理政策的执行原则

（一）整体性原则

基于"零废弃"的城市生活垃圾管理政策执行是一项表现形式多样、所含内容丰富的管理政策方案的系统运行。在这个过程中，基于"零废弃"的城市生活垃圾管理政策执行是一个有机整体，只有发挥管理政策的整体效应，才能达到最好的管理政策效果。一方面，基于"零废弃"的城市生活垃圾管理政策作为国家政策的一部分，应该和其他国家政策保持一定的整体性。我国政策体系是由若干政策相互联系、相互制约形成的有机组成部分，我们在执行基于"零废弃"的城市生活垃圾管理政策时，就必须充分衡量其他政策的相关性，进而从政策体系整体出发执行管理政策①。另一方面，基于"零废弃"的城市生活垃圾管理政策系统中的法律法规、行政规定或命令、国家领导人口头或书面的指示、政府机构大型规划、具体行动计划及相关策略之间存在层级性。我们将其细分为总政策、基本管理政策和具体管理政策，其中基本管理政策和具体管理政策受总政策统领指导，并服从服务于总政策。这就要求基于"零废弃"的城市生活垃圾管理政策执行者必须要从整体上把握管理政策体系及其层次结构，围绕基于"零废弃"的城市生活垃圾管理政策系统总政策，贯彻执行基本管理政策和具体管理政策，进而贯彻落实总政策目标②。

（二）协调性原则

基于"零废弃"的城市生活垃圾管理政策执行的过程必然面临各种困难，因此协调性原则是基于"零废弃"的城市生活垃圾管理政策执行不可缺少的条件，其可以有效避免资源浪费和提高工作效率。对于基于"零废弃"的城市生

①② 綦良群：《高新技术产业政策管理体系研究》，哈尔滨工程大学博士学位论文，2005 年。

活垃圾管理政策执行的相关政府部门来讲，纵向部门之间以及横向部门之间的协调至关重要。一方面，从基于“零废弃”的城市生活垃圾管理政策执行的纵向部门来看，上传下达和向上反馈对政策执行部门来说都非常重要，要在这个过程中做好部门间的相互协调。在进行信息传递或者任务分配时，上级部门传达的任务或者命令要准确、及时地传递到下级部门之中，方便下级部门执行基于“零废弃”的城市生活垃圾管理政策的任务。同时，下级部门要及时向上级部门反馈任务完成情况以及遇到的困难，方便上级部门及时调整执行计划。另一方面，从基于“零废弃”的城市生活垃圾管理政策执行的横向部门来看，部门间的协调程度直接关乎基于“零废弃”的城市生活垃圾管理政策执行的效果。基于“零废弃”的城市生活垃圾管理政策执行涉及发改委、住建部以及生态环境部等多个部门，这些部门间如果协调不好，必然影响基于“零废弃”的城市生活垃圾管理政策的执行。为此，必须制定相关的规章制度，或者改变人员的管理模式来协调部门管理，例如：可以采取纵横交错的人员管理方式，从各个部门抽调人员组成新的机构执行基于“零废弃”的城市生活垃圾管理政策的任务。

（三）创造性原则

基于“零废弃”的城市生活垃圾管理政策执行的创造性原则是指在坚持管理政策发展方向的条件下，以符合大多数群众利益为执行标准，创新执行模式，更快更好地执行管理政策。一方面，创造性是实现基于“零废弃”的城市生活垃圾管理政策时效性属性的基本要求。创造性地执行基于“零废弃”的城市生活垃圾管理政策能够保证管理政策在时效期内实现最大价值、获得最大效益。同时，随着时间推移，原有城市生活垃圾管理政策终止之际，可以创新性地提出尝试新管理政策，例如：基于“零废弃”的城市生活垃圾管理政策其实也是在原来城市生活垃圾管理政策上的完善与创新，也是创新性的改造。另一方面，创造性还是实现基于“零废弃”的城市生活垃圾管理政策目的性属性的基本要求。基于“零废弃”的城市生活垃圾管理政策的根本目的是实现城市生活垃圾前端“预防和减量”、中端“再用和他用”和后端“处理”的“零废弃、零污染、零排放”。管理政策执行单位和执行人员的创造性能够为基于“零废弃”的城市生活垃圾管理政策提供多样化的政策手段，进而实现政策目标[①]。

① 綦良群：《高新技术产业政策管理体系研究》，哈尔滨工程大学博士学位论文，2005 年。

二、基于“零废弃”的城市生活垃圾管理政策的执行过程

（一）管理政策执行的准备阶段

1. 管理政策宣传

基于“零废弃”的城市生活垃圾管理政策宣传是指宣传者将基于“零废弃”的城市生活垃圾管理政策意图和内容向全体社会公众进行宣传普及，引导和规范政策执行者和政策目标群体的行为向着管理政策方向良性发展[①]。管理政策宣传重点向普通公众和企业宣传前端“预防和减量”的相关规定、向资源型企业宣传中端“再用和他用”的相关规定，向传统的垃圾处理企业宣传后端“处理”的相关规定。此外，管理政策宣传要重点向企业传递“绿色生产”的理念，引导企业绿色生产。除了向社会公众公布一系列的基于“零废弃”的城市生活垃圾管理政策之外，管理政策宣传还应重点对公众进行教育、说服和鼓励，以引导公众参与基于“零废弃”的城市生活垃圾管理政策执行。一方面，管理政策宣传使管理政策执行者认真领会和认同基于“零废弃”的城市生活垃圾管理政策的意义，因为管理政策执行的必要条件就是政策执行者充分认知所执行的管理政策。另一方面，管理政策宣传使管理政策执行者更自觉地接受和参与“零废弃”城市生活垃圾管理的政策执行。只有管理政策执行者理解基于“零废弃”的城市生活垃圾管理政策的最终目的，意识到管理政策的重要意义，才能更加高效地执行基于“零废弃”的城市生活垃圾管理政策。

2. 资源准备

基于“零废弃”的城市生活垃圾管理政策执行的资源准备是指准备好“人、财、物”等三个方面资源，以确保管理政策能在一个良好的客观环境下顺利执行。首先，基于“零废弃”的城市生活垃圾管理政策执行是由人员来执行的，所以必须保证人力资源的高质量运行，才能保证基于“零废弃”的城市生活垃圾管理政策的高效执行。人力资源的高质量运行不是指人员的数量充足，而是指每个人员都应该在合适的岗位上发挥自身作用。此外为了保证管理政策执行秩序的正常进行，还需要制定科学合理的管理政策执行制度，明确管理政策执行的具体准则[②]。例如：在约束前端“预防和减量”时，基于“零废弃”的城市生活垃圾管

① 梁满艳：《地方政府政策执行力测评指标体系构建研究》，武汉大学博士学位论文，2014 年。

② 田安丽：《广西新型农村社会养老保险的政策过程及其优化》，广西师范大学硕士学位论文，2013 年。

理政策用垃圾智能回收机弥补人员短缺。其次，基于“零废弃”的城市生活垃圾管理政策执行必须要有充足的物力资源做保障。政策执行者对交通工具、通信联络、技术设备和办公用品等必要物力资源的准备能够为政策执行活动的顺利开展提供了良好的物质基础。最后，基于“零废弃”的城市生活垃圾管理政策执行还需要财力资源作为支撑。财力资源是人力资源和物力资源的基础，充足的资金能够保证人员和物资的供给。例如：在规定后端“处理”时，基于“零废弃”的城市生活垃圾管理政策能够提供充足的处理资金。但是基于“零废弃”的城市生活垃圾管理政策执行要以高效性为原则，通过最少的资源达到最大执行效果。

3. 制定执行计划

基于“零废弃”的城市生活垃圾管理政策是我国“零废弃”城市生活垃圾管理的指导框架。从宏观战略角度制定的基于“零废弃”的城市生活垃圾管理政策的基本方向相对抽象笼统，在真正执行时未必能与管理政策目的相契合①。因此，基于“零废弃”的城市生活垃圾管理政策执行者需要对政策目标进行具体可行的分解，通过前端“预防和减量”、中端“再用和他用”和后端“处理”的目标顺序制定“零废弃、零污染、零排放”的城市生活垃圾管理政策执行计划②。首先，管理政策执行者在制定基于“零废弃”的城市生活垃圾管理政策执行计划时要遵循客观性原则，对执行计划制定过程中所需的有关“人、财、物”各种资源量入为出，不可含糊笼统、脱离实际。其次，基于“零废弃”的城市生活垃圾管理政策执行者需要制定科学的弹性机制以防范由外部环境条件变化引发的突发事件，减少管理政策执行成本，提高管理政策执行效益。最后，基于“零废弃”的城市生活垃圾管理政策执行者在制定政策执行计划时要协调统筹各方关系，避免矛盾冲突，兼顾效率与公平，实现自然、经济与社会的“三赢”③。

（二）管理政策执行的实施阶段

1. 管理政策实验

在正式大范围执行基于“零废弃”的城市生活垃圾管理政策之前，正确的做法是要求根据管理政策主客体和政策实际适用情况，因地制宜地选择具有代表性的区域，检验管理政策的可行性和有效性，从中总结管理政策制定和执行的经验及教训，及时调整与完善管理政策④。首先，科学选取具有代表性的典型城市作

---

① 陈治东：《公民参与视角下的农村最低生活保障制度研究》，华中师范大学博士学位论文，2011年。

② 李莹莹：《我国“城中村”改造政策执行过程的研究》，湖北大学硕士学位论文，2012年。

③ 叶启绩：《全球化背景下中国特色社会主义价值研究》，中山大学出版社2005年版。

④ 马佳：《我国房产税政策试点的研究》，天津师范大学硕士学位论文，2014年。

为试点城市进行基于“零废弃”的城市生活垃圾管理政策执行的实验。其次，严谨设计基于“零废弃”的城市生活垃圾管理政策执行试点方案。在管理政策试点实验时，要求在相同条件下设置“对照组”，保证实验的科学性和真实性，并由领导机关监督管理政策在城市生活垃圾“前端—中端—后端”全过程的贯彻执行情况。最后，总结分析基于“零废弃”的城市生活垃圾管理政策执行试点情况，对成功经验进行理性思考，分析研究这些经验适用的范围和条件，对失败和不足进行深入分析，为全国执行管理政策扫清障碍。

2. 全面推广

基于“零废弃”的城市生活垃圾管理政策执行的全面推广阶段是管理政策执行过程中最重要的阶段。在全面推广阶段中，一方面，基于“零废弃”的城市生活垃圾管理政策执行要始终遵循为人民服务和改善人们生活环境的宗旨，严格按照管理政策总体目标及要求去执行，实现基于“零废弃”的城市生活垃圾管理政策在各地执行的统一性。另一方面，基于“零废弃”的城市生活垃圾管理政策执行要结合各地实际情况，通过因时、因地、因人、因事制宜多种方式结合，实现管理政策总体目标，提高管理政策执行效果。

3. 指挥协调

指挥协调贯穿于基于“零废弃”的城市生活垃圾管理政策执行全过程，基于“零废弃”的城市生活垃圾管理政策执行涉及的人员和事务较多，必须对其进行有效的指挥协调，才能保证基于“零废弃”的城市生活垃圾管理政策的顺利执行①。基于“零废弃”的城市生活垃圾管理政策执行不仅需要多方政策主体的共同参与和密切配合，更需要管理政策执行机关内部及执行机关之间配套法律和经济手段，相互协同与配合解决管理政策执行过程中出现的矛盾冲突。例如：基于“零废弃”的城市生活垃圾管理政策的中端“再用”和“他用”的规定很容易引起部分企业和政府之间的矛盾，需要对管理政策执行中的冲突矛盾进行指挥协调，对违背管理政策目标的行为予以及时纠正与控制，从而保证基于“零废弃”的城市生活垃圾管理政策的顺利执行。

三、基于“零废弃”的城市生活垃圾管理政策的执行路径

（一）自上而下的执行路径

基于“零废弃”的城市生活垃圾管理政策的“自上而下”执行路径是把

① 田安丽：《广西新型农村社会养老保险的政策过程及其优化》，广西师范大学硕士学位论文，2013年。

高层政府的决策作为管理政策执行的出发点，通过管理政策制定者（高层政府）制定具体的基于“零废弃”的城市生活垃圾管理政策，再由管理政策执行者（公众、企业、社会组织以及地方政府）执行管理政策（亓俊国，2010）[①]。基于“零废弃”的城市生活垃圾管理政策中的城市生活垃圾前端“预防和减量”，中端“再用和他用”和后端“处理”要求就是按照“自上而下”的执行路径提出的。具体来说，基于“零废弃”的城市生活垃圾管理政策制定者和政策执行者之间是指挥命令关系[②]，政策制定者对政策执行者进行监督与控制，政策执行者受政策制定者的控制与管理，且政策执行者在基于“零废弃”的城市生活垃圾管理政策执行过程中是中立、客观和理性的，同时基于“零废弃”的城市生活垃圾管理政策也受中央政府相关决策的推动及保障[③]。

（二）自下而上的执行路径

基于“零废弃”的城市生活垃圾管理政策的“自下而上”执行路径是将地方政府的改革创新作为管理政策执行的出发点，企业、社会组织以及公众将管理政策执行的实际情况和迫切需求反馈给地方政府，然后再由地方政府汇报至高层政府，以便高层政府完善管理政策执行程序。基于“零废弃”的城市生活垃圾管理政策执行主要是基层官员、基层政府以及其他多元行动者之间的复杂互动过程。基于“零废弃”的城市生活垃圾管理政策的“自下而上”执行路径强调基层官员的作用，重视基层组织的改革创新行动对管理政策执行的影响力，重视从基层政府的角度出发来审视基于“零废弃”的城市生活垃圾管理政策执行。

四、基于“零废弃”的城市生活垃圾双向互动管理政策执行模式

基于“零废弃”的城市生活垃圾管理政策执行包括政府、企业、社会组织和公众四个执行主体，从完整、严谨和拓展的角度，创新性地提出地方政府主导、企业主体、公众主力和社会组织主推作用的管理政策执行新模式，理顺四者之间的逻辑关系显得非常重要。为此，我们构建了“自上而下”与“自下而上”相结合的双向互动管理政策执行模式（见图6－1）。双向互动管理

①③ 亓俊国：《利益博弈：对我国职业教育政策执行的研究》，天津大学博士学位论文，2010年。

② 周鹏程：《湖北省基础教育均衡化发展政策与实践范式研究》，华中师范大学博士学位论文，2013年。

政策执行模式规避了“W”型管理政策执行模式与“M”型管理政策执行模式的缺点，吸取了“W”型管理政策执行模式与“M”型管理政策执行模式的优点。

中央政府确定基于“零废弃”的城市生活垃圾管理政策执行的指导思想，省级（超大城市）政府和市级（超大城市区级）政府制定管理政策执行方案，基层政府按照管理政策执行方案的要求具体执行管理政策，并在执行过程中吸引企业、社会组织和公众的参与。同时，省级（超大城市）政府、市级（超大城市区级）政府和基层政府将执行过程中遇到的问题和达成共识的建议逐层反馈，据此，高层政府修改和完善基于“零废弃”的城市生活垃圾管理政策执行方案和指导思想。基层政府、省级（超大城市）政府、市级（超大城市区级）政府和高层政府之间就形成了双向互动管理政策执行模式。

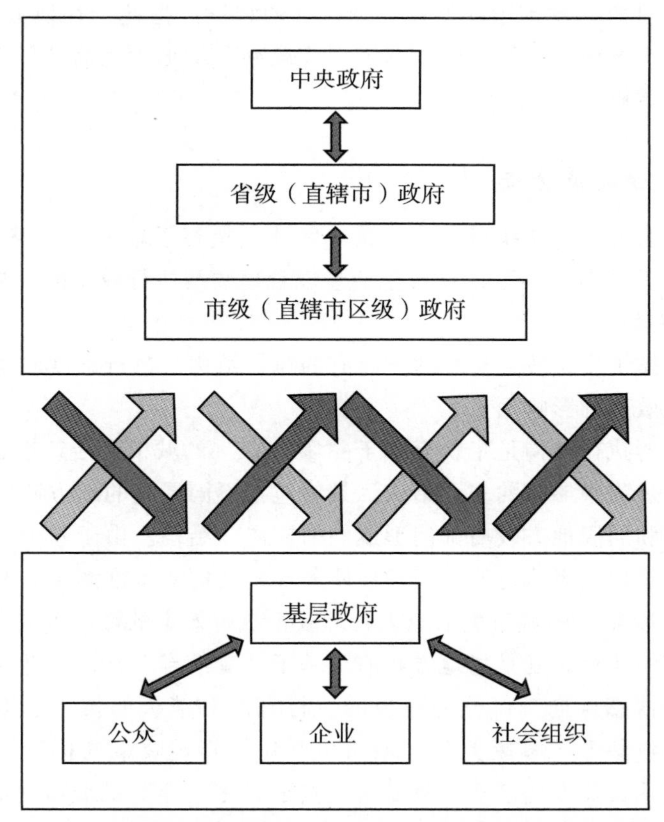

图6-1 基于“零废弃”的城市生活垃圾管理政策“双向互动”执行模式

第三节　基于“零废弃”的城市生活垃圾管理政策的执行效率

一、管理政策执行效率影响因素的确定

根据目前学者们对管理政策执行效率的研究，我们界定基于“零废弃”的城市生活垃圾管理政策执行效率是管理政策执行主体通过调度、控制和使用各种资源，实现“零排放”城市生活垃圾管理目标的程度。据此，在地方政府、企业、公众和社会组织方面，我们构建了基于“零废弃”的城市生活垃圾管理政策执行效率的影响因素体系。

（一）地方政府方面

在地方政府方面，从执行主体、执行客体、执行手段和执行路径四个维度，我们分析了基于“零废弃”的城市生活垃圾管理政策执行效率的影响因素。

1. 执行主体

从执行主体维度，我们选取地方政府的执行结构、执行态度和执行能力作为管理政策执行效率的影响因素①。

地方政府的执行结构是指执行基于“零废弃”的城市生活垃圾管理政策的政府组织在运作过程中形成的多元结构，具体包括不同层级的地方政府部门组成的纵向执行结构和同级地方政府部门形成的横向协作结构。由于基于“零废弃”的城市生活垃圾管理政策执行所属问题性质各异，我们初步推测地方政府的执行结构对基于“零废弃”的城市生活垃圾管理政策执行效率的影响方向是不确定的。

地方政府的执行态度是指地方政府对基于“零废弃”的城市生活垃圾管理政策执行工作的情感倾向，可分为积极的执行态度和消极的执行态度。通常情况下，地方政府对基于“零废弃”的城市生活垃圾管理政策的执行工作态度越积极，越有可能认真负责地落实政策措施，基于“零废弃”的城市生活垃圾管理政策的执行效率也就越高，反之亦然。为此，我们预计地方政府的执行态度对基于

① 于东平、逯相雪、宋贵峰：《中小企业扶持性政策执行效率影响因素研究——基于模糊集理论的DEMATEL和ISM集成法》，载于《科学与管理》2017年第4期。

"零废弃"的城市生活垃圾管理政策执行效率有着重要影响。

地方政府的执行能力是指所属地方政府的职能人员对基于"零废弃"的城市生活垃圾管理政策相关知识积累和理解能力，具体是指文化程度、职业技能、思想素质及精神境界。根据以往的经验推测，地方政府的执行能力越高，基于"零废弃"的城市生活垃圾管理政策的执行效率越高；而地方政府的执行能力越低，基于"零废弃"的城市生活垃圾管理政策的执行效率也越低。为此，我们预计地方政府的执行能力对基于"零废弃"的城市生活垃圾管理政策执行效率有着重要影响。

2. 执行客体

从执行客体维度，我们选取地方政府的执行制度完备度、监督制度完备度和问责制度完备度作为基于"零废弃"的城市生活垃圾管理政策执行效率的影响因素①。

执行制度完备度是指基于"零废弃"的城市生活垃圾管理政策执行的完善程度。科学合理的基于"零废弃"的城市生活垃圾管理政策执行制度不仅可以有效地整合人力资源、物力资源和财力资源，还可辅助优化基于"零废弃"的城市生活垃圾管理政策执行机制，保障基于"零废弃"的城市生活垃圾管理政策的有效执行。因此，我们推测执行制度完备度对基于"零废弃"的城市生活垃圾管理政策的执行效率有着重要影响。

监督制度完备度是指基于"零废弃"的城市生活垃圾管理政策执行监督的完善程度。一套覆盖全、质量优的基于"零废弃"的城市生活垃圾管理政策执行监督制度可通过对城市生活垃圾管理全过程、全要素和全成本的严密监管，促进基于"零废弃"的城市生活垃圾管理政策落实和落细。因此，我们预计监督制度完备度对基于"零废弃"的城市生活垃圾管理政策执行效率有着重要影响。

问责制度完备度是指基于"零废弃"的城市生活垃圾管理政策执行问责的完善程度。通过对地方政府、企业、公众和社会组织的违责内容的清晰、准确、合理地界定与说明，完善的基于"零废弃"的城市生活垃圾管理政策执行问责制度能有效地约束基于"零废弃"的城市生活垃圾管理政策的政策主体行为，助力基于"零废弃"的城市生活垃圾管理政策的高效执行。因此，我们预测问责制度完备度对基于"零废弃"的城市生活垃圾管理政策执行效率有着重要影响。

3. 执行手段

从执行手段维度，我们选取地方政府的执行手段多元性、执行手段合理性和

① 于东平、逯相雪、宋贵峰：《中小企业扶持性政策执行效率影响因素研究——基于模糊集理论的DEMATEL和ISM集成法》，载于《科学与管理》2017年第4期。

执行手段灵活性作为基于“零废弃”的城市生活垃圾管理政策执行效率的影响因素。

执行手段的多元性是指地方政府综合运用行政、经济、法律和思想教育等手段执行不同的基于“零废弃”的城市生活垃圾管理政策。多种政策执行手段不仅能够发挥以行政和法律为代表的强制性手段对执行主体的约束作用，还能发挥以经济和思想教育为代表的自愿性手段对执行主体的能动作用，刚柔并济地作用于基于“零废弃”的城市生活垃圾管理政策执行系统。因此，我们认为执行手段的多元性对基于“零废弃”的城市生活垃圾管理政策执行效率有着重要影响。

执行手段的合理性不仅指执行主体在执行基于“零废弃”的城市生活垃圾管理政策时选择不同行政手段的合理性，还包括执行主体选择执行手段的方式合理性。基于“零废弃”的城市生活垃圾管理政策执行手段能够满足经济、社会和环境发展的客观需求，也能够实现与管理政策目标的平衡统一。因此，我们预测地方政府执行手段的合理性对基于“零废弃”的城市生活垃圾管理政策执行效率有着重要影响。

执行手段的灵活性是指地方政府的职能人员在选择执行手段时所能拥有的自主权，这种自主权决定了职能人员使用行政、经济、法律和思想教育手段的灵活度。若地方政府的执行手段具有较高的灵活性，在应对“零废弃”城市生活垃圾管理中的非常规问题时，职能人员就游刃有余，仍能保障基于“零废弃”的城市生活垃圾管理政策的有效执行。因此，我们认为执行手段的灵活性对基于“零废弃”的城市生活垃圾管理政策执行效率有着重要影响。

4. 执行路径

从执行路径维度，我们选取地方政府的“自上而下”执行路径的合理性、“自下而上”执行路径的合理性和“互动关系”执行路径的相互协调合理性作为基于“零废弃”的城市生活垃圾管理政策执行效率的影响因素。

“自上而下”执行路径的合理性就是采用“自上而下”路径执行基于“零废弃”的城市生活垃圾管理政策的合理性。“自下而上”执行路径的合理性也称“草根途径”执行基于“零废弃”的城市生活垃圾管理政策的合理性。“互动关系”执行路径的相互协调合理性是“自上而下”执行路径和“自下而上”执行路径融合下，基于政策网络理论的多元互动管理政策执行模式中各种关系的合理性。基于“零废弃”的城市生活垃圾管理政策执行模式旨在打破城市生活垃圾管理政策的周期论，将政策执行与政策制定、政策评估有机地整合，结合“结构与行动者”“网络与环境”和“网络与结果”分析框架，理顺执行主体关系，给予主体关系最大的“自由裁量权”，从而推动基于“零废弃”的城市生活垃圾管理政策的高效执行。为此，我们预测“自上而下”政策执行路径的合理性、“自下而上”政策执行路径的合理性、“互动关系”执行路径的相互协调合理性影响着基于“零废弃”的城市生活垃圾管理政策执行效率。

（二）企业方面

在企业方面，从执行主体、执行客体、执行手段和执行路径四个维度，我们分析了基于“零废弃”的城市生活垃圾管理政策执行效率的影响因素。

1. 执行主体

从执行主体维度，我们选取企业的执行结构、执行态度和执行能力作为基于“零废弃”的城市生活垃圾管理政策执行效率的影响因素。

企业的执行结构是指国有企业、股份制企业和私营企业（中小企业）等组织形式不同的城市生活垃圾相关企业所采用的营运方式。在执行基于“零废弃”的城市生活垃圾管理政策时，不同营运方式的企业所使用的管理政策执行路径存在明显差别。例如：国有企业多执行与“零废弃”城市生活垃圾收集政策和填埋政策有关的内容；股份制企业多执行与“零废弃”城市生活垃圾减量政策和焚烧政策有关的内容；私营企业（中小企业）多执行与“零废弃”城市生活垃圾回收政策有关的内容。为此，我们假设企业的执行结构可能会影响基于“零废弃”的城市生活垃圾管理政策的执行效率。

企业的执行态度是指企业作为一个组织对基于“零废弃”的城市生活垃圾管理政策执行理念的认可程度。通常来说，企业越认同基于“零废弃”的城市生活垃圾管理政策，管理政策执行效果越好，反之亦然。为此，我们预测企业的执行态度影响着基于“零废弃”的城市生活垃圾管理政策的执行效率。

企业的执行能力是指企业完成基于“零废弃”的城市生活垃圾管理政策目标的能力。基于“零废弃”的城市生活垃圾管理政策的执行不仅对处理企业的能力提出了更高要求，还对产品端企业提出了绿色设计生产需求。由此可见，企业的执行能力成为决定基于“零废弃”的城市生活垃圾管理政策执行好坏的关键因素。为此，我们推测企业的执行能力可能会对基于“零废弃”的城市生活垃圾管理政策的执行效率产生影响。

2. 执行客体

从执行客体维度，我们选取企业的员工意愿、员工能力和技术水平作为基于“零废弃”的城市生活垃圾管理政策执行效率的影响因素。

企业的员工意愿是指企业的员工在执行与自身相关的基于“零废弃”的城市生活垃圾管理政策时的心理倾向。通常情况下，企业的员工越积极执行基于“零废弃”的城市生活垃圾管理政策，管理政策的执行就越顺利，反之亦然。为此，我们预测企业的员工意愿可能会影响基于“零废弃”的城市生活垃圾管理政策的执行效率。

企业的员工能力是指企业的员工所具备的与“零废弃”城市生活垃圾相关的修养素质、思想意识和专业知识情况。根据以往的研究，企业员工的能力越强，越利于基于“零废弃”的城市生活垃圾管理政策执行。因此，我们推测企业的员工能力可能对“零废弃”城市生活垃圾管理政策执行效率产生影响。

企业的技术水平即企业在源头减量、分类收集、分类运输、分类处理和资源化利用方面所具备的专业技术状况。在高技术引领下，城市生活垃圾“零废弃”目标下的源头端减量政策、分类减量政策、收费减量政策、运输中转政策、垃圾处理政策和垃圾回收政策都会被更便捷和有序地执行。因此，我们推测企业的技术水平可能影响基于“零废弃”的城市生活垃圾管理政策执行效率。

3. 执行手段

从执行手段维度，我们选取企业执行手段的多元性、执行手段的合理性、执行手段的灵活性作为基于“零废弃”的城市生活垃圾管理政策执行效率的影响因素。

企业执行手段的多元性是指企业执行基于“零废弃”城市生活垃圾管理政策时使用手段的多样程度，包括直接性执行手段和间接性执行手段。通常情况下，企业的执行手段越多样，对复杂的基于“零废弃”的城市生活垃圾管理政策执行环境适应性越高。为此，我们推测企业执行手段的多元性可能会影响基于“零废弃”的城市生活垃圾管理政策执行效率。

企业执行手段的合理性是指企业执行基于“零废弃”的城市生活垃圾管理政策使用的手段合理程度。若企业采用的执行手段恰当，在基于“零废弃”的城市生活垃圾管理政策执行中，企业的作用就发挥得更好，管理政策目标也易于实现。因此，我们推测企业执行手段的合理性影响着基于“零废弃”的城市生活垃圾管理政策执行效率。

企业执行手段的灵活性是指企业执行基于“零废弃”的城市生活垃圾管理政策使用的手段灵活程度。企业采用的执行手段越灵活，越有助于解决“零废弃”城市生活垃圾管理中的复杂多变问题，推动基于“零废弃”的城市生活垃圾管理政策的顺利执行。因此，我们推测企业执行手段的灵活性可能对基于“零废弃”的城市生活垃圾管理政策执行效率产生影响。

4. 执行路径

从执行路径维度，我们选取企业的“自上而下”执行路径的合理性、“自下而上”执行路径的合理性和“互动关系”执行路径的相互协调合理性作为基于“零废弃”的城市生活垃圾管理政策执行效率的影响因素。

“自上而下”执行路径的合理性是指在“自上而下”执行路径下，企业能否顺利地执行基于“零废弃”的城市生活垃圾管理政策。若企业能够顺利地执行基于“零废弃”的城市生活垃圾管理政策，企业的作用便得到充分发挥，越有利于基于“零废弃”的城市生活垃圾管理政策执行。因此，我们推测企业“自上而下”执行路径的合理性可能对基于“零废弃”的城市生活垃圾管理政策执行效率产生影响。

“自下而上”执行路径的合理性是指在“自下而上”执行路径下，企业能否顺利地执行基于“零废弃”的城市生活垃圾管理政策。在“自下而上”执行路径下，若企业能够将话语权和主要职责进行合理定位，基于“零废弃”的城市生活垃圾管理政策执行便会更顺畅。因此，我们推测企业“自上而下”执行路径会影响基于“零废弃”的城市生活垃圾管理政策执行效率。

“互动关系”执行路径的相互协调合理性是指在“自上而下”执行路径和“自下而上”执行路径融合下，企业能否顺利地执行基于“零废弃”的城市生活垃圾管理政策。在管理政策执行网络下，企业若能联合其他政策执行主体，合理地发挥企业在基于“零废弃”的城市生活垃圾管理政策执行中的主要责任，无形中会提高管理政策执行效率。因此，我们推测企业在“互动关系”执行路径的相互协调合理性会影响基于“零废弃”的城市生活垃圾管理政策执行效率。

（三）公众方面

在公众方面，从执行主体、执行客体、执行手段和执行路径四个维度，我们分析了基于“零废弃”的城市生活垃圾管理政策执行效率的影响因素。

1. 执行主体

从执行主体维度，我们选取公众的执行结构、执行态度和执行能力作为基于“零废弃”的城市生活垃圾管理政策执行效率的影响因素。

公众的执行结构是指公众参与基于“零废弃”的城市生活垃圾管理政策执行的组织形式。在管理政策执行中，公众不仅以大群体方式参与“零废弃”城市生活垃圾分类减量政策、收费减量政策和重复使用减量政策的实践，还以小群体方式参与“零废弃”城市生活垃圾处理政策的反馈。公众是基于“零废弃”的城市生活垃圾管理政策执行正负反馈系统中不可或缺的重要组成部分。为此，我们预测公众的执行结构是影响基于“零废弃”的城市生活垃圾管理政策执行效率的重要因素。

公众的执行态度是受认知因素、情感因素和行为因素左右的公众执行基于“零废弃”的城市生活垃圾管理政策的情感倾向。当公众认可基于“零废弃”的城市生活垃圾管理政策内容时，公众就会积极执行管理政策，从而推动基于“零废弃”的城市生活垃圾管理政策执行的良好运转。为此，我们预测公众的执行态度是影响基于“零废弃”的城市生活垃圾管理政策执行效率的重要因素。

公众的执行能力是指公众执行基于“零废弃”的城市生活垃圾管理政策的知识积累和理解能力。通常情况下，公众越能准确地理解基于“零废弃”的城市生活垃圾管理政策内容，越会有效地执行管理政策，越愿意反馈管理政策执行情况。为此，我们预测公众的执行结构是影响基于“零废弃”的城市生活垃圾管理政策执行效率的重要因素。

2. 执行客体

从执行客体维度，我们选取公众的知情权利、意见采纳和激励机制作为基于“零废弃”的城市生活垃圾管理政策执行效率的影响因素。

公众的知情权利是指公众获取基于“零废弃”的城市生活垃圾管理政策执行信息的自由和权利。通常情况下，公众拥有越多的知情权，越了解基于“零废弃”的城市生活垃圾管理政策内容，越愿意执行管理政策，也就越有利于管理政策执行系统的运行。因此，我们推测公众的知情权利会影响基于“零废弃”的城市生活垃圾管理政策执行效率。

公众的意见采纳是指公众提出的关于基于“零废弃”的城市生活垃圾管理政策执行的意见和建议的采用吸纳程度。若公众提出的意见和建议得到充分的重视和认真的采纳，会激发公众参与基于“零废弃”的城市生活垃圾管理政策执行的热情，从而纠正基于“零废弃”的城市生活垃圾管理政策执行偏差。为此，我们推测公众的意见采纳会影响基于“零废弃”的城市生活垃圾管理政策执行效率。

公众的激励机制是指公众执行基于“零废弃”的城市生活垃圾管理政策时所处的激励运行系统。通常情况下，激励机制越完善，公众越有动力执行基于“零废弃”的城市生活垃圾管理政策，也就是说，公众越愿意对基于“零废弃”的城市生活垃圾管理政策执行系统作出“执行效果最佳”的承诺。为此，我们推测公众的激励机制会影响基于“零废弃”的城市生活垃圾管理政策执行效率。

3. 执行手段

从执行手段维度，我们选取公众执行手段的多元性、执行手段的合理性和执行手段的灵活性作为基于“零废弃”的城市生活垃圾管理政策执行效率的影响因素。

公众执行手段的多元性是指公众执行基于“零废弃”的城市生活垃圾管理政策过程中使用手段的多样化程度，主要包括社会一般调查、关键公民接触、申诉控告、公民会议、传统信件和通信网络等多种执行手段。通常情况下，公众的执行手段越多样化，公众越可能解决基于“零废弃”的城市生活垃圾管理政策执行中的复杂性问题，也就越接近于基于“零废弃”的城市生活垃圾管理政策执行目标，从而推动整个基于“零废弃”的城市生活垃圾管理政策执行系统向良性方向发展。为此，我们推测公众执行手段的多元性会影响基于“零废弃”的城市生活垃圾管理政策执行效率。

公众执行手段的合理性是指公众执行基于“零废弃”的城市生活垃圾管理政策过程中使用手段的合理化程度。通常情况下，公众的执行手段越具合理性，公众越可能针对性解决基于“零废弃”的城市生活垃圾管理政策执行中面临的关键问题，公众在基于“零废弃”的城市生活垃圾管理政策执行中的潜能越可能被激发，也越有利于基于“零废弃”的城市生活垃圾管理政策执行系统的运行。为此，我们推测公众执行手段的合理性会影响基于“零废弃”的城市生活垃圾管理政策执行效率。

公众执行手段的灵活性是指公众执行基于“零废弃”的城市生活垃圾管理政策过程中所使用手段的灵活性程度，也可以称为公众执行手段对动态多变的基于“零废弃”的城市生活垃圾管理政策执行的适应性程度。通常情况下，公众的执行手段越灵活，越有利于解决基于“零废弃”的城市生活垃圾管理政策执行中的突发性问题，整个基于“零废弃”的城市生活垃圾管理政策执行系统也就越稳定。为此，我们推测公众执行手段的灵活性会影响基于“零废弃”的城市生活垃圾管理政策执行效率。

4. 执行路径

从执行路径维度，我们选取公众“自上而下”执行路径的合理性、“自下而上”执行路径的合理性、“互动关系”中协调作用的合理性作为基于“零废弃”的城市生活垃圾管理政策执行效率的影响因素。

公众“自上而下”执行路径的合理性是指在“自上而下”执行路径下，公众能否顺利地参与基于“零废弃”的城市生活垃圾管理政策执行。若公众能够顺利地参与基于“零废弃”的城市生活垃圾管理政策执行，公众在管理政策执行中的作用得到很好的发挥，则越有利于基于“零废弃”的城市生活垃圾管理政策执行。因此，我们推测公众“自下而上”执行路径的合理性会影响基于“零废弃”的城市生活垃圾管理政策执行效率。

公众“自下而上”执行路径的合理性是指在“自下而上”执行路径下，公众能否顺利地参与基于“零废弃”的城市生活垃圾管理政策执行。在“自下而上”执行路径中，如果公众能够充分发挥作用，基于“零废弃”的城市生活垃圾管理政策执行便会更顺畅。因此，我们推测公众“自下而上”执行路径的合理性会影响基于“零废弃”的城市生活垃圾管理政策执行效率。

公众“互动关系”中协调作用的合理性是指在“自上而下”执行路径和“自下而上”执行路径融合下，公众能否顺利地参与基于“零废弃”的城市生活垃圾管理政策执行。在这种管理政策执行网络下，公众若能联合其他政策执行主体，合理地发挥公众在基于“零废弃”的城市生活垃圾管理政策执行中的主要责任，无形中会提高基于“零废弃”的城市生活垃圾管理政策执行效率。为此，我们推测公众在“互动关系”中协调作用的合理性会影响基于“零废弃”的城市生活垃圾管理政策执行效率。

（四）社会组织方面

在社会组织方面，从执行主体、执行客体、执行手段和执行路径四个维度，我们分析了基于“零废弃”的城市生活垃圾管理政策执行效率的影响因素。

1. 执行主体

在执行主体维度，我们选取社会组织的执行结构、执行态度和执行能力作为基于“零废弃”的城市生活垃圾管理政策执行效率的影响因素。

社会组织的执行结构是指社会组织在执行基于“零废弃”的城市生活垃圾管理政策时的不同组织表现形式，具体包括“自上而下”官办型、“自下而上”草根型和“半官半民”合作型①。“自上而下”官办型的社会组织在执行管理政策时很大程度上受制于政府，虽能较好地宣传政策执行内容，但不利于发挥社会组织的监督功能。“自下而上”草根型的社会组织在执行管理政策时很大程度上依赖社会组织成员的管理能力，虽能自主地对政府、企业和公众的执行行为进行监督，但由于组织内部松散，很难有序地推动基于“零废弃”的城市生活垃圾管理政策执行。“半官半民”合作型的社会组织是由地方政府指导和民间组织运作而形成的一种运营模式。尽管在一定程度上弥补了“自上而下”官办型和“自下而上”草根型的社会组织缺点，但由于存在复杂的利益关系，也并非理想的政策执行组织形式。据此，我们推测社会组织的执行结构会影响基于“零废弃”的城市生活垃圾管理政策执行效率。

社会组织的执行态度是指社会组织对基于“零废弃”的城市生活垃圾管理政策执行工作的情感倾向。通常情况下，社会组织对基于“零废弃”的城市生活垃圾管理政策执行的态度越积极，社会组织越可能愿意投入到基于“零废弃”的城市生活垃圾管理政策执行的指导和监督工作中，也就越有利于基于“零废弃”的城市生活垃圾管理政策执行系统的运行。因此，我们推测社会组织的执行态度会影响基于“零废弃”的城市生活垃圾管理政策执行效率。

社会组织的执行能力是指社会组织中的成员对“零废弃”城市生活垃圾管理政策的知识积累和理解能力程度，主要包括管理能力、业务能力和创新能力。通

① 金辉：《转型时期我国非政府组织发展研究》，广西师范学院硕士学位论文，2013年。

常情况下，社会组织的执行能力越高，越有可能辅助解决基于“零废弃”的城市生活垃圾管理政策执行中面临的关键性难题，基于“零废弃”的城市生活垃圾管理政策执行系统也就越为顺畅。为此，我们推测社会组织的执行能力会影响基于“零废弃”的城市生活垃圾管理政策执行效率。

2. 执行客体

从执行客体维度，我们选取政府的接受度、企业的需要度和公众的满意度作为基于“零废弃”的城市生活垃圾管理政策执行效率的影响因素。

政府的接受度是指地方政府对社会组织提出的基于“零废弃”的城市生活垃圾管理政策执行意见和建议的接受程度。通常情况下，社会组织的意见和建议越易被地方政府接受，基于“零废弃”的城市生活垃圾管理政策执行效率越高。为此，我们推测政府的接受度会影响基于“零废弃”的城市生活垃圾管理政策执行效率。

企业的需要度是指企业需要社会组织提供关于基于“零废弃”的城市生活垃圾管理政策执行的帮助程度。通常情况下，企业越是需要社会组织的帮助，社会组织在指导企业从事基于“零废弃”的城市生活垃圾管理政策执行的实践活动越有效，也就越有利于基于“零废弃”的城市生活垃圾管理政策执行。为此，我们推测企业的需要度可能是影响基于“零废弃”的城市生活垃圾管理政策执行效率的因素。

公众的满意度是指公众对社会组织提供的关于基于“零废弃”的城市生活垃圾管理政策执行的宣传和引导的满意程度。通常情况下，社会组织提供的基于“零废弃”的城市生活垃圾管理政策执行的指导实践内容越使公众满意，公众越易于理解和接受基于“零废弃”的城市生活垃圾管理政策执行内容，也就越有利于基于“零废弃”的城市生活垃圾管理政策执行系统往良性方向发展。为此，我们推测公众的满意度影响着基于“零废弃”的城市生活垃圾管理政策执行效率。

3. 执行手段

从执行手段维度，我们选取社会组织执行手段的多元性、执行手段的合理性和执行手段的灵活性作为基于“零废弃”的城市生活垃圾管理政策执行效率的影响因素。

社会组织执行手段的多元性是指社会组织参与基于“零废弃”的城市生活垃圾管理政策执行时使用手段的多样化程度，主要包括现场交流、通信网络、传统信件、专项会议和专门上访等多种执行手段。通常情况下，社会组织的执行手段越多样，越可能使政府和企业接受社会组织的监督，使公众接受社会组织的指导和引领，也就越可能辅助执行主体高效地执行基于“零废弃”的城市生活垃圾管理政策。为此，我们推测社会组织执行手段的多元性会影响基于“零废弃”的城市生活垃圾管理政策执行效率。

社会组织执行手段的合理性是指社会组织参与基于“零废弃”的城市生活垃圾管理政策执行时使用手段的合理化程度。通常情况下，社会组织的执行手段越合理，政府、公众和企业越能够接受社会组织提供的指导和监督，越有利于基于“零废弃”的城市生活垃圾管理政策执行系统运行。为此，我们推测社会组织执行手段的合理性会影响基于“零废弃”的城市生活垃圾管理政策执行效率。

社会组织执行手段的灵活性是指社会组织参与基于“零废弃”的城市生活垃圾管理政策执行时使用手段的灵活性程度。通常情况下，社会组织的执行手段越灵活，在面对复杂的基于“零废弃”的城市生活垃圾管理政策执行问题时，越可能表现出高适用性，越能够很好地指导和监督其他执行主体有序执行基于“零废弃”的城市生活垃圾管理政策。为此，我们推测社会组织执行的灵活性影响着基于“零废弃”的城市生活垃圾管理政策执行效率。

4. 执行路径

从执行路径维度，我们选取社会组织“自上而下”执行路径的合理性、“自下而上”执行路径的合理性、“互动关系”中协调作用的合理性作为基于“零废弃”的城市生活垃圾管理政策执行效率的影响因素。

社会组织“自上而下”执行路径的合理性是指在“自上而下”执行路径下，社会组织能否顺利地参与基于“零废弃”的城市生活垃圾管理政策执行。若社会组织能够顺利地参与基于“零废弃”的城市生活垃圾管理政策执行，社会组织在政策执行中的作用便会得到很好的发挥，越有利于基于“零废弃”的城市生活垃圾管理政策执行。因此，我们推测社会组织“自下而上”执行路径的合理性会影响基于“零废弃”的城市生活垃圾管理政策执行效率。

社会组织“自下而上”执行路径的合理性是指在“自下而上”执行路径下，社会组织能否顺利地参与基于“零废弃”的城市生活垃圾管理政策执行。在“自下而上”执行路径，若社会组织能够将指导和监督功能有效发挥，基于“零废弃”的城市生活垃圾管理政策执行过程便会更为顺畅。因此，我们推测社会组织“自下而上”执行路径会影响基于“零废弃”的城市生活垃圾管理政策执行效率。

社会组织在“互动关系”中协调作用的合理性是指在“自上而下”执行路径和“自下而上”执行路径融合下，社会组织能否顺利地参与基于“零废弃”的城市生活垃圾管理政策执行。在这种管理政策执行网络下，社会组织若能辅助其他政策执行主体顺利地执行基于“零废弃”的城市生活垃圾管理政策，合理地发挥社会组织在基于“零废弃”的城市生活垃圾管理政策执行中的主要责任，则基于“零废弃”的城市生活垃圾管理政策执行效率就会很高。因此，我们推测社会组织在“互动关系”中协调作用的合理性会影响基于“零废弃”的城市生活垃圾管理政策执行效率。

基于“零废弃”的城市生活垃圾管理政策执行效率的影响因素体系如表6-1所示。

表6-1 基于“零废弃”的城市生活垃圾管理政策执行效率的影响因素体系

一级指标	二级指标	三级指标	代码
地方政府	执行主体	执行结构	Ga1
		执行态度	Ga2
		执行能力	Ga3
	执行客体	执行制度完备度	Gb1
		监督制度完备度	Gb2
		问责制度完备度	Gb3
	执行手段	执行手段的多元性	Gc1
		执行手段的合理性	Gc2
		执行手段的灵活性	Gc3
	执行路径	“自上而下”执行路径的合理性	Gd1
		“自下而上”执行路径应用的合理性	Gd2
		“互动关系”中协调作用的合理性	Gd3
企业	执行主体	执行结构	Ea1
		执行态度	Ea2
		执行能力	Ea3
	执行客体	员工意愿	Eb1
		员工能力	Eb2
		技术水平	Eb3
	执行手段	执行手段的多元性	Ec1
		执行手段的合理性	Ec2
		执行手段的灵活性	Ec3
	执行路径	“自上而下”执行路径的合理性	Ed1
		“自下而上”执行路径的合理性	Ed2
		“互动关系”中协调作用的合理性	Ed3

续表

一级指标	二级指标	三级指标	代码
公众	执行主体	执行结构	Pa1
		执行态度	Pa2
		执行能力	Pa3
	执行客体	知情权利	Pb1
		意见采纳	Pb2
		激励机制	Pb3
	执行手段	执行手段的多元性	Pc1
		执行手段的合理性	Pc2
		执行手段的灵活性	Pc3
	执行路径	“自上而下”执行路径的合理性	Pd1
		“自下而上”执行路径的合理性	Pd2
		“互动关系”中协调作用的合理性	Pd3
社会组织	执行主体	执行结构	Sa1
		执行态度	Sa2
		执行能力	Sa3
	执行客体	政府的接受度	Sb1
		企业的需要度	Sb2
		公众的满意度	Sb3
	执行手段	执行手段的多元性	Sc1
		执行手段的合理性	Sc2
		执行手段的灵活性	Sc3
	执行路径	“自上而下”执行路径的合理性	Sd1
		“自下而上”执行路径的合理性	Sd2
		“互动关系”中协调作用的合理性	Sd3

二、管理政策执行效率关键影响因素识别框架构建

基于“零废弃”的城市生活垃圾管理政策执行效率关键影响因素识别框架构建的基本逻辑是：首先，我们采用专家打分法对部分数据进行打分，弥补数据缺失问题。其次，我们运用模糊集理论的DEMATEL和ISM集成分析法对获得的数据进行预处理。最后，我们分析基于“零废弃”的城市生活垃圾管理政策执行效

率的各因素的影响程度①。

（一）各影响因素关系的判定

采用专家打分法，我们将基于“零废弃”的城市生活垃圾管理政策执行效率的影响程度分为五个等级，分别为：没有影响（记为数字0）；影响较小（记为数字1）；影响一般（记为数字2）；影响较大（记为数字3）和影响极大（记为数字4）。同时，我们邀请来自中国环境卫生院、清华大学、上海交通大学、同济大学、哈尔滨工程大学和中国国际工程咨询有限公司等单位的专家学者对基于“零废弃”的城市生活垃圾管理政策执行效率的48个三级影响因素指标之间的关系进行了评判和处理，得到6份由语言变量组成的研究数据。

（二）专家语言变量的转化及去模糊化

专家语言变量的转化及去模糊化包括三个步骤②。首先，依据表6－2所示将各位专家对各影响因素相关关系的评判结果转化为对应的三角模糊数，并记录在相应矩阵中。

表6－2　　语言变量与模糊数的转换关系

语言变量	对应数字	相对应的三元模糊数
没有影响	0	(0, 0.1, 0.3)
影响较小	1	(0.1, 0.3, 05)
影响一般	2	(0.3, 0.5, 0.7)
影响较大	3	(0.5, 0.7, 0.9)
影响极大	4	(0.7, 0.9, 1.0)

其次，运用Opricovic和Tzeng方法获得第k个专家反映的i因素对j因素标准化后的影响值，即根据式（6.1）、式（6.2）、式（6.3）将每位专家打分的三角模糊数进行标准化处理。其中，$m\alpha_{ij}^{k}$表示标准化的α_{ij}^{k}值，$m\beta_{ij}^{k}$和$m\gamma_{ij}^{k}$分别表示标准化后的β_{ij}^{k}值和γ_{ij}^{k}值；运用式（6.4）、式（6.5）得出左右标准值。其中，

①② 于东平、逯相雪、宋贵峰：《中小企业扶持性政策执行效率影响因素研究——基于模糊集理论的DEMATEL和ISM集成法》，载于《科学与管理》2017年第4期。

$ms\alpha_{ij}^{k}$表示左标准值，$m\gamma s_{ij}^{k}$表示右标准值；利用式（6.6）计算总的值，记为 m_{ij}^{k}。

$$m\alpha_{ij}^{k}=\frac{\alpha_{ij}^{k}-\min\limits_{1\leqslant k\leqslant K}\alpha_{ij}^{k}}{\max\limits_{1\leqslant k\leqslant K}\gamma_{ij}^{k}-\min\limits_{1\leqslant k\leqslant K}\alpha_{ij}^{k}} \tag{6.1}$$

$$m\beta_{ij}^{k}=\frac{\beta_{ij}^{k}-\min\limits_{1\leqslant k\leqslant K}\alpha_{ij}^{k}}{\max\limits_{1\leqslant k\leqslant K}\gamma_{ij}^{k}-\min\limits_{1\leqslant k\leqslant K}\alpha_{ij}^{k}} \tag{6.2}$$

$$m\gamma_{ij}^{k}=\frac{\gamma_{ij}^{k}-\min\limits_{1\leqslant k\leqslant K}\alpha_{ij}^{k}}{\max\limits_{1\leqslant k\leqslant K}\gamma_{ij}^{k}-\min\limits_{1\leqslant k\leqslant K}\alpha_{ij}^{k}} \tag{6.3}$$

$$m\alpha s_{ij}^{k}=\frac{m\beta_{ij}^{k}}{1+m\beta_{ij}^{k}-m\alpha_{ij}^{k}} \tag{6.4}$$

$$m\gamma s_{ij}^{k}=\frac{m\gamma_{ij}^{k}}{1+m\gamma_{ij}^{k}-m\beta_{ij}^{k}} \tag{6.5}$$

$$m_{ij}^{k}=\frac{m\alpha s_{ij}^{k}(1-m\alpha s_{ij}^{k})+m\gamma s_{ij}^{k}\times m\gamma s_{ij}^{k}}{1-m\alpha s_{ij}^{k}+m\gamma s_{ij}^{k}} \tag{6.6}$$

最后，计算所有专家对基于“零废弃”的城市生活垃圾管理政策执行效率各影响因素间相互关系的最终处理结果。根据式（6.7）获得第 k 个专家反映的 i 因素对 j 因素的最终量化影响值，记为 ω_{ij}^{k}，即直接影响矩阵 $W=\omega_{ij}^{k}$。

$$\omega_{ij}^{k}=\max\limits_{1\leqslant k\leqslant K}\alpha_{ij}^{k}+m_{ij}^{k}(\max\limits_{1\leqslant k\leqslant K}\alpha_{ij}^{k}-\min\limits_{1\leqslant k\leqslant K}\alpha_{ij}^{k}) \tag{6.7}$$

$$\omega_{ij}^{k}=\frac{1}{k}\sum_{k=1}^{K}\omega_{ij}^{k} \tag{6.8}$$

（三）应用 DEMATEL 方法识别关键影响因素

根据式（6.9）、式（6.10）计算标准化直接影响矩阵和综合影响矩阵，求出直接影响矩阵 A 中各行和各列之和，取最大值作为 S，利用式（6.9）得到标准化直接影响矩阵 G，运用式（6.10）将标准化直接影响矩阵 G 转化为综合影响矩阵 T①。

$$G=\frac{A}{S}=\frac{A}{\max(\max\sum_{i=1}^{n}\alpha_{ij},\max\sum_{j=1}^{n}\alpha_{ij})} \tag{6.9}$$

$$T=G(I-G)^{-1} \tag{6.10}$$

运用式（6.11）、式（6.12）计算矩阵 T 各行之和 r 与各列之和 c。t_{ij}表示基

① 于东平、逯相雪、宋贵峰：《中小企业扶持性政策执行效率影响因素研究——基于模糊集理论的 DEMATEL 和 ISM 集成法》，载于《科学与管理》2017 年第 4 期。

于“零废弃”的城市生活垃圾管理政策执行效率的影响因素 i 对影响因素 j 的直接或间接影响程度。r_i 表示因素 i 对系统中其他因素的直接或间接影响程度总和，称为影响度 D，而 c_j 表示 j 因素受到系统中其他因素的直接或间接影响程度的总和，称为影响度 R①。

当 $i=j$ 时，r_i+c_j 表示该影响因素在系统中的中心程度，称其为中心度（记为 $D+R$）；r_i-c_j 表示该影响因素影响其他因素或其他因素影响的程度，称其为原因度（记为 $D-R$）。若 r_i-c_j 为正数，则表示因素 i 影响其他因素的程度大于其他因素对因素 i 的影响程度，这时称因素 i 为原因因素；若 r_i-c_j 为负数，表示因素 i 影响其他因素的程度小于其他因素对因素 i 的影响程度，这时称因素 i 为结果因素②。

$$r=[r_i]_{1\times n}=[\sum_{i=1}^{n}t_{ij}]_{1\times n} \tag{6.11}$$

$$c=[c_i]_{n\times 1}=[\sum_{i=1}^{n}t_{ij}]_{n\times 1} \tag{6.12}$$

（四）应用 ISM 的集成法分析影响因素系统层次结构

为衡量各影响因素指标对自身的影响，设矩阵 I 为单位矩阵，可通过式（6.13）得出反映包括每个指标对自身影响程度的所有指标之间的相互关系的整体影响矩阵 L，通过式（6.14）得到可达矩阵 H。其中，λ 可以根据实际问题而调整，从而简化影响因素的系统层次结构，以便科学、合理地对基于“零废弃”的城市生活垃圾管理政策执行效率影响因素系统的层次结构进行划分③。

$$L=T+I \tag{6.13}$$

$$h_{ij}=\begin{Bmatrix}1, & l_{ij\geq\lambda}\\0, & l_{ij<\lambda}\end{Bmatrix} \tag{6.14}$$

根据可达矩阵，计算出可达集合 $P(R_i)$ 和先行集合 $A(R_i)$。其中，某个指标的可达集合 $P(R_i)$ 由矩阵 H 中第 i 列中所有指标为 1 的所对应的指标组成；先行集合 $A(R_i)$ 由矩阵 H 第 i 列中指标为 1 的行所对应的指标组成，求出各指标的可达集合与先行集合并求出二者之的交集，其中可达集合与交集相同的指标归为第一层，即表层影响因素。矩阵 H 中划去此类指标可得到新的可达矩阵 H_1；

①③ 于东平、逯相雪、宋贵峰：《中小企业扶持性政策执行效率影响因素研究——基于模糊集理论的 DEMATEL 和 ISM 集成法》，载于《科学与管理》2017 年第 4 期。

② 何敏：《大众传媒在青海多民族城市社区宣传中的角色和功能——以西宁市共和路和中华巷社区为例》，载于《青海民族大学学报》（社会科学版）2019 年第 4 期。

重复以上步骤，可得第二层影响因素；不断重复以上过程，即可得到基于“零废弃”的城市生活垃圾管理政策执行效率影响因素系统的层次划分结果①。

三、管理政策执行效率关键影响因素识别过程

（一）关键要素的识别

根据式（6.1）~式（6.8），我们把专家们评定的各个基于“零废弃”的城市生活垃圾管理政策执行效率关键影响因素指标之间的关系数据进行了模糊化处理，得到48个影响因素的直接影响矩阵 W，作为进行DEMATEL处理的原始数据②。

运用式（6.9）计算得到基于“零废弃”的城市生活垃圾管理政策执行效率的标准化直接影响矩阵；运用式（6.10）计算得到基于“零废弃”的城市生活垃圾管理政策执行效率综合影响矩阵。运用式（6.11）、式（6.12）计算出基于“零废弃”的城市生活垃圾管理政策执行效率影响因素指标的影响度，进而计算综合影响矩阵各列之和，即基于“零废弃”的城市生活垃圾管理政策执行效率各指标的被影响度。随后对各指标的影响度和被影响度求和得到各指标的中心度，对各指标的影响度和被影响度求差得到基于“零废弃”的城市生活垃圾管理政策执行效率各指标的原因度。最后我们得到基于“零废弃”的城市生活垃圾管理政策执行效率的DEMATEL计算结果分析表（见表6-3）。

表6-3　DEMATEL计算结果分析

代码	影响度D	排名	被影响度R	排名	D+R中心度	排名	D-R原因度	排名
Ga1	1.162	11	1.345	13	2.507	8	-0.183	34
Ga2	1.561	5	2.313	1	3.874	1	-0.752	43
Ga3	0.957	21	1.384	11	2.341	15	-0.427	40
Gb1	1.996	1	1.634	6	3.630	3	0.362	3
Gb2	1.879	3	1.128	19	3.007	5	0.751	1
Gb3	1.532	6	0.986	23	2.518	7	0.546	2
Gc1	1.498	7	1.386	10	2.884	6	0.112	14

①② 于东平、逯相雪、宋贵峰：《中小企业扶持性政策执行效率影响因素研究——基于模糊集理论的DEMATEL和ISM集成法》，载于《科学与管理》2017年第4期。

续表

代码	影响度 D	排名	被影响度 R	排名	D + R 中心度	排名	D - R 原因度	排名
Gc2	1.962	2	1.836	2	3.798	2	0.126	12
Gc3	1.663	4	1.532	9	3.195	4	0.131	11
Gd1	0.734	30	1.355	12	2.089	23	-0.621	42
Gd2	0.481	42	1.659	4	2.140	21	-1.178	48
Gd3	0.787	27	1.593	8	2.380	13	-0.806	31
Ea1	0.951	22	0.974	25	1.925	25	-0.023	28
Ea2	0.898	24	0.969	26	1.867	27	-0.071	29
Ea3	0.902	23	0.988	22	1.890	26	-0.086	31
Eb1	0.520	40	0.310	48	0.830	48	0.210	7
Eb2	0.589	38	0.403	47	0.992	41	0.186	8
Eb3	0.601	36	0.422	46	1.023	40	0.179	9
Ec1	0.638	34	0.635	36	1.273	36	0.003	24
Ec2	0.799	25	0.790	33	1.589	32	0.009	19
Ec3	0.681	33	0.673	35	1.354	34	0.008	20
Ed1	0.495	41	0.773	34	1.268	37	-0.278	38
Ed2	0.558	39	0.879	29	1.437	33	-0.321	39
Ed3	0.607	35	1.176	17	1.783	31	-0.569	41
Pa1	0.983	17	0.985	24	1.968	24	-0.002	25
Pa2	1.142	12	1.147	18	2.289	16	-0.005	26
Pa3	1.058	14	1.064	20	2.122	22	-0.006	27
Pb1	1.231	10	0.910	28	2.141	20	0.321	4
Pb2	1.248	9	0.937	27	2.185	18	0.311	5
Pb3	1.326	8	1.030	21	2.356	14	0.296	6
Pc1	0.968	20	0.864	32	1.832	30	0.104	17
Pc2	0.980	18	0.872	30	1.852	28	0.108	15
Pc3	0.971	19	0.868	31	1.839	29	0.103	18
Pd1	0.993	16	1.191	16	2.184	19	-0.198	37
Pd2	1.011	15	1.198	15	2.209	17	-0.187	35
Pd3	1.130	13	1.319	14	2.449	9	-0.189	36
Sa1	0.798	26	1.610	7	2.408	11	-0.812	45
Sa2	0.764	29	1.635	5	2.399	12	-0.871	46
Sa3	0.771	28	1.667	3	2.438	10	-0.896	47
Sb1	0.698	32	0.581	37	1.279	35	0.117	13

续表

代码	影响度 D	排名	被影响度 R	排名	D + R 中心度	排名	D − R 原因度	排名
Sb2	0.597	37	0.490	40	1.087	39	0.107	16
Sb3	0.688	31	0.519	39	1.207	38	0.169	10
Sc1	0.459	45	0.453	45	0.912	45	0.006	22
Sc2	0.471	43	0.466	43	0.937	43	0.005	23
Sc3	0.467	44	0.460	44	0.927	44	0.007	21
Sd1	0.397	48	0.490	41	0.887	46	−0.093	32
Sd2	0.401	47	0.486	42	0.887	47	−0.085	30
Sd3	0.422	46	0.520	38	0.942	42	−0.098	33

1. 各指标影响度分析

从表6-3可以得出，Gb1、Gb2、Gb3、Gc1、Gc2、Gc3、Eb1、Eb2、Eb3、Ec1、Ec2、Ec3、Pb1、Pb2、Pb3、Pc1、Pc2、Pc3、Sb1、Sb2、Sb3、Sc1、Sc2和Sc3，24个影响因素属于基于“零废弃”的城市生活垃圾管理政策执行效率影响因素的原因因素。其中，执行制度完备度（Gb1）的影响度排名在第1位，原因度排名在第3位，两者值均较大，同时，其被影响度排名第6位，表现出强烈的影响力和被影响力。由此可见，执行制度完备度是基于“零废弃”的城市生活垃圾管理政策执行效率的关键影响因素。另外，监督制度完备度（Gb2）、问责制度完备度（Gb3）、知情权利（Pb1）、意见采纳（Pb2）和激励机制（Pb3）等都具有较高的影响度、原因度和较低的被影响度，对基于“零废弃”的城市生活垃圾管理政策执行效率的其他影响因素具有较强的影响力。企业执行手段的多元性（Pc1）、企业执行手段的合理性（Pc2）、企业执行手段的灵活性（Pc3）、社会组织执行手段的多元性（Sc1）、社会组织执行手段的合理性（Sc2）和社会组织执行手段的灵活性（Sc3）的影响度、被影响度和中心度都相对不大，据此，这6个因素与其他因素的关系相对来说没有那么紧密。

从表6-3可以看出，Ga1、Ga2、Ga3、Gd1、Gd2、Gd3、Ea1、Ea2、Ea3、Ed1、Ed2、Ed3、Pa1、Pa2、Pa3、Pd1、Pd2、Pd3、Sa1、Sa2、Sa3、Sd1、Sd2和Sd3，24个影响因素属于基于“零废弃”的城市生活垃圾管理政策执行效率影响因素的结果因素。其中，企业“自下而上”执行路径的合理性（Gd2）的被影响度排名第4位，而影响度排名高达42位，原因度高达48位，影响度和原因度都较小，有着强烈的被动性，极容易受基于“零废弃”的城市生活垃圾管理政策执行效率的其他影响因素影响，而难以影响其他影响因素。地方政府执行能力（Ga3）、地方政府“自上而下”执行路径的合理性（Gd1）、地方政府“互动关系”中协调作用的合理性（Gd3）、社会组织执行能力（Sa1）、社会组织执行态度（Sa2）和社会组织执行能力（Sa3）都具有较大的被影响度，而影响度和原因度较小，表现出较强的被动性。地方政府执行结构（Ga1）和地方政府执行态度（Ga2）的影响度和被影响度都较大，可以说基于“零废弃”的城市生活垃圾管理政策执行效率的这两个影响因素与其他因素的关系都较为密切。社会组织“自上而下”执行路径的合理性（Sd1）、社会组织“自下而上”执行路径的合理性（Sd2）和社会组织在“互动关系”中协调作用的合理性（Sd3）的影响度和被影响度都相对较小，因此，这两个因素与其他因素的关系都较为疏远。

2. 各指标中心度分析

从基于“零废弃”的城市生活垃圾管理政策执行效率影响因素指标的中心度、影响度和被影响度来看：地方政府执行制度完备度（Gb1）具有最大的影响度（1.996）和排名第3的中心度（3.630）；虽然地方政府执行主体的执行态度（Ga2）的影响度（1.561）排名第5位，但其中心度（3.874）和被影响度（2.313）排名第1位；地方政府执行手段的合理性（Gc2）的影响度（1.962）排名第2位，中心度（3.789）也排名第2位；地方政府监督制度完备度（Gb2）的影响度（1.879）和中心度（3.007）排名分别为第3位和第5位；地方政府执行手段的灵活性（Gc3）的影响度（1.663）和中心度（3.195）的排名都是第4位；地方政府问责制度完备度（Gb3）的影响度（1.532）和中心度（2.518）排位分别是第6位和第7位；地方政府执行手段的多元性（Gc1）的影响度（1.498）和中心度（2.884）排位分别是第7位和第6位。很显然，地方政府执行制度完备度、地方政府执行态度、地方政府执行手段的合理性、地方政府监督制度完备度、地方政府执行手段的灵活性、地方政府问责制度完备度和地方政府执行手段的多元性7个影响因素可以强烈影响其他因素，因此，我们可以确定这7个影响因素是所有影响因素中最为关键因素。

从基于“零废弃”的城市生活垃圾管理政策执行效率影响因素指标的中心度、影响度和被影响度来看：公众的激励机制（Pb3）的影响度（1.326）和中心度（2.356）排位分别是第8位和第14位；意见采纳（Pb2）的影响度（1.248）和中心度（2.185）排位分别是第9位和第18位；知情权利（Pb1）的影响度（1.231）和中心度（2.141）排位分别是第10位和第20位；地方政府执行结构（Ga1）的影响度（1.162）和中心度（2.507）排位分别是第11位和第8位；公众执行态度（Pa2）的影响度（1.142）和中心度（2.289）排位分别是第12位和第16位；公众在“互动关系”中协调作用的合理性（Pd3）的影响度（1.130）和中心度（2.449）排位分别是第13位和第9位；公众执行能力（Pa3）的影响度（1.058）和中心度（2.122）排位分别是第14位和第22位；

公众“自下而上”执行路径的合理性（Pd2）的影响度（1.011）和中心度（2.209）排位分别是第15位和第17位；公众“自上而下”执行路径的合理性（Pd1）的影响度（0.993）和中心度（2.184）排位分别是第16位和第19位；公众执行结构（Pa1）的影响度（0.983）和中心度（1.968）排位分别是第17位和第24位。由此可见，这10个影响因素在48个影响因素中的主动性较强，对其他因素的影响较大，在基于“零废弃”的城市生活垃圾管理政策执行系统中发挥着重要的作用，可以界定为比较重要的影响因素。此外，地方政府执行能力（Ga3）的影响度（0.957）排名第21位，但其中心度（2.341）排名是第15位；社会组织执行结构（Sa1）的影响度（0.798）排名第26位，但其中心度（2.408）排名是第11位；地方政府在“互动关系”中协调作用的合理性（Gd3）的影响度（0.787）排名第27位，但其中心度（2.380）排名是第13位；社会组织执行能力（Sa3）的影响度（0.771）排名第28位，但其中心度（2.438）排名是第10位；社会组织执行态度（Sa2）的影响度（0.764）排名第29位，但其中心度（2.399）排名的第12位。由此可见，这些影响因素对其他影响因素仍然有很大的影响，可将这些影响因素仍然归属为比较重要的影响因素范畴。据此，总计15个影响因素是比较重要的影响因素。

从基于“零废弃”的城市生活垃圾管理政策执行效率影响因素指标的中心度、影响度和被影响度来看：公众执行手段的合理性（Pc2）的影响度（0.980）和中心度（1.852）排位分别是第18位和第28位；公众执行手段的灵活性（Pc3）的影响度（0.971）和中心度（1.839）排位分别是第19位和第29位；公众执行手段的多元性（Pc1）的影响度（0.968）和中心度（1.832）排位分别是第20位和第30位；企业执行结构（Ea1）的影响度（0.951）和中心度（1.925）排位分别是第22位和第25位；企业执行能力（Ea3）的影响度（0.902）和中心度（1.890）排位分别是第23位和第26位；企业执行态度（Ea2）的影响度（0.898）和中心度（1.867）排位分别是第24位和第27位；企业执行手段的合理性（Ec2）的影响度（0.799）和中心度（1.589）排位分别是第25位和第32位；地方政府“自上而下”执行路径的合理性（Gd1）的影响度（0.734）和中心度（2.089）排位分别是第30位和第23位；公众满意度（Sb3）的影响度（0.688）和中心度（1.207）排位分别是第31位和第38位；企业执行手段的灵活性（Ec3）的影响度（0.681）和中心度（1.354）排位分别是第33位和第34位；企业执行手段的多元性（Ec1）的影响度（0.638）和中心度（1.273）排位分别是第34位和第36位；企业“互动关系”中协调作用的合理性（Ed3）的影响度（0.607）和中心度（1.783）排位分别是第35位和第31位；企业技术水平（Eb3）的影响度（0.601）和中心度（1.023）排位分别是第 36 位和第 40 位；企业的需要度（Sb2）的影响度（0.597）和中心度（1.087）排位分别是第 37 位和第 39 位；企业员工能力（Eb2）的影响度（0.589）和中心度（0.992）排位分别是第 38 位和第 41 位；企业“自下而上”执行路径的合理性（Ed2）的影响度（0.558）和中心度（1.437）排位分别是第 39 位和第 33 位。这些影响因素的中心度和影响度相对不大，故将其认为比较不重要的影响因素。另外，企业“自上而下”执行路径的合理性（Ed1）的影响度（0.495）排名第 41 位，但其中心度（1.268）排名第 37 位；地方政府“自下而上”执行路径的合理性（Gd2）的影响度（0.481）排名高达第 42 位，但其中心度（2.140）排名仅为第 21 位。由此可见，这两个因素尽管具有较低的影响度，但其中心度相对较高，这表明这两个影响因素对其他影响因素的影响不明显，故也把其划为比较不重要影响因素范畴。因此，总计 19 个影响因素都属于比较不重要的影响因素。

从基于“零废弃”的城市生活垃圾管理政策执行效率影响因素指标的中心度、影响度和被影响度来看：企业员工意愿（Eb1）的影响度（0.520）和中心度（0.830）排位分别是第 40 位和第 48 位；社会组织执行手段的合理性（Sc2）的影响度（0.471）和中心度（0.937）排位均为第 43 位；社会组织执行手段的灵活性（Sc3）的影响度（0.467）和中心度（0.927）排位均为第 44 位；社会组织执行手段的多元性（Sc1）的影响度（0.459）和中心度（0.912）排位均为第 45 位；社会组织在“互动关系”中协调作用的合理性（Sd3）的影响度（0.422）和中心度（0.942）排位分别是第 46 位和第 42 位；社会组织“自下而上”执行路径的合理性（Sd2）的影响度（0.401）和中心度（0.887）排位均为第 47 位；社会组织“自上而下”执行路径的合理性（Sd1）的影响度（0.397）和中心度（0.887）排位分别是第 47 位和第 46 位。这 7 个影响因素的影响度和中心度都较低，故将其归为最不重要的影响因素范畴。

（二）各影响因素的系统层次结构划分

运用式（6.13）求出基于“零废弃”的城市生活垃圾管理政策执行效率影响因素的整体影响矩阵。令 $\lambda = 0.03$，然后运用式（6.14）求出可达矩阵。根据 ISM 集成法对基于“零废弃”的城市生活垃圾管理政策执行效率的影响因素进行了层次结构划分，构建出基于“零废弃”的城市生活垃圾管理政策执行效率各影响因素的多级递解释结构模型图（见图 6-2）。我们将基于“零废弃”的城市生活垃圾管理政策执行效率影响因素划分为了五个层级，分别是表层、第二层、第三层、第四层和深层。

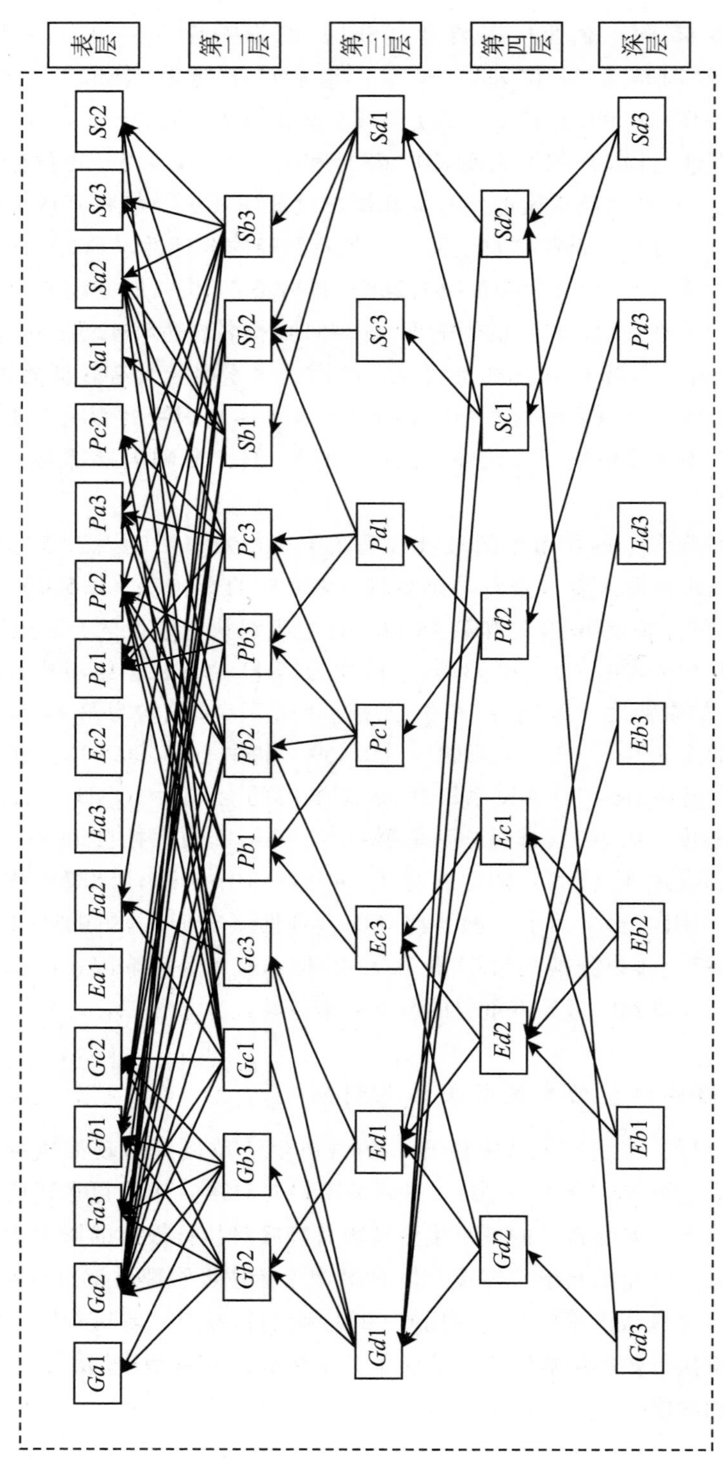

图6-2 基于“零废弃”的城市生活垃圾管理政策执行效率的影响因素多级递阶解释结构模型

第一，基于“零废弃”的城市生活垃圾管理政策执行效率的表层影响因素包括地方政府执行结构（Ga1）、地方政府执行态度（Ga2）、地方政府执行能力（Ga3）、地方政府执行制度完备度（Gb1）、地方政府执行手段的合理性（Gc2）、企业执行结构（Ea1）、企业执行态度（Ea2）、企业执行能力（Ea3）、企业执行手段的合理性（Ec2）、公众执行结构（Pa1）、公众执行态度（Pa2）、公众执行能力（Pa3）、公众执行手段的合理性（Pc2）、社会组织执行结构（Sa1）、社会组织执行态度（Sa2）、社会组织执行能力（Sa3）和社会组织执行手段的合理性（Sc2）共17个影响因素。这些影响因素在基于“零废弃”的城市生活垃圾管理政策执行效率的48个影响因素中属于表层影响因素，对基于“零废弃”的城市生活垃圾管理政策的执行效率有着直接的影响作用。其中，地方政府执行制度完备度（Gb1）、地方政府执行态度（Ga2）和地方政府执行手段的合理性（Gc2）是表层影响因素中最重要的影响因素（见图6-2）。

第二，基于“零废弃”的城市生活垃圾管理政策执行效率的第二层影响因素包括11个影响因素，分别是：地方政府监督制度完备度（Gb2）、地方政府问责制度完备度（Gb3）、地方政府执行手段的多元性（Gc1）、地方政府执行手段的灵活性（Gc3）、知情权利（Pb1）、意见采纳（Pb2）、激励机制（Pb3）、公众执行手段的灵活性（Pc3）、地方政府的接受度（Sb1）、企业的需要度（Sb2）和公众的满意度（Sb3）。相对表层影响因素而言，这些影响因素属于更深层级的影响因素，对表层影响因素有着直接的影响作用，也直接影响着基于“零废弃”的城市生活垃圾管理政策执行效率。其中，地方政府监督制度完备度（Gb2）、地方政府问责制度完备度（Gb3）和地方政府执行手段的多元性（Gc1）是第二层中最为重要的影响因素。同时，激励机制（Pb3）、意见采纳（Pb2）和知情权利（Pb1）也是较为重要的影响因素。

第三，基于“零废弃”的城市生活垃圾管理政策执行效率的第三层影响因素包括7个影响因素，即地方政府“自上而下”执行路径的合理性（Gd1）、企业“自上而下”执行路径的合理性（Ed1）、企业执行手段的灵活性（Ec3）、公众执行手段的多元性（Pc1）、公众“自上而下”执行路径的合理性（Pd1）、社会组织执行手段的灵活性（Sc3）和社会组织“自上而下”执行路径的合理性（Sd1）。这些影响因素直接影响着第二层影响因素，对基于“零废弃”的城市生活垃圾管理政策执行效率有着较为重要的影响。其中，公众“自上而下”执行路径的合理性（Pd1）是第三层中最为重要的影响因素。同时，公众执行手段的多元性（Pc1）和政府“自上而下”执行路径的合理性（Gd1）也是影响基于“零废弃”的城市生活垃圾管理政策执行效率的较为重要的影响因素。

第四，基于“零废弃”的城市生活垃圾管理政策执行效率的第四层影响因素是由6个影响因素组成的，包括地方政府“自下而上”执行路径的合理性（Gd1）、企业“自下而上”执行路径的合理性（Ed1）、企业技术手段的多元性（Ec1）、公众“自下而上”执行路径的合理性（Pd2）、社会组织执行手段的多元性（Sc1）和社会组织“自下而上”执行路径的合理性（Sc2）。这些来自第四层的影响因素直接影响着第三层的影响因素，但对基于“零废弃”的城市生活垃圾管理政策执行效率的影响不大。其中，公众“自下而上”执行路径的合理性（Pd2）是第四层最重要的影响因素。企业“自下而上”执行路径的合理性（Ed1）、企业“自下而上”执行路径的合理性（Ed2）和地方政府“自下而上”执行路径的合理性（Gd1）是影响基于“零废弃”的城市生活垃圾管理政策执行效率的较为重要的因素。

第五，基于“零废弃”的城市生活垃圾管理政策执行效率最深层级影响因素是由地方政府“互动关系”中协调作用的合理性（Gd3）、企业员工意愿（Eb1）、企业员工能力（Eb2）、企业技术水平（Eb3）、企业“互动关系”中协调作用的合理性（Ed3）、公众“互动关系”中协调作用的合理性（Pd3）和社会组织“互动关系”中协调作用的合理性（Sd3）7个影响因素组成。这些影响因素对第四层影响因素有着直接影响作用，也对基于“零废弃”的城市生活垃圾管理政策执行效率有着重要的影响作用。其中，公众“互动关系”中协调作用的合理性（Pd3）和地方政府“互动关系”中协调作用的合理性（Gd3）是深层最为重要的影响因素。同时，企业“互动关系”中协调作用的合理性（Ed3）、企业技术水平（Eb3）和企业员工能力（Eb2）也是影响基于“零废弃”的城市生活垃圾管理政策执行效率的较为重要的因素。

四、管理政策执行效率影响因素的具体评价

在详细分析基于“零废弃”的城市生活垃圾管理政策执行的基础上，我们构建了基于“零废弃”的城市生活垃圾管理政策执行效率影响因素指标体系，并运用DEMETEL和ISM集成法，定量分析专家们提供的判定信息，得出各因素对基于“零废弃”的城市生活垃圾管理政策执行效率的影响结果。

（一）地方政府方面

地方政府是最为重要的管理政策执行效率的影响主体。地方政府通过执行主体、执行客体、执行手段和执行路径对基于“零废弃”的城市生活垃圾管理政策执行效率产生影响，而且也对公众、企业和社会组织的执行主体、执行客体、执行手段和执行路径也产生影响。在基于“零废弃”的城市生活垃圾管理政策执行

内部，地方政府主导着整个管理政策执行系统的运行。

第一，在执行主体维度，执行态度、执行结构和执行能力都对基于“零废弃”的城市生活垃圾管理政策执行效率产生了影响。具体来说，首先，执行态度极大地影响了基于“零废弃”的城市生活垃圾管理政策执行效率。这说明，地方政府对“零废弃”理念的接受程度是基于“零废弃”的城市生活垃圾管理政策能够有效执行的最为关键的一环，从而需要中央政府从顶层加强对地方政府的“零废弃”引导，这也对基于“零废弃”的城市生活垃圾管理政策执行提出了新的要求。其次，执行结构也对基于“零废弃”的城市生活垃圾管理政策执行效率产生了较为重要的影响。究其原因，不同于当前的城市生活垃圾收集、运输、处理和资源化利用分属于不同职能部门，基于“零废弃”的城市生活垃圾管理政策执行需要对地方政府的职能部门进行整合，从而克服“多头领导”难题，提升城市生活垃圾的管理效能。最后，我们还发现执行能力反而对基于“零废弃”的城市生活垃圾管理政策执行效率的影响作用不明显。这可能是因为执行能力受教育、习惯和文化等多种因素影响，短时间内很难发生改变。从另一视角来看，这一定程度上也说明地方政府现有相关人员的执行能力基本可以满足基于“零废弃”的城市生活垃圾管理政策执行要求，无须进行调整。

第二，在执行客体维度，执行制度完备度、监督制度完备度和问责制度完备度都对基于“零废弃”的城市生活垃圾管理政策执行效率产生了不同程度的影响。具体来说，首先，执行制度完备度是影响基于“零废弃”的城市生活垃圾管理政策执行效率的最为关键的因素。换句话说，基于“零废弃”的城市生活垃圾管理政策内容的全面性和完整性对管理政策的有效执行发挥着重要的影响，这就要求我们进一步对基于“零废弃”的城市生活垃圾管理政策内容进行分析和检查，以确保管理政策内容能够清晰、准确地指导执行主体的实际工作。其次，监督制度完备度对基于“零废弃”的城市生活垃圾管理政策执行效率产生了较为重要的影响。这充分肯定了从“零废弃”角度对城市生活垃圾管理政策中的监督部分进行优化的必要性，即在执行基于“零废弃”的城市生活垃圾管理政策时要重视监督工作，发挥监督管理制度对管理政策执行的最大效能。最后，问责制度完备度也对基于“零废弃”的城市生活垃圾管理政策执行效率产生了较为重要的影响。问责制度的多元完善对基于“零废弃”的城市生活垃圾管理政策执行是必需的，这就要求从基于“零废弃”的城市生活垃圾管理政策执行层面对问责制度进行全面优化，释放出执行主体的潜在活力。

第三，在执行手段维度，执行手段的多元性、执行手段的合理性和执行手段的灵活性都对基于“零废弃”的城市生活垃圾管理政策执行效率产生了不同程度的影响。具体来说，首先，执行手段的合理性是影响基于“零废弃”的城市生活垃圾管理政策执行效率的最为关键的因素。这就要求地方政府在执行基于“零废弃”的城市生活垃圾管理政策时充分考量法律、行政、经济和思想教育手段的合理性，即在充分认识城市生活垃圾管理问题“属性”的基础上，对“禁止性”问题强调法律手段和行政手段的协调运用，对“倡导性”问题注重经济手段和思想手段的协调运用。其次，执行手段的灵活性是影响“零废弃”城市生活垃圾管理执行效率较为重要的因素。这就要求地方政府在执行基于“零废弃”的城市生活垃圾管理政策时，结合实际问题，注意使用法律、法令、法规、司法和仲裁等法律手段时的灵活性；注意使用行政命令、指示、规定及规章制度时的灵活性；注意使用奖励、罚款及税收减免等经济手段的灵活性；注意使用舆论制造、说服教育、协商教育和批评表扬的灵活性，共同助力基于“零废弃”的城市生活垃圾管理政策的高效执行。最后，执行手段的多元性也对基于“零废弃”的城市生活垃圾管理政策执行效率产生了较为重要的影响。这就要求地方政府要明晰法律、行政、经济和思想教育手段的类型和内容，综合利用执行手段，最大程度保障基于“零废弃”的城市生活垃圾管理政策的高效执行。

第四，在执行路径维度，“自上而下”执行路径的合理性、“自下而上”执行路径的合理性和“互动关系”中协调作用的合理性都对基于“零废弃”的城市生活垃圾管理政策执行效率发挥了不同程度的影响。具体来说，首先，“互动关系”中协调作用的合理性是影响基于“零废弃”的城市生活垃圾管理政策执行效率的最为关键的因素。换句话说，地方政府在基于“零废弃”的城市生活垃圾管理政策的双向互动执行模式下对管理政策执行效率的影响最大，这也与管理政策执行路径发展理论的观点一致，即在这种互动关系中吸收了“自上而下”和“自下而上”两种路径的优点，发展成为一种高效融合的沟通状态。这需要中央政府从宏观层面进行外部调控，地方政府在微观层面进行内部调节，保障双向沟通顺畅，提升基于“零废弃”的城市生活垃圾管理政策执行效率。其次，“自上而下”执行路径的合理性对基于“零废弃”的城市生活垃圾管理政策执行产生了重要的影响。这说明在基于“零废弃”的城市生活垃圾管理政策执行中，中央政府制定的基于“零废弃”的城市生活垃圾管理政策目标对管理政策执行仍然是非常重要的，因此，继续加强基于“零废弃”的城市生活垃圾管理政策目标的可预见性、可操作性和可持续性成为当务之急。最后，我们发现“自下而上”执行路径的合理性对基于“零废弃”的城市生活垃圾管理政策执行效率也产生了较为重要的影响。这是因为，在整个基于“零废弃”的城市生活垃圾管理政策系统中，强调的是所有参与政策过程的执行者，地方政府既是政策制定者也是政策执行者。由此可见，科学地分配地方政府工作人员对基于“零废弃”的城市生活垃圾管理政策有效执行是非常重要的。

（二）公众方面

仅次于地方政府，公众是基于“零废弃”的城市生活垃圾管理政策执行效率的第二关键影响主体。具体来说：

第一，在执行主体维度，公众的执行态度、执行结构和执行能力等都对基于“零废弃”的城市生活垃圾管理政策执行效率产生了影响，且影响程度相差不大。这可能是因为公众的执行态度、执行结构和执行能力存在着高度的相关性。相较于公众的执行态度和执行能力，执行结构很难发生改变。因此，要想提高基于“零废弃”的城市生活垃圾管理政策执行效率，我们需要从提高公众的执行态度和执行能力入手，这进而对地方政府和社会组织宣传基于“零废弃”的城市生活垃圾管理政策提出了更高要求。

第二，在执行客体维度，公众的知情权利、意见采纳和激励机制都对基于“零废弃”的城市生活垃圾管理政策执行效率产生了较大影响，且各因素的影响程度相差不大。这说明从政府的“零废弃”的城市生活垃圾管理机制着手，保障公众的知情权利，做好公众意见的采纳和反馈，完善公众参与的激励机制，对提高基于“零废弃”的城市生活垃圾管理政策执行效率有着重要促进作用。

第三，在执行手段维度，公众执行手段的多元性、合理性和灵活性都对基于“零废弃”的城市生活垃圾管理政策执行效率产生了影响，且各因素的影响程度相差不大。这说明通过充分利用大数据技术以拓宽公众参与基于“零废弃”的城市生活垃圾管理政策执行渠道；通过科学优化政府管理机制和提高政府管理能力以增强公众参与基于“零废弃”的城市生活垃圾管理政策执行手段的合理性和灵活性，这都有助于提升基于“零废弃”的城市生活垃圾管理政策执行效率。

第四，在执行路径维度，公众“自上而下”执行路径的合理性、“自下而上”执行路径的合理性和“互动关系”中协调作用的合理性都对基于“零废弃”的城市生活垃圾管理政策执行效率产生了较大影响，且各因素的影响程度相差不大。这说明，无论在何种基于“零废弃”的城市生活垃圾管理政策执行路径下，公众都对基于“零废弃”的城市生活垃圾管理政策执行效率产生重要的影响。相对来说，公众“互动关系”中协调作用的合理性仍然是最大的影响因素，且根据前面的分析这种影响作用是正向的。因此，我们认为在“自上而下”执行路径和“自下而上”执行路径融合下，基于“零废弃”的城市生活垃圾管理政策执行效率相对较高，这自然成为基于“零废弃”的城市生活垃圾管理政策执行的首选路径。

（三）企业方面

企业是基于“零废弃”的城市生活垃圾管理政策执行效率的第三关键影响主体。具体来说：

第一，在执行主体维度，企业的执行结构、执行态度和执行能力都对基于“零废弃”的城市生活垃圾管理政策执行效率产生了影响，且影响程度相差不大。由于企业的执行结构、执行态度和执行能力都可以从宏观上进行调控，所以从三者入手提高基于“零废弃”的城市生活垃圾管理政策执行效率成为可能。因此，政府在完善基于“零废弃”的城市生活垃圾管理政策时，应注重强制性政策和激励性政策的融合，以调整企业的执行结构，改变企业的执行态度和提升企业的执行能力。另外，政府还需要注重发挥非营利组织的指导性作用，以端正企业执行态度，提升企业执行能力。

第二，在执行客体维度，企业的员工意愿、员工能力和技术水平对基于“零废弃”的城市生活垃圾管理政策执行效率的影响较弱，且影响程度相差较小。这可能是因为企业的员工意愿、员工能力和技术水平没有直接作用于基于“零废弃”的城市生活垃圾管理政策执行过程，其仅仅是影响基于“零废弃”的城市生活垃圾管理政策执行效率的间接因素。它们在发挥影响作用时还受到其他因素的多重影响，使得其对基于“零废弃”的城市生活垃圾管理政策执行效率的影响不明显。

第三，在执行手段维度，企业执行手段的合理性对基于“零废弃”的城市生活垃圾管理政策执行效率的影响相对较大，而企业执行手段的多元性和灵活性对基于“零废弃”的城市生活垃圾管理政策执行效率的影响相对较小，且两者的影响程度相差较小。这可能是因为，复杂动态环境对企业执行基于“零废弃”的城市生活垃圾管理政策的影响不大，企业更注重执行手段使用过程的合理性。这说明，职能部门、社会组织和企业组织应从提高执行手段的合理性入手提高基于“零废弃”的城市生活垃圾管理政策执行效率。

第四，在执行路径维度，企业“互动关系”中协调作用的合理性对基于“零废弃”的城市生活垃圾管理政策执行效率产生了影响，而企业“自上而下”执行路径的合理性和“自下而上”执行路径的合理性对基于“零废弃”的城市生活垃圾管理政策执行效率的影响较小，且两者的影响程度相差不大。这说明企业在“自上而下”执行路径和“自下而上”执行路径融合下，对基于“零废弃”的城市生活垃圾管理政策执行系统的影响越大，企业的作用也更易得到最大程度的发挥。因此，在选择基于“零废弃”的城市生活垃圾管理政策执行路径时，融合了“自上而下”和“自下而上”两种执行路径优点的双向互动执行路径是基于“零废弃”的城市生活垃圾管理政策执行的首选。

（四）社会组织方面

相对地方政府、企业和公众而言，社会组织是处于最末端的影响主体。

第一，在执行主体维度，社会组织的执行结构、执行态度和执行能力都对基于“零废弃”的城市生活垃圾管理政策执行效率产生了影响，且影响程度相差不大。这也进一步证实了，基于“零废弃”的城市生活垃圾管理政策执行系统的运行离不开社会组织的作用。为此，社会组织可以通过行政干预提高基于“零废弃”的城市生活垃圾管理政策的执行效率。

第二，在执行客体维度，政府的接受度和公众的满意度都对基于“零废弃”的城市生活垃圾管理政策执行效率产生了影响，且影响程度不相上下，而企业的需要度对基于“零废弃”的城市生活垃圾管理政策执行效率的影响较小。换句话说，在基于“零废弃”的城市生活垃圾管理政策执行系统中，社会组织对政府和公众的影响相对较大，对企业的影响相对较小。因此，在安排工作时，社会组织应把更多的精力放到对政府的监督管理和建议与对公众的引导和教育上，最大程度发挥社会组织在基于“零废弃”的城市生活垃圾管理政策执行中的作用。

第三，在执行手段维度，社会组织执行手段的多元性、执行手段的合理性和执行手段的灵活性对基于“零废弃”的城市生活垃圾管理政策执行效率的影响较小且影响程度不相上下。这说明，社会组织的执行手段对基于“零废弃”的城市生活垃圾管理政策执行效率的影响不大，即从社会组织执行手段入手改善基于“零废弃”的城市生活垃圾管理政策执行效率的方法收效甚微。

第四，在执行路径维度，社会组织“自上而下”执行路径的合理性、“自下而上”执行路径的合理性和“互动关系”中协调作用的合理性都对基于“零废弃”的城市生活垃圾管理政策执行效率产生较小的影响。这说明，社会组织的执行路径对基于“零废弃”的城市生活垃圾管理政策执行系统的影响不大。也就是说，无论在何种执行路径下，社会组织的作用都不大。因此，社会组织可以根据政府、企业和公众的选择决定究竟采用何种执行路径执行基于“零废弃”的城市生活垃圾管理政策。

第七章

基于“零废弃”的城市生活垃圾管理政策实施效果预估研究

对基于“零废弃”的城市生活垃圾管理政策实施效果进行预估是检验管理政策有效性的必要手段，也为后续的管理政策持续执行夯实了基础。究其原因，一方面，基于“零废弃”的城市生活垃圾管理政策实施效果是一种客观存在的状态，很大程度上与人们的主观认识存在差距，因此必须对基于“零废弃”的城市生活垃圾管理政策实施效果进行科学预估才能使人们客观认识管理政策执行情况，为后续管理政策推进提供依据。另一方面，基于“零废弃”的城市生活垃圾管理政策实施效果预估可以作为管理政策修正或终结的依据，这是基于“零废弃”的城市生活垃圾管理政策动态化运行过程中的必要环节。因此，如何对基于“零废弃”的城市生活垃圾管理政策实施效果进行预估成为我们研究的重点。据此，我们从环境、经济、社会及技术四个维度出发，以系统动力学为主要评价方法对基于“零废弃”的城市生活垃圾管理政策实施效果进行了科学、准确的预估。

第一节 基于“零废弃”的城市生活垃圾管理政策实施效果的预估变量确定

在对基于“零废弃”的城市生活垃圾管理政策实施效果进行预估前，我们需要了解基于“零废弃”的城市生活垃圾管理政策的整体环境，从宏观视角和多维度对基于“零废弃”的城市生活垃圾管理政策的影响范围进行分析，筛选出管理政策实施效果的预估变量，为基于“零废弃”的城市生活垃圾管理政策实施效果预估体系的建立夯实基础。

由于PEST分析是常见的用于分析研究对象周围宏观环境的方法，其中，“P”指代Politics，译为政治；“E”指代Economy，译为经济；“S”指代Society，译为社会；“T”指代Technology，译为技术。为此，PEST分析完全适用于基于“零废弃”的生活垃圾管理政策实施效果预估变量选取。

一、基于环境维度的预估变量

生态文明建设是我国的重大战略决策。“零废弃”城市生活垃圾管理是生态文明建设的重要一环，不仅直接影响到我国生态文明建设的进程和结果，而且决定着人们未来的生存质量。然而，由于经济的高速发展、城市规模的不断扩大及人民生活的日益改善，城市生活垃圾产生量日益增加，严重危害自然环境以及人类健康。因此，推行绿色可持续生产和循环可再生经济势在必行。基于“零废弃”的城市生活垃圾管理政策就是通过对城市生活垃圾进行“零废弃”管理，坚持城市生活垃圾前端“预防和减量”、中端“再用和他用”和后端“处理”优先顺序，努力实现城市生活垃圾“零废弃、零污染、零排放”的管理目标，从而减少城市生活垃圾对环境的污染。因此，基于“零废弃”的城市生活垃圾管理政策对降低环境污染的作用成为管理政策实施效果预估必须考虑的首要变量。

基于“零废弃”的城市生活垃圾管理政策对环境的直接作用结果包括：城市生活垃圾前端“预防和减量”和中端“再用和他用”过程中城市生活垃圾产生量和有害垃圾收集量的减少；基于“零废弃”的城市生活垃圾管理政策高效实施使城市生活垃圾收集率得以提高；城市生活垃圾后端“处理”提高了城市生活垃圾处理水平。也就是说，城市生活垃圾产生情况、再生资源回收情况、有害垃圾回收情况、城市生活垃圾的处理情况都能体现管理政策约束后的城市生活垃圾管理整体。因此，我们选取城市生活垃圾产生情况、城市生活垃圾回收情况、有害垃圾回收情况以及城市生活垃圾无害化处理情况作为基于“零废弃”的城市生活垃圾管理政策实施效果的预估变量是科学的。

（一）城市生活垃圾产生情况

“零废弃”城市生活垃圾管理的一个最重要特征就是通过对城市生活垃圾前端“预防和减量”和中端“再用和他用”，减少城市生活垃圾产生量，以此实现基于“零废弃”的城市生活垃圾管理政策实施的终极目标。因此，我们初步选取城市生活垃圾产生情况作为基于“零废弃”的城市生活垃圾管理政策实施效果预估的环境维度变量，能精准地表示出基于“零废弃”的城市生活垃圾管理政策实施引起的城市生活垃圾前端“预防和减量”和中端“再用和他用”变化情况，这对管理政策实施效果预估来说显得十分重要。

（二）城市生活垃圾收集情况

在理想情况下，城市产生的生活垃圾经收集点全部收集后由运输车运到城市生活垃圾处理厂进行处理，实现城市生活垃圾的无害化处理以及能量转化。然而，在现实生活中，城市生活垃圾通过正常方式很难被全部回收，会流失到非正常收集渠道。基于“零废弃”的城市生活垃圾管理政策实施的一个主要目的就是尽量提高城市生活垃圾收集率，减少城市生活垃圾流向非正常收集渠道的情况发生。城市生活垃圾收集率与城市生活垃圾清运量正相关，城市生活垃圾清运量越高，城市生活垃圾收集率就越高。城市生活垃圾清运总量受城市人口数量、居民消费水平和经济发展水平的影响。因此，我们初步选取城市生活垃圾收集情况作为基于“零废弃”的城市生活垃圾管理政策实施效果预估变量，可以从侧面映射出基于“零废弃”的城市生活垃圾管理政策实施效果，这对管理政策实施效果预估来说显得十分重要。

（三）有害垃圾的回收情况

有害垃圾回收在城市生活垃圾管理中占据着重要地位，直接影响着人们的居住环境。目前，学界将有害垃圾分为行业源危险废物和家庭源危险废物。家庭源产生的有害垃圾源头分布广泛，每个源头的产生量小，收集及运输成本高，难以通过转移联单和申报登记等常规措施对其回收管理。大部分家庭电子产品有害垃圾和过期药品都没有进入正规的有害垃圾收集渠道，有些已流入生态系统破坏了生态环境。企业源有害垃圾主要问题是流向不明。总之，家庭源有害垃圾和企业源有害垃圾没有经过正确收集和处理必将污染环境。目前，我国有害垃圾回收情况不容乐观。基于“零废弃”的城市生活垃圾管理政策必然要对有害垃圾的正确回收作出明确指示。因此，我们初步选取有害垃圾的回收情况作为基于“零废弃”的城市生活垃圾管理政策实施效果预估变量是科学的。

（四）城市生活垃圾无害化处理情况

“零废弃”城市生活垃圾处理的一个原则就是在城市生活垃圾处理过程中尽量使能源转换，使城市生活垃圾有“用武之地”。据此，基于“零废弃”的城市生活垃圾管理政策就应对城市生活垃圾填埋量以及焚烧和堆肥规模有所制约。因此，我们选取城市生活垃圾无害化处理情况作为基于“零废弃”的城市生活垃圾管理政策实施效果预估变量是科学合理的，可以从侧面映射出基于“零废弃”的城市生活垃圾管理政策实施效果，这对管理政策实施效果预估来说显得十分重要。

二、基于经济维度的预估变量

“零废弃”城市生活垃圾管理的另一个重要目的是通过减少城市生活垃圾产生量、利用城市生活垃圾进行能量转化以减少资源浪费，实现经济收益最大化。在经济维度中，基于“零废弃”的城市生活垃圾管理政策实施时以经济与环境协调发展为目标带动城市生活垃圾相关企业发展，还能带动城市生活垃圾相关企业形成市场化和竞争化的发展格局，从而推动经济的高速增长。因此，我们选取再生资源回收情况、城市生活垃圾处理设施数量以及城市生活垃圾相关企业情况作为基于“零废弃”的城市生活垃圾管理政策实施效果预估变量是科学的。

（一）再生资源回收情况

再生资源回收是实现基于“零废弃”的城市生活垃圾管理政策中城市生活垃圾管理中端“再用和他用”的前提。再生资源回收能够减少资源浪费，节约产业运行成本，从而产生经济收益。具体来说，一方面，再生资源回收涉及再生资源的回收运输、分拣加工和绿色供应链等诸多环节，是循环经济、绿色生产以及节能环保领域的重要内容。再生资源回收能够促使再生资源回收利用行业发展，从而带动经济发展。另一方面，再生资源本身就是一种资源，对其进行回收就是对资源的再利用，同样具有很大的经济收益。因此，我们选取再生资源回收情况作为基于“零废弃”的城市生活垃圾管理政策实施效果预估变量是科学的。

（二）城市生活垃圾处理设施数量

城市生活垃圾后端“处理”是城市生活垃圾管理全过程的最后一步。城市生活垃圾处理设施不仅能及时处理城市生活垃圾，减少城市生活垃圾带来的环境问题，还能对产生一些经济效益。具体来说，一方面，城市生活垃圾处理设施建设能增加社会资本投资，带动投资企业的发展。另一方面，在人力资源、财力资源和物力资源支持下，城市生活垃圾处理设施高效运营也会产生经济收益。因此，我们选取城市生活垃圾处理设施数量作为基于“零废弃”的城市生活垃圾管理政策实施效果预估变量是必要的，可以从侧面映射出基于“零废弃”的城市生活垃圾管理政策实施效果，这对管理政策实施效果预估来说显得十分重要。

（三）城市生活垃圾相关企业情况

目前，我国城市生活垃圾的行业化程度越来越高，专门从事城市生活垃圾的企业也越来越多，城市生活垃圾企业也慢慢形成了独具特色的运作模式。城市生活垃圾经营性清扫、收集和运输与处理企业都给基于“零废弃”的城市生活垃圾管理政策实施提供了重要保障，并且带动了经济发展。按照城市生活垃圾“收集—运输—处理”的一般流程，城市生活垃圾企业大致可分为再生资源回收企业，城市生活垃圾收运企业以及城市生活垃圾处理企业，其中再生资源回收企业为城市生活垃圾中端“再用和他用”提供基础；城市生活垃圾处理企业为实现城市生活垃圾后端有效“处理”夯实了根基。为方便起见，我们将上述涉及的所有企业统称为城市生活垃圾管理企业。在运营过程中，城市生活垃圾管理企业不仅可以提供就业机会，还可以带动其他行业发展。因此，我们选取城市生活垃圾管理企业情况作为基于“零废弃”的城市生活垃圾管理政策实施效果预估变量是科学的。

三、基于社会维度的预估变量

城市生活垃圾对人们健康和生态环境的损害不容小觑，著名的“拉芙运河案”和“菲律宾的帕雅塔斯事件”就是城市生活垃圾危害的最具代表性的佐证。城市生活垃圾管理已经不仅仅是环境保护问题，更是牵动每个人的社会问题。基于“零废弃”的城市生活垃圾管理水平是现代社会文明程度的重要标志，基于“零废弃”的城市生活垃圾管理政策实施不仅能解决由此引发的环境问题，更能提高公众的生活质量，增强公众的幸福感，实现社会效益，促进整个社会的发展。因此，我们选取公众对生活条件和质量的满意度、“零废弃”城市生活垃圾管理从业人数以及公众参与“零废弃”城市生活垃圾管理的程度作为基于“零废弃”的城市生活垃圾管理政策实施效果预估变量显得尤为重要①。

（一）公众对生活环境和质量的满意度

基于“零废弃”的城市生活垃圾管理政策实施的最重要的目的就是改善了公众的生活环境质量，使公众更具幸福感。通常情况下，“零废弃”城市生活垃圾管

① Su J. P., Chiueh P. T., Hung M. L., et al. Analyzing policy impact potential for municipal solid waste management decision - making: A case study of Taiwan [J]. *Resources, Conservation and Recycling*, 2007, 51 (2): 418 - 434.

理工作的一大难点就是城市生活垃圾处理设施建设问题。在城市生活垃圾处理设施建设和运行过程中，政府或企业很容易与周边居民产生严重的摩擦和纠纷，形成“邻避现象”。基于“零废弃”的城市生活垃圾管理政策实施能够减少“邻避现象”的发生，缓和政府或者企业与周边居民之间的纠纷，使整个社会变得更加和谐。因此，我们选取公众对生活环境和质量的满意度作为基于“零废弃”的城市生活垃圾管理政策实施效果预估变量是必要的，可以从侧面映射出基于“零废弃”的城市生活垃圾管理政策实施效果，这对管理政策实施效果预估来说显得十分重要。

（二）“零废弃”城市生活垃圾管理从业人数

基于“零废弃”的城市生活垃圾管理政策不仅可以解决严重的环境污染问题，而且还能为社会提供工作岗位，缓解公众的生存压力，解决社会问题。从“零废弃”城市生活垃圾管理直接涉及的人员来看，城市生活垃圾收运需要垃圾分拣员、保洁员、环卫人员、驾驶员和车辆调度员等人员；城市生活垃圾处理还需要技术人员保证处理设施的正常运转。从“零废弃”城市生活垃圾管理间接涉及的人员来看，城市生活垃圾设备制造企业人员、项目建设人员以及科技研发人员也是必不可少的。因此，我们选取“零废弃”城市生活垃圾管理从业人数作为基于“零废弃”的城市生活垃圾管理政策实施效果预估变量显得尤为重要，可以从侧面映射出基于“零废弃”的城市生活垃圾管理政策实施效果。

（三）公众参与“零废弃”城市生活垃圾管理的程度

“零废弃”城市生活垃圾管理不仅是政府的事情，还涉及社会中的其他群体，其中涉及人数最多、涉及范围最广的就是公众这一群体。公众参与“零废弃”城市生活垃圾管理不仅能够提升我国城市生活垃圾管理能力，还能丰富和完善城市生活垃圾管理机制，增进政府和公众之间的有效沟通和交流，方便政府制定科学、民主、高效的城市生活垃圾管理决策，监督政府提高城市生活垃圾管理政策执行力，由此可见，公众参与对“零废弃”城市生活垃圾管理有着重要的意义。因此，我们选取公众参与“零废弃”城市生活垃圾管理程度作为衡量基于“零废弃”的城市生活垃圾管理政策实施效果预估变量是必要的，可以从侧面映射出基于“零废弃”的城市生活垃圾管理政策实施效果，这对管理政策实施效果预估来说显得十分重要。

四、基于技术维度的预估变量

通常情况下，一项政策的实施效果与软硬件技术的突破是密切相关的。只有在先进的软硬件技术支持下，一项政策的实施效果才能更好地发挥出来。这就要求基于“零废弃”的城市生活垃圾管理政策实施要密切关注技术，要通过技术提高助力基于“零废弃”的城市生活垃圾管理政策目标的实现[①]。为此，与环境维度、经济维度以及社会维度比较而言，技术维度也显得非常重要。只有在技术上取得突破，才能保证基于“零废弃”的城市生活垃圾管理政策实施效果符合预期目标。因此，我们选取城市生活垃圾智能收运设施使用情况、城市生活垃圾焚烧处理情况和城市生活垃圾综合处理情况作为变量预估基于“零废弃”的城市生活垃圾管理政策实施效果显得非常重要。

（一）城市生活垃圾智能收运设施使用情况

在提倡环境保护的今天，简单抛弃已经不是首选，回收利用更被重视，回收利用也就是要实现城市生活垃圾的“再用和他用”。但是分散在千家万户的城市生活垃圾快速集中并回收利用是一个浩大工程。物联网的城市生活垃圾绿色智能收运解决了这一难题[②]，由于垃圾桶、垃圾收集车和垃圾转运车都安装了物联网芯片，它们位置移动信息也都被自动录入到数据库中，方便“零废弃”城市生活垃圾管理者们全面监控垃圾数量和流向[③]。因此，我们选取城市生活垃圾智能收运设施使用情况作为基于“零废弃”的城市生活垃圾管理政策实施效果预估变量是必要的，可以从侧面映射出基于“零废弃”的城市生活垃圾管理政策实施效果，这对管理政策实施效果预估来说显得十分重要。

（二）城市生活垃圾焚烧处理情况

随着环境污染问题的凸显和我国生态文明建设的需求的日益迫切，垃圾焚烧成为城市生活垃圾处理的最佳方式，这主要是因为与垃圾填埋场相比垃圾焚烧厂占用的土地资源更少。城市生活垃圾焚烧处理不仅可以做到城市生活垃圾无害化，还能将城市生活垃圾转换成人们日常生活所需的资源，完全符合“零废弃”城市生活垃圾的管理要求。因此，我们选取城市生活垃圾焚烧处理情况作为基于“零废弃”的城市生活垃圾管理政策实施效果预估变量是必要的，可以从侧面映射出基于“零废弃”的城市生活垃圾管理政策实施效果，这对管理政策实施效果预估来说十分重要。

---

① Anyaoku C. C., Baroutian S. Decentralized anaerobic digestion systems for increased utilization of biogas from municipal solid waste [J]. *Renewable and Sustainable Energy Reviews*, 2018, 90: 982 – 991.

② Batar A. S., Chandra T. Municipal Solid Waste Management: A paradigm to smart cities [M]//From *Poverty, Inequality to Smart City*. Springer, Singapore, 2017: 3 – 18.

③ Zhao Y., Wang Q., Zang Y., et al. Design of intelligent garbage collection system [C]//International Conference on Applications and Techniques in Cyber Security and Intelligence. Springer, Cham, 2019: 542 – 547.

（三）城市生活垃圾综合处理情况

在多种城市生活垃圾处理方式中，垃圾堆肥是通过一定的技术手段将城市生活垃圾转换成土壤肥料的过程。垃圾堆肥不仅能改善土壤环境，还能充分利用垃圾中的资源，实现城市生活垃圾再利用价值。然而，由于我国堆肥处理城市生活垃圾成本较高，堆肥技术良莠不齐，堆肥处理的推广尚需全面考量。特别是，我国城市生活垃圾的组分复杂，单独使用填埋、焚烧或者堆肥中的任何一种处理技术都难以达到城市生活垃圾减量化、资源化和无害化的总体目标，为此，我们必须将填埋、焚烧和堆肥等技术的优点完美融合形成城市生活垃圾综合处理才能充分利用城市生活垃圾，实现城市生活垃圾的回收利用。因此，我们选取城市生活垃圾综合处理情况作为基于“零废弃”的城市生活垃圾管理政策实施效果预估变量是科学的。

第二节　基于“零废弃”的城市生活垃圾管理政策实施效果预估评价指标体系构建

基于“零废弃”的城市生活垃圾管理政策实施效果预估最重要的是建立一套科学合理的管理政策实施效果预估指标体系作为管理政策预估的依据。为此，我们从环境、经济、社会及技术四个维度出发，在每个维度中选取若干个子变量构建基于“零废弃”的城市生活垃圾管理政策实施效果预估指标体系，以便科学、精准地预估出基于“零废弃”的城市生活垃圾管理政策实施效果。

一、管理政策实施效果预估评价指标体系构建原则

构建基于“零废弃”的城市生活垃圾管理政策实施效果预估指标体系的根本目的是通过科学合理的指标设置实现管理政策实施效果的科学判断和分析，为后续管理政策完善提供有利的指导意见。为此，构建基于“零废弃”的城市生活垃圾管理政策实施效果预估指标体系必须要遵循一些原则，才能更好地衡量出基于“零废弃”的城市生活垃圾管理政策实施效果。

（一）科学性原则

科学性原则是基于“零废弃”的城市生活垃圾管理政策实施效果指标体系能

否客观、全面地反映实施效果的基础。在基于“零废弃”的城市生活垃圾管理政策实施效果预估中，科学性原则要求所选取的指标是从各个维度、不同层级选取，它们是能够代表管理政策实施的某一特定效果的指标。这些指标既要准确反映维度的特征，又要展现出不同层级的差异；既要具有理论创新价值，又要有明确的现实意义；既要具有全面性，又要具有代表性；既要能体现出指标之间的内在联系，又要避免各指标之间的重复，从而使指标选取更加科学。

（二）可行性原则

基于“零废弃”的城市生活垃圾管理政策实施效果评价指标体系最终是要付诸实践的，因而指标体系要具备可行性，只有这样才能保证管理政策实施效果预估的可操作性。无论是选取管理政策实施效果预估变量还是指标，可行性原则都要求充分考虑数据获得的难易程度。如果数据难以获得，就会加大管理政策实施效果预估的模糊程度，降低实施效果预估的正确性。另外，可行性原则还要求考虑指标数据之间比较的可行性，方便实施效果预估中多个分目标之间的均衡分析。

（三）系统性原则

基于“零废弃”的城市生活垃圾管理政策是由多个相互联系、相互依存的子系统组成的一个复杂系统。就系统本身来说，各个子系统之间是彼此联系、彼此依赖共同支撑着基于“零废弃”的城市生活垃圾管理政策的正常运行。从系统与外部环境之间的关系来说，基于“零废弃”的城市生活垃圾管理政策与外部环境相互关联，并据此组成的一些新系统发挥着作用。因此，基于“零废弃”的城市生活垃圾管理政策实施效果预估指标体系的建立必须要以系统性为原则。在赋予基于“零废弃”的城市生活垃圾管理政策丰富内容的基础上，系统性原则要求选取管理政策实施效果预估指标既要充分考虑管理政策自身系统的特性，又要平衡管理政策与其外部环境之间的相关关系。

二、管理政策实施效果预估评价指标体系构建过程

基于“零废弃”的城市生活垃圾管理政策实施效果预估指标体系是以管理政策实施效果预估为根本，以衡量城市生活垃圾前端“预防和减量”、中端“再用和他用”和后端“处理”的合理性为准则，实现城市生活垃圾“零废弃、零污染、零排放”管理目标为依据而构建的。因此，我们先初步确定基于“零废弃”

的城市生活垃圾管理政策实施效果预估变量，再构建基于“零废弃”的城市生活垃圾管理政策实施效果预估评价指标体系初步框架，然后运用德尔菲法征求城市生活垃圾管理领域专家和政府工作人员的意见，修改和完善管理政策实施效果预估指标体系，征求城市生活垃圾管理领域专家和政府工作人员的意见，最终确定基于“零废弃”的城市生活垃圾管理政策实施效果预估评价指标体系。

运用德尔菲法，我们选取的专家和政府工作人员拥有城市生活管理以及城市生活垃圾管理政策方面的专业知识或实践经验；有参与此次基于“零废弃”的城市生活垃圾管理政策实施效果预估指标体系构建的能力和意愿；有足够的时间保障参加两轮询问，直到各位受访专家达成共识，不中途退出的。

（一）指标体系构建流程

依据制度—行动者理论和多属性效用理论要求，结合实际调研的结果，我们构建了基于“零废弃”的城市生活垃圾管理政策实施效果预估指标体系的理论框架。据此，我们从环境、经济、社会和技术四个维度分解管理政策实施效果预估指标体系。然后，我们运用德尔菲法完成两轮的专家调查，得到最终的基于“零废弃”的城市生活垃圾管理政策实施效果预估指标体系（见图7-1）。

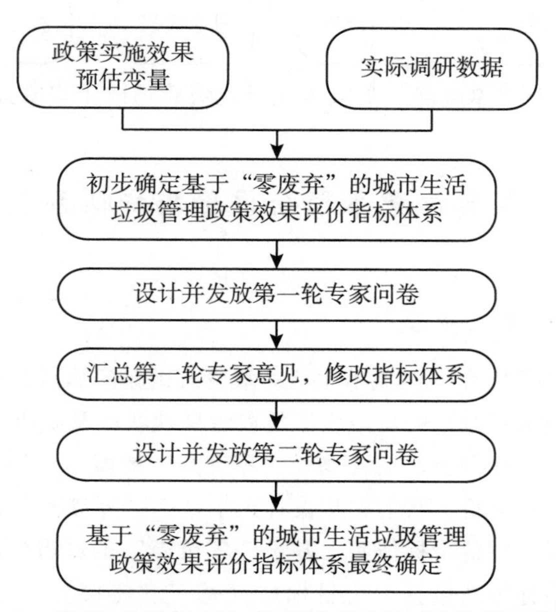

图7-1　基于“零废弃”的城市生活垃圾管理政策实施效果预估指标体系构建工作流程

（二）指标体系的结构框架

基于“零废弃”的城市生活垃圾管理政策实施效果预估指标体系是一套完整的指标体系，包括清晰的逻辑层次、完整的预估维度、直观明确的测量指标。清晰的逻辑层次保证不同指标体系，不同层次之间的顺序，使相同作用指向的指标在同一层级和不同作用指向的指标在不同层级。完整的预估维度保证指标体系预估范围的完整性，确保在实施效果预估过程中不存在任何遗漏。明确的测量指标是保证指标体系在实践操作过程中体现出指标的可操作性和可测量性。为了规避当前用“投入—产出”测量管理政策实施效果的弊端，基于“零废弃”的城市生活垃圾管理政策实施效果预估的评价指标体系从环境保护、经济循环、社会需求以及技术进步等方面测量管理政策给整个社会带来的变化（见图7-2）。

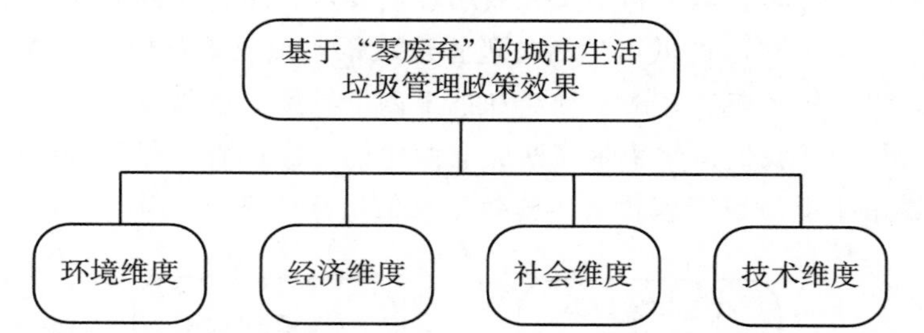

图7-2　基于“零废弃”的城市生活垃圾管理政策实施效果结构维度

三、管理政策实施效果预估评价指标体系设计

（一）指标体系初步设计

在确定基于“零废弃”的城市生活垃圾管理政策实施效果预估评价指标体系之初，我们对我国重点城市的城市生活垃圾管理现状以及城市生活垃圾管理政策的实施现状进行了实际调研。结合基于“零废弃”的城市生活垃圾管理政策实施效果预估变量的理论分析，我们初步设计出了基于“零废弃”的城市生活垃圾管理政策实施效果预估评价指标体系。基于“零废弃”的城市生活垃圾管理政策实施效果预估评价指标体系包括1个目标层（基于“零废弃”的城市生活垃圾管理政策实施效果）、4个准则层（环境维度、经济维度、社会维度及技术维度）以及13个详细指标（见表7-1）。

表 7-1　基于“零废弃”的城市生活垃圾管理政策实施效果评价指标体系（初步设定）

目标层	准则层	指标层
基于“零废弃”的城市生活垃圾管理政策实施效果（A_1）	环境维度（B_1）	城市生活垃圾产生数量（C_1）
		城市生活垃圾收集数量（C_2）
		城市生活垃圾收集比率（C_3）
		城市生活垃圾人均产生数量（C_4）
		有害垃圾收集数量（C_5）
		城市生活垃圾无害化处理数量（C_6）
	经济维度（B_2）	再生资源回收数量（C_7）
		城市生活垃圾处理设施数量（C_8）
		城市生活垃圾管理企业数量（C_9）
		城市生活垃圾设备制造企业数量（C_{10}）
		城市生活垃圾管理投入资金数（C_{11}）
		城市生活垃圾管理从业人员工资（C_{12}）
	社会维度（B_3）	公众对城市生活垃圾管理的满意程度（C_{13}）
		公众参与城市生活垃圾管理的程度（C_{14}）
		城市生活垃圾管理从业人员数量（C_{15}）
		公众环保意识的提升程度（C_{16}）
		基层政府城市生活垃圾管理的责任感（C_{17}）
	技术维度（B_4）	城市生活垃圾智能垃圾桶使用数量（C_{18}）
		城市生活垃圾智能运输车辆使用数量（C_{19}）
		城市生活垃圾焚烧处理数量（C_{20}）
		城市生活垃圾堆肥处理数量（C_{21}）
		城市生活垃圾综合处理数量（C_{22}）
		城市生活垃圾填埋处理数量（C_{23}）

（二）评价指标筛选

1. 第一轮专家调查

基于“零废弃”的城市生活垃圾管理政策实施效果评价指标体系初步设定后，我们通过电话访谈、电子邮件和发放纸质问卷的方式向就附录1中的内容向受访专家进行了咨询（详见附录一）。按照李克特（Likert）5分量表要求，问卷中的每个指标都分为“非常赞同（5分）”“赞同（4分）”“不一定（3分）”

"不太赞同（2分）"以及"不赞同（1分）"五个选项，同时在每个指标后面设置了修改意见栏以供专家们删减、补充和修正指标。然后，我们汇总专家们的意见，并开始对问卷进行信度检验和效度检验以确定指标的可靠性。具体如下：

2019年5月，我们开始了第一轮的德尔菲调查。根据潜在参与者的学历、专业知识和工作经验，确定了28位潜在专家并邀请他们参加基于"零废弃"的城市生活垃圾管理政策实施效果预估评价指标体系的确定工作，其中有15位专家表示他们感兴趣并同意参加，参与率为53.5%，这符合大多数德尔菲研究使用15~20位受访者的一般情况。参与专家们主要包括：城市生活垃圾管理及政策制定领域的教授和专家；环境和消费者NGO（非政府组织）；政府官员和相关商业团体的代表人；城市生活垃圾管理相关政策实施部门的工作人员以及城市生活垃圾管理的一线工作人员。他们代表着我国城市生活垃圾管理及政策制定的最高水平。参与专家们的背景差异性也使基于"零废弃"的城市生活垃圾管理政策实施效果预估评价指标体系更具科学性和概括性。

第一轮调查发出15份问卷，回收15份，回收率达到100%。我们对第一轮专家问卷进行了意见协调性分析（见表7-2），得出第一轮回收问卷的肯德尔协同系数为0.721，这说明各位专家对指标评分结果的协调程度较高（$P<0.01$）。

表7-2　　第一轮调查专家意见协调系数

肯德尔协调系数（Kendall's W）	自由度（df）	卡方	P值
0.721	22	237.907	0.000

根据第一轮专家的意见，我们将"有害垃圾收集数量"改为"有害垃圾收集比率"；将"城市生活垃圾无害化处理数量"改为"城市生活垃圾无害化处理比率"；将"再生资源回收数量"改为"再生资源回收比率"。同时我们将"城市生活垃圾设备制造企业数量"归到"城市生活垃圾管理企业数量"中，将两者统称为"城市生活垃圾管理企业数量"；将"城市生活垃圾智能垃圾桶使用数量"和"城市生活垃圾智能运输车辆使用数量"合并为"城市生活垃圾智能设施使用数量"。此外，从表7-3可以得出，"城市生活垃圾产生数量（C_1）""城市生活垃圾收集数量（C_2）""城市生活垃圾处理设施数量（C_8）""基层政府城市生活垃圾管理的责任感（C_{17}）"以及"城市生活垃圾填埋处理数量（C_{23}）"的变异系数（C_V）均大于2.5，所以剔除这些指标，得到修改后的基于"零废弃"的城市生活垃圾管理政策实施效果预估指标体系。

表 7-3 第一轮专家咨询结果

准则层	指标层	专家认可程度	
		均值 ± 标准差	变异系数（C_V）
环境维度（B_1）	城市生活垃圾产生数量（C_1）	1.40 ± 0.51	0.36
	城市生活垃圾收集数量（C_2）	2.27 ± 0.70	0.31
	城市生活垃圾收集比率（C_3）	4.73 ± 0.46	0.10
	城市生活垃圾人均产生数量（C_4）	4.47 ± 0.52	0.12
	有害垃圾收集数量（C_5）	3.27 ± 0.46	0.14
	城市生活垃圾无害化处理数量（C_6）	3.60 ± 0.74	0.20
经济维度（B_2）	再生资源回收数量（C_7）	4.47 ± 0.52	0.12
	城市生活垃圾处理设施数量（C_8）	2.20 ± 0.86	0.39
	城市生活垃圾管理企业数量（C_9）	3.87 ± 0.92	0.24
	城市生活垃圾设备制造企业数量（C_{10}）	3.53 ± 0.74	0.21
	城市生活垃圾管理投入资金数（C_{11}）	4.73 ± 0.46	0.10
	城市生活垃圾管理从业人员工资（C_{12}）	3.47 ± 0.52	0.15
社会维度（B_3）	公众对城市生活垃圾管理的满意程度（C_{13}）	4.80 ± 0.41	0.09
	公众参与城市生活垃圾管理的程度（C_{14}）	3.80 ± 0.41	0.11
	城市生活垃圾管理从业人员数量（C_{15}）	4.73 ± 0.46	0.10
	公众环保意识的提升程度（C_{16}）	4.40 ± 0.63	0.14
	基层政府城市生活垃圾管理的责任感（C_{17}）	2.07 ± 0.70	0.34
技术维度（B_4）	城市生活垃圾智能垃圾桶使用数量（C_{18}）	3.87 ± 0.92	0.24
	城市生活垃圾智能运输车辆使用数量（C_{19}）	3.47 ± 0.83	0.24
	城市生活垃圾焚烧处理数量（C_{20}）	4.47 ± 0.52	0.12
	城市生活垃圾堆肥处理数量（C_{21}）	4.40 ± 0.63	0.14
	城市生活垃圾综合处理数量（C_{22}）	4.33 ± 0.62	0.14
	城市生活垃圾填埋处理数量（C_{23}）	2.00 ± 0.76	0.38

2. 第二轮专家调查

整理和分析第一轮的调查结果后，我们设计出了新的问卷并再次发放（如附录二所示）。同样按照李克特（Likert）5 分量表咨询专家们对每个指标的认可程度。第二轮发放问卷 15 份，回收 14 份，回收率达到 93.33%。

我们对第二轮专家问卷进行了意见协调性分析，得出第二轮回收问卷的肯德尔协同系数为 0.658，说明各位专家对指标评分结果的协调程度较高（$P<0.01$）

（见表7-4和表7-5）。此外，第二轮专家问卷调查结果显示所有指标的变异系数（C_V）均小于0.15，说明第二轮的问卷得到了专家们的一致认可，至此确定了16个基于“零废弃”的城市生活垃圾管理政策实施效果预估指标。

表7-4　　第二轮调查专家意见协调系数

肯德尔协调系数（Kendall's W）	自由度（df）	卡方	P值
0.658	15	203.094	0.000

表7-5　　第二轮专家咨询结果

准则层	指标层	专家认可程度	
		均值±标准差	变异系数（C_V）
环境维度（B_1）	城市生活垃圾人均产生量（C1）	4.86±0.36	0.07
	城市生活垃圾收集比率（C2）	4.71±0.47	0.10
	城市生活垃圾处理比率（C3）	4.57±0.51	0.11
	有害垃圾收集比率（C4）	4.93±0.27	0.05
经济维度（B_2）	再生资源回收比率（C5）	4.79±0.43	0.09
	城市生活垃圾管理企业数量（C6）	4.64±0.50	0.11
	城市生活垃圾管理投入资金数（C7）	4.86±0.36	0.07
	城市生活垃圾管理从业人员工资（C8）	4.86±0.36	0.07
社会维度（B_3）	公众对城市生活垃圾管理的满意程度（C9）	4.86±0.47	0.07
	公众参与城市生活垃圾管理的程度（C10）	4.64±0.50	0.11
	城市生活垃圾管理从业人员数量（C11）	4.71±0.47	0.10
	公众环保意识的提升程度（C12）	4.79±0.43	0.09
技术维度（B_4）	城市生活垃圾智能设施使用数量（C13）	4.79±0.43	0.09
	城市生活垃圾焚烧处理比率（C14）	4.71±0.47	0.10
	城市生活垃圾堆肥处理比率（C15）	4.64±0.50	0.11
	城市生活垃圾综合处理比率（C16）	4.71±0.47	0.10

（三）指标体系最终确定

通过前后两轮调查，根据专家们意见，我们最终确定了由目标层（1个）、准则层（4个）和指标层（16个）构成的基于“零废弃”的城市生活垃圾管理政策实施效果预估指标体系（见表7-6）。

表 7-6　基于“零废弃”的城市生活垃圾管理政策实施效果预估评价指标体系

目标层	准则层	指标层
基于“零废弃”的城市生活垃圾管理政策实施效果（A_1）	环境维度（B_1）	城市生活垃圾人均产生量（C_1）
		城市生活垃圾收集比率（C_2）
		城市生活垃圾处理比率（C_3）
		有害垃圾收集比率（C_4）
	经济维度（B_2）	再生资源回收比率（C_5）
		城市生活垃圾管理企业数量（C_6）
		城市生活垃圾管理投入资金数（C_7）
		城市生活垃圾管理从业人员工资（C_8）
	社会维度（B_3）	公众对城市生活垃圾管理的满意程度（C_9）
		公众参与城市生活垃圾管理的程度（C_{10}）
		城市生活垃圾管理从业人员数量（C_{11}）
		公众环保意识的提升程度（C_{12}）
	技术维度（B_4）	城市生活垃圾智能设施使用数量（C_{13}）
		城市生活垃圾焚烧处理比率（C_{14}）
		城市生活垃圾堆肥处理比率（C_{15}）
		城市生活垃圾综合处理比率（C_{16}）

第三节　基于“零废弃”的城市生活垃圾管理政策实施效果预估

一、多属性评价方法

由于基于“零废弃”的城市生活垃圾管理政策实施效果预估包括 4 个维度和 16 个指标，为此，我们将基于“零废弃”的城市生活垃圾管理政策实施效果预估定位为多属性综合评价问题，选取多属性评价方法对其进行评价。

目前，多属性综合评价方法有很多，其中最为常见的方法包括层次分析法（Analytic Hierarchy Process，AHP）、数据包络法（Data Envelopment Analysis，

DEA）、主成分分析法（Principal Component Analysis，PCA）、模糊综合评价法（Fuzzy Comprehensive Appraisal，FCA）、熵值法（Entropy Method，EM）以及多目标优化法（Multiple Objective Optimizing，MOO）。这些多属性综合评价方法的核心是通过数学模型或算法将评价系统中的多个指标看成一个整体，通过一个量化的指标来对相关问题进行评价，为决策者提供科学决策依据。由于基于“零废弃”的城市生活垃圾管理政策实施效果预估指标体系中有一些指标不能通过具体数字加以说明，为此，我们将层次分析法和模糊综合评价法结合起来对基于“零废弃”的城市生活垃圾管理政策实施效果进行多属性综合评价更为科学。具体来说，第一步，我们运用层次分析法确定基于“零废弃”的城市生活垃圾管理政策实施效果预估指标体系中指标的权重。第二步，在各个指标权重确定基础上，我们运用模糊综合评价法对基于“零废弃”的城市生活垃圾管理政策实施效果进行预估。

二、AHP 确定指标权重

（一）AHP 确定指标权重具体过程

按照层次分析法的要求，我们将基于“零废弃”的城市生活垃圾管理政策实施效果预估问题拆分成 3 个层次，针对每个层次分析其相关因素，然后结合专家们的意见对因素进行模型化和定量化，再通过计算得出每个指标权重，并对权重顺序进行排列，为选择最佳方案提供依据。

步骤 1：构建层次模型。

基于“零废弃”的城市生活垃圾管理政策实施效果预估的层次模型就是基于“零废弃”的城市生活垃圾管理政策实施效果预估指标体系。

步骤 2：构造层次模型对比矩阵。

运用主观评价和专家意见相结合的方法，我们对基于“零废弃”的城市生活垃圾管理政策实施效果预估指标体系中的每个指标进行两两对比，确定指标的重要程度，并采用 1 ~ 9 尺度法（见表 7 - 7）确定指标之间的对比矩阵 B。

表 7 - 7　　指标重要程度比较判定

i 比 j	重要程度相同	稍重要	重要	很重要	绝对重要
a_{ij}	1	3	5	7	9

注：在每两个重要程度之间都有一个中间量，a_{ij}可分别取值表中相邻各值的中间数。若 i 与 j 的重要程度之比为 a_{ij}重，则 j 与 i 的重要程度之比为 $a_{ji} = 1/a_{ij}$。

步骤 3：一致性检验。

（1）计算比较矩阵 B 的最大特征值 λ_{max}。

（2）计算一致性指标 CI（Consistency Index）可衡量比较矩阵 B 的不一致程度：

$$CI = \frac{\lambda_{max} - n}{n - 1} \tag{7.1}$$

（3）查找平均随机一致性指标 RI（Random Index）（见表 7 - 8）。

表 7 - 8　随机一致性

n	1	2	3	4	5	6	7	8	9
RI	0	0	0.58	0.90	1.12	1.24	1.32	1.41	1.45

（4）计算一致性比例 CR（Consistency Ratio）。

$$CR = \frac{CI}{RI} \tag{7.2}$$

当 $CR < 0.1$ 时，认为矩阵 B 的不一致性是可以接受的；

当 $CR \geqslant 0.1$ 时，则应该对问题进行修改。

步骤 4：计算权重向量。

对可接受的比较矩阵 B 来讲，计算各因素在目标层中所占的比例，并对这些比例归一化处理。

（二）指标体系权重确定

在设计问卷时，我们重点强调基于“零废弃”的城市生活垃圾管理政策的前端“预防和减量”、中端“再用和他用”和后端“处理”的重要顺序，这也是专家们打分的重要依据。我们给专家发放问卷总计 15 份，回收有效问卷 10 份。据此，我们首先得到指标间重要程度的比较矩阵（见表 7 - 9）、环境维度的指标重要性判定矩阵（见表 7 - 10）、经济维度的指标重要性判定矩阵（见表 7 - 11）、社会维度的指标重要性判定矩阵（见表 7 - 12）和技术维度的指标重要性判定矩阵（见表 7 - 13）。其次，我们确定了基于“零废弃”的城市生活垃圾管理政策实施效果预估指标体系中各指标的权重（见表 7 - 14）。

表 7 - 9　基于“零废弃”的城市生活垃圾管理政策实施效果预估指标重要性判定矩阵

A_1	B_1	B_2	B_3	B_4	权重
B_1	1.00	3.00	2.00	5.00	0.460
B_2	0.33	1.00	0.33	3.00	0.149

续表

A_1	B_1	B_2	B_3	B_4	权重
B_3	0.50	3.00	1.00	5.00	0.325
B_4	0.20	0.33	0.20	1.00	0.067
一致性	$\lambda_{max}=4.09$，$CR=0.03$，<0.1，一致性检验通过				

表7-10　　环境维度的指标重要性判定矩阵

B_1	C_1	C_2	C_3	C_4	权重
C_1	1.00	5.00	3.00	1.00	0.391
C_2	0.20	1.00	0.33	0.20	0.067
C_3	0.33	3.00	1.00	0.33	0.150
C_4	1.00	5.00	3.00	1.00	0.391
一致性	$\lambda_{max}=4.04$，$CR=0.014$，<0.1，一致性检验通过				

表7-11　　经济维度的指标重要性判定矩阵

B_2	C_5	C_6	C_7	C_8	权重
C_5	1.00	0.50	3.00	4.00	0.306
C_6	2.00	1.00	4.00	5.00	0.492
C_7	0.33	0.25	1.00	2.00	0.125
C_8	0.25	0.20	0.50	1.00	0.078
一致性	$\lambda_{max}=4.05$，$CR=0.017$，<0.1，一致性检验通过				

表7-12　　社会维度的指标重要性判定矩阵

B_3	C_9	C_{10}	C_{11}	C_{12}	权重
C_9	1.00	2.00	4.00	2.00	0.433
C_{10}	0.50	1.00	3.00	1.00	0.240
C_{11}	0.25	0.33	1.00	0.33	0.088
C_{12}	0.50	1.00	3.00	1.00	0.240
一致性	$\lambda_{max}=4.02$，$CR=0.006$，<0.1，一致性检验通过				

表 7 – 13　　技术维度的指标重要性判定矩阵

B_4	C_{13}	C_{14}	C_{15}	C_{16}	权重
C_{13}	1.00	0.50	0.33	0.20	0.088
C_{14}	2.00	1.00	0.50	0.33	0.157
C_{15}	3.00	2.00	1.00	0.50	0.272
C_{16}	5.00	3.00	2.00	1.00	0.483
一致性	$\lambda_{max}=4.01$，$CR=0.003$，<0.1，一致性检验通过				

根据表 7 – 10 ~ 表 7 – 13 得到基于“零废弃”的城市生活垃圾管理政策效果预估指标体系各指标权重（见表 7 – 14）。

表 7 – 14　基于“零废弃”的城市生活垃圾管理政策效果评价指标体系权重

目标层	准则层	指标层	权重
基于“零废弃”的城市生活垃圾管理政策实施效果（A_1）	环境维度（B_1）	城市生活垃圾人均产生量（C_1）	0.180
		城市生活垃圾收集比率（C_2）	0.031
		城市生活垃圾处理比率（C_3）	0.069
		有害垃圾收集比率（C_4）	0.180
	经济维度（B_2）	再生资源回收比率（C_5）	0.046
		城市生活垃圾管理企业数量（C_6）	0.073
		城市生活垃圾管理投入资金数（C_7）	0.019
		城市生活垃圾管理从业人员工资（C_8）	0.012
	社会维度（B_3）	公众对城市生活垃圾管理的满意程度（C_9）	0.141
		公众参与城市生活垃圾管理的程度（C_{10}）	0.078
		城市生活垃圾管理从业人员数量（C_{11}）	0.029
		公众环保意识的提升程度（C_{12}）	0.078
	技术维度（B_4）	城市生活垃圾智能设施使用数量（C_{13}）	0.006
		城市生活垃圾焚烧处理比率（C_{14}）	0.011
		城市生活垃圾堆肥处理比率（C_{15}）	0.018
		城市生活垃圾综合处理比率（C_{16}）	0.032

三、模糊综合评价法

（一）模糊综合评价方法的确定

模糊综合评价法是研究客观存在的“认知不确定”的一些问题的研究方法。在选定评价因素后，模糊综合评价法要求先分析评价因素的特征和因素值，然后确定因素的优劣程度，即评价值（既可以通过专家评定得出，也可通过统计方法计算得出），最后建立评价值和评价因素值之间的函数关系。模糊综合评价法的基本定义如下：

定义7.1：设A是论域X到闭区间［0，1］上的一个映射，即：

$$A: X \to [0, 1] \tag{7.3}$$

$$x \to A(x)[0, 1] \tag{7.4}$$

A被认为是X上的一个模糊集合（或称A是X的一个模糊子集），$A(x)$称为模糊集合A的隶属函数；$A(x)$的值称为x对模糊集合的隶属度。X上的模糊集合全体记为$F(x)$，称为模糊幂集。当$A(x)$取值为0或者1时，$A(x)$退化为普通集合的特征函数。

定义7.2：称映射

$$f: X \to F(Y) \tag{7.5}$$

$$x \to f(x) = B \in F(Y) \tag{7.6}$$

是从X到Y的模糊映射。

定义7.3：设$R \in F(X \times Y)$，对任意的$x \in X$，对应着Y上的一个模糊集，记作$R|_x$，则其隶属函数定义如下：

$$R|_x(y) = R(x, y), \ y \in Y \tag{7.7}$$

称$R|_x$为R在x处的截影。

同理，称$R|_y$为R在y处的截影，其中，

$$R|_y(x) = R(x, y), \ x \in X \tag{7.8}$$

（二）模糊综合评价法对管理政策实施效果进行预估

模糊综合评价法在基于“零废弃”的城市生活垃圾管理政策实施效果预估评价中的运用步骤如下：

步骤1：确定影响因素论域U。

依照基于“零废弃”的城市生活垃圾管理政策实施效果预估评价指标体系，

我们明确基于“零废弃”的城市生活垃圾管理政策实施效果预估评价的16个影响因素，记为 $U=\{u_1, u_2, \cdots, u_{16}\}$，构成因素集。

步骤2：确定评价等级论域 V。

我们将基于“零废弃”的城市生活垃圾管理政策实施效果预估评价等级 $V=\{v_1, v_2, v_3, v_4\}$ 分为优、良、中和差四个等级。专家们依据管理政策实际效果给各个指标打分（优［100，75］，良（75，50］，中（50，25］，差（25，0］）。

步骤3：确定模糊隶属度。

我们先将已经获取的基于“零废弃”的城市生活垃圾管理政策实施效果预估的定量指标数据进行标准化处理，再将实际运行评价过程中最优的单项指标作为参考依据，划分评价等级，得到隶属度函数。

生成单因素评价模糊关系矩阵 R，对每一个 u_i 单独做评判，即：

$$f: U \rightarrow F(V) \tag{7.9}$$

$$u_i \rightarrow f(u_i) = B \in F(V) \tag{7.10}$$

其中，$f(u_i)=(r_{i1}, r_{i2}, r_{i3}, r_{i4})$，依据模糊映射 f 推导出模糊关系 $R_f \in F(U \times Y)$，即 $R_f(u_i, v_j)=f(u_i)(v_j)=r_{ij}$，据此得出模糊矩阵 $R \in \mu_{n \times m}$：

$$R=\begin{bmatrix} r_{11} & r_{12} & r_{13} & r_{14} \\ r_{21} & r_{22} & r_{23} & r_{24} \\ r_{31} & r_{32} & r_{33} & r_{34} \\ \cdots & \cdots & \cdots & \cdots \\ r_{n1} & r_{n2} & r_{n3} & r_{n4} \end{bmatrix} \tag{7.11}$$

步骤4：将通过层次分析法确定的权重集 A。

步骤5：计算模糊合成值 B。

我们将层次分析法确定的权重集 A 与评价对象的模糊矩阵 R 进行分层模糊运算 $Bi=Ai \times Ri$，得到评价对象的模糊合成值B：

$$A \cdot R=(a_1, a_2, \cdots, a_{16})\begin{bmatrix} r_{11} & r_{12} & r_{13} & r_{14} \\ r_{21} & r_{22} & r_{23} & r_{24} \\ r_{31} & r_{32} & r_{33} & r_{34} \\ \cdots & \cdots & \cdots & \cdots \\ r_{n1} & r_{n2} & r_{n3} & r_{n4} \end{bmatrix}$$

$$=(b_1, b_2, b_3, b_4)=B \tag{7.12}$$

步骤6：管理政策实施效果预估。

以最大隶属度为原则，我们根据模糊合成值对基于“零废弃”的城市生活垃圾管理政策实施效果预估结果进行计算。

第八章

基于“零废弃”的城市生活垃圾管理政策系统的实证仿真研究

第一节 系统动力学理论基础

一、系统动力学基本原理

作为系统科学与社会科学的重要分支，系统动力学注重信息反馈研究，是一门在认识系统问题的同时也强调解决系统问题的综合性交叉学科①。系统动力学融合定性分析与定量分析方法，从复杂系统内部微观结构出发，构建信息反馈模型，并借助计算机技术，模拟分析系统内部结构的动态行为特征，处理经济、社会、生态等复杂系统问题，寻找解决问题的对策。系统动力学首先要深入了解所要研究的系统对象，在客观、真实、系统地观察和搜集系统信息的基础上，对系统作出决策，依据决策的指导采取相应的行动，进而对系统状态产生影响，使系统呈现出一个新状态，并通过循环往复的过程再次观察新系统（见图 8－1）。

① 薛万磊、牛新生、曾鸣等：《基于系统动力学评价的可再生能源并网保障机制》，载于《电力建设》2014 年第 2 期。

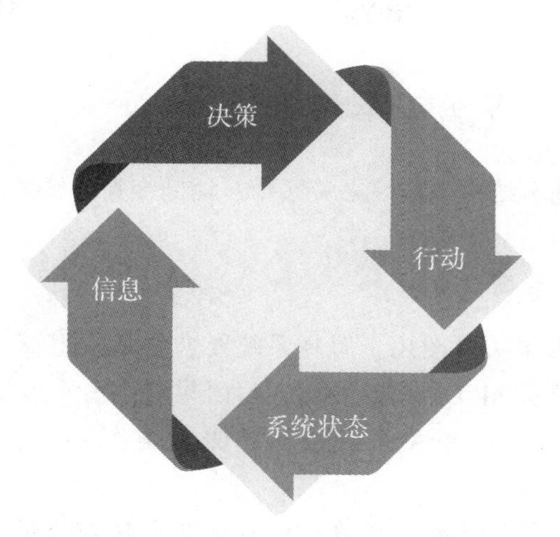

图 8-1　系统动力学基本原理

系统动力学从系统的微观结构入手建立系统结构模型，其中，系统结构框架用回路描述表示；系统要素之间的逻辑关系用因果关系图和流图描述；系统要素之间的数量关系用方程描述，并把定量的数学模型转为计算机程序，用特定的计算机仿真软件进行模拟仿真分析。因此，系统动力学方法具有理论基础坚实，操作方便快捷，便于专家学者和实际管理者应用，并能处理复杂的、非线性的系统性问题①。

综上所述，系统动力学具有建模方法规范、模拟语言清晰和模拟软件易操作的特点，具体如下：

（1）系统动力学模型能从宏观和微观两个层面综合分析多层次、多部门的复杂大系统，能够综合考虑系统运行的影响因素。

（2）系统动力学模型能够完美地将建模技术人员和专家学者的专业知识、决策者的经验以及统计数据和详细资料呈现的信息结合起来。

（3）系统动力学模型能通过计算机语言把系统中难以量化的指标转化为数理表达，并计算出数值得到最终模拟结果。

（4）系统动力学模型依据系统实时变化和政策设计目标不断进行模型调整，并对模型进行预先推测和分析。

（5）系统动力学模型能通过与其他模型的对接弥补模型本身不足，能够优化对策方案，并展示出多维模拟结果②。

---

① 何青原、程明：《基于系统动力学的建设施工项目成本控制研究》，载于《武汉冶金管理干部学院学报》2011 年第 2 期。

② 陈严：《城市生活垃圾管理系统动力学模型研究》，杭州电子科技大学硕士学位论文，2009 年。

二、系统动力学的基本结构

系统动力学的基本结构包括因果关系图、辅助变量、系统流程图和仿真平台。

（一）因果关系图

系统动力学的因果关系图用于解释系统要素之间的逻辑关系。其中，因果关系链用来表示变量之间相互作用的性质，由因果链用箭头连接变量形成闭环，因此也称为因果回路图。因果关系链正、负的影响作用分别用正极性和负极性表示①。

在图 8 - 2 中有两个变量 *A* 和 *B*，箭头向 *B* 意味着变量 *B* 受变量 *A* 的影响，当变量 *A* 改变时，变量 *B* 也更改，即变量 *A* 为因，变量 *B* 为果②。每个因果键都具有对数极性，正性因果键以“ + ”表示，在这种情况下，因变量（变量 *A*）越大，果变量（变量 *B*）越大；负性因果键用“ - ”表示，在这种情况下，因变量（变量 *A*）越大，果变量（变量 *B*）越小。回馈环是由因果键组成，回馈环的性质由“ + ”与“ - ”组合确定。若回馈环中的负键（“ - ”）为偶数，则为正回馈环路，显示分散过程，即系统状态变量不断增加（见图 8 - 3（a））；若回馈环中的负键（“ - ”）为奇数，则为负回馈环路，显示动态收敛过程，即系统变量向着某种边界或者某个目标推进，并逐渐缩小差距（见图 8 - 3（b））；若回馈环中全部为正键（“ + ”），则为正回馈环路（见图 8 - 3（c））。

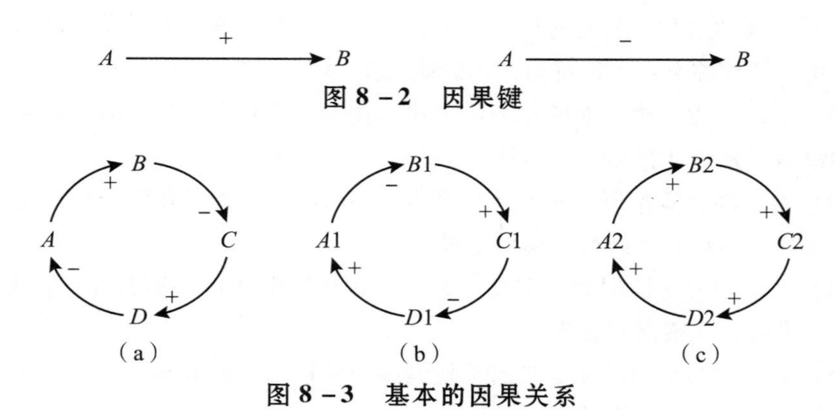

图 8 - 2　因果键

图 8 - 3　基本的因果关系

① 郭威、邹谢华、马俊科：《国土资源管理决策模拟剧场与设计——以宅基地退出制度为例》，载于《国土资源科技管理》2015 年第 1 期。

② 陈严：《城市生活垃圾管理系统动力学模型研究》，杭州电子科技大学硕士学位论文，2009 年。

（二）辅助变量

系统动力学的辅助变量也被称为转换量，是存量与率量间的信息流，是率量方程的主要组成部分，可用作率量方程描述。它可以是输入值，也可以将特定的输入数转换为特定输出。

（三）系统流程图

系统动力学的系统流程图显示存量、率量和辅助变量间的相互作用。完整的回馈环路包括存量、率量、流图和线引等元素。

1. 存量

存量代表任何给定时间的给定系统变量的状态，是流入率和流出率之间净差，是系统积累的结果。存量本身不会立即改变，只是在率量的影响下，才会发生数值状态的转变，这意味着存量会因为率量而增加或减少。在建立动态系统模型时，须将每个变量都视为存量才能刻画出系统的真实状态。

2. 率量

率量（流量）是指向特定单位时间内发生的某种变量变动的数值，它是在一定时间内测度的。率量可以表示为率量方程，主要用于描述系统行为的特性。率量方程可由政策表达式显示。

3. 流图

流图用于说明系统要素的性质和整体结构。因果关系图可以解释系统反馈结构的基本内容，但不能反映变量性质，而变量性质差异影响系统行为。例如：状态变量具有积累效应，是系统动力学中关键变量。为了进一步阐明系统变量间的差异，流图用符号区别变量，把各变量的不同符号用带箭头的线加以连接形成能够反映系统结构的流图。流图通过已建立的因果关系图区分变量性质，用更为直接的方式解释变量间的逻辑关系（见图 8-4）。

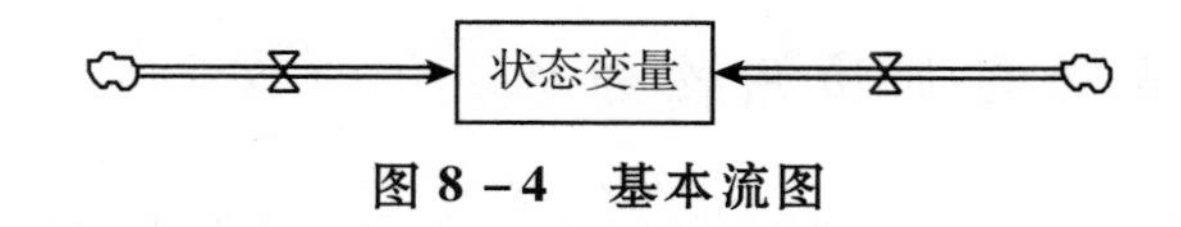

图 8-4　基本流图

4. 线引

线引是箭头符号，表示两端之间的因果关系（见图 8-5）。线引用连接转换量与率量间的箭头符号表示。完整的回馈环路包括存量、率量和线引。系统流程图能够显示出存量、率量和辅助变量间的相互关系。

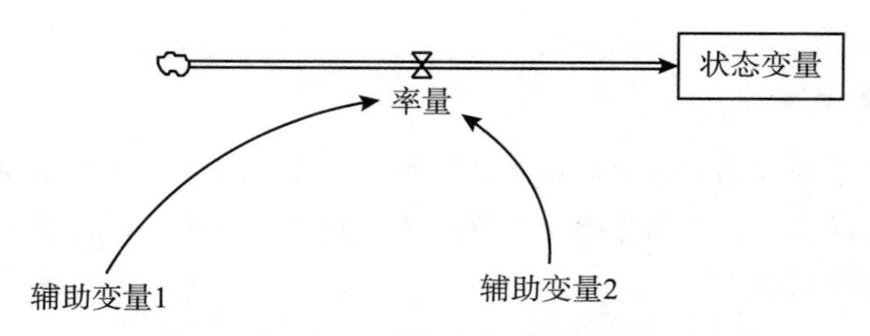

图 8-5 基本回馈环路的系统流程图

（四）仿真平台

系统动力学的系统仿真分析可使用 Vensim 仿真平台进行。在构建因果反馈环后，运用 Vensim 仿真平台进行公式编辑，最终得出完整的系统模拟模型。Vensim 仿真平台是基于窗口界面的系统动力学建模工具，图形编辑环境较好①。在检验调试系统后台后，还可以运用工具分析研究模拟系统的行为机制②。

Vensim 仿真平台的分析工具可以分为结构分析工具和数据集分析工具两类。其中，结构分析工具中工作变量之间的因果关系用 cause tree 功能显示；模型中反馈环用 loops 功能显示③；数据集分析工具中各变量在整个模拟周期内的数值用 graph 功能显示；有因果关系的工作变量在模拟周期内的数值变化用 cause strip 和 graph 功能显示④。Vensim - PLE 是为了更便于运用系统动力学而设计的，其主要特点如下：

（1）使用图形编程建立模型。Vensim - PLE 系统启动后先画出因果关系图或存量流量图，接着输入关联方程式和参数，然后开始正式模拟。

（2）模型分析方式多样化。Vensim - PLE 运用以时间为因变量的数据值和曲状图分析模型结构和数据。

（3）模型假设真实性测试。Vensim - PLE 将约束加载到已建成模型（尤其现有模型）中，检测约束条件对模型运行的影响，以此判定模型的真实性和合理性，进而调整参数或系统结构。

三、系统动力学的适用性分析

系统动力学是研究复杂系统的有效方法，基于“零废弃”的城市生活垃圾管

---

① 程严晖：《基于系统动力学的连锁超市配送效率研究》，北京物资学院硕士学位论文，2011 年。

② 张剑芳：《系统动力学在物流系统中的运用》，载于《商品储运与养护》2003 年第 6 期。

③ 崔建新：《基于系统动力学的长江三角洲港口群物流系统协调发展研究》，上海海事大学硕士学位论文，2006 年。

④ 靳玫：《北京市交通结构演变的系统动力学模型研究》，北京交通大学硕士学位论文，2008 年。

理政策是复杂系统问题，因此我们选取系统动力学方法进行研究，并从以下三个方面对其适用性进行科学论证。

第一，系统动力学的结构化分析方法使其可行。基于“零废弃”的城市生活垃圾管理政策涵盖的因素较多，因素之间关系抽象且复杂多变，系统动力学的结构化分析方法能够从整体上掌握系统，综合考虑各因素的作用，能够帮助我们更加全面和清晰地认识基于“零废弃”的城市生活垃圾管理政策。

第二，系统动力学的定性和定量相结合使其可行。基于“零废弃”的城市生活垃圾管理政策研究中既需要分析体现基于“零废弃”的城市生活垃圾管理政策的定量指标，也需要对路径选择、政策设计等方面定性分析，所以科学地研究基于“零废弃”的城市生活垃圾管理政策问题需要综合考虑定性和定量分析，而系统动力学恰好结合这两种研究方法对构建的系统进行了深入探究。

第三，系统动力学的模拟仿真功能使其可行。基于“零废弃”的城市生活垃圾管理政策模拟仿真需要不同的情景和不同的参数设置，系统动力学能够实现对基于“零废弃”的城市生活垃圾管理政策的趋势预测及调整参数后的走向判断。通过仿真分析后的结果，找出设计基于“零废弃”的城市生活垃圾管理政策的最优路径，从而为现实中的管理政策完善提供理论依据。

综上所述，系统动力学的思想与方法与“零废弃”的城市生活垃圾管理研究具有契合性。凭借仿真平台的使用，系统动力学模型能够为探寻基于“零废弃”的城市生活垃圾管理政策的最优路径提供重要依据。

第二节　基于“零废弃”的城市生活垃圾管理政策系统动力学模型设计

一、管理政策的SD模型设计基础

（一）系统动力学模型建模目的

（1）从系统论角度出发，确定基于“零废弃”的城市生活垃圾管理政策系统的各子系统，对各子系统中影响因素和各子系统间的动态行为关系进行研究，探究基于“零废弃”的城市生活垃圾管理政策系统内部反馈机制，构建城市生活垃圾管理系统的模型流图，通过对各个因素相互作用关系分析，了解整个管理政策系统运行过程和运行规律。

（2）根据对历史数据的分析和处理，明确模型中不同的变量以及对应的方程式，进而构建管理政策系统，使其基本符合历史规律，模拟出基于“零废弃”的城市生活垃圾管理政策发展趋势，并对其未来的发展态势进行预测。

（3）根据模拟仿真要求调整控制参数，通过整合不同情景下参数，模拟分析不同的情景，仿真出基于“零废弃”的城市生活垃圾管理政策的不同情景，得出基于“零废弃”的城市生活垃圾管理政策系统的最优路径。

（二）系统动力学模型基本假设

合理假设系统动力学模型是构建模型的基本前提，据此我们对基于“零废弃”的城市生活垃圾管理政策系统动力学模型作出如下假设：

（1）政府制定基于“零废弃”的城市生活垃圾管理政策的目的是调动企业、社会组织和公众的积极性，提高他们参与城市生活垃圾管理积极性，从而实现“零废弃”城市生活垃圾管理目标。

（2）由于基于“零废弃”的城市生活垃圾管理政策是由国家及地方职能部门制定、执行和实施，管理政策选择及强度存在差异，为此，通过数值化及归一化处理比较分析不同管理政策组合下管理政策实施效果，区分出管理政策实施力度差异。

（三）系统动力学模型边界划分

1. 时间边界

最初的我国城市生活垃圾管理政策是1982年颁布的《城市市容环境卫生管理条例》中首次出现“城市生活垃圾”字样开始的，截至2020年《中华人民共和国固体废物污染环境防治法》的第五次修订①。在这个期间，我国出台了很多城市社会垃圾管理政策。但是，受城市生活垃圾管理政策研究所需数据不全的桎梏，我们只能将时间边界定为2015～2030年，模拟基础年为2015年。2015～2019年为主要历史数据时段，时间步长为1年。

2. 系统边界

基于“零废弃”的城市生活垃圾管理政策是受环境、经济、社会和技术等维度的因素影响的复杂系统。我们全面分析了基于“零废弃”的城市生活垃圾管理政策的特点，依据“预防、减量、再用、他用和处理”的城市生活垃圾管理政策目标，建立了包括城市生活垃圾预防子系统、城市生活垃圾减量子系

① 徐江涛：《广州市居民实施生活垃圾分类存在问题研究》，华南理工大学硕士学位论文，2015年。

统、城市生活垃圾回收（再用、他用）子系统、城市生活垃圾处理子系统四个子系统的基于“零废弃”的城市生活垃圾管理政策系统模型。在基于“零废弃”的城市生活垃圾管理政策系统模型中，各子系统间彼此相互作用、相互影响。

二、管理政策的SD模型子系统结构关系分析

在确定基于“零废弃”的城市生活垃圾管理政策系统的预防、减量、回收和处理子系统之后，我们分析了各子系统中的主要要素和各系统间的相互关系，构建了基于“零废弃”的城市生活垃圾管理政策系统的模型流图。

（一）城市生活垃圾预防子系统

基于“零废弃”的城市生活垃圾管理政策目标不仅要关注如何在社会总成本最低前提下实现城市生活垃圾“零废弃”，更要注重从源头开始预防城市生活垃圾产生，以确保“零废弃”城市生活垃圾管理目标的落实。在城市生活垃圾预防子系统中，城市生活垃圾产生量主要受人口总量及人均城市生活垃圾产生系数影响。一方面，人口数量的增长会需要更多的生产活动和消费资料，增加城市生活垃圾产生量，直接影响城市生活垃圾系统运行。因此，研究人口数量的增长是构建城市生活垃圾预防子系统模型的首要任务。另一方面，人均城市生活垃圾产生系数受居民生活水平、环保意识和文化程度等因素影响，随着居民生活水平和消费水平的提高，环保意识和绿色发展理念的增强，人们会自觉从源头预防城市生活垃圾产生。

1. 人口总量

人口总量包括常住人口总量和流动人口总量。人口总量是个状态变量，其表达式为：

人口总量 = 流动人口总量 + 常住人口总量

人口总量的树形结构如图8-6所示。

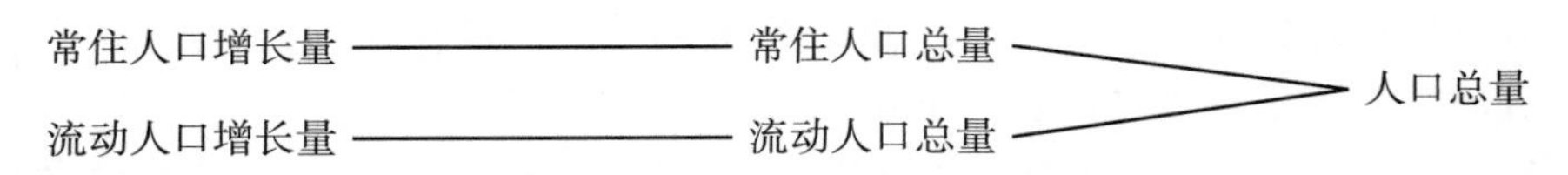

图8-6　人口总量树形结构

（1）城市常住人口总量。

城市常住人口总量是指实际已经居住在城市半年以上的人口，其表达式为：

城市常住人口总量 = INTEG（城市常住人口增长量，城市常住人口初始值）

城市常住人口增长量 = 城市常住人口总量 × 城市常住人口增长率

城市常住人口总量的树形结构如图 8 - 7 所示。

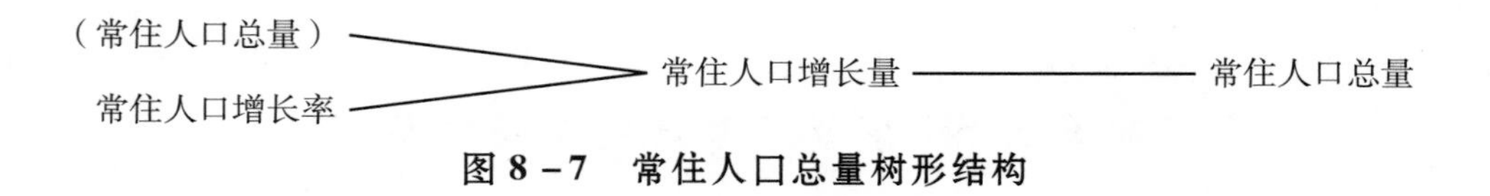

图 8 - 7　常住人口总量树形结构

（2）城市流动人口总量。

城市流动人口是指城市内的国内外旅游者。由于国内外旅游者人均停留时间为 3 天，只占常住人口居住天数的 1/122，为此，我们将城市流动人口数量统计折合为常住人口的 1/122。与城市常住人口一样，城市流动人口也是状态变量，其表达式为：

城市流动人口总量 = TNTEG（城市流动人口增长量，城市流动人口初始值）

城市流动人口增长量 = 城市流动人口总量 × 城市流动人口增长率

城市流动人口总量树形结构如图 8 - 8 所示。

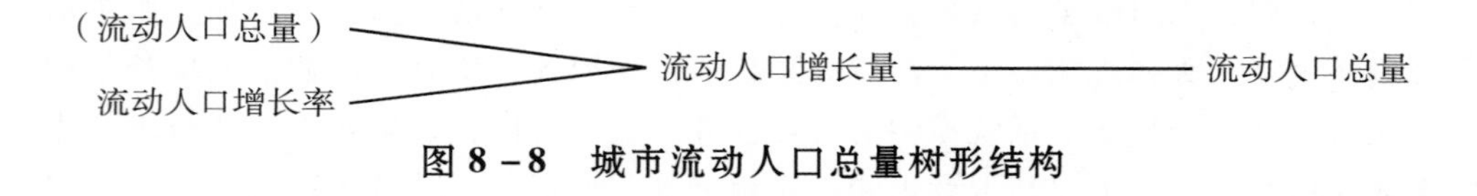

图 8 - 8　城市流动人口总量树形结构

2. 人均城市生活垃圾日产量

人均城市生活垃圾日产量是研究基于“零废弃”的城市生活垃圾管理政策系统所需的主要数据。人均城市生活垃圾日产量的变化与当地经济发展水平和城市化程度密切相关。究其原因，随着我国经济的迅速腾飞，人们的环保意识不断提高，可持续发展意识不断提高，资源循环再利用的观念深入人心。因此，在未来几年，我国能够控制人均城市生活垃圾产生量，不会过度增加。但是，人均城市生活垃圾日产量会随着经济发展水平的提高而增加，在经济发展到一定阶段后，人均城市生活垃圾日产量会随之逐渐平缓增长。据估算，我国居民一天（24 小时）人均城市生活垃圾日产量为 1.0 ~ 1.2kg。

综上分析，我们得到基于“零废弃”的城市生活垃圾预防子系统模型流图（见图 8 - 9）。

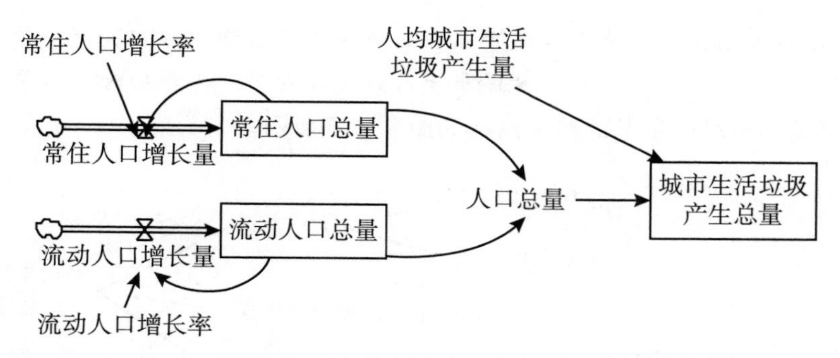

图 8-9　基于“零废弃”的城市生活垃圾预防子系统模型流图

（二）城市生活垃圾减量子系统

近年来，随着我国经济发展和居民生活水平的提高，城市生活垃圾产生量急剧增加。为减少城市生活垃圾产生量，我国于 2020 年 6 月正式提出城市生活垃圾计量收费政策。计量收费政策是以城市生活垃圾排放量为收费依据的标准。面对有奖罚特征的收费政策，尤其涉及自身经济利益时，公众会更愿意参与城市生活垃圾全过程管理，并主动节约资源。对城市生活垃圾“零废弃”管理目标来说，这具有十分显著且积极的意义。因此，我们选取城市生活垃圾收费作为基于“零废弃”的城市生活垃圾管理政策系统的一个组成部分。

1. 城市生活垃圾收费

城市生活垃圾收费政策会对城市生活垃圾产生量产生影响。作为城市生活垃圾源头的产生者，居民应承担城市生活垃圾处理费用①。我国大部分城市都是按照政府设定的收费标准收费的，即以家庭为单位征收垃圾处理费用，收费标准与垃圾排放量多少无关，这严重违背了我国国情。因此，我们将收费标准与居民实际生活垃圾产生量关联起来，推行实施计量收费政策，从而从根本上使公众意识到城市生活垃圾产生对环境的危害，同时减少城市生活垃圾处理费用支出，从源头上控制城市生活垃圾产生量，实现城市生活垃圾减量化。

城市生活垃圾计量收费是指缴纳金额与城市生活垃圾产生量直接挂钩，并根据城市生活垃圾产生量的多少而相应地增减费用的政策。城市生活垃圾处理费与城市生活垃圾产生量之间是负相关的，即居民产生的城市生活垃圾越多，需要支付的城市生活垃圾处理费越高。

2. 城市生活垃圾产生量

城市生活垃圾产生量的表达式为：

① 武鹏：《基于系统动力学的城市垃圾处理系统研究》，天津理工大学硕士学位论文，2013 年。

城市生活垃圾产生量＝城市人口总量×城市人均生活垃圾产生量
×城市生活垃圾收费对产生量的影响因子

城市生活垃圾产生量的树形结构如图 8－10 所示。

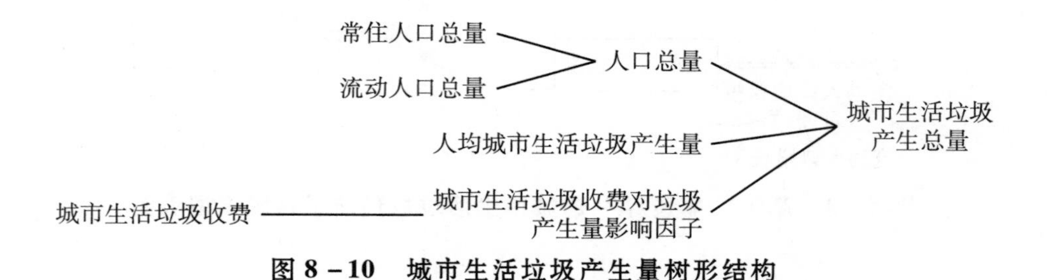

图 8－10　城市生活垃圾产生量树形结构

综上分析，我们得出基于“零废弃”的城市生活垃圾减量子系统模型流图（如图 8－11 所示）。

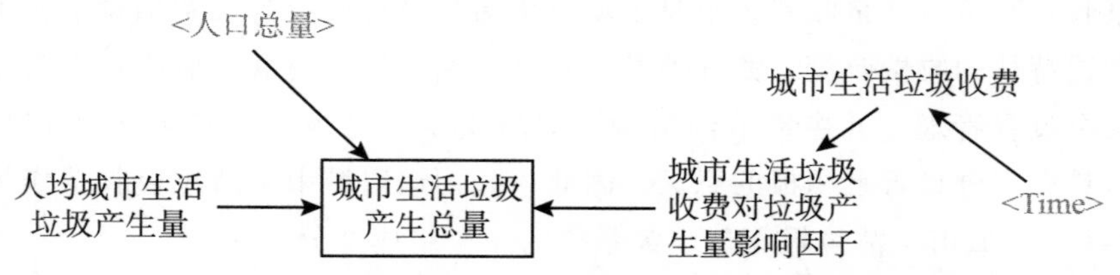

图 8－11　基于“零废弃”的城市生活垃圾减量子系统模型流图

（三）城市生活垃圾回收（再用、他用）子系统

基于“零废弃”的城市生活垃圾管理政策系统的中端须将前端产生的城市生活垃圾以经济性最优为原则，经过简单的技术加工和改造让其基本恢复原有功能进行二次使用，将不能二次使用的城市生活垃圾通过复杂的物理或化学变化加工成其他产品进行再次使用。城市生活垃圾收集量和回收量是“再用和他用”的基础。为此，我们主要分析城市生活垃圾收集量和回收量所涉及的指标。其中，城市生活垃圾收集量和回收量分别用收集率和回收率来表示。与此同时，城市生活垃圾收集量和回收量也受市场回收价格的影响。市场回收价格的波动直接影响居民对城市生活垃圾价值的判断，进而影响城市生活垃圾的收集和回收。

1. 市场回收价格

市场回收价格即市场运作下所产生的城市生活垃圾回收价格。市场回收价格对城市生活垃圾收集量具有一定影响，不同的市场回收价格会直接导致居民做出截然不同的决定——将城市生活垃圾出售给收购者或是送到垃圾收集站。

通常情况下，如果市场回收价格上涨，在经济利益驱动下，居民会愿意回收城市生活垃圾而不是随意丢弃，从而增加了城市生活垃圾收集量和回收量，反之亦然。

2. 城市生活垃圾收集量

城市生活垃圾收集情况可用城市生活垃圾收集率表示。究其原因，在实际城市生活垃圾收运系统中，难以实现城市生活垃圾全部收集。用收集到的城市生活垃圾数量比对城市生活垃圾产生量能够相对科学地刻画出城市生活垃圾收运系统状态。另外，城市生活垃圾收集率也会随着收集设施的改进和监管系统的加强等不断上升。此外，城市生活垃圾收集量还受城市生活垃圾的市场回收价格影响。随着城市生活垃圾的市场回收价格上升，居民丢弃城市生活垃圾的数量就会减少，在一定程度上也提高了城市生活垃圾收集量。因此，市场回收价格与城市生活垃圾收集量正相关。城市生活垃圾收集量的表达式为：

城市生活垃圾收集量 = 城市生活垃圾产生量 × 城市生活垃圾收集率
× 城市生活垃圾回收价格对收集量的影响因子

城市生活垃圾收集量的树形结构如图 8 – 12 所示。

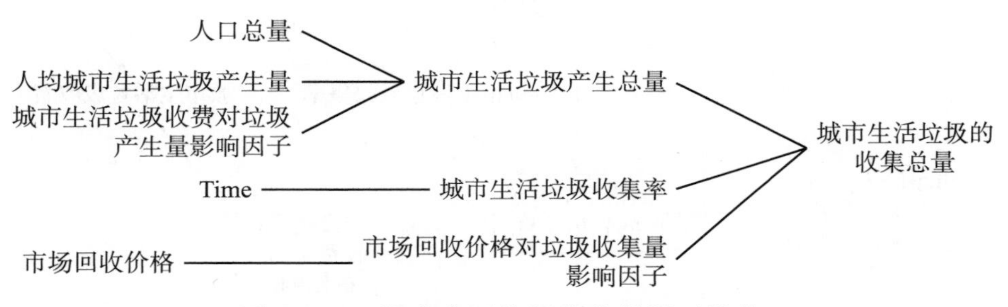

图 8 – 12　城市生活垃圾收集量树形结构

3. 城市生活垃圾回收量

虽然城市生活垃圾源头预防和减量是解决“垃圾围城”的最终途径，但实际上并不能完全消减城市生活垃圾的产生，所以城市生活垃圾回收利用就成为解决“垃圾围城”的另一重要途径。城市生活垃圾回收利用既减少了城市生活垃圾污染造成的经济损失，也抵消了部分城市生活垃圾处理费用。更为重要的是，还回收了一部分再生资源，缓解了当前资源短缺压力，因此，城市生活垃圾回收是“零废弃”城市生活垃圾管理的主要目标。目前，城市生活垃圾回收量通常用城市生活垃圾回收率度量。同时，城市生活垃圾回收量还受其他因素影响，其中，最重要的影响因素是市场回收价格和收费标准。城市生活垃圾回收量的表达式为：

城市生活垃圾回收量 = 城市生活垃圾收集量 ×（城市生活垃圾回收率
+ 城市生活垃圾回收价格对生活垃圾回收量的影响因子
+ 城市生活垃圾收费对回收量的影响因子）

城市生活垃圾回收量的树形结构如图 8 – 13 所示。

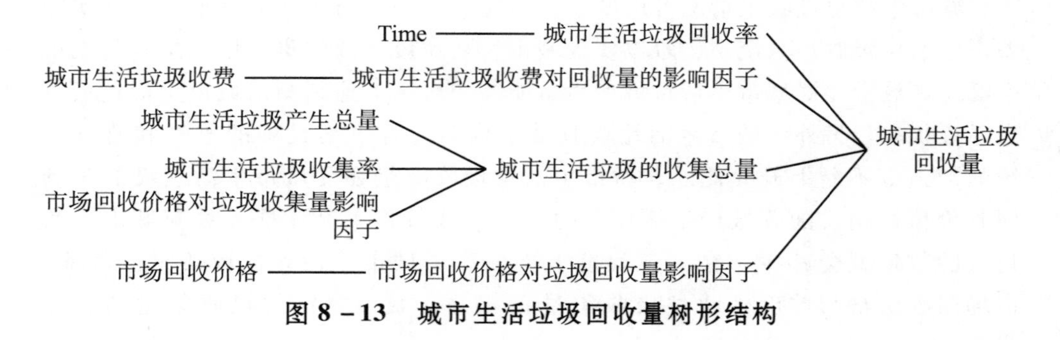

图 8 – 13　城市生活垃圾回收量树形结构

综上分析，我们得出基于“零废弃”的城市生活垃圾回收子系统模型流图（见图 8 – 14）。

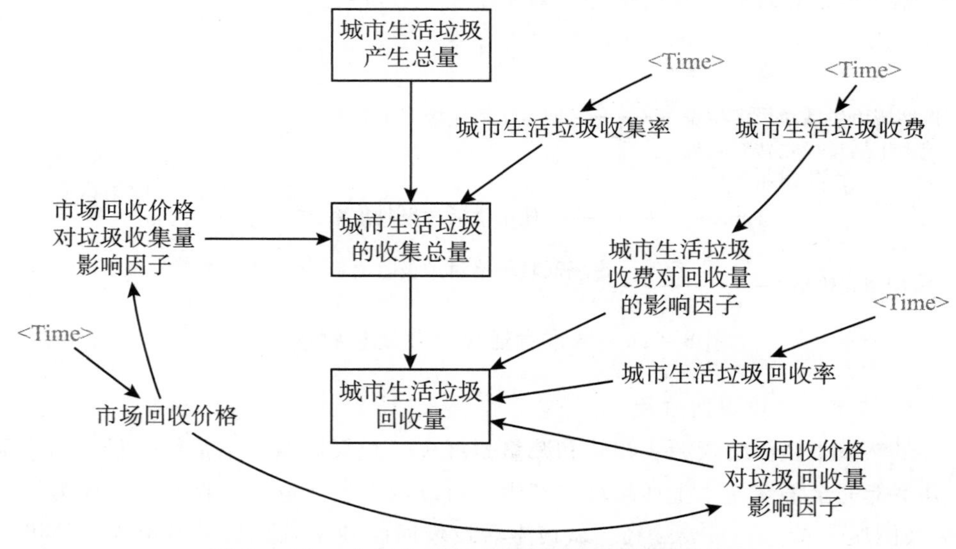

图 8 – 14　城市生活垃圾回收子系统模型流图

（四）城市生活垃圾处理子系统

基于“零废弃”的城市生活垃圾管理政策系统要求后端以无害化为原则，将目前无法重新利用的城市生活垃圾进行无害化处理，减少对自然和社会的危害，以实现"零废弃"城市生活垃圾管理目标。在一定程度上，城市生活垃圾收集量和处理率会影响城市生活垃圾处理量。位于基于"零废弃"城市生活垃圾管理政策系统末端的城市生活垃圾处理受很多的因素影响，其中包括城市生活垃圾积存量和城市生活垃圾无害化处理量。

1. 城市生活垃圾积存量

基于"零废弃"的城市生活垃圾处理子系统需要全面治理城市生活垃圾，将城市生活垃圾积存量清零。

城市生活垃圾积存量的表达式为：

城市生活垃圾积存量 = 城市生活垃圾产生量 - 城市生活垃圾收集量

2. 城市生活垃圾无害化处理量

城市生活垃圾无害化处理量受城市生活垃圾收集量和城市生活垃圾处理率的影响。随着科学技术的进步以及资金的持续投入，城市生活垃圾收集量和处理率提高，城市生活垃圾无害化处理量也随之增加。城市生活垃圾无害化处理量的表达式为：

城市生活垃圾无害化处理量 = 城市生活垃圾无害化处理率 ×(城市生活垃圾的收集总量 - 城市生活垃圾的回收量 - 城市生活垃圾积存量 ×0.3)

城市生活垃圾无害化处理系统树形结构如图 8 - 15 所示。

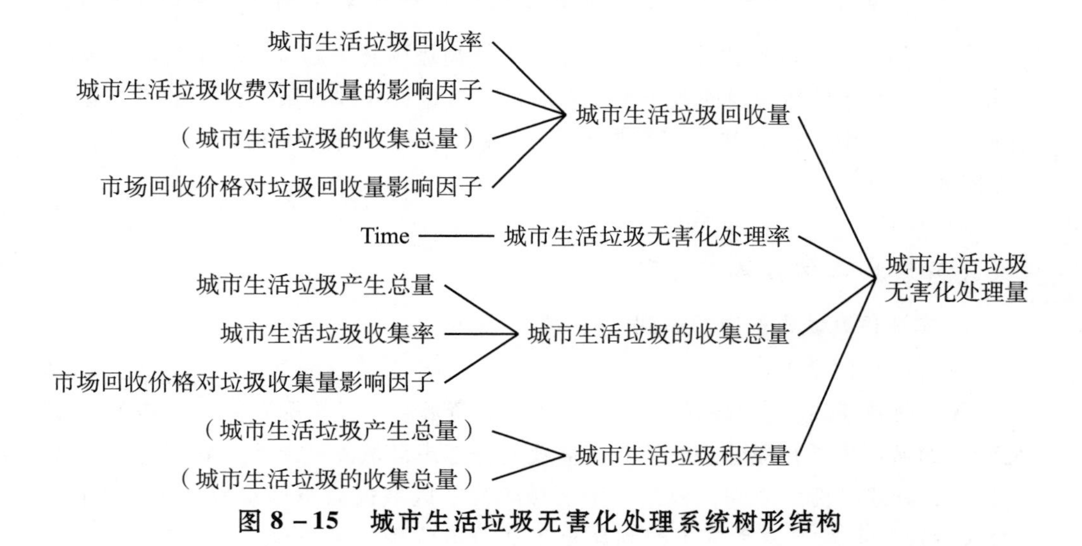

图 8 - 15　城市生活垃圾无害化处理系统树形结构

综上分析，我们得出基于"零废弃"的城市生活垃圾处理子系统模型流图（见图 8 - 16）。

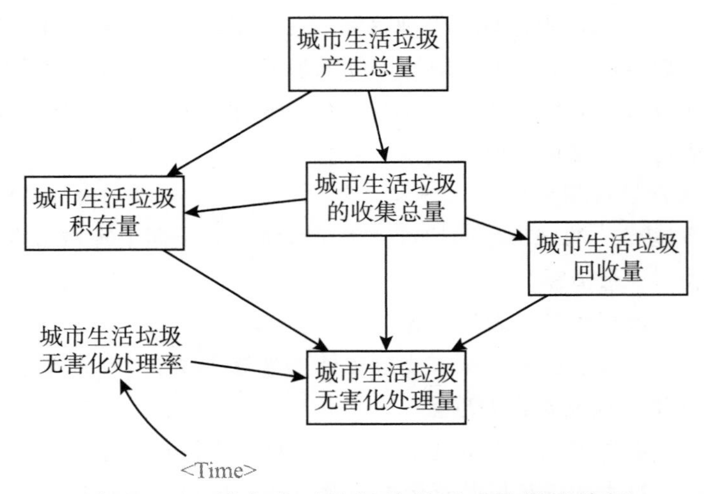

图 8-16　城市生活垃圾处理子系统模型流图

三、管理政策的 SD 模型变量的选择与界定

（一）基于“零废弃”的城市生活垃圾管理政策系统 SD 流图的绘制

运行 Vensim-PLE 软件，我们将城市生活垃圾预防子系统、城市生活垃圾减量子系统、城市生活垃圾回收子系统和城市生活垃圾处理子系统四个子系统建立在同一个窗口中，合成基于“零废弃”的城市生活垃圾管理系统 SD 模型流图（见图 8-17）。

（二）实证仿真城市选取

1. 实证仿真城市选取的原则

（1）研究的全面性。

我国地域辽阔，东西部的经济发展水平、资源存在显著配置差异，基于“零废弃”的城市生活垃圾管理政策系统需要充分考虑区域发展差异。我们运用比较分析法，以差异性为原则，根据我国区域不同、区域内城市经济发展水平不同、“垃圾围城”问题严重程度不同和城市生活垃圾管理状况不同，以及我国华北、东北、西北、华东、中南、西南六大行政区划分，从中选取城市作为实证研究的样本，全面、无遗漏地研究基于“零废弃”的城市生活垃圾管理政策在各地实施的整体状况，确保研究对象的全面性和研究结论的普适性。

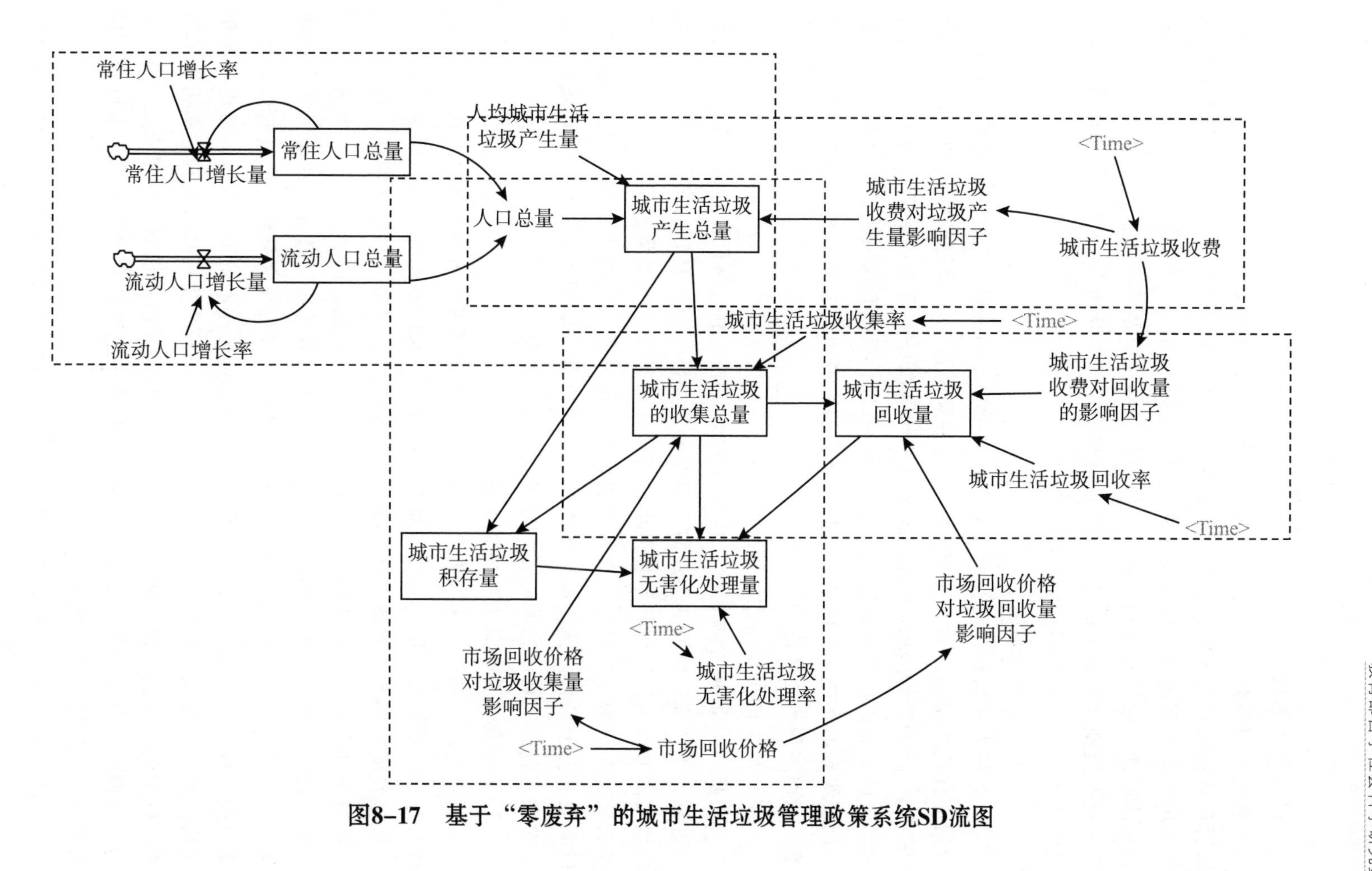

图8-17　基于“零废弃”的城市生活垃圾管理政策系统SD流图

（2）样本的典型性。

我们运用调查分析法，以可靠性为原则，明确基于“零废弃”的城市生活垃圾管理政策的目标边际，在华北区、东北区、华东区、中南区、西北区和西南区等区域，全国范围内选择城市作为研究与分析的对象，再现城市生活垃圾管理政策总体属性，使其充分地体现出总体属性的共性以及重要特征，具有一定的代表性。这些典型样本城市的选择能够反映出基于“零废弃”的城市生活垃圾管理政策的效力，从而实现研究结论的可外推性。

（3）样本的层级性。

行政权力结构是行政权力按类型和数量分布的一种形式。各级政府的行政权力结构直接反映出行政职能的重点、目标和地位。不同行政级别的城市在基于“零废弃”的城市生活垃圾管理政策供给和资源分配等方面的职权有着明确的界定。为此，我们以中心地理论为主要理论基础，根据我国行政区划的层级，根据不同层级政府在决策中的地位差异，选择超大城市、大城市和县级市作为研究对象，从而实现研究结论的差异性。

（4）研究的可操作性。

在我国首批46个城市生活垃圾分类试点城市中选择代表性城市，要求它们一直致力于从源头垃圾分类走向“零废弃”生活，具有良好的实践基础。同时要求以实现城市生活垃圾产生量最小，资源化利用充分和处置安全的“无废社会”作为城市发展的远景目标，在管理政策支持下具备实现城市生活垃圾“零废弃”的必要和充分条件。这些城市作为基于“零废弃”的城市生活垃圾管理政策的研究对象，能够实现研究的可行性与实践的可操作性。

2. 实证仿真所需调查样本的筛选

为系统研究基于“零废弃”的城市生活垃圾管理政策实证仿真效果，实现经济与社会、资源与环境、人与自然的协调发展，我们需要科学地选择实证仿真重点区域及城市样本。首先，结合我国不同地区的自然条件和经济特征，我们从地理区域维度出发，将实证仿真区域划分为华北、东北、西北、华东、中南、西南六大行政区；其次，考虑到在各行政区内城市行政等级的差异可能会导致管理政策实施效果不同，我们从行政等级维度出发，在各行政区分别选取具有代表性的重点超大城市、大城市和县级市作为实证仿真备选样本城市；最后，考虑到城市规模、城市常住人口数量会给基于“零废弃”的城市生活垃圾管理政策带来不同程度的影响，我们根据国务院印发的《关于调整城市规模划分标准的通知》，从城市规模维度出发，在实证仿真备选样本城市中选取具有代表性的超大城市、特大城市、大城市、中小城市作为实证仿真样本。

综上分析，我们最终选择了华北区的北京市、东北区的黑龙江省哈尔滨市、华东区的上海市、中南区的广东省乐昌市、西北区的青海省西宁市和西南区的重庆市 6 个城市作为实证仿真样本。

北京市位于华北地区，是我国超大城市之一，同时也是我国首批城市生活垃圾分类试点城市。北京市人大常委会制定的《北京市生活垃圾管理条例》作为我国第一部生活垃圾管理的地方性法规，几经修改，2020 年 5 月新版《北京市生活垃圾管理条例》正式实施。新版《北京市生活垃圾管理条例》加快了城市生活垃圾分类硬件设施有序建设进程，推进了“撤桶并站”，加强了全链条管理，对华北地区乃至全国城市生活垃圾管理都有着深远影响。据此，我们选择北京市作为华北地区的重点代表城市仿真模拟基于“零废弃”的城市生活垃圾管理政策效果。

黑龙江省哈尔滨市位于东北地区，是我国首批 46 个城市生活垃圾分类试点城市中的代表性城市之一，曾面临着严重的“垃圾围城”问题。为此，哈尔滨市政府陆续颁布《哈尔滨市再生资源回收利用管理条例》《哈尔滨市节能减排综合性工作方案》《哈尔滨市生活垃圾分类工作方案（试行）》和《哈尔滨市垃圾围城整治工作方案》等政策文件，管理政策实施效果显著。作为 2021 年新增的特大城市，哈尔滨市是东北区域重要的经济和金融中心，在城市生活垃圾回收处理政策改革方面已然走在区域前列，具有典型的区域代表性。因此，我们选择哈尔滨市作为东北地区的重点代表城市仿真模拟基于“零废弃”的城市生活垃圾管理政策效果。

青海省西宁市位于西北地区，是青藏高原地区唯一人口超过百万人的城市，是我国首批 11 个“无废城市”建设试点城市中的代表性城市之一。在《西宁市城市生活垃圾分类工作实施方案》的基础上，西宁市出台了一系列管理政策推动城市生活垃圾分类回收利用，实现了定时、定点、定线路公交化收集以及规模和处理工艺双提升。“西宁模式”持续在全国领跑，日益发挥出辐射、带动作用。因此，我们选择西宁市作为西北地区的重点代表城市仿真模拟基于“零废弃”的城市生活垃圾管理政策效果。

上海市位于华东地区，是我国超大城市之一，在城市生活垃圾产生量上远远高于国内平均水平。2019 年《上海市生活垃圾管理条例》颁布以后，上海市各城区城市生活垃圾分类表现可圈可点，创新了多种城市生活垃圾分类模式，设计出了实用的信息化模块，提高了城市生活垃圾收运效率和精准度。同时，作为我国首个实施强制城市生活垃圾分类政策的城市，上海市城市生活垃圾管理已成为政府、学术界和公众关心的热点话题。因此，我们选择上海市作为华东地区的重点代表城市仿真模拟基于“零废弃”的城市生活垃圾管理政策效果。

乐昌市位于中南地区，是广东省辖的县级市。相对其他样本城市来说，乐昌市经济发展速度缓慢，但乐昌市作为珠三角辐射内地和内陆各省区进入广东的"桥头堡"，地理位置特殊。自乐昌市启动"城市生活垃圾分类治理专项行动"工作以来，重点关注城市生活垃圾转运环节并细化垃圾分类，强化了源头减量化处理，初步构建了城市生活垃圾分类长效治理的保障机制，为发展地区循环经济积累了一定经验。因此，我们选择乐昌市作为中南地区的重点代表城市仿真模拟基于"零废弃"的城市生活垃圾管理政策效果。

重庆市位于西南地区，作为国内城市生活垃圾分类重点城市和"无废城市"建设试点城市之一，在城市生活垃圾分类方面已取得初步成效。2021 年《重庆市生活垃圾管理办法》实施以来，城市生活垃圾分类四级指导员制度、城市生活垃圾全生命智慧管理等新措施已成为重庆在城市生活垃圾分类探索工作中的闪光点。重庆市是西南地区超大城市之一，区域代表性强。因此，我们选择重庆市作为西南地区的重点代表城市仿真模拟基于"零废弃"的城市生活垃圾管理政策效果。

综上所述，在保证研究对象全面性、研究结论普适性的基础上，我们选择华北地区的北京市、东北地区的黑龙江省哈尔滨市、西北地区的青海省西宁市、华东地区的上海市、中南地区的广东省乐昌市和西南地区的重庆市 6 个重点城市为研究对象。为保证研究普适性、客观性，我们又在每个样本城市所辖市区内各随机地选取具有代表性的 10 个小区作为调查样本仿真模拟基于"零废弃"的城市生活垃圾管理政策效果（见表 8－1）。

表 8－1　　实证城市调查样本情况

城市	序号	所在区	所在街乡	小区名称	城市	序号	所在区	所在街乡	小区名称
北京市	1	东城区	交道口街道	交东小区	乐昌市	1	—	工业大道	福欣家园
	2		东直门街道	清水苑小区		2		凤仪江月 19 街	碧桂园
	3	西城区	天桥街道	耕天下小区		3		桥南路	广福园
	4		金融街街道	丰融园		4		梅乐桥头	剑桥郡
	5	朝阳区	朝外街道	工体西里小区		5		富庭街	大昌社区
	6		双井街道	广泉小区		6		长岭头路	丰泽园生活小区
	7	丰台区	大红门街道	京品小区		7		市站北路	万佳雅园
	8		长辛店镇	福生园小区		8		天本园东路	永乐城
	9	门头沟区	城子街道	惠锦园小区		9		新村路	华祥雅居
	10		龙泉镇	大峪花园		10		西石岩路	东方家园

续表

城市	序号	所在区	所在街乡	小区名称	城市	序号	所在区	所在街乡	小区名称
哈尔滨市	1	南岗区	南通大街	文化家园	重庆市	1	大渡口区	钢花路	城邦国际
	2		宣化街	大自然家园		2		茄子溪街道	佳兆业滨江新城墨香庭
	3		宣化街	盟科官邸		3	九龙坡区	二郎路	钢球小区
	4	道里区	爱建路	爱琴花园		4		红狮大道	金科绿韵康城小区
	5			梧桐花园		5		汉沟	万科锦尚小区
	6			中兴家园		6	渝北区	松石南路	保利椰风半岛
	7	香坊区	菜艺街	香安小区		7		龙山大道	龙湖紫都城
	8			华润熙云府		8		海宁路	天晋小区
	9	道外区	红旗大街	陶瓷小区		9	高新区	高龙大道	金凤佳园
	10		东北新街	东升江郡		10		大学城中路	龙湖睿城
上海市	1	浦东新区	虹桥街道	边城小区	西宁市	1	城西区	古城台	康华现代城
	2		虹桥街道	欣绿小区		2		古城台	西宁时代盛华
	3	普陀区	长寿街道	地方天园		3		古城台	三榆山水文园
	4		长寿街道	武宁小城		4	城中区	北大街	和政家园
	5		长寿街道	新湖明珠城		5		北大街	正和小区
	6	静安区	静安寺街道	裕华小区		6		北大街	瑞和园
	7		静安寺街道	景华小区		7	城东区	大众街	二建家属院
	8		静安寺街道	百乐小区		8		大众街	国土花苑
	9	虹口区	四川北路街道	虹临花园		9		大众街	时代花园
	10		四川北路街道	虹叶小区		10	城北区	朝阳东路	民惠城

3. 数据收集

实证研究中的人口指标数据主要来自各城市历年的国民经济统计年鉴和社会发展统计公报。城市生活垃圾收费价格和市场回收价格及价格影响的数据来自我们 2018～2019 年对各城市的实际调研。

（三）系统动力学模型变量的界定

系统动力学模型的变量说明如表 8－2 所示，其中，L 表示为状态变量；R 表示为速率变量；A 表示为辅助变量；C 表示为常量。

表 8－2 模型相关变量

序号	变量名	变量单位	变量类型	序号	变量名	变量单位	变量类型
1	人口总量	万人	A	12	城市生活垃圾收费对回收量影响因子	Dmnl	表函数
2	常住人口总量	万人	L	13	城市生活垃圾收费对产生量影响因子	Dmnl	表函数
3	流动人口总量	万人	L	14	城市生活垃圾收集率	Dmnl	表函数
4	常住人口增长量	Dmnl	R	15	城市生活垃圾收费	Dmnl	表函数
5	流动人口增长量	Dmnl	R	16	人均城市生活垃圾产生量	/年	C
6	常住人口增长率	Dmnl	C	17	城市生活垃圾无害化处理量	万吨	A
7	流动人口增长率	Dmnl	C	18	城市生活垃圾回收率	Dmnl	C
8	城市生活垃圾无害化处理率	Dmnl	表函数	19	市场回收价格	Dmnl	表函数
9	城市生活垃圾产生总量	万吨	A	20	市场回收价格对垃圾收集量影响因子	Dmnl	表函数
10	城市生活垃圾收集总量	万吨	A	21	市场回收价格对垃圾回收量影响因子	Dmnl	表函数
11	城市生活垃圾回收量	万吨	A	22	城市生活垃圾积存量	万吨	R

（四）系统动力学模型系统参数的界定

1. 城市生活垃圾预防子系统参数界定

城市生活垃圾预防子系统涉及的参数有人口总量初值、人口自然增长率、人口总量以及人均城市生活垃圾产生量。

（1）人口总量初值。

不同城市的人口规模存在着显著差异。我们以 2015 年 6 个城市的常住人口和流动人口作为人口总量初值（见表 8－3）。

表 8－3　　2015 年实证城市人口初值　　单位：万人

项目	北京市	哈尔滨市	上海市	乐昌市	重庆市	西宁市
常住人口初值	2 177.74	963.17	2 647.8	41.12	3 016.55	231.355
流动人口初值	27 300	6 517.2	27 300	344.36	39 200	1 606.53

资料来源：北京市、哈尔滨市、上海市、乐昌市、重庆市和西宁市 2015 年城市统计年鉴。

（2）人口自然增长率。

我们用 2010～2019 年的平均人口增长率表示实证城市的常住人口和流动人口增长率（见图 8－18 和图 8－19）。

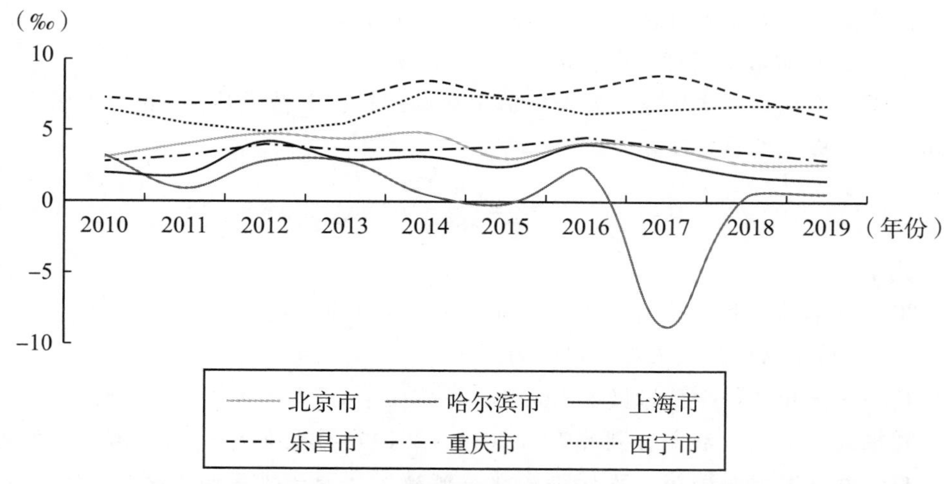

图 8－18　2010～2019 年实证城市常住人口自然增长率

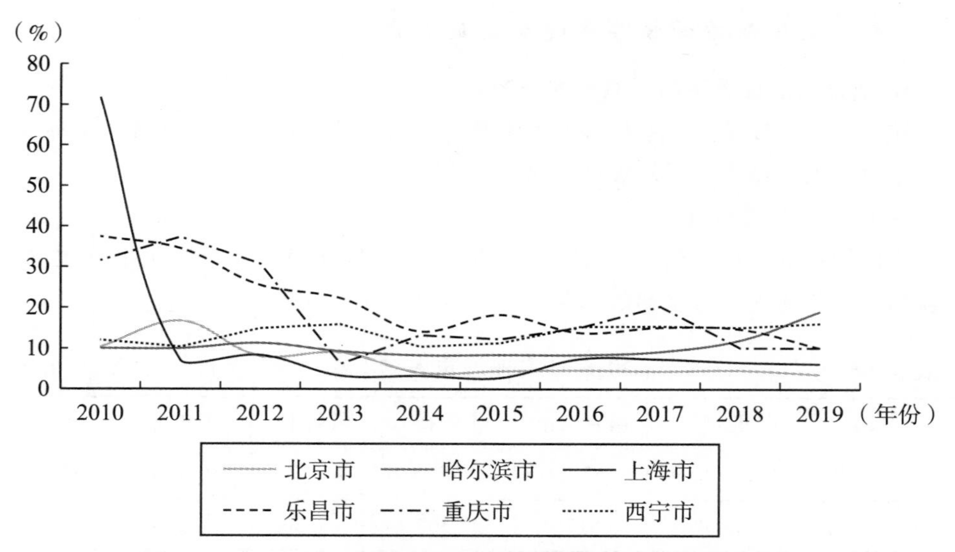

图 8-19　2010~2019 年实证城市流动人口自然增长率

（3）人口总量。

我们用接待国内外旅游人数作为流动人口数。由于国内外旅游者的人均停留时间为 3 天，占常住人口居住天数的 1/122，为此，我们将流动人口数量统计折合为常住人口的 1/122。人口总量的表达式为：

人口总量 = 常住人口总量 + 流动人口总量 ×1/122。

（4）人均城市生活垃圾产生量。

根据《全国第一次污染源普查城镇生活源产排污系数手册》，我们得出居民城市生活垃圾产生系数计算公式为：

$$F_w = \frac{W_\alpha}{365N} \tag{8.1}$$

式中：

W_α——城市居民生活垃圾年产生量，单位为万吨/年。

N——城市居民常住人口，单位为万人。

F_w——城市居民生活垃圾产生系数，单位为千克/人·天。

根据式（8.1），我们分别计算出 2010~2019 年实证城市人均城市生活垃圾产生量，并参考《全国第一次污染源普查城镇生活源产排污系数手册》设定系数，取两者平均值（见表 8-4）。

表 8-4　　实证城市人均城市生活垃圾产生量　　单位：千克/人·天

项目	北京市	哈尔滨市	上海市	乐昌市	重庆市	西宁市
区域	一区 1 类	一区 2 类	二区 1 类	二区 3 类	四区 1 类	五区 2 类
参考系数	1.01	0.39	0.80	0.44	0.38	0.89
近十年平均值	0.70	0.62	0.68	0.51	0.64	0.50
人均城市生活垃圾产生量	0.86	0.50	0.74	0.48	0.51	0.70

2. 城市生活垃圾减量子系统参数界定

城市生活垃圾减量子系统涉及参数有城市生活垃圾收费和城市生活垃圾收费对城市生活垃圾产生量的影响因子。

（1）城市生活垃圾收费。

基于“零废弃”的城市生活垃圾管理政策系统依据“谁污染，谁治理”的原则，实行计量收费，即按垃圾重量收取费用，通过提高现有城市生活垃圾的收费标准，实现前端减少城市生活垃圾产生量的目的。截至 2019 年，北京市、哈尔滨市、上海市、广东省乐昌市、重庆市和西宁市均已实行城市生活垃圾收费政策。由于家庭规模存在差异，根据系统动力学模拟仿真的需要，通过实地调研、专家访谈和未来发展趋势分析，我们确定对常住人口和流动人口都统一按照每人每月的收费形式收取城市生活垃圾费，并量化处理收集到数据（见图 8-20）。

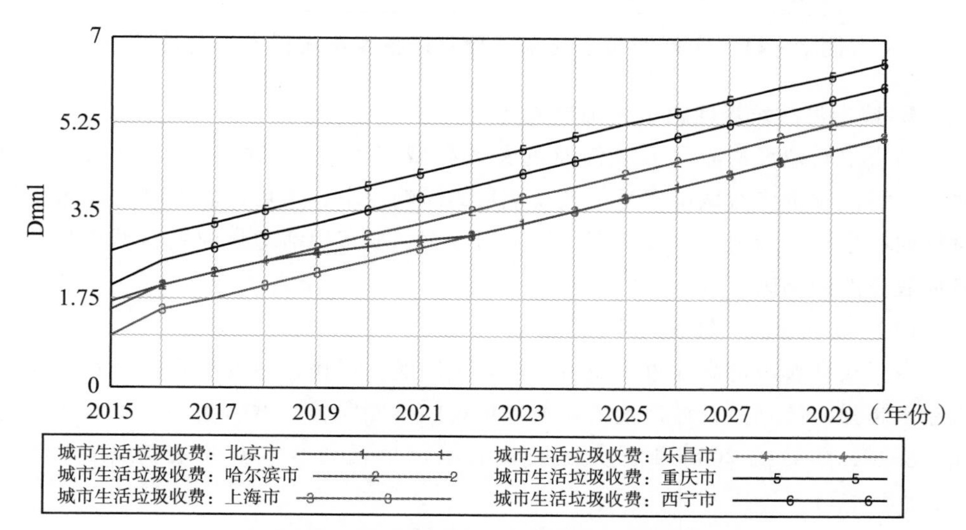

图 8-20　实证城市生活垃圾收费变化趋势

（2）城市生活垃圾收费对产生量的影响因子。

在基于“零废弃”的城市生活垃圾管理政策作用下，我们用表函数表示城市生活垃圾收费与生活垃圾产生量的关系。它们之间的关系具体表现为初期征收的城市生活垃圾费对城市生活垃圾产生量影响较小，主要是因为早期推行城市生活垃圾收费时，费用额度较低，居民对城市生活垃圾收费的支出并不在意。但是随着城市生活垃圾收费标准的提升，居民需要负担更多费用时，居民会主动控制甚至减少城市生活垃圾产生量和排放量。因此，城市生活垃圾收费与生活垃圾产生量间呈现出负相关的关系（见图8-21）。

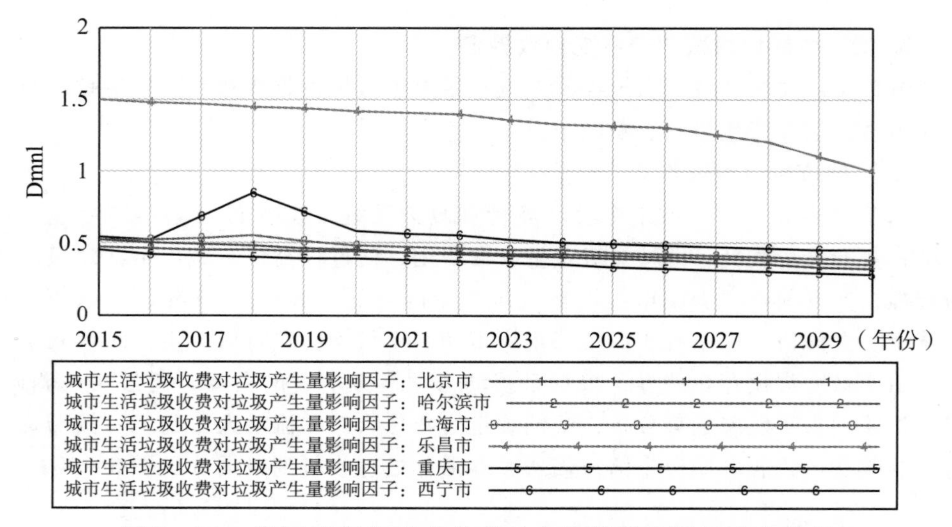

图8-21　实证城市生活来收费对产生量影响因子变化趋势

3. 城市生活垃圾回收子系统参数界定

城市生活垃圾回收子系统涉及的参数有城市生活垃圾收集率、市场回收价格、市场回收价格对城市生活垃圾收集量的影响因子、市场回收价格对城市生活垃圾回收量的影响因子、城市生活垃圾回收率、城市生活垃圾收费对城市生活垃圾回收量的影响因子。

（1）城市生活垃圾收集率。

由于实证城市都高度重视城市生活垃圾问题，居民绿色发展理念和环保意识也越来越强。特别是，城市生活垃圾收集设施不断完善，城市生活垃圾收集率也随之提高，预计到2030年，实证城市的城市生活垃圾收集率有望达到100%（见图8-22）。

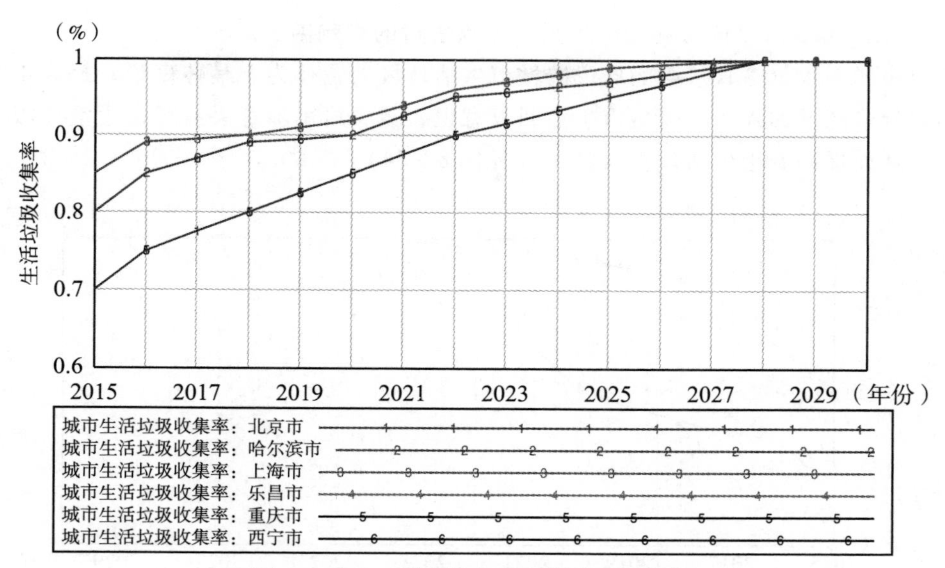

图 8-22　实证城市生活垃圾收集率

（2）市场回收价格。

我们研究发现，城市生活垃圾收集量和回收量受市场回收价格的影响，特别是纸制品。我们以实证城市的废纸回收价格作为参考，通过实地调研和专家访谈搜集市场回收价格和价格影响数据，并根据未来发展趋势，对所收集到的数据进行量化处理和预测分析（见图 8-23）。

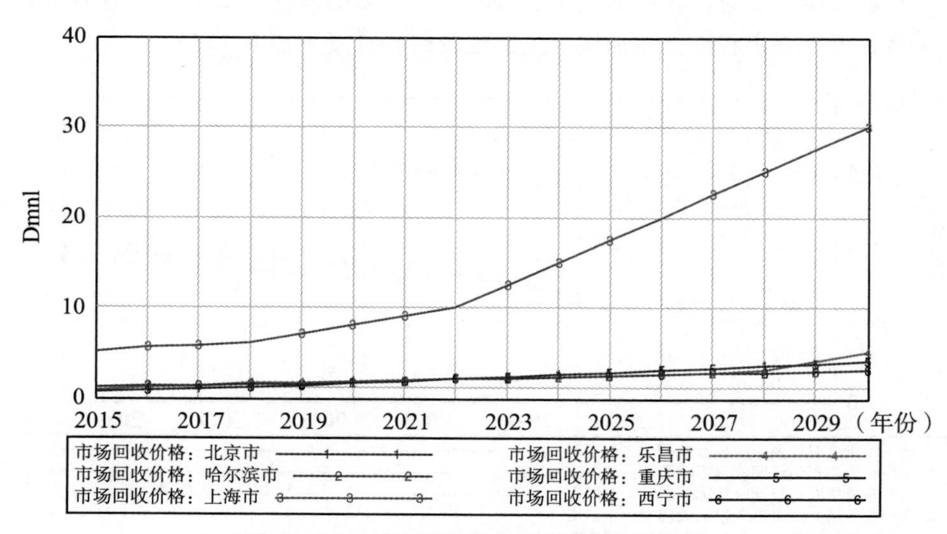

图 8-23　实证城市生活市场回收价格

（3）市场回收价格对城市生活垃圾收集量的影响因子。

市场回收价格直接影响居民的城市生活垃圾处置行为。具体来说，提高市场回收价格能够加强居民的城市生活回收意识，减少居民随意丢弃城市生活垃圾行为，从而提高城市生活垃圾收集量（见图 8 - 24）。

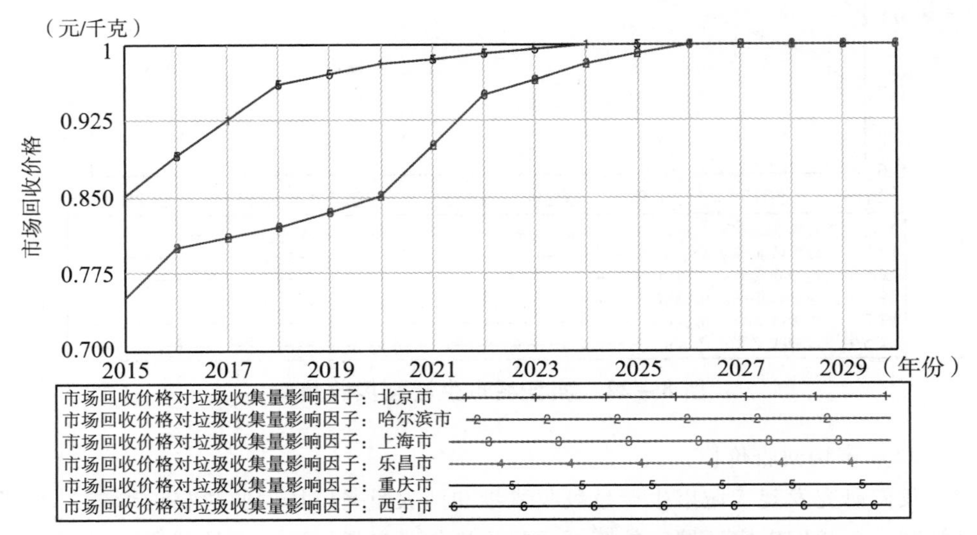

图 8 - 24　市场回收价格对城市生活垃圾收集量的影响因子

（4）市场回收价格对城市生活垃圾回收量的影响因子。

在城市生活垃圾回收市场稳定运行时，有规律的调整城市生活垃圾的市场回收价格，可在一定程度上增加城市生活垃圾回收量（见图 8 - 25）。

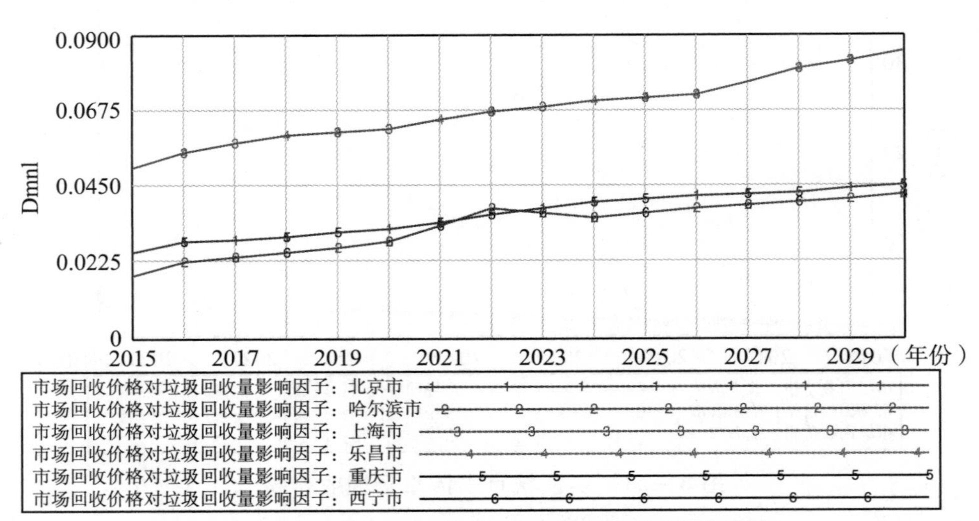

图 8 - 25　市场回收价格对垃圾回收量的影响因子

（5）城市生活垃圾回收率。

通过文献梳理，我们发现目前世界上有些国家和地区针对“零废弃”提出了一些具体指标。例如：澳大利亚提出要求回收75%的城市生活垃圾；威尔士“迈向零废物”战略提出2025年要回收70%的生活垃圾目标，2050年实现零废物。据此，我们遵循欧盟废弃物指南设定城市生活垃圾回收利用率发展趋势（见图8-26）。

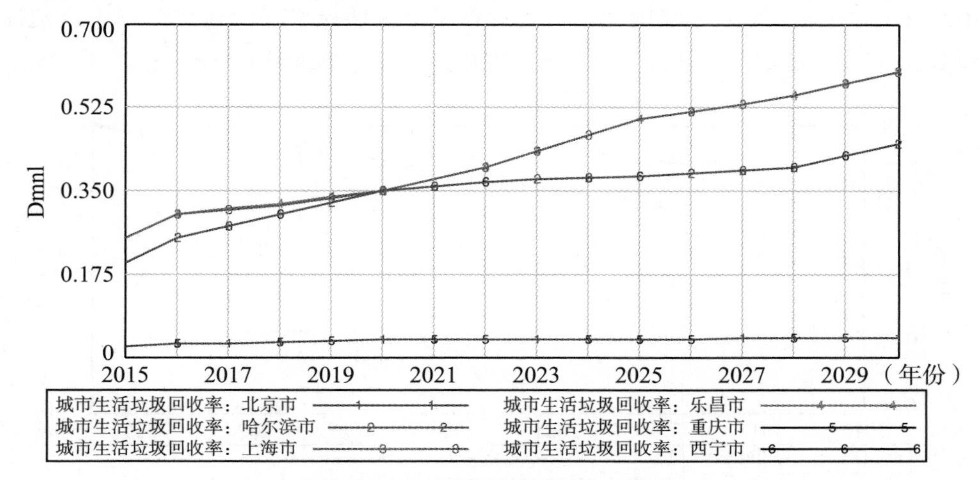

图8-26　城市生活垃圾回收率

（6）城市生活垃圾收费对城市生活垃圾回收量的影响因子。

在基于“零废弃”的城市生活垃圾管理政策作用下，随着城市生活垃圾收费标准的不断提高，城市生活垃圾回收量也随之增多，它们之间的关系可用表函数表示（见图8-27）。

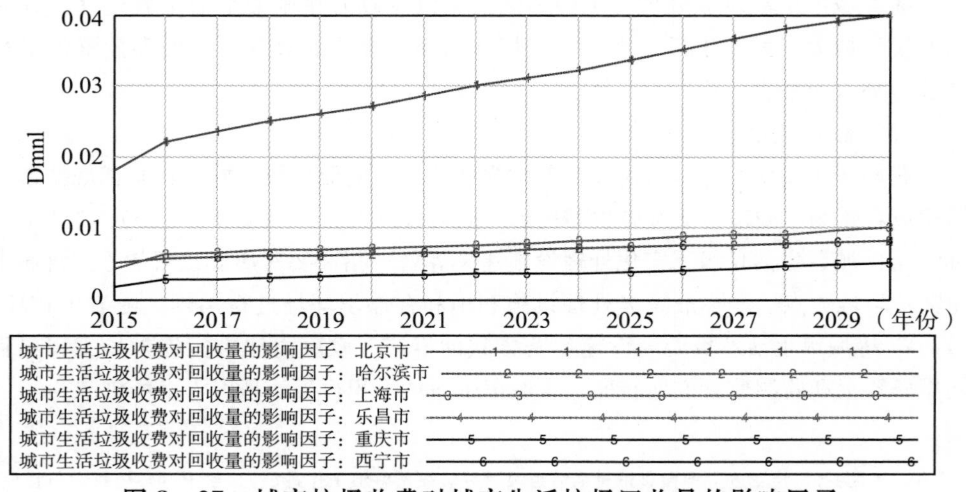

图8-27　城市垃圾收费对城市生活垃圾回收量的影响因子

4. 城市生活垃圾无害化处理子系统参数界定

城市生活垃圾无害化处理子系统涉及的参数有城市生活垃圾无害化处理率、城市生活垃圾无害化处理量和城市生活垃圾积存量。

(1) 城市生活垃圾无害化处理率。

根据住建部和生态环境部联合印发的《全国城市生态保护与建设规划(2015～2020年)》要求,2020年我国城市生活垃圾无害化处理率要达到95%以上。预计到2030年,实证城市的城市生活垃圾无害化处理率有望达到100%(见图8-28)。

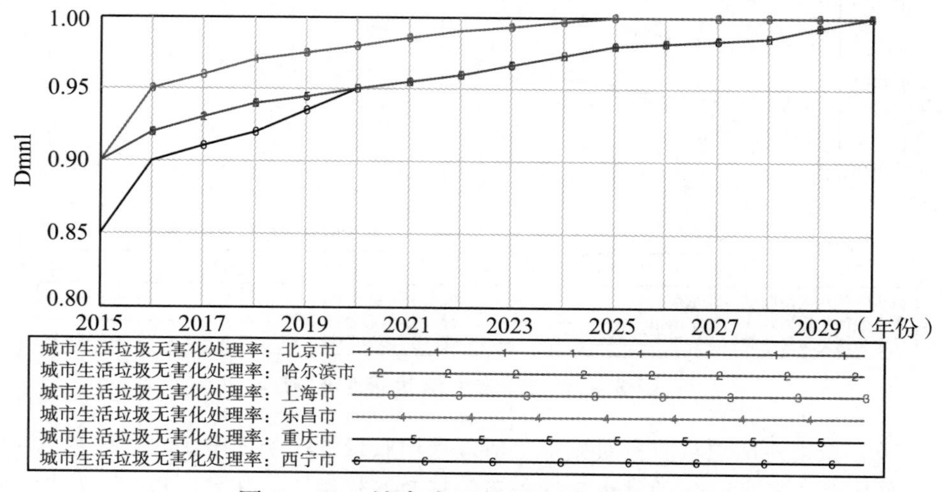

图8-28 城市生活垃圾无害化处理率

(2) 城市生活垃圾无害化处理量。

随着城市生活垃圾处理技术的不断成熟以及政府在城市生活垃圾处理工程方面的投资加大,城市生活垃圾无害化填埋场和焚烧厂的数量以及处理量整体呈现增长态势(见图8-29)。

(3) 城市生活垃圾积存量。

我们调研发现实证城市还存在着小规模的城市生活垃圾堆放点和非正规城市生活垃圾处置场。城市生活垃圾积存量治理面临着巨大压力(见图8-30)。《"十三五"全国城镇生活垃圾无害化处理设施建设规划》指出要对历史遗留的不正规城市生活垃圾堆放点、非标准垃圾处理设施和饱和存储填埋场进行治理。随着"BOT""PPP"等城市生活垃圾处理设施运营方式的推广,政府由注重实施封场工程项目向服务购买和监测监管方向转变,将城市生活垃圾积存量治理引入市场机制①。

① 夏旻:《"十二五"中国非正规生活垃圾填埋场存量整治工作进展》,载于《环境科学与管理》2016年第7期。

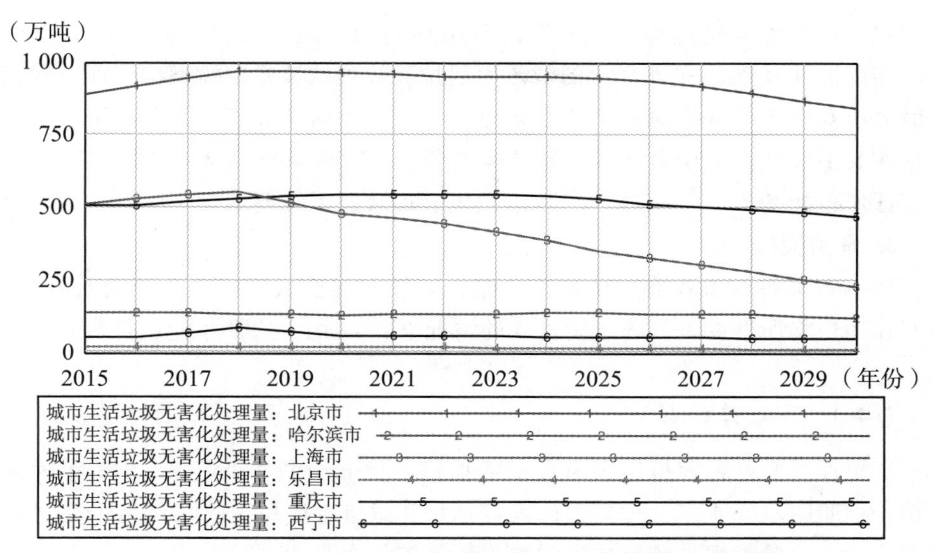

图 8-29　实证城市生活垃圾无害化处理量变化趋势

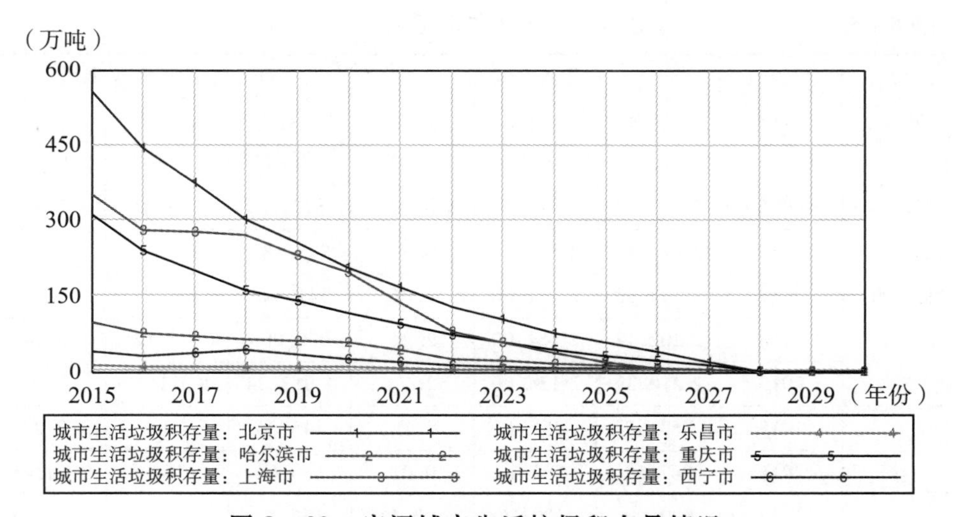

图 8-30　实证城市生活垃圾积存量情况

四、基于“零废弃”的城市生活垃圾管理政策的 SD 模型的检验

（一）结构、量纲检验

1. 结构检验

结构检验工作贯穿整个基于“零废弃”的城市生活垃圾管理政策系统模型构

建过程。在模型构建过程中，如果出现结构问题，系统会自动阻止用户继续操作。为此，在基于“零废弃”的城市生活垃圾管理政策系统模型构建前，我们要全面分析6个实证城市的基于“零废弃”的城市生活垃圾管理政策系统结构，并依据在其他领域系统动力学应用的经验教训，不断地调整模型，使建立的模型符合实证城市的基于“零废弃”的生活垃圾管理政策系统要求。

2. 量纲检验

Vensim软件对方程有自动检验功能，如果方程输入错误，系统会及时提醒。只有在用户将所有变量方程正确输入的情况下，Vensim软件才能运行仿真模拟。

（二）历史性检验

历史性检验是将模拟结构与真实数据进行比较分析。我们以2015年为基准数据，检验时段为4年，选择常住人口总量和城市生活垃圾收集量两个变量进行模型检验。检验数据与统计数据的准确度比较如表8-5所示。

表8-5　模拟数据和历史统计数据对比分析

城市	年份	常住人口总量			城市生活垃圾收集量		
		模拟值（万人）	统计值（万人）	误差（%）	模拟值（万吨）	统计值（万吨）	误差（%）
北京市	2015	2 177.74	2 177.74	0.00	817.33	790.33	3.42
	2016	2 185.85	2 173.00	0.59	888.182	872.61	1.78
	2017	2 193.99	2 171.00	1.06	941.846	924.77	1.85
	2018	2 202.17	2 154.00	2.24	996.003	975.12	2.14
	2019	2 210.37	2 154.00	2.62	1 013.24	1 011.16	0.21
哈尔滨市	2015	963.17	961.4	0.18	143.34	143	0.24
	2016	967.62	962.1	0.01	160.64	163	-1.45
	2017	972.09	1 092.9	-0.11	166.47	168	-0.91
	2018	976.581	1 085.8	-0.10	172.49	166	3.91
	2019	981.093	1 076.3	-0.09	176.82	184.47	-4.15
上海市	2015	2 415	2 415	0.00	612.327	613.2	0.14
	2016	2 421.28	2 420	0.05	692.459	629.37	10.02
	2017	2 427.57	2 418	0.40	723.931	743.07	2.58
	2018	2 433.89	2 424	0.41	756.285	784.73	3.62
	2019	2 440.21	2 428	0.50	731.236	750.65	2.59

续表

城市	年份	常住人口总量			城市生活垃圾收集量		
		模拟值（万人）	统计值（万人）	误差（%）	模拟值（万吨）	统计值（万吨）	误差（%）
乐昌市	2015	41.12	41.12	0.00	20.17	20.24	-0.35
	2016	41.4272	41.48	-0.13	22.40	21.9	2.29
	2017	41.7368	41.73	0.02	22.76	22.63	0.56
	2018	42.0486	41.95	0.24	23.11	23.96	-3.54
	2019	42.3628	42.12	0.58	23.74	24.12	-1.59
重庆市	2015	3 017	3 017	0.00	455.86	440.03	3.60
	2016	3 027.82	3 048	-0.66	479.71	494.13	-2.92
	2017	3 038.67	3 075	-1.18	505.996	529.74	-4.48
	2018	3 049.56	3 102	-1.69	530.996	549.23	-3.32
	2019	3 060.5	3 124	-2.03	549.16	601.77	-8.74
西宁市	2015	231.355	231	0.15	55.46	55.8	-0.61
	2016	232.827	233.37	-0.23	60.93	56.16	7.83
	2017	234.308	235.5	-0.51	83.745	92.64	-10.62
	2018	235.799	237.11	-0.55	108.347	101.33	6.48
	2019	237.299	238.71	-0.59	90.02	80.3	10.80

资料来源：北京市、哈尔滨市、上海市、乐昌市、重庆市和西宁市2015年城市统计年鉴。

由比较结果可知，常住人口总量模拟值与统计真实数据之间的最大误差为2.62%，城市生活垃圾收集量的误差在10%内，且大部分运行结果误差都小于5%。由此得出，我们建立的系统动力学模型是有效的，可以使用这个模型模拟基于“零废弃”的城市生活垃圾管理政策效果，观察基于“零废弃”的城市生活垃圾管理政策对城市生活垃圾管理的效力。

第三节 基于“零废弃”的城市生活垃圾管理政策模拟实证仿真分析

一、情景模拟方案设定

根据我国城市生活垃圾管理政策发展趋势和《“十三五”全国城镇生活垃圾

无害化处理设施建设规划》要求，我们预设从2015~2030年基于“零废弃”的城市生活垃圾管理政策的四种情景。由于不同情景下的管理政策力度不同，基于“零废弃”的城市生活垃圾管理政策对城市生活垃圾产生量、收集量、回收量和处理量的影响也有所差异。因此，我们结合“零废弃”城市生活垃圾管理目标和管理政策力度调整部分参数，形成不同模拟方案，具体如下：

（一）自然趋势情境

在自然趋势情境下，各个变量按照目前的自然变化趋势和变化率发展，并随着时间推移，城市生活垃圾管理没有任何人为干预或控制，主要依靠系统内部制约因素起作用。在自然趋势情境中，人口数量和人均城市生活垃圾日产量决定城市生活垃圾产生量，由于人均城市生活垃圾日产量变化幅度比较平缓，因此，在自然趋势情境下，人口数量对城市生活垃圾产生量的影响最大。

（二）人口控制情境

在基于“零废弃”的城市生活垃圾管理政策作用下实证城市政府应有计划地控制人口增长速度，使人口与环境协调发展。如果人口增长得到合理控制，那么实证城市政府就能够在前端控制城市生活垃圾产生量。在人口控制情境中，实证城市政府会制定人口发展规划，并结合城市自然资源承载力调控人口政策，降低人口增长率，调整人口增长速度。其他变化情况与自然趋势情境相同。

（三）城市生活垃圾收费情境

城市生活垃圾减量政策将“预防和减量”作为首要准则，为了激励公众自觉预防和减少城市生活垃圾产生量，实现城市生活垃圾管理的“零废弃、零污染、零排放”目标，实证城市政府会根据社会发展要求调整城市生活垃圾处理收费标准。随着时间推移，城市生活垃圾收费越来越高，居民减少城市生活垃圾的自觉性也越来越强。另外，城市生活垃圾收费与城市生活垃圾回收量正相关。为此，我们设定城市生活垃圾收费制度是人均每月征收，并且假设2015年后城市生活垃圾收费标准不断提高。

（四）市场回收价格控制情境

随着人民生活水平和消费水平的不断提高，废纸等可回收资源在城市生活垃圾中的占比也越来越高，其带来的经济收益和环境收益也越来越大。但是，目前我国城市生活垃圾回收市场还不完善。在实地调研中，我们发现很多实证城市的城市生活垃圾回收站点的回收类别比较单一且价格较低。居民回收城市生活垃圾的积极性不高。为此，在市场回收价格控制情境下，我们假设提高城市生活垃圾市场回收价格，就能增加城市生活垃圾回收量和降低城市生活垃圾的无害化处理量。

（五）综合调控情境

综合调控情境是根据实证城市的客观实际情况出发，结合各实证城市政府所制定的城市生活垃圾管理政策，对各变量进行逐一确定后所确定的情境，即在综合考虑人口控制情境、城市生活垃圾收费情境和市场回收价格控制情境基础上，我们同时调控人口数量、城市生活垃圾收费和市场垃圾回收价格。

二、实证仿真模拟结果分析

（一）北京市

运用 Vensim 软件进行仿真模拟，根据现有参数赋值模型中的变量，我们得到 2015 ~ 2030 年北京市在不同管理政策情景模拟方案下的仿真模拟结果。

1. 城市生活垃圾产生量

从图 8 - 31 可以看出，在基于“零废弃”的城市生活垃圾管理政策系统作用下，北京市的城市生活垃圾产生量呈下降趋势，城市生活垃圾产生量得到有效控制，说明各情境下的减量措施都取得了成效。但是，我们也发现，在自然趋势情境、人口控制情境、市场回收价格控制情境、城市生活垃圾收费情境和综合调控情境下，基于“零废弃”的城市生活垃圾管理政策对城市生活垃圾产生量的控制能力是明显不同的。从 2021 年开始，在城市生活垃圾收费情境和综合调控情境下，城市生活垃圾产生量下降较快。这是由于 2019 年末北京市启动了“无废城市”建设，强化了城市生活垃圾源头减量。根据模拟结果显示，在城市生活垃圾收费情境和综合调控情境下，北京市的城市生活垃圾产生量较少，其中在综合调控情境下，城市生活垃圾产生量最少。例如，2015 年为 1 320. 83 万吨，2030 年为 439. 89 万吨，实现了城市生活垃圾产生量的“负增长”，达到了基于“零废弃”的城市生活垃圾管理政策目标要求，证明了基于“零废弃”的城市生活垃圾管理政策对控制城市生活垃圾产生量是有效的。

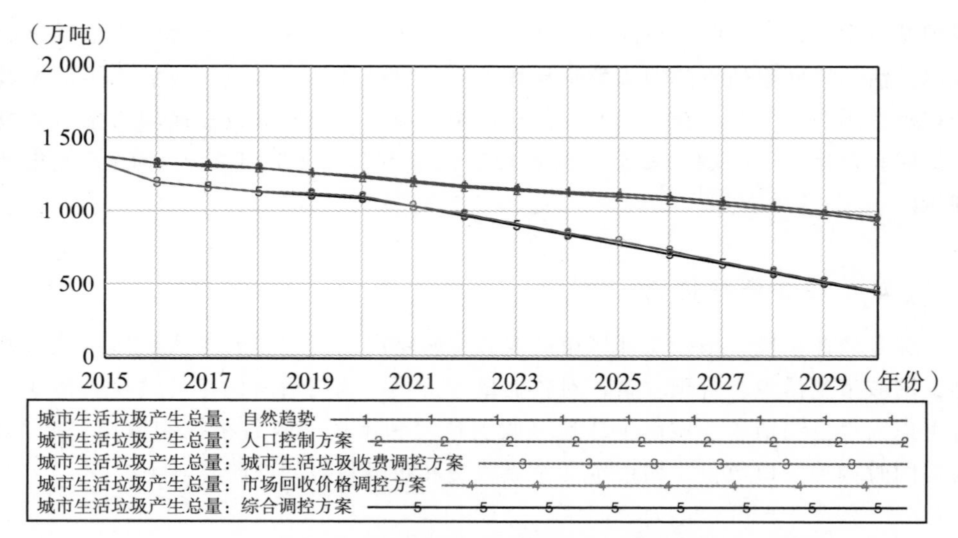

图 8－31　北京市各管理政策情景模拟方案下城市生活垃圾产生量

2. 城市生活垃圾收集量

从图 8－32 可以看出，在城市生活垃圾收费情境和综合调控情境下，北京市城市生活垃圾收集量最少。究其原因，是由于随着北京市城市生活垃圾收费的提高，为减少支出，居民开始注重践行节约优先和绿色低碳的生活消费方式，控制城市生活垃圾产生量，因此城市生活垃圾收集量也随之降低。在人口控制情境、市场回收价格控制情境和自然趋势情境下，基于“零废弃”的城市生活垃圾管理

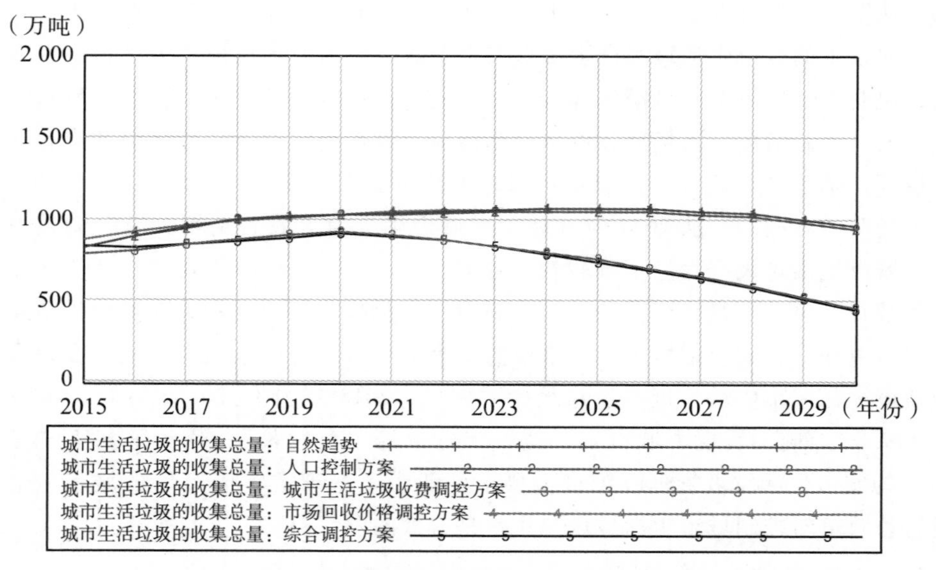

图 8－32　北京市各管理政策情景模拟方案下城市生活垃圾收集量

政策对城市生活垃圾产生量的控制能力相差不大。在综合调控情境下，2015 年城市生活垃圾收集量为 823.12 万吨，2030 年为 439.89 万吨，与城市生活垃圾产生量基本持平，收集率高达 100%。截至 2030 年，北京市基本上能够实现城区生活垃圾收集全覆盖，特别是我们调研过的小区，它们的覆盖率可达到 100%。

3. 城市生活垃圾回收量

从图 8 - 33 可以看出，在自然趋势情境和人口控制情境、市场回收价格控制情境下，北京市的城市生活垃圾回收量整体呈现上升趋势。其中，市场回收价格控制情境下的城市生活垃圾回收量最高，2015 年达到 58.85 万吨，2030 年为 134.27 万吨。这主要是由于在部分试点小区内，北京市搭建了城市生活垃圾智能化服务平台，对居民回收行为实时奖励。特别是，随着城市生活垃圾市场回收价格的提高，居民的城市生活垃圾回收行为受到了很大鼓励，居民参与社区生活垃圾回收工作也变得越来越积极，从而整体上提高了城市生活垃圾回收效率，增加了城市生活垃圾回收量。在城市生活垃圾收费情境和综合调控情境下，从 2022 年开始，北京市的城市生活垃圾回收量呈下降趋势，这与城市生活垃圾产生量减少有关。

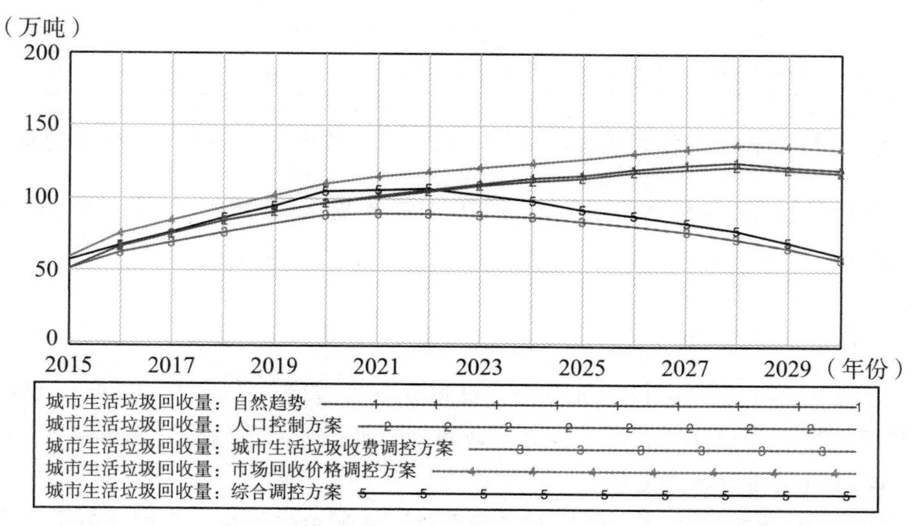

图 8 - 33　北京市各管理政策情景模拟方案下城市生活垃圾回收量

4. 城市生活垃圾无害化处理量

从图 8 - 34 可以看出，在自然趋势情境、人口控制情境和市场回收价格控制情境下，基于“零废弃”的城市生活垃圾管理政策系统对城市生活垃圾无害化处理量的控制能力较弱。在城市生活垃圾收费情境和综合调控情境下，基于“零废弃”的城市生活垃圾管理政策系统对城市生活垃圾无害化处理量的控制能力较强，城市生活垃圾无害化处理量呈现显著下降趋势。在综合管理调控方案下，城市生活垃圾无害化处理量最少，2015 年为 873.92 万吨，2030 年为 378.31 万吨。究其原因，一方面是由于前端城市生活垃圾产生量大幅度减少，另一方面是由于中端城市生活垃圾回收量的提高，使城市生活垃圾不需要进入到最终处理环节，而是直接或经简单处理后被重新再利用或他用，到 2030 年北京市基本上能够实现城市生活垃圾“零废弃”。

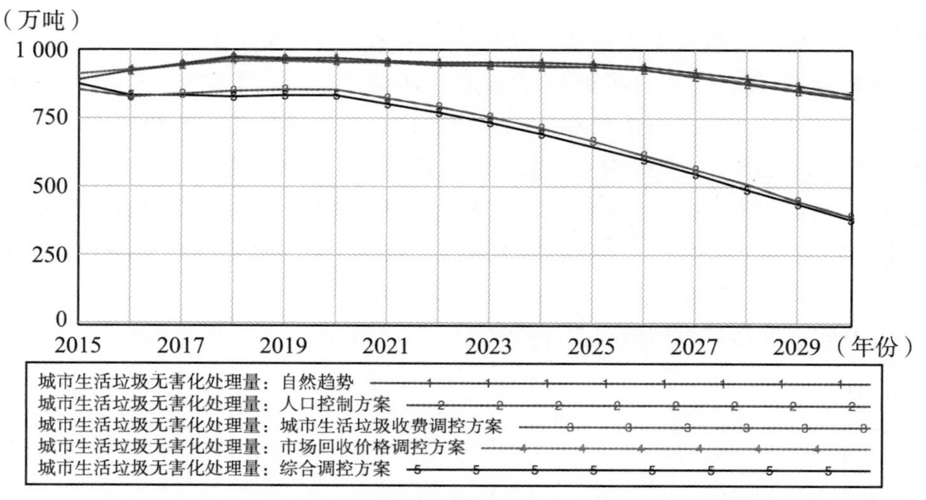

图 8－34　北京市各管理政策情景模拟方案下城市生活垃圾无害化处理量

综上所述，在各种情境下，北京市基于“零废弃”的城市生活垃圾管理政策是有效的。

（二）哈尔滨市

运用 Vensim 软件进行仿真模拟，根据现有参数赋值模型中的变量，我们得到 2015～2030 年哈尔滨市在不同管理政策情景模拟方案下的仿真模拟结果。

1. 城市生活垃圾产生量

从图 8－35 可以看出，在基于“零废弃”的城市生活垃圾管理政策系统作用下，哈尔滨市的城市生活垃圾产生量整体呈下降趋势。在自然趋势情境、人口控制情境和市场回收价格控制情境下，哈尔滨市的城市生活垃圾产生量下降趋势平缓，下降幅度在 10% 以内，这表明基于“零废弃”的城市生活垃圾管理政策对哈尔滨市城市生活垃圾产生量的控制能力较弱。在城市生活垃圾收费情境和综合调控情境下，哈尔滨市城市生活垃圾产生量下降幅度较大。其中，在综合调控情境下，哈尔滨市城市生活垃圾产生量最少，2015 年城市生活垃圾产生量为 238.90 万吨，2030 年为 138.85 万吨，减少了近 60%。

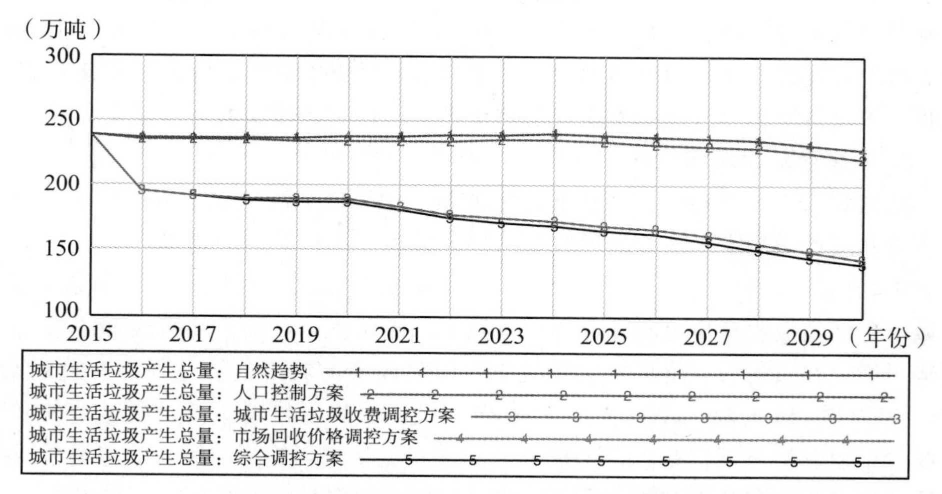

图 8－35　哈尔滨市各管理政策情景模拟方案下城市生活垃圾产生量

2. 城市生活垃圾收集量

从图 8－36 可以看出，在人口控制情境、市场回收价格控制情境与自然趋势情境下，基于“零废弃”的城市生活垃圾管理政策对哈尔滨市城市生活垃圾产生量的控制能力相差不大。整体上，城市生活垃圾收集量还呈现上升趋势。在城市生活垃圾收费情境和综合调控情境下，哈尔滨市的城市生活垃圾收集量呈平缓下降趋势，并且在综合调控情境下的哈尔滨市城市生活垃圾收集量最少，2015 年为 162.451 万吨，2030 年为 138.85 万吨，减少了近 20%。在综合调控情境下，哈尔滨市的城市生活垃圾收集量比较低。在 2030 年，哈尔滨市城市生活垃圾收

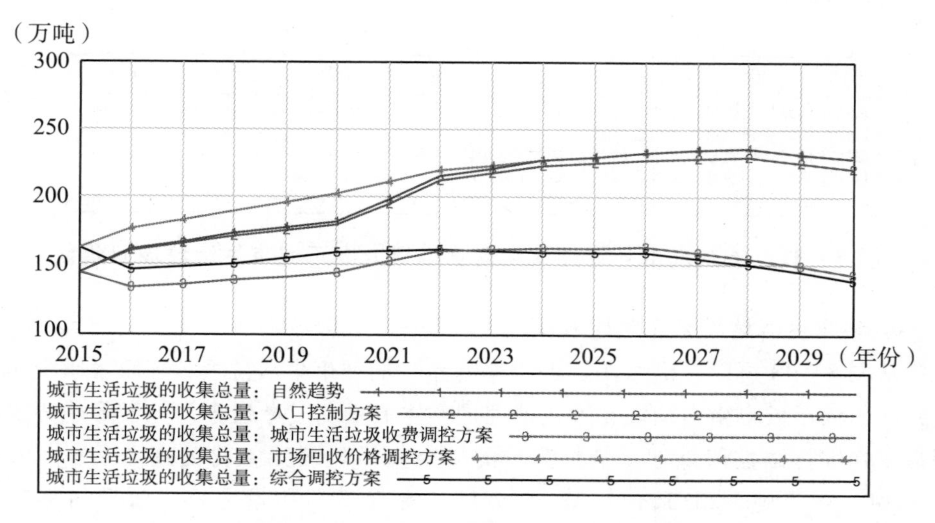

图 8－36　哈尔滨市各管理政策情景模拟方案下城市生活垃圾收集量

集量和产生量基本持平，收集率高达100%，这说明随着基于“零废弃”的城市生活垃圾管理政策实施力度的加大，哈尔滨市的城市生活垃圾收运体系逐步完善和收运范围持续扩大，基本上实现了城市生活垃圾收运体系的全市覆盖。

3. 城市生活垃圾回收量

从图8-37可以看出，在基于“零废弃”的城市生活垃圾管理政策系统作用下，哈尔滨市的城市生活垃圾回收量呈上升趋势。在自然趋势情境、人口控制情境和市场回收价格控制情境下，哈尔滨市的城市生活垃圾回收量上涨幅度较大；在城市生活垃圾收费情境和综合调控情境下，哈尔滨市城市生活垃圾回收量上涨趋势平缓；在市场回收价格控制情境下，哈尔滨市的城市生活垃圾回收量最高，2015年为36.55万吨，2030年为116.88万吨，增加了将近3倍，这说明在市场回收价格控制情境下，基于“零废弃”的城市生活垃圾管理政策对哈尔滨市城市生活垃圾回收效率的控制能力最强。究其原因，主要是随着哈尔滨市城市生活垃圾的市场回收价格提高，居民从城市生活垃圾回收的“旁观者”转变为“参与者”，从而增加了城市生活垃圾回收量。

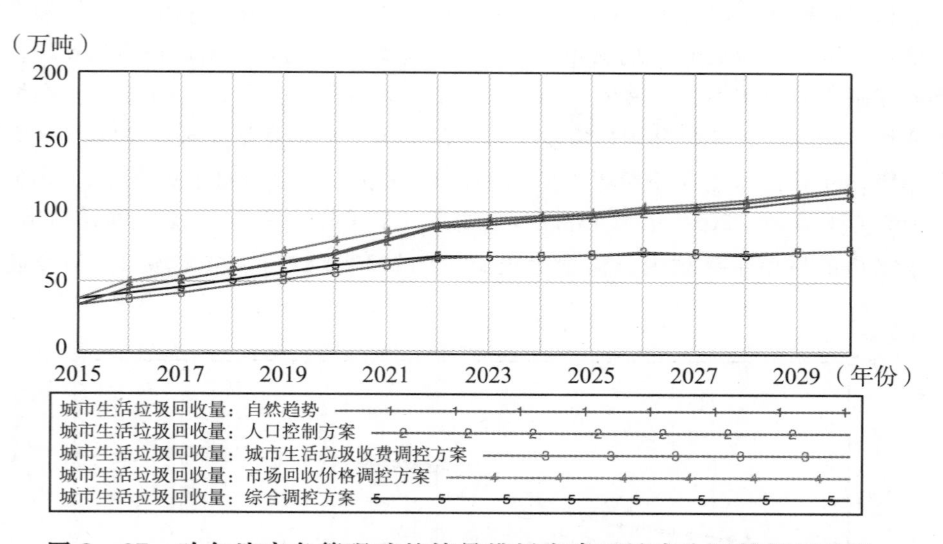

图8-37 哈尔滨市各管理政策情景模拟方案下城市生活垃圾回收量

4. 城市生活垃圾无害化处理量

从图8-38可以看出，在基于“零废弃”的城市生活垃圾管理政策系统作用下，哈尔滨市城市生活垃圾无害化处理量整体上呈现下降趋势，但下降趋势比较缓慢。在综合调控情境下，哈尔滨市的城市生活垃圾无害化处理量最少，2015年为140.68万吨，2030年为67.55万吨，实现了“存量清零、增量归零”的“零废弃”城市生活垃圾管理目标。在综合调控情境下，哈尔滨市的城市生活垃圾无害化处理量最少的原因在于前端城市生活垃圾产生量大幅减少，而城市生活垃圾回收量大幅增加，这使得收集来的城市生活垃圾全部被重新循环再利用，不需要进入城市生活垃圾处理环节，缓解了城市生活垃圾无害化处理压力。目前，哈尔滨市有双琦环保资源利用有限公司生活垃圾焚烧发电厂、阿城区生活垃圾处置厂、新世纪能源有限公司生活垃圾焚烧发电厂、双城生活垃圾焚烧发电厂、哈尔滨市餐厨垃圾无害化处置厂和松北呼兰区生活垃圾焚烧发电厂6个城市生活垃圾处理厂，这些处理厂都具有成熟的城市生活垃圾无害化处理技术。在积存量清零的压力下，这些处理厂能够实现哈尔滨市城市生活垃圾处理的“零排放”“零污染”目标。

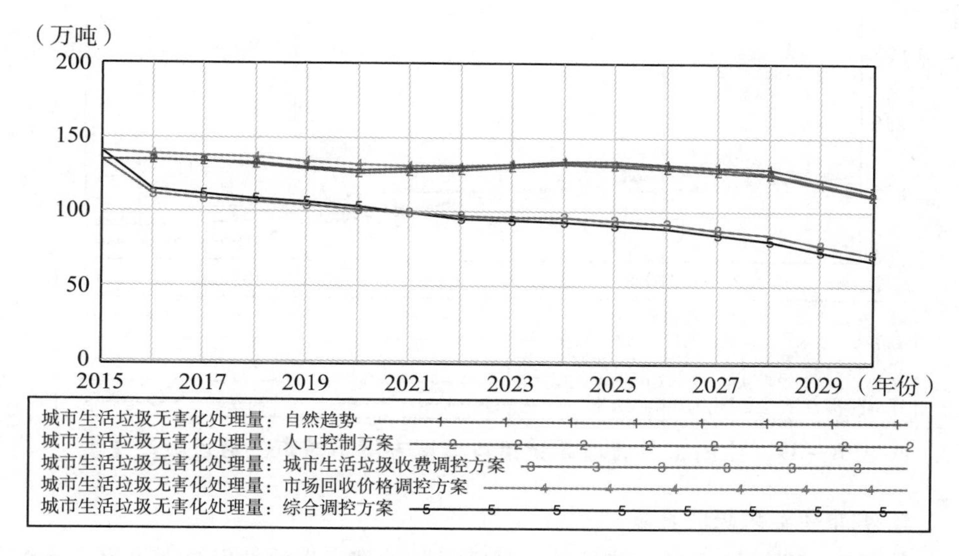

图8-38　哈尔滨市各管理政策情景模拟方案下城市生活垃圾无害化处理量

综上所述，在各种情境下，哈尔滨市基于“零废弃”的城市生活垃圾管理政策是有效的。

（三）上海市

运用Vensim软件进行仿真模拟，根据现有参数赋值模型中的变量，我们得到2015~2030年上海市在不同管理政策情景模拟方案下的仿真模拟结果。

1. 城市生活垃圾产生量

从图8-39可以看出，在基于“零废弃”的城市生活垃圾管理政策系统作用下，上海市的城市生活垃圾产生量呈平缓下降趋势。在人口控制情境、市场回收价格控制情境和自然趋势情境下，上海市城市生活垃圾产生量变化趋同，这表明基于“零废弃”的城市生活垃圾管理政策对上海市城市生活垃圾产生量的控制能力相差不大。在城市生活垃圾收费情境和综合调控情境下，上海市的城市生活垃圾产生量较低，其中，在综合调控情境下，上海市城市生活垃圾产生量最少，2015 年为960.51 万吨，2030 年为566.27 万吨，减少了近400 万吨，这说明基于“零废弃”的城市生活垃圾管理政策对城市生活垃圾产生量的控制能力较强。究其原因，上海市的城市生活垃圾收费与城市生活垃圾分类减量工作挂钩，已建立了城市生活垃圾管理机制。

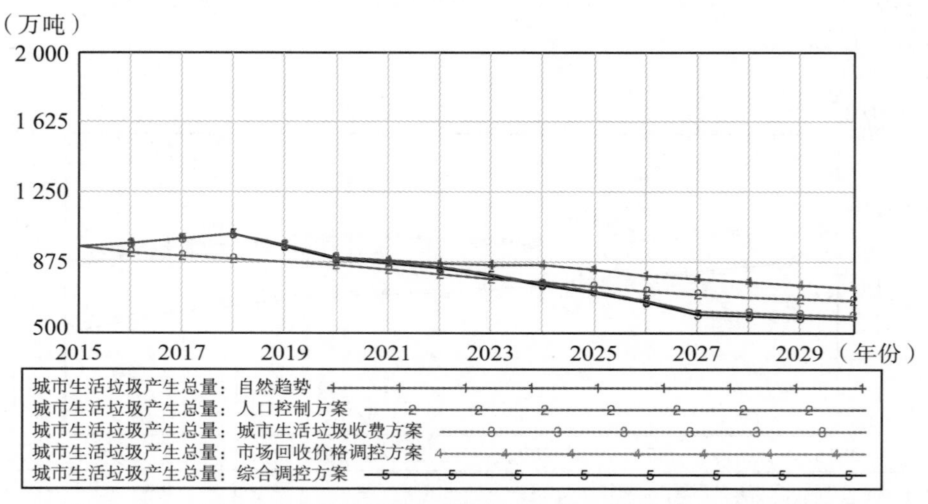

图 8－39　上海市各管理政策情景模拟方案下城市生活垃圾产生量

2. 城市生活垃圾收集量

从图 8－40 可以看出，在基于“零废弃”的城市生活垃圾管理政策系统作用下，上海市城市生活垃圾产生量呈平缓下降趋势，变化的转折点是在 2020 年，这是由于 2019 年 7 月上海市进入强制生活垃圾分类时代，实施了《上海市生活垃圾管理条例》。《上海市生活垃圾管理条例》科学地规范了城市生活垃圾收集点，取消了非法城市生活垃圾收集点，强迫居民按时、按点投放城市生活垃圾，这使得城市生活垃圾收集量有所下降。在城市生活垃圾收费情境和综合调控情境下，上海市的城市生活垃圾收集量相对较低，特别是在综合调控情境下，上海市的城市生活垃圾收集量在 2015 年仅为 653.15 万吨，2030 年为 566.27 万吨，减少了 15.34%，这说明基于“零废弃”的城市生活垃圾管理政策对上海市城市生活垃圾收集量的控制能力较弱。

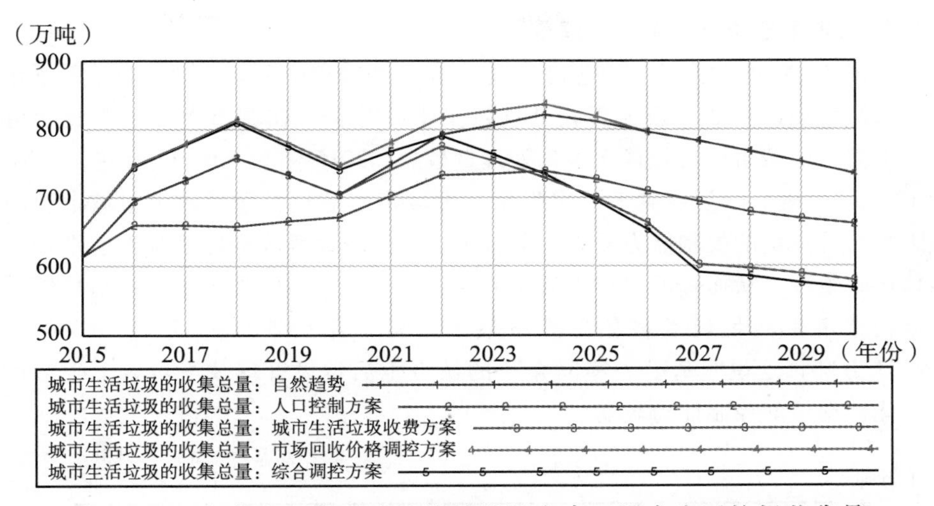

图 8-40　上海市各管理政策情景模拟方案下城市生活垃圾收集量

3. 城市生活垃圾回收量

从图 8-41 可以看出，在基于“零废弃”的城市生活垃圾管理政策系统作用下，上海市的城市生活垃圾回收量呈上升趋势。在自然趋势调控方案下，上海市的城市生活垃圾回收量最高，2015 年为 186.15 万吨，2030 年为 509.49 万吨，这说明基于“零废弃”的城市生活垃圾管理政策对城市生活垃圾回收量的控制能力较强。在综合调控情境下，上海市城市生活垃圾回收量是最低的，2015 年为 169.82 万吨，2030 年为 356.18 万吨，这说明基于“零废弃”的城市生活垃圾管理政策对城市生活垃圾回收量的控制能力较弱。

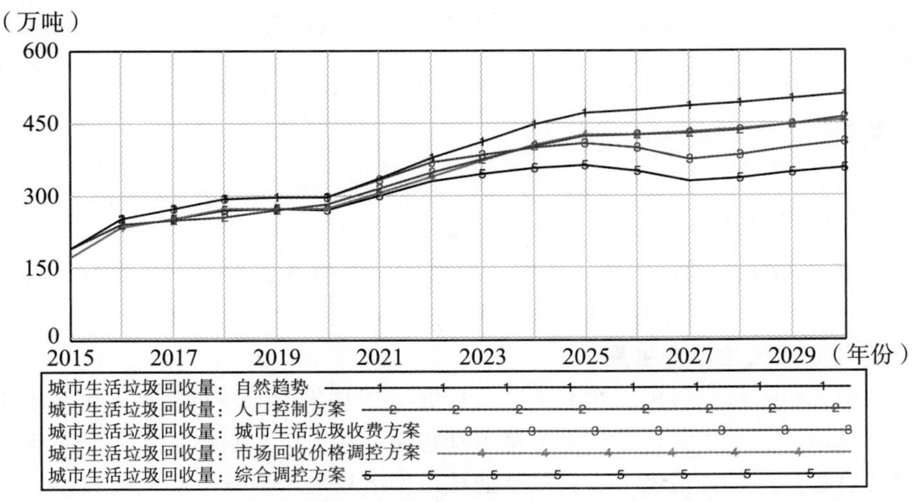

图 8-41　上海市各管理政策情景模拟方案下城市生活垃圾回收量

4. 城市生活垃圾无害化处理量

从图 8-42 可以看出，在基于“零废弃”的城市生活垃圾管理政策系统作用下，上海市城市生活垃圾无害化处理量呈下降趋势。在城市生活垃圾收费情境下，上海市的城市生活垃圾无害化处理量最少，2015 年为 508.91 万吨，2030 年为 170.73 万吨，这说明基于“零废弃”的城市生活垃圾管理政策对城市生活垃圾无害化处理量的控制能力较强，即城市生活垃圾收费政策能够减少前端城市生活垃圾收集量，从而降低城市生活垃圾处理量。在市场回收价格控制情境下，上海市的城市生活垃圾无害化处理量最多，2015 年为 545.65 万吨，2030 年为 279.31 万吨，这说明基于“零废弃”的城市生活垃圾管理政策对城市生活垃圾无害化处理量的控制能力较弱。

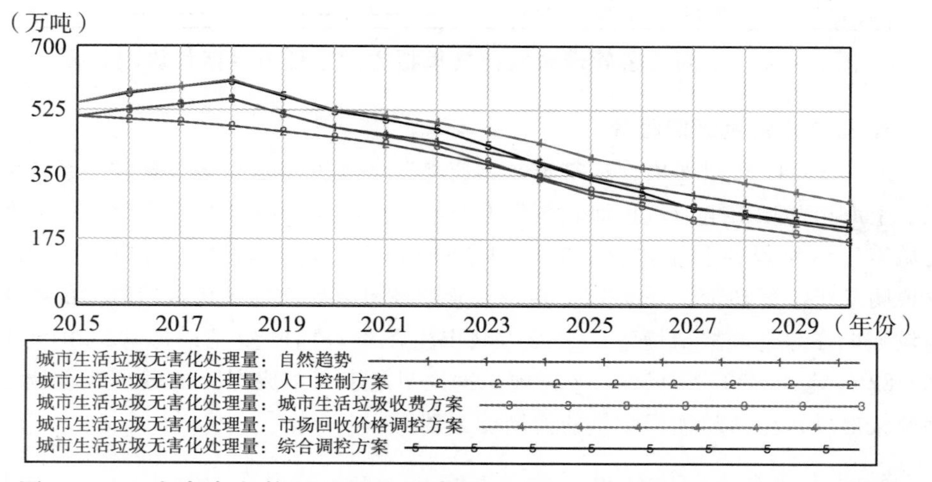

图 8-42 上海市各管理政策情景模拟方案下城市生活垃圾无害化处理量

综上所述，在各种情境下，上海市基于“零废弃”的城市生活垃圾管理政策是有效的。

（四）乐昌市

运用 Vensim 软件进行仿真模拟，根据现有参数赋值模型中的变量，我们得到 2015~2030 年乐昌市在不同管理政策情景模拟方案下的仿真模拟结果。

1. 城市生活垃圾产生量

从图 8-43 可以看出，在基于“零废弃”的城市生活垃圾管理政策系统作用下，乐昌市的城市生活垃圾产生量呈下降趋势。在人口控制情境、市场回收价格控制情境和自然趋势情境下，乐昌市的城市生活垃圾产生量下降幅度较小，基本在 35% 左右浮动，这说明基于“零废弃”的城市生活垃圾管理政策对城市生活垃圾产生量的控制能力较弱。在城市生活垃圾收费情境和综合调控情境下，乐昌市的城市生活垃圾产生量下降趋势明显，特别是在综合调控情境下，乐昌市的城市生活垃圾产生量最少，2015 年为 31.64 万吨，2030 年为 21.37 万吨，降低 48.06%，这说明基于“零废弃”的城市生活垃圾管理政策对城市生活垃圾产生量有较强的控制能力。

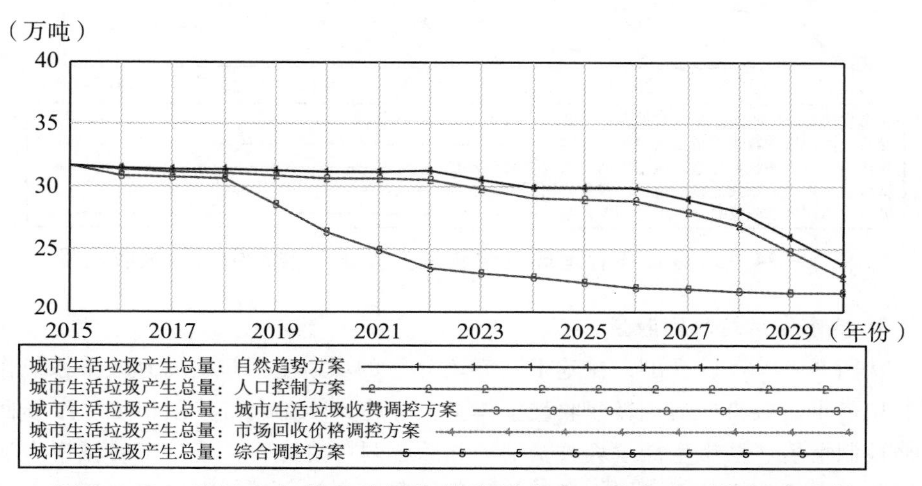

图 8-43　乐昌市各管理政策情景模拟方案下城市生活垃圾产生量

2. 城市生活垃圾收集量

从图 8-44 可以看出，在自然趋势情境、人口控制情境和市场回收价格控制情境下，乐昌市的城市生活垃圾收集量呈波动上升趋势。在市场回收价格控制情境下，乐昌市城市生活垃圾收集量最多，2015 年为 20.17 万吨，2030 年为 23.75 万吨，增加了 17.75%，这说明基于“零废弃”的城市生活垃圾管理政策对城市生活垃圾收集量有较强的控制能力。在市场回收价格控制情境下，乐昌市的城市生活垃圾收集量从 2015 年的 21.51 万吨上升到 2030 年的 23.75 万吨，仅增加了 10.41%，这说明基于“零废弃”的城市生活垃圾管理政策对城市生活垃圾收集量的控制能力较弱。在城市生活垃圾收费情境和综合调控情境下，乐昌市城市生活垃圾收集量呈波动下降趋势，特别是在城市生活垃圾收费情境下，乐昌市城市生活垃圾收集量最少，2015 年为 20.17 万吨，2030 年为 21.37 万吨，这说明基于“零废弃”的城市生活垃圾管理政策对城市生活垃圾收集量有较强的控制能力。

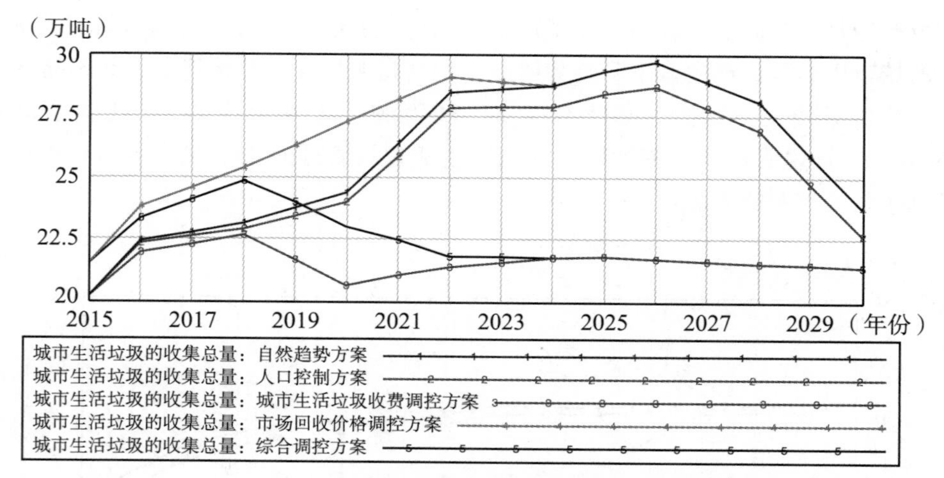

图 8－44　乐昌市各管理政策情景模拟方案下城市生活垃圾收集量

3. 城市生活垃圾回收量

从图 8－45 可以看出，在基于“零废弃”的城市生活垃圾管理政策系统作用下，乐昌市的城市生活垃圾回收量整体呈上升趋势。在人口控制情境、市场回收价格控制情境、城市生活垃圾收费情境和综合调控情境下，乐昌市的城市生活垃圾回收量上升幅度较大。在市场回收价格控制情境下，乐昌市城市生活垃圾回收量由 2015 年的 7.06 万吨到 2030 年的 17.57 万吨，增长了 2 倍左右。在城市生活

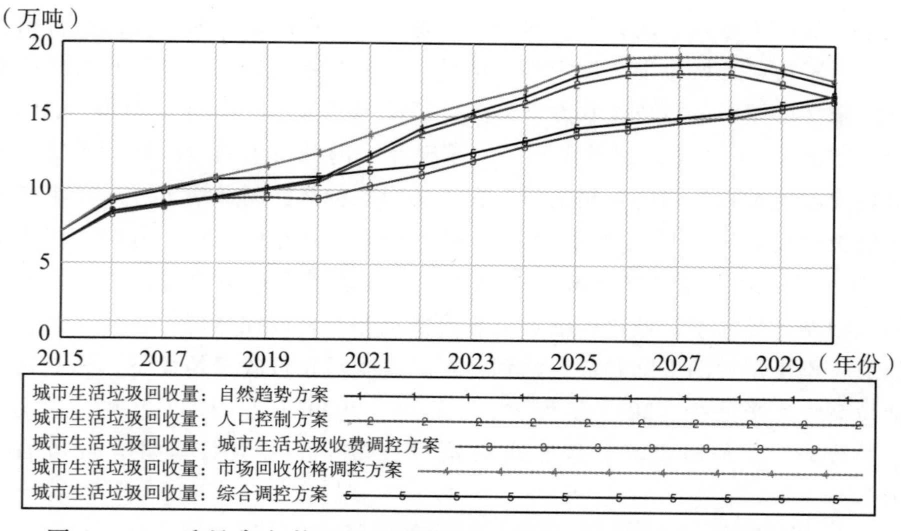

图 8－45　乐昌市各管理政策情景模拟方案下城市生活垃圾回收量

垃圾收费情境下，乐昌市的城市生活垃圾回收量由 2015 年的 6.41 万吨到 2030 年的 16.14 万吨，增加近 1.6 倍，这说明基于“零废弃”的城市生活垃圾管理政策对城市生活垃圾回收量有较强的控制能力。

4. 城市生活垃圾无害化处理量

从图 8－46 可以看出，在基于“零废弃”的城市生活垃圾管理政策系统作用下，乐昌市的城市生活垃圾无害化处理量呈下降趋势。在城市生活垃圾收费情境和综合调控情境下，乐昌市的城市生活垃圾无害化处理量下降幅度较大，这说明基于“零废弃”的城市生活垃圾管理政策对城市生活垃圾无害化处理量有较强的控制能力。在综合调控情境下，2015 年乐昌市的城市生活垃圾无害化处理量是 16.66 万吨，2030 年为 4.92 万吨，实现了“积存清零，增量减缓”的目标，这说明基于“零废弃”的城市生活垃圾管理政策对城市生活垃圾无害化处理量有较强的控制能力。

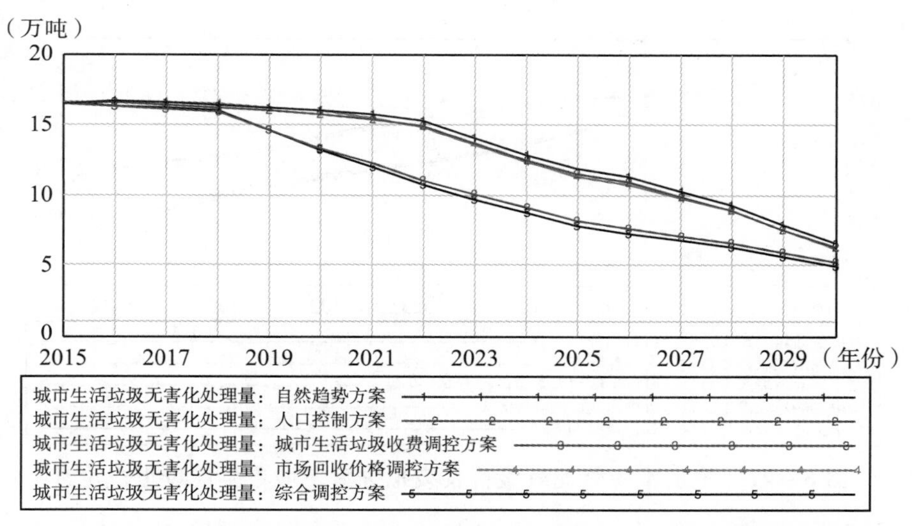

图 8－46　乐昌市各管理政策情景模拟方案下城市生活垃圾无害化处理量

综上所述，在各种情境下，乐昌市基于“零废弃”的城市生活垃圾管理政策是有效的。

（五）重庆市

运用 Vensim 软件进行仿真模拟，根据现有参数赋值模型中的变量，我们得到 2015～2030 年重庆市在不同管理政策情景模拟方案下的仿真模拟结果。

1. 城市生活垃圾产生量

从图 8－47 可以看出，在基于“零废弃”的城市生活垃圾管理政策系统作用下，重庆市城市生活垃圾产生量呈显著下降趋势。在城市生活垃圾收费情境和综合调控下，重庆市城市生活垃圾产生量下降趋势显著，特别是在综合调控情境下，重庆市城市生活垃圾产生量最少，2015 年为 766.14 万吨，2030 年为 396.39 万吨，降低至 50%，这说明基于“零废弃”的城市生活垃圾管理政策对城市生活垃圾产生量有较强的控制能力。在人口控制情境、市场回收价格控制情境、自然趋势情境下，重庆市城市生活垃圾产生量下降趋势平缓，这说明基于“零废弃”的城市生活垃圾管理政策对城市生活垃圾产生量的控制能力较弱。在市场回收价格控制情境下，重庆市城市生活垃圾产生量最多，到 2030 年达到 515.15 万吨，这说明基于“零废弃”的城市生活垃圾管理政策对城市生活垃圾产生量的控制能力较弱。

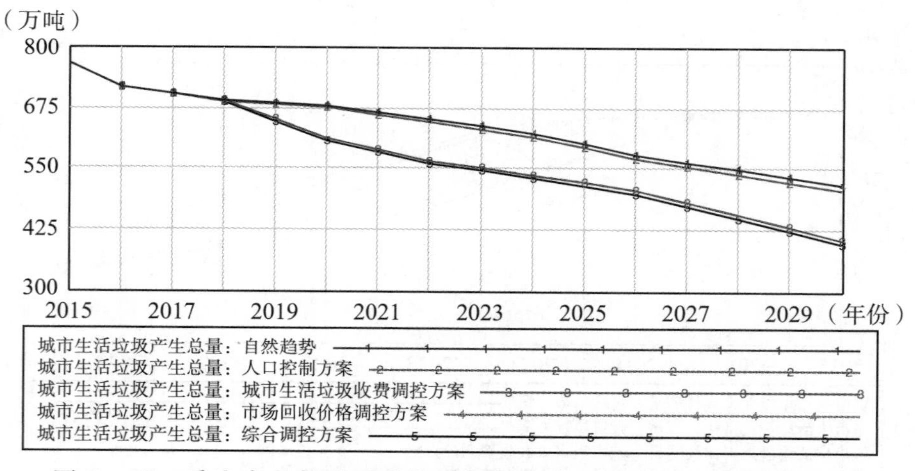

图 8－47　重庆市各管理政策情景模拟方案下城市生活垃圾产生量

2. 城市生活垃圾收集量

从图 8－48 可以看出，在基于“零废弃”的城市生活垃圾管理政策系统作用下，重庆市城市生活垃圾收集量呈显著下降趋势。在城市生活垃圾收费情境和综合调控情境下，重庆市城市生活垃圾收集量相对较少，特别是在综合调控情境下，重庆市城市生活垃圾收集量最少，2015 年为 482.67 万吨，2030 年为 396.39 万吨，下降 21.77%，这说明基于“零废弃”的城市生活垃圾管理政策对城市生活垃圾收集量有较强的控制能力。到 2030 年，重庆市城市生活垃圾收集量和产生量基本持平，收集率已达 100%。

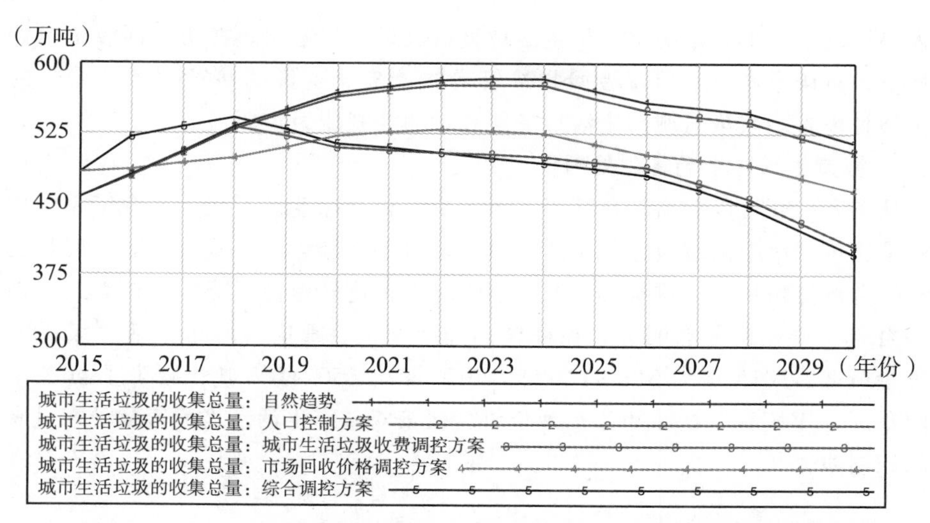

图 8-48　重庆市各管理政策情景模拟方案下城市生活垃圾收集量

3. 城市生活垃圾回收量

从图 8-49 可以看出，在基于“零废弃”的城市生活垃圾管理政策系统作用下，重庆市城市生活垃圾回收量呈显著上升趋势。在自然趋势情境下，重庆市城市生活垃圾回收量最高，2015 年为 21.20 万吨，2030 年为 46.37 万吨，增加了 2 倍。在城市生活垃圾收费情境下，重庆市城市生活垃圾回收量从 2015 年的 21.20 万吨上升到 2030 年的 36.83 万吨，增加了 73.76%，这说明基于“零废弃”的城市生活垃圾管理政策对城市生活垃圾回收量有较强的控制能力。在综合调控情境

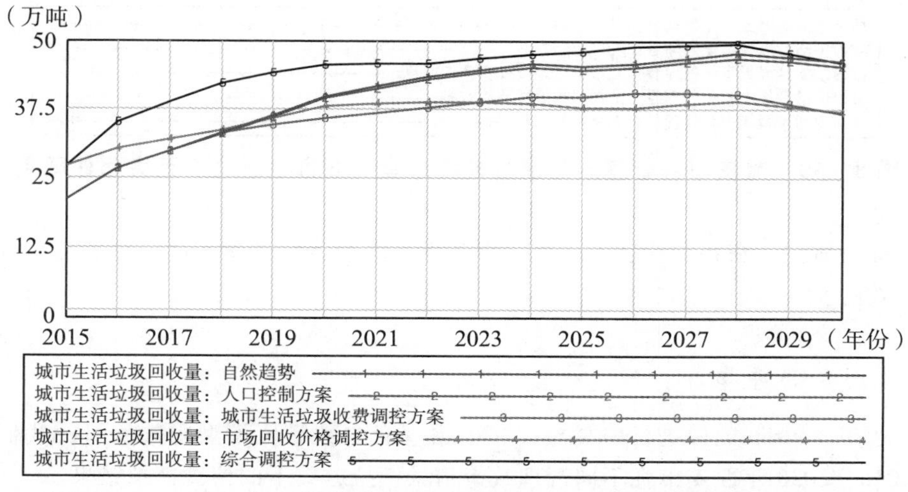

图 8-49　重庆市各管理政策情景模拟方案下城市生活垃圾回收量

和人口控制情境下，重庆市城市生活垃圾回收量变化不大。在市场回收价格控制情境下，重庆市城市生活垃圾回收量仅增加 36%，这说明基于“零废弃”的城市生活垃圾管理政策对城市生活垃圾回收量的控制能力较弱。

4. 城市生活垃圾无害化处理量

从图 8 - 50 可以看出，在基于“零废弃”的城市生活垃圾管理政策系统作用下，重庆市城市生活垃圾无害化处理量呈显著下降趋势。在城市生活垃圾收费情境和综合调控情境下，重庆市城市生活垃圾无害化处理量下降幅度较大，特别是 2020 年起下降幅度更加明显。在综合调控情境下，重庆市城市生活垃圾无害化处理量最低，2015 年为 511.91 万吨，2030 年为 350.41 万吨，减少了 46%，这说明基于“零废弃”的城市生活垃圾管理政策对城市生活垃圾无害化处理量有较强的控制能力。

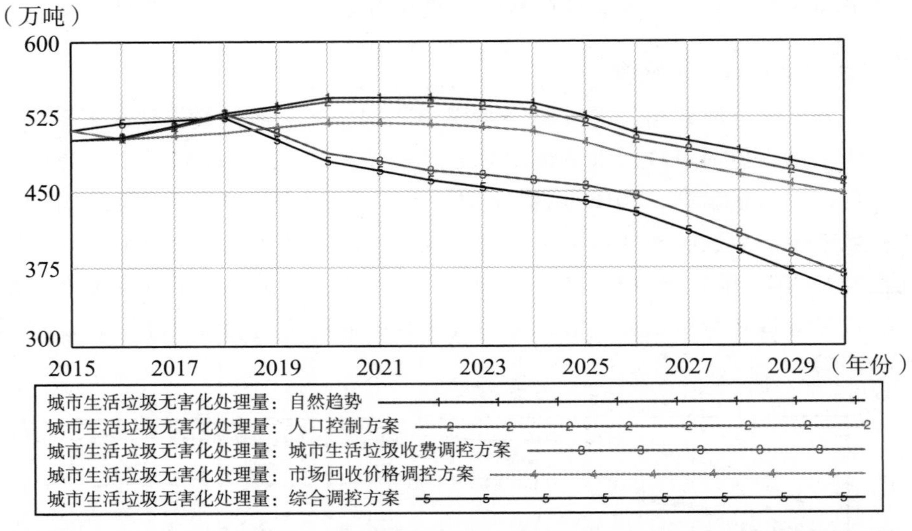

图 8 - 50　重庆市各管理政策情景模拟方案下城市生活垃圾无害化处理量

综上所述，在各种情境下，重庆市基于“零废弃”的城市生活垃圾管理政策是有效的。

（六）西宁市

运用 Vensim 软件进行仿真模拟，根据现有参数赋值模型中的变量，我们得到 2015 ~ 2030 年西安市在不同管理政策情景模拟方案下的仿真模拟结果。

1. 城市生活垃圾产生量

从图 8－51 可以看出，在基于“零废弃”的城市生活垃圾管理政策系统作用下，西宁市的城市生活垃圾产生量整体呈下降趋势。在城市生活垃圾收费情境和综合调控情境下，西宁市的城市生活垃圾产生量较少，特别是在综合调控情境下，西宁市的城市生活垃圾产生量最低，2015 年为 92.43 万吨，2030 年为 74.08 万吨，下降了 24.77%。在人口控制情境和市场回收价格控制情境下，2030 年西宁市城市生活垃圾产生量仅为 80 万吨，这说明基于“零废弃”的城市生活垃圾管理政策对城市生活垃圾无害化处理量有较强的控制能力。

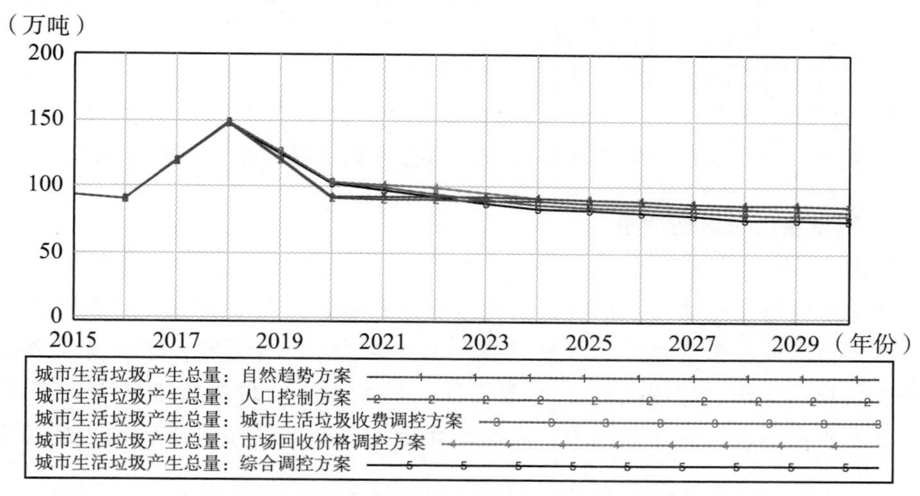

图 8－51　西宁市各管理政策情景模拟方案下城市生活垃圾产生量

2. 城市生活垃圾收集量

从图 8－52 可以看出，在基于“零废弃”的城市生活垃圾管理政策系统作用下，西宁市的城市生活垃圾收集量变化趋势较为平缓。在人口控制情境、市场回收价格控制情境、自然趋势情境和综合调控情境下，西宁市的城市生活垃圾产生量与收集量基本持平，预计 2030 年为 80 万吨。在城市生活垃圾收费情境和综合调控情境下，西宁市城市生活垃圾收集量最低。在综合调控情境下，西宁市城市生活垃圾收集量下降幅度最小，2015 年为 59.16 万吨，2030 年为 74.08 万吨，下降了 20%，这说明基于“零废弃”的城市生活垃圾管理政策对城市生活垃圾收集量的控制能力较弱。

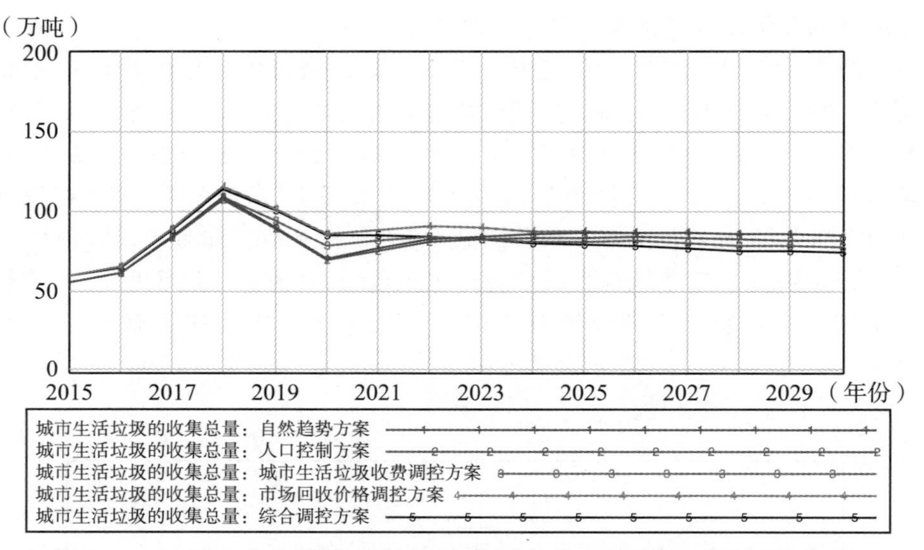

图 8－52　西宁市各管理政策情景模拟方案下城市生活垃圾收集量

3. 城市生活垃圾回收量

从图 8－53 可以看出，在基于“零废弃”的城市生活垃圾管理政策系统作用下，西宁市的城市生活垃圾回收量整体呈现上升趋势。在市场回收价格控制情境下，西宁市的城市生活垃圾回收量最高，2015 年为 13.60 万吨，2030 年为 44.15 万吨，增长了 3 倍，这说明基于“零废弃”的城市生活垃圾管理政策对城市生活垃圾回收量有较强的控制能力。在城市生活垃圾收费情境和综合调控情境下，

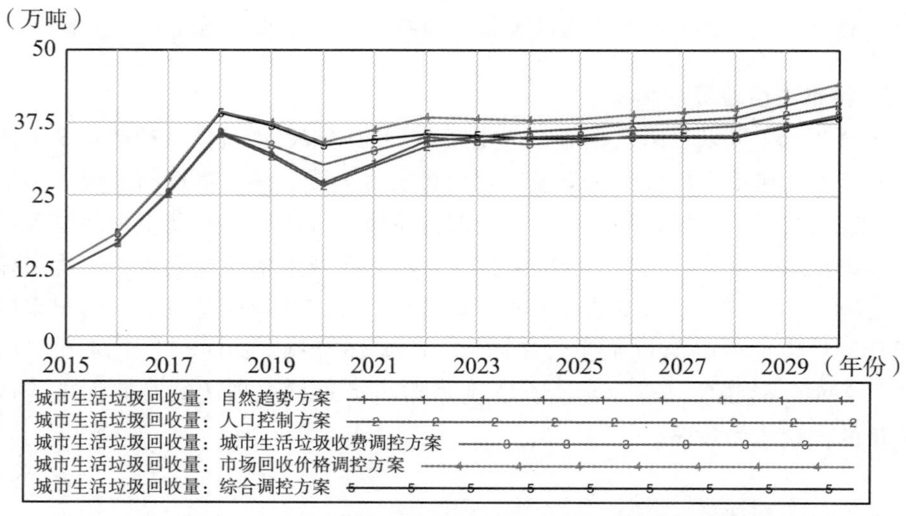

图 8－53　西宁市各管理政策情景模拟方案下城市生活垃圾回收量

西宁市的城市生活垃圾回收数量较少，这说明基于“零废弃”的城市生活垃圾管理政策对城市生活垃圾回收量的控制能力较弱。

4. 城市生活垃圾无害化处理量

从图8－54可以看出，在基于“零废弃”的城市生活垃圾管理政策系统作用下，西宁市的城市生活垃圾无害化处理量整体呈下降趋势。在综合调控情境下，西宁市城市生活垃圾无害化处理量最少，2015年是50.03万吨，2030年为35.63万吨，下降了40%，并且实现“存量清零”。在人口控制情境和市场回收价格方案下，2030年西宁市城市生活垃圾无害化处理量约为40万吨，比综合调控情境下的城市生活垃圾无害化处理量还高5万吨，这说明基于“零废弃”的城市生活垃圾管理政策对城市生活垃圾无害化处理量有较强的控制能力。

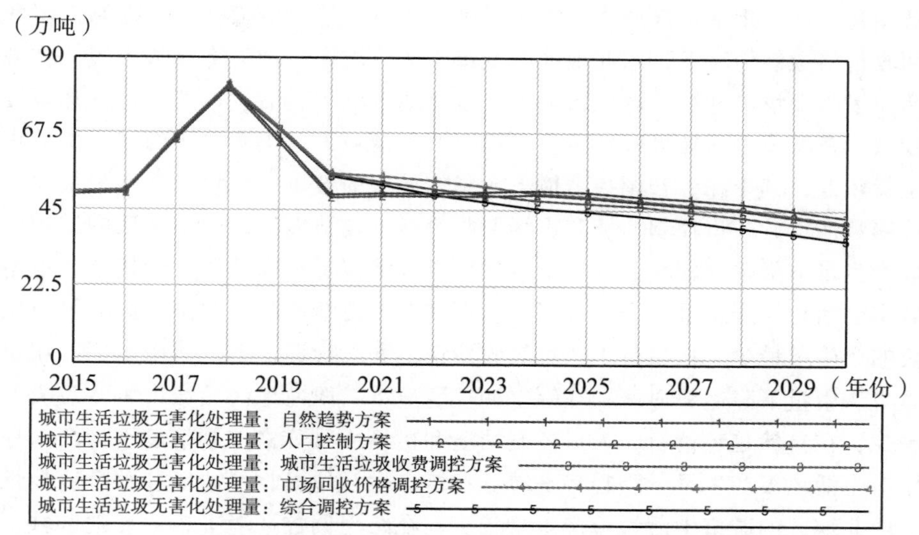

图8－54　西宁市各管理政策情景模拟方案下城市生活垃圾无害化处理量

综上所述，在各种情境下，西安市基于“零废弃”的城市生活垃圾管理政策是有效的。

三、各种情景下的实证仿真模拟结果比较分析

基于不同区域及在各种情景下的实证仿真模拟结果，从城市地理区域、行政等级和城市规模三个维度，我们对城市生活垃圾产生量、城市生活收集量、城市生活垃圾回收量以及城市生活垃圾处理量进行比较分析。

（一）地理区域维度的模拟结果比较分析

从地理区域维度，我们使用 Vensim 软件对实证城市的城市生活垃圾产生量、城市生活垃圾收集量、城市生活垃圾回收量和城市生活垃圾无害化处理量四个方面的实证仿真模拟结果进行比较分析。

1. 城市生活垃圾产生量比较分析

由实证仿真模拟结果得知，在基于“零废弃”的城市生活垃圾管理政策作用下，实证城市的城市生活垃圾产生量整体均呈下降趋势。随着时间推移，在不同情境下，华北地区的城市生活垃圾产生量变化比较大。与其他情境相比，在城市生活垃圾收费情境和综合调控情境下，华北地区的城市生活垃圾产生量下降趋势非常明显，城市生活垃圾产生量相对较少。在自然趋势情境、人口控制情境和市场回收价格控制情境下，东北地区的城市生活垃圾产生量下降趋势平缓；在城市生活垃圾收费情境和综合调控情境下，东北地区城市生活垃圾产生量下降幅度相对较大。在城市生活垃圾收费情境和综合调控情境下，华东地区的城市生活垃圾产生量较低，其中在综合调控情境下，华东地区的城市生活垃圾产生量最少。在自然趋势情境、人口控制情境和市场回收价格调控情境下，中南地区的城市生活垃圾产生量下降幅度较小；在城市生活垃圾收费情境和综合调控情境下，中南地区城市生活垃圾产生量下降趋势明显；在综合调控情境下，中南地区的城市生活垃圾的产生量最少。在城市生活垃圾收费情境和综合调控下，西南地区的城市生活垃圾产生量下降趋势显著；在综合调控情境下，西南地区的城市生活垃圾产生量最少；在自然趋势情境、人口控制情境和市场回收价格控制情境下，西南地区的城市生活垃圾产生量下降趋势平缓。在城市生活垃圾收费情境和综合调控情境下，西北地区的城市生活垃圾产生量较少；在综合调控情境下，西北地区城市生活垃圾产生量最低。

结果表明，基于“零废弃”的城市生活垃圾管理政策系统减少了华北地区城市生活垃圾产生量。控制人口数量和市场回收价格规制减少了东北地区和华东地区的城市生活垃圾产生量。与其他地区城市相比，城市生活垃圾收费政策对中南地区城市生活垃圾产生量的抑制作用效果显著。控制人口数量和城市生活垃圾收费政策等从源头上减少了西南地区的城市生活垃圾产生量。城市生活垃圾收费政策减少了西北地区的城市生活垃圾产生量。

2. 城市生活垃圾收集量比较分析

由实证仿真模拟结果得知，在城市生活垃圾收费情境和综合调控情境下，华北地区城市生活垃圾收集量最少。在人口控制情境和市场回收价格控制情境下，东北地区的城市生活垃圾收集量整体呈上升趋势；在城市生活垃圾收费情境和综合调控情境下，东北地区的城市生活垃圾收集量呈平缓下降趋势；在综合调控情境下，东北地区的城市生活垃圾收集量最少。在城市生活垃圾收费情境和综合调控情境下，华东地区的城市生活垃圾收集量相对较低。在自然趋势情境、人口控制情境和市场回收价格控制情境下，中南地区的城市生活垃圾收集量呈波动上升趋势；在市场回收价格控制方案下，中南地区的城市生活垃圾收集量最多；在城市生活垃圾收费情境下，中南地区的城市生活垃圾收集量最少。在自然趋势情境、人口控制情境、市场回收价格控制情境、城市生活垃圾收费情境和综合调控情境五种情境下，西南地区的城市生活垃圾收集量均呈显著下降趋势。在城市生活垃圾收费情境和综合调控情境下，西南地区的城市生活垃圾收集量相对较少，特别是在综合调控情境下，城市生活垃圾收集量最少。在自然趋势情境、人口控制情境、市场回收价格控制情境、城市生活垃圾收费情境和综合调控情境五种情境下，西北地区的城市生活垃圾收集量变化趋势平缓；在城市生活垃圾收费情境和综合调控情境下，西北地区的城市生活垃圾收集量最低。

结果表明，对于华北地区、华东地区、西南地区和西北地区的城市生活垃圾收集量来说，基于“零废弃”的城市生活垃圾管理政策的作用不大。但是，控制人口数量和市场回收价格规制增加了东北地区的城市生活垃圾收集量。城市生活垃圾收费政策增加了中南地区的城市生活垃圾收集量。

3. 城市生活垃圾回收量比较分析

由实证仿真模拟结果得知，在基于“零废弃”的城市生活垃圾管理政策作用下，城市生活垃圾回收量整体上均呈上升趋势。在自然趋势情境、人口控制情境和市场回收价格控制情境下，华北地区的城市生活垃圾回收量整体呈上升趋势，其中，在市场回收价格控制情境下，华北地区的城市生活垃圾回收量最高；在城市生活垃圾收费情境和综合调控情境下，华北地区的部分城市的城市生活垃圾回收量呈现出逐渐下降趋势。在自然趋势情境、人口控制情境和市场回收价格控制情境下，东北地区的城市生活垃圾回收量上涨幅度较大；在城市生活垃圾收费情境和综合调控情境下，东北地区的城市生活垃圾回收量上涨趋势相对平缓；在市场回收价格控制情境下，东北地区的城市生活垃圾回收率最高。在自然趋势调控方案下，华东地区的城市生活垃圾回收量最高；在综合调控情境下，华东地区的城市生活垃圾回收量最低。在人口控制情境和市场回收价格控制情境下，中南地区的城市生活垃圾回收量上升幅度较大；在市场回收价格控制情境下，中南地区的城市生活垃圾回收量最高；在城市生活垃圾收费情境和综合调控情境下，中南地区的城市生活垃圾回收量上升幅度较小；在城市生活垃圾收费情境下，中南地区的城市生活垃圾回收量最低。在自然趋势情境下，西南地区的城市生活垃圾回收量最高；在自然趋势情境下，西南地区的城市生活垃圾回收量较多；在市场回收价格控制情境下，西北地区的城市生活垃圾回收量最高。

结果表明，市场回收价格规制增加了华北地区、东北地区、中南地区和西南地区的城市生活垃圾回收量。城市生活垃圾收费政策增加了中南地区的城市生活垃圾回收量。基于“零废弃”的城市生活垃圾管理政策增加了华东地区和西北地区的城市生活垃圾回收量。

4. 城市生活垃圾无害化处理量比较分析

由实证仿真模拟结果得知，在基于“零废弃”的城市生活垃圾管理政策作用下，城市生活垃圾无害化处理量整体均呈下降趋势。在自然趋势情境、人口控制情境和市场回收价格控制情境下，华北地区的城市垃圾无害化处理量变化趋势平缓；在城市生活垃圾收费情境和综合调控情境下，华北地区的城市垃圾无害化处理量呈显著下降趋势；在综合管理调控方案下，华北地区的城市生活垃圾无害化处理量最少。东北地区的城市生活垃圾无害化处理量虽然整体上呈下降趋势，但是下降趋势缓慢。在综合管理调控方案下，东北地区的城市生活垃圾无害化处理量最少。在城市生活垃圾收费情境下，华东地区的城市生活垃圾无害化处理量最少；在市场回收价格控制情境下，华东地区的城市生活垃圾无害化处理量最多。在自然趋势情境、人口控制情境、市场回收价格控制情境下，中南地区的城市生活垃圾无害化处理量较多；在城市生活垃圾收费情境和综合调控下，中南地区的城市生活垃圾无害化处理量下降幅度相对较大；在综合管理调控方案下，中南地区的城市生活垃圾无害化处理量最少。在城市生活垃圾收费情境和综合调控情境下，西南地区的城市生活垃圾无害化处理量下降幅度较大；在综合调控情境下，西南地区的城市生活垃圾无害化处理量最低。与其他方案相比，在综合调控情境下，西北地区的城市生活垃圾无害化处理量最少。

结果表明，对于华北地区和东北地区的城市生活垃圾无害化处理量来说，基于“零废弃”的城市生活垃圾管理政策的作用不大。对于西北地区和中南地区的城市生活垃圾无害化处理量来说，基于“零废弃”的城市生活垃圾管理政策的作用很大。对市场回收价格规制增加了华东地区的城市生活垃圾无害化处理量。城市生活垃圾收费政策减少了西南地区的城市生活垃圾无害化处理量。

（二）行政等级维度的模拟结果比较分析

从行政等级维度，我们使用 Vensim 软件对实证城市的城市生活垃圾产生量、城市生活垃圾收集量、城市生活垃圾回收量和城市生活垃圾无害化处理量四个方面的实证仿真模拟结果进行比较分析。

1. 城市生活垃圾产生量比较分析

由实证仿真模拟结果得知，在基于“零废弃”的城市生活垃圾管理政策作用下，城市生活垃圾产生量整体呈下降趋势。在城市生活垃圾收费情境和综合调控情境下，直辖市城市生活垃圾产生量较低，呈稳定下降的趋势。在综合调控情境下，直辖市城市生活垃圾产生量最少。在城市生活垃圾收费情境和综合调控情境下，地级市的城市生活垃圾产生量较少，部分地级市城市的生活垃圾产生量下降幅度较大；在综合调控情境下，地级市城市的生活垃圾产生量最低。在城市生活垃圾收费情境和综合调控情境下，县级市城市的生活垃圾产生量下降趋势明显。

结果表明，基于“零废弃”的城市生活垃圾管理政策减少了直辖市、地级市和县级市的城市生活垃圾产生量。特别是，城市生活垃圾收费政策能大幅度地减少直辖市、地级市和县级市的城市生活垃圾产生量。

2. 城市生活垃圾收集量比较分析

由实证仿真模拟结果得知，在城市生活垃圾收费情境和综合调控情境下，直辖市城市生活垃圾收集量最少。在城市生活垃圾收费情境和综合调控情境下，地级市城市生活垃圾收集量最低，部分地级市的城市生活垃圾收集量呈平缓下降趋势。在自然趋势情境、人口控制情境和市场回收价格控制情境下，地级市的城市生活垃圾收集量呈波动上升趋势。在城市生活垃圾收费情境和综合调控情境下，县级市的城市生活垃圾收集量呈波动下降趋势，且下降趋势明显。在市场回收价格控制情境下，县级市城市生活垃圾收集量最大。

结果表明，基于“零废弃”的城市生活垃圾管理政策减少了直辖市、地级市和县级市的城市生活垃圾产生量。特别是，城市生活垃圾收费政策能大幅度地减少直辖市和地级市的城市生活垃圾产生量。规制人口数量和市场回收价格规制能大幅度地减少县级市的城市生活垃圾产生量。

3. 城市生活垃圾回收量比较分析

由实证仿真模拟结果得知，在自然趋势情境和人口控制情境、市场回收价格控制情境下，直辖市的城市生活垃圾回收量整体呈上升趋势。在市场回收价格控制情境下，地级市的城市生活垃圾回收量最高；在自然趋势、人口控制和市场回收价格控制情境下，地级市的城市生活垃圾回收量上涨幅度较大；在城市生活垃圾收费情境和综合调控情境下，地级市的城市生活垃圾回收量上涨趋势相对平缓。在市场回收价格控制情境下，县级市的城市生活垃圾回收量最高；在城市生活垃圾收费情境和综合调控情境下，县级市的城市生活垃圾回收量上升幅度较小；在城市生活垃圾收费情境下，县级市的城市生活垃圾回收量最低。

结果表明，基于“零废弃”的城市生活垃圾管理政策增加了直辖市、地级市和县级市的城市生活垃圾回收量。特别是，市场回收价格规制能够大幅度地增加直辖市、地级市和县级市的城市生活垃圾回收量。

4. 城市生活垃圾无害化处理量比较分析

由实证仿真模拟结果得知，在基于“零废弃”的城市生活垃圾管理政策作用下，直辖市的城市生活垃圾无害化处理量整体呈下降趋势。在综合调控情境下，地级市的城市生活垃圾无害化处理量最少。在城市生活垃圾收费情境和综合调控情境下，县级市的城市生活垃圾无害化处理量的下降幅度较大；在综合调控情境下，县级市的城市生活垃圾无害化处理量最少；在自然趋势情境、人口控制情境以及市场回收价格控制情境下，县级市城市生活垃圾无害化处理量较多。

结果表明，基于"零废弃"的城市生活垃圾管理政策减少了直辖市、地级市和县级市城市生活垃圾无害化处理量。特别是，城市生活垃圾收费政策能够大幅度地减少县级市城市生活垃圾无害化处理量。

（三）城市规模维度的模拟结果比较分析

从城市规模维度，我们使用 Vensim 软件对实证城市的城市生活垃圾产生量、城市生活垃圾收集量、城市生活垃圾回收量和城市生活垃圾无害化处理量四个方面的实证仿真模拟结果进行比较分析。

1. 城市生活垃圾产生量比较分析

由实证仿真模拟结果得知，在基于"零废弃"的城市生活垃圾管理政策作用下城市生活垃圾产生量整体呈下降趋势。其中，在城市生活垃圾收费情境和综合调控情境下，超大城市的城市生活垃圾产生量下降趋势明显；在自然趋势情境、人口控制情境和市场回收价格控制情境下，超大城市的城市生活垃圾产生量下降趋势相对较平缓；在自然趋势情境、人口控制情境和市场回收价格控制情境下，特大城市的城市生活垃圾产生量下降幅度最小；在城市生活垃圾收费情境和综合调控情境下，特大城市的城市生活垃圾产生量下降幅度较大。在自然趋势情境和人口控制情境下，大城市的城市生活垃圾产生量下降趋势相对较平缓；在市场回收价格控制情境下，大城市的城市垃圾产生量下降幅度较小；在人口控制情境和市场回收价格控制情境下，中小城市的城市生活垃圾产生量下降幅度相对较小，在城市生活垃圾收费情境和综合调控情境下，中小城市的城市生活垃圾产生量下降趋势明显。

结果表明，基于"零废弃"的城市生活垃圾管理政策减少了超大城市、特大城市、大城市和中小城市的城市生活垃圾产生量。特别是，城市生活垃圾收费政策能够大幅度地减少超大城市、特大城市和中小城市的城市生活垃圾产生量。

2. 城市生活垃圾收集量比较分析

由实证仿真模拟结果得知，在城市生活垃圾收费情境和综合调控情境下，超大城市的城市生活垃圾收集量相对较少。在人口控制情境和市场回收价格控制情境下，特大城市的城市生活垃圾收集量整体呈现上升趋势；在城市生活垃圾收费情境和综合调控情境下，特大城市的城市生活垃圾收集量呈平缓下降趋势。在综合调控情境下，大城市的城市生活垃圾收集量最少，收集量下降幅度最小。在自然趋势情境、人口控制情境和市场回收价格控制情境下，中小城市的城市生活垃圾收集量呈波动上升趋势。在城市生活垃圾收费情境和综合调控情境下，中小城市的城市生活垃圾收集量呈波动下降趋势，且下降趋势明显。在市场回收价格控制情境下，中小城市的城市生活垃圾收集量最大。

结果表明，控制人口数量和市场回收价格规制增加了特大城市和中小城市的城市生活垃圾收集量。城市生活垃圾收费政策对超大城市和特大城市的城市生活垃圾收集量的作用不大，但是对中小城市的城市生活垃圾收集量的作用较大。

3. 城市生活垃圾回收量比较分析

由实证仿真模拟结果得知，在基于“零废弃”的城市生活垃圾管理政策作用下，城市生活垃圾回收量整体呈上升趋势。在自然趋势情境、人口控制情境、市场回收价格控制情境、城市生活垃圾收费情境和综合调控情境五种情境下，超大城市的城市生活垃圾回收量是截然不同的。其中，在市场回收价格控制情境下，北京市的城市生活垃圾回收量最高；在城市生活垃圾收费情境下，北京市的城市生活垃圾回收量最低。在自然趋势调控方案下，上海市的城市生活垃圾回收量最高；在综合调控情境下，上海市的城市生活垃圾回收量最低。在自然趋势情境下，重庆市的城市生活垃圾回收量最高；在市场回收价格控制情境下，重庆市的城市生活垃圾回收量最低。在自然趋势情境、人口控制情境和市场回收价格控制情境下，特大城市的城市生活垃圾回收量上涨幅度较大；在城市生活垃圾收费情境和综合调控情境下，特大城市的城市生活垃圾回收量上涨趋势相对平缓。在人口控制情境和市场回收价格控制情境下，中小城市的城市生活垃圾回收量上升幅度较大；在市场回收价格控制情境下，中小城市的城市生活垃圾回收量最高；在城市生活垃圾收费情境和综合调控情境下，中小城市的城市生活垃圾回收量上升幅度相对较小；在城市生活垃圾收费情境下，中小城市的城市生活垃圾回收量最低。

结果表明，基于“零废弃”的城市生活垃圾管理政策对超大城市的城市生活垃圾回收量的作用不大。控制人口数量和市场回收价格规制均能提高特大城市的城市生活垃圾回收量。市场回收价格规制能提高中小城市的城市生活垃圾回收量。

4. 城市生活垃圾无害化处理量比较分析

由实证仿真模拟结果得知，在基于“零废弃”的城市生活垃圾管理政策作用下城市生活垃圾无害化处理量整体呈下降趋势。在自然趋势情境、人口控制情境、市场回收价格控制情境、城市生活垃圾收费情境和综合调控情境五种情境下，超大城市的城市生活垃圾无害化处理量影响程度不同，其中，在自然趋势情境、人口控制情境和市场回收价格控制情境下，北京市城市生活垃圾无害化处理量变化趋势相对平缓；在城市生活垃圾收费情境和综合调控情境下，北京市的城市生活垃圾无害化处理量呈显著下降趋势。在城市生活垃圾收费情境下，上海市的城市生活垃圾无害化处理量最少；在市场回收价格控制情境下，上海市的城市生活垃圾无害处理量最多。在城市生活垃圾收费情境和综合调控情境下，重庆市的城市生活垃圾无害化处理量下降幅度较大。在自然趋势情境、人口控制情境、市场回收价格控制情境、城市生活垃圾收费情境和综合调控情境五种情境下，特大城市生活垃圾无害化处理量虽然整体上呈下降趋势，但下降趋势相对缓慢。在城市生活垃圾收费情境和综合调控下，中小城市的城市生活垃圾无害化处理量下降幅度相对较大；在综合调控情境下，中小城市的城市生活垃圾无害化处理量最少；在自然趋势情境、人口控制情境、市场回收价格控制情境下，中小城市的城市生活垃圾无害化处理量较多。

结果表明，基于"零废弃"的城市生活垃圾管理政策对超大城市的城市生活垃圾无害化处理量的影响因城市而异。但整体上来说，基于"零废弃"的城市生活垃圾管理政策减少了超大城市的城市生活垃圾无害化处理量，基于"零废弃"的城市生活垃圾管理政策减少了特大城市的城市生活垃圾无害化处理量，城市生活垃圾收费政策减少了中小城市的城市生活垃圾无害化处理量。

第九章

完善我国城市生活垃圾管理政策的建议

第一节　完善管理政策体系，推动城市生活垃圾管理的全方位改进

我国政府大力开展城市生活垃圾管理工作，引导、组织、协调全社会的力量，从“零废弃”理念入手，完善我国城市生活垃圾管理政策体系，推动城市生活垃圾管理的全方位改进，敦促公众养成节约资源、减少废弃、物尽其用的文明生活习惯[①]。为此，我们运用可持续发展理念、循环经济理念和绿色生产理念，结合我国城市生活垃圾管理现状，从完善城市生活垃圾“减量政策体系、收集政策体系、运输政策体系、处理政策体系”四个方面入手，尽快实现城市生活垃圾的“预防、减量、再用、他用、处理”5层级管理目标，最终达到城市生活垃圾“零废弃、零污染、零排放”的理想状态。

一、完善减量政策体系，改进城市生活垃圾减量管理工作

首先，完善城市生活垃圾减量政策手段，改进城市生活垃圾减量管理工作。

① 余茹、成金华：《国内外资源环境承载力及区域生态文明评价：研究综述与展望》，载于《资源与产业》2018年第5期。

具体来说，第一，以现有城市生活垃圾减量政策为基础，系统地梳理出已有减量政策存在的不足，制定一套全面、合理的城市生活垃圾减量法律政策，全面协调政府、企业、社会组织和公众各主体的城市生活垃圾管理中的权利和义务，通过“立法”这一强制性政策手段促使全社会参与到我国城市生活垃圾减量工作中来，真正从律法层面实现我国城市生活垃圾减量管理工、权、责的统一[①]。第二，完善城市生活垃圾减量政策的经济手段，通过城市生活垃圾管理“收费、税收、补贴”等经济手段有机结合促使城市生活垃圾减量政策顺利推进，以期取得良好的减量政策执行和实施效果。第三，完善城市生活垃圾减量政策的社会手段，通过统筹和全面地使用“家庭与社区、志愿者组织和市场”等社会手段，发挥社会群体潜力，协调社会主体与减量政策的关系，以保证城市生活垃圾减量政策在社会系统中稳定、有序、高效地运行[②]。第四，完善城市生活垃圾减量政策的技术手段，通过合理和科学地运用“技术投资、专利保护、其他技术支持”等技术手段，推动城市生活垃圾减量管理工作的数据化、智能化、精细化，以期从技术层面着力实现城市生活垃圾“零废弃、零污染、零排放”的终极目标[③④]。第五，利用云技术建立城市生活垃圾减量政策数据库，帮助政府部门实时跟踪城市生活垃圾减量管理全过程，查找城市生活垃圾减量管理不足，优化城市生活垃圾减量管理。

其次，完善城市生活垃圾减量政策的体制机制，改进城市生活垃圾减量管理工作。具体来说，第一，完善城市生活垃圾减量政策的宣传与普及机制。宣发部门通过定期举办城市生活垃圾减量的展览会、活动月和宣传周等活动，多角度宣传普及有关城市生活垃圾减量政策规定，大力宣传实践中的城市生活垃圾减量管理典型案例，提高城市生活垃圾减量管理水平，增强全社会的城市生活垃圾减量意识，为实现城市生活垃圾“零废弃、零污染、零排放”的管理目标创造良好氛围[⑤]。第二，完善城市生活垃圾减量政策的监管机制。根据城市生活垃圾减量政策中的职能定位，各职能部门和行政执法机构定期进行城市生活垃圾减量执法检查，并将城市生活垃圾减量政策目标完成情况公示，实行城市生活垃圾减量管理

---

① 沈明明、厉以宋：《改革发展与社会变迁》，华夏出版社 2001 年版。

② 顾丽梅、李欢欢：《行政动员与多元参与：生活垃圾分类参与式治理的实现路径——基于上海的实践》，载于《公共管理学报》2021 年第 2 期。

③ Karadimas N. V. , Loumos V. G. GIS - based modelling for the estimation of municipal solid waste generation and collection [J]. *Waste Management & Research*, 2008.

④ 刘洁、何彦锋：《基于 GIS 的成都市生活垃圾收运路线优化研究》，载于《西南师范大学学报》(自然科学版) 2013 年第 4 期。

⑤ 程伊琳、朱世洋、顾海燕：《城市社区垃圾分类管理面临的困境与完善对策——以上海市浦东新区潍坊街道为例》，载于《中外企业家》2016 年第 31 期。

的全过程、全要素和全成本监管，将城市生活垃圾的“零废弃”落到实处，促进我国城市生活垃圾管理政策体系跨上一个新的台阶。第三，完善城市生活垃圾减量政策的人才机制。在低碳经济时代，城市生活垃圾减量工作是一项复杂的科学工程，集管理和技术于一身的高层次的复合型人才对城市生活垃圾的科学减排来说显得尤其重要。城市生活垃圾减量政策的人才机制通过定需培训的方式培养城市生活垃圾减量所需的各类人才，或者通过引进的方式吸收各类人才加入城市生活垃圾减量管理中来，并科学合理地为其提供适宜工作岗位和工作方案，为城市生活垃圾减量工作提供坚实的人才基础。

最后，完善城市生活垃圾减量政策的评估体系，改进城市生活垃圾减量管理工作。具体来说，一方面，依据政府工作人员的实践经验及专家学者们的理论专长，科学剖析出“碳达峰”“碳中和”对城市生活垃圾减量政策的具体需求和限制，精准定位城市生活垃圾减量政策的评估体系，确定城市生活垃圾减量政策的评估体系科学内涵、作用和功能，制定出完整的减量政策评估体系为城市生活垃圾减量政策的执行和实施保驾护航。另一方面，注重引入第三方评估机制，广泛吸引专家学者们及社会公众参与，并通过第三方开展公众对城市生活垃圾减量政策的满意度和意见的调研，使用问卷调查和专家座谈等方式，对城市生活垃圾减量政策的合理性和效率性作出综合评价，及时查找城市生活垃圾减量政策中存在的不足及问题，提出完善城市生活垃圾减量政策的意见和建议①。

二、完善收集政策体系，改进城市生活垃圾收集管理工作

第一，完善城市生活垃圾收集政策中的“两网融合”内容。由于城市生活垃圾收集政策的核心是提高城市生活垃圾回收率，为此，我们需要改变城市生活垃圾是废弃物而废旧物资是资源的错误认识，将目前处于割裂状态的城市生活垃圾环卫回收政策与商务部门废旧物质回收政策整合为统一的城市生活垃圾收集政策，也就是重构以“两网融合”为核心的新的城市生活垃圾收集政策。以“两网融合”为核心的城市生活垃圾收集政策贯穿城市生活垃圾投放收集、中间转运和末端处理全过程的点、线、面，使城市生活垃圾管理系统与再生资源系统有效衔接，补齐协同发展的短板，衔接了城市生活垃圾减量化和资源化②，是城市生

① 苏慧敏：《公共政策执行过程中的问题与对策——以“新国五条”为例》，载于《法制与社会》2013 年第 21 期。

② 陈楚、曹佚铖、钱雨申等：《“互联网 +”背景下废品回收的问题及对策》，载于《现代营销》（下旬刊）2019 年第 6 期。

活垃圾分类的前提，也是提高城市生活垃圾收集政策效用水平的基础[①]。

第二，完善城市生活垃圾收集政策中的城市生活垃圾收集设备要求。城市生活垃圾收集管理工作有效开展的前提在于按照组分分类投放后的城市生活垃圾能够被精良设备全部收集。这就需要我们高度重视城市生活垃圾收集政策中的设备要求以发挥设备的效用，适应愈发完善的城市生活垃圾收集政策体系。为此，首先，在城市生活垃圾收集政策中，需要进一步完善城市生活垃圾袋的要求。在城市生活垃圾收集政策中要强化城市生活垃圾袋的使用场所，尽量将其局限在商业街区中使用。在居民区等区域，倡导鼓励居民使用垃圾筐代替垃圾袋，防止垃圾袋破损给城市生活垃圾收集带来困难。其次，在城市生活垃圾收集政策中，需要进一步完善城市生活垃圾桶/厢/房的要求。在城市生活垃圾收集政策中要明确规定使用红色、蓝色、绿色、灰色等不同颜色的垃圾桶收集不同类别的城市生活垃圾[②]；严格制定城市生活垃圾桶/厢/房的环保要求，避免气味影响周边生活环境；强制要求城市生活垃圾桶/厢/房配备地面冲洗设备和投放口自动感应设备，减少对环境的污染。最后，在城市生活垃圾收集政策中，需要鼓励新型智能垃圾收集设备的研发[③]。在未来社会中，智能垃圾收集设备是城市生活垃圾收集设备发展的趋势。为此，城市生活垃圾收集政策需要对智能化收集设备高度关注，加大研发的资金支持[④]。

三、完善运输政策体系，改进城市生活垃圾运输管理工作

首先，完善城市生活垃圾运输政策的体制机制。随着城市生活垃圾管理政策的不断完善，公众逐渐认识到城市生活垃圾管理政策的重要性，迫切希望政府完善城市生活垃圾运输政策，特别是城市生活垃圾运输政策的体制机制。为此，在城市生活垃圾运输政策中，通过加强城市生活垃圾运输政策的体制机制改革，建立运输企业、社会组织和公众的经营、管理、生产和行为模式，提高运输技术工业和运输环保类型企业的比重，避免前端分类、后端混装混运现象的发生。同时，加快推动城市生活垃圾运输政策的体制机制发展，保证城市生活垃圾运输政策的全过程公开透明，激发公众参与城市生活垃圾运输的持续性和积极性。

---

① 张农科：《关于中国垃圾分类模式的反思与再造》，载于《城市问题》2017 年第 5 期。

② 周振鹏、曾彩明、王德汉：《城市小区垃圾分类的实践与对策研究》，载于《环境卫生工程》2012 年第 4 期。

③ 陈晓艳、杜波：《城市生活垃圾处理技术的现状与发展趋势》，载于《内蒙古环境科学》2009 年第 1 期。

④ 刘细良、胡芳倩：《基于 SWOT - AHP 的城市生活垃圾分类管理研究》，载于《天津商业大学学报》2022 年第 2 期。

其次，深化城市生活垃圾运输政策中的主题教育。城市生活垃圾运输政策落实离不开政府、企业、社会组织和公众的参与和支持。为了使企业、社会组织和公众最大限度地支持城市生活垃圾运输政策，政府应高度重视城市生活垃圾运输政策中的宣传教育活动。具体来说，政府应开展城市生活垃圾运输政策的决策教育，提高各级领导干部、公众和社会组织对城市生活垃圾运输政策体系建设重要性的认识。同时，政府要重视有关城市生活垃圾运输政策的基础教育，将城市生活垃圾运输政策理念灌输到中小学各层次的学生中，逐渐加深全民的理论和现实认识。另外，政府要加强有关城市生活垃圾运输政策的媒体宣传，比如在官方网站上开设城市生活垃圾运输政策内容建设、相关数据建设专题网；积极记录并公开运输信息，接受社会监督，营造良好的社会氛围。特别重要的是，政府还要加强从业人员对城市生活垃圾运输政策的学习，培养更多的复合型人才，适应日益普及的智能化垃圾运输设备需要，提高我国城市生活垃圾运输效率。

最后，完善城市生活垃圾运输政策中的技术支撑。突破城市生活垃圾“零废弃、零污染、零排放”管理目标实现的一大瓶颈就是为城市生活垃圾运输提供共性技术和关键技术。虽然目前我国在提高城市生活垃圾资源化利用等方面的一些技术上取得了不同程度的突破，例如：城市生活垃圾分类识别技术、信息记录技术和信息共享技术等，但从总体上看，在城市生活垃圾运输方面，我国的技术研发和应用明显滞后，很多企业、社会组织和公众还没有强大的能力和足够的资金支持其开发大幅度提高运输效率的城市生活垃圾运输技术（例如：专业的垃圾桶、运输车辆等）。为此，在城市生活垃圾运输政策中应鼓励和引导企业、社会组织和公众大力结合城市生活垃圾的回收再利用技术，开展城市生活垃圾运输的技术创新，提高城市生活垃圾运输效率，降低运输成本。

四、完善处理政策体系，改进城市生活垃圾处理管理工作

第一，细化城市生活垃圾处理政策中的处理方式要求。城市生活垃圾处理是一个庞大的系统工程，任何一个环节的疏忽都会导致整个系统的失效。为此，首先，在城市生活垃圾处理政策中细化城市生活垃圾“蓝色”焚烧运行的环保要求，提高“蓝色”焚烧杀菌标准，并制定“蓝色”焚烧后的废渣数量要求和填埋处理标准，节省生活垃圾填埋的容量，延长生活垃圾填埋场的使用寿命。其次，在城市生活垃圾处理政策中鼓励提高城市生活垃圾堆肥处理比例，鼓励通过微生物将城市生活垃圾在厌氧或好氧条件下进行发酵，将其有机物转化为二氧化碳、甲烷、水和其他代谢物，从而代谢无用产物，减少城市生活垃圾处理量，并产生沼气等清洁可再生能源，促进我国清洁能源结构的正向转变，推动城市生活

垃圾“零废弃、零污染、零排放”管理目标实现。最后，完善城市生活垃圾处理政策中的技术支持。在城市生活垃圾处理政策中鼓励我国城市生活垃圾处理学习国外先进处理技术，加大对城市生活垃圾处理技术研发资金投入，支持污染更小、资源化利用更高以及耗费资源更少的新型垃圾处理技术研发，提升城市生活垃圾处理技术创新能力，为城市生活垃圾有效处理夯实基础。

第二，完善城市生活垃圾处理政策中的宣传内容。具体来说，在城市生活垃圾处理政策中加强城市生活垃圾处理政策的宣传要求，强调通过网络平台、新媒体、报纸等宣发形式，发布城市生活垃圾处理的相关知识，并且明确要求相关部门制作宣传手册，在企业、社区、校园、街道等公共场所开设城市生活垃圾处理论坛讲座，积极开展宣传教育活动和广泛的示范宣传引领，强制公众按照城市生活垃圾处理要求操作，宣传不正确处理城市生活垃圾会对自然、经济和社会造成的危害，以此帮助公众树立正确的城市生活垃圾处理观，督促公众积极按照城市生活垃圾处理政策要求规范自身行为。同时，以低龄群体为突破口，城市生活垃圾处理政策应明确要求在幼儿园、中小学开设环保课程，开展城市生活垃圾处理教育，普及城市生活垃圾处理理念和知识，从小培养孩子们的城市生活垃圾处理意识，由小及大逐步推进城市生活垃圾处理政策的宣传工作。另外，以社区为着力点，城市生活垃圾处理政策应要求社区从源头上为城市生活垃圾高效处理保驾护航。

第二节　优化管理政策内容，提高城市生活垃圾管理的多元性效率

一、优化减量政策内容，提升城市生活垃圾减量管理的效率

优化减量政策内容，形成一套系统化、标准化的城市生活垃圾减量管理行为规范和办法，这套城市生活垃圾管理行为规范和办法一方面主要是针对减量政策中的城市居民与企业等主体的分类行为、减量责任进行明确规定，另一方面是分别对不同种类的城市生活垃圾采取不同的处理处置手段，并对不同类型的城市生活垃圾用户分层级收费。通过对城市生活垃圾减量管理行为作出明确规定，可以加大政策执行层面的力度，为推进基于“零废弃”的城市生活垃圾管理政策落地，提升城市生活垃圾减量管理效率寻求新的突破点。

首先，优化城市生活垃圾减量政策中的配套执行分类减量制度，强调城市居民必须要将产生的城市生活垃圾按照“可回收垃圾、厨余垃圾、有害垃圾和其他垃圾”的标准进行源头分类，并从中筛选出能够资源化利用的物品进行回收利用，从源头减少进入后端处理的城市生活垃圾量。在此过程中，基层政府与街道办事处应该负责好所管辖区域内的城市生活垃圾源头减量与分类投放工作，居委会也应该指导和督促居民、业主开展工作，起到协调与监督管理作用。同时，在城市生活垃圾减量政策中规定可循环使用的物品种类，确定回收的电子商务平台的资质要求，并鼓励再生资源回收经营者通过固定站点、定时定点、上门服务等方式开展回收业务。对于没有回收价值的城市生活垃圾，城市生活垃圾减量政策也要明确要求按照当地的分类标准统一分类存放，等待最后的处理处置。

其次，落实城市生活垃圾减量政策中的企业减量责任，要求企业在新产品的设计、研发和生产等过程中，优先使用城市生活垃圾作为原材料，减少资源使用。城市生活垃圾除了来源于居民家庭，有很大一部分都是来源于餐饮、商贸、工业等行业大大小小的各类企业，而对于城市生活垃圾回收、减量与再利用，也需要相关企业完成，企业在实施城市生活垃圾分类的前端、末端都扮演着重要角色。为了推进城市生活垃圾减量，确保城市生活垃圾分类见实效，需要企业承担起减量责任。具体来说，城市生活垃圾减量政策强调企业以绿色设计、生产为原则，以提高产品质量，延长产品使用寿命为宗旨，优先考虑使用那些可重新加工作为新产品组件或者原材料的城市生活垃圾作为生产材料，企业通过研发新技术、引进新设备和开发新的改造方案进行回收利用。对于不能再利用的剩余废弃物，由生产企业或者回收企业的工作人员收集和运输到城市生活垃圾处理中心，按城市生活垃圾处理要求进行无害化处理。

最后，优化城市生活垃圾减量政策中的收费减量内容，要求按照“谁污染、谁付费”的原则，制定明确的城市生活垃圾基础收费标准，确定阶梯式收费对象和标准，以此敦促公众减少丢弃城市生活垃圾行为的发生。同时，城市生活垃圾减量政策要明确分类投放城市生活垃圾的用户类型，据此适当降低城市生活垃圾收费标准；对不分类投放城市生活垃圾的用户，则在规定内提高收费标准，使公众被动减少城市生活垃圾产生量。“谁污染、谁付费”是一种公平的城市生活垃圾收费减量原则，通过差别收费奖励全民城市生活垃圾分类，促进城市生活垃圾减量化、资源化和无害化，符合现代城市形象和环境长远发展。

二、优化收集政策内容，提升城市生活垃圾收集管理的效率

首先，城市生活垃圾收集政策要明确城市垃圾收集不仅仅是政府部门及其工

作人员的事情，还是其他主体（企业、社会组织和公众）的责任，政府、企业、社会组织和居民要按照城市生活垃圾收集政策的要求承担相应的权力、责任和职能。虽然城市生活垃圾治理政策体系属于顶层设计，是一个系统工程，涉及邻避问题、基层社会治理和发展资源循环利用产业等领域，但是也需要专业社会企业和充足的社会资本参与到城市生活垃圾收集管理当中，让管理覆盖到生活垃圾处理处置的每一个环节，对治理中的问题及时反馈并迅速解决。同时，城市生活垃圾收集政策要优化城市生活垃圾收集的立法监管，对非正规渠道丢弃、回收、再利用城市生活垃圾的人员进行立法管制和规范，用强制性手段促使公众依法进行城市生活垃圾收集活动①。另外，城市生活垃圾收集政策要优化城市生活垃圾收集的智能监管系统要求，强化对居民、商业主体以及机关单位随意倾倒垃圾的行为的监测，并要求建立大数据平台进行统一监管，以提高城市生活垃圾的正确投放与收集率。

其次，优化城市生活垃圾收集政策中的城市生活垃圾专项收集制度体系，支持负责城市生活垃圾收集企业收集低附加值和高附加值等多类型城市生活垃圾。特别是，城市生活垃圾收集政策要优化企业发展的补贴资金和资助城市生活垃圾低价值物品的直接收集补贴机制，保证低附加值城市生活垃圾专项收集有足够的资金支持。如果政府支付的城市生活垃圾处理处置费用低于专项收集处置运行成本，企业一直处于保本或者亏损状况，则不利于增强企业参与城市生活垃圾分类的积极性。因此需要科学、客观地分析企业收集低附加值和高附加值垃圾的工艺路线、技术装备水平，加大政策扶持力度，弥补企业基础设施投资和运行成本上的不足，让企业能够获得实惠。例如：在城市生活垃圾政策中加大对城市生活垃圾收集企业在融资贷款、税收减免和财政补贴等方面的优惠力度，提高企业进行城市生活垃圾收集工作的参与度。

最后，优化城市生活垃圾收集政策中的部门协作机制，确定城市生活垃圾收集的主管部门，并将生态环保部门、住房和城乡建设部、国家发改委和商务部等多个部门联合起来，从系统化视角出发搭建政策群和政策网络，并整合和优化政策链，注重政策中部门间的协调统一和有机配合，在政策的制定过程中就明确好各部门的权责义务，强化各部门间的协同合作，最大程度避免政多出门和多头管理。此外，还应实行城市生活垃圾收集核心环节“一票否决权”，厘清城市生活垃圾收集政策方向，重新梳理多部门协同合作流程，发挥各个部门优势，形成城市生活垃圾收集合力，鼓励各部门创新思维，依据经济社会发展和产业结构现

① 张楠：《城市生活垃圾分类处理的政府监管问题及对策研究》，长春工业大学硕士学位论文，2021 年。

状，协力因地制宜地将符合自身特色和发展需求的政策稳步推进，保证城市生活垃圾收集政策高效运行。

三、优化运输政策内容，提升城市生活垃圾运输管理的效率

首先，优化城市生活垃圾运输政策中的城市生活垃圾运输密闭性要求。一方面，优化城市生活垃圾运输密闭性容器要求，杜绝运输密闭性容器中的城市生活垃圾腐烂变质后产生的气味、气体和有害物质对周围环境和人体健康产生的危害，最大限度地减少洒漏、扬尘等二次污染。另一方面，优化城市生活垃圾运输车辆的密闭性要求，坚决取缔非密闭车辆运输城市生活垃圾，提高城市生活垃圾运输车密闭性规范。原来的多功能斗式、半密封式、自卸式等非压缩式敞开型车辆虽然会安装防洒漏网，但是在运输过程中洒漏垃圾的现象经常发生，在升级为带盖板的密闭型车辆后，由于工人对车辆的认识不足，嫌麻烦，在运输时也会敞开运输，盖板形同虚设，因此要求必须安装智能检测设备对城市生活垃圾运输车辆和设备的密封性进行实时监测，严禁出现城市生活垃圾运输过程中出现“跑、冒、滴、漏”等现象。

其次，优化城市生活垃圾运输政策中的运输路线和运输站点布局要求。一方面，城市生活垃圾运输政策应要求提高城市生活垃圾运输电子信息平台性能，使城市生活垃圾运输电子信息平台能够根据城市生活垃圾处理场的位置，通过智能化的算法预测城市生活垃圾产生量，据此科学调配城市生活垃圾运输车辆，分配城市生活垃圾运输车司机及随车工作人员，以及城市生活垃圾车辆路线，避免因城市生活垃圾运输车辆空转或装载不足造成的人力、物力、财力浪费。另一方面，城市生活垃圾运输政策应优化城市生活垃圾运输站点布局准则，强化合理规划城市生活垃圾压缩转运站点的要求细则，增加设置临时城市生活垃圾运输站点的要求，并加强城市生活垃圾运输站点的工作流程管理，严格要求城市生活垃圾运输站点按照规范进行作业，以满足日益增长的城市生活垃圾运输需求。

最后，在城市生活垃圾运输政策中要提高对城市生活垃圾运输作业人员的要求。具体来说，城市生活垃圾运输政策要加强城市生活垃圾运输作业人员的专业化管理，不仅对城市生活垃圾运输作业人员的着装有明确规定，还要求城市生活垃圾运输作业人员必须按照规范作业，接受城市生活垃圾运输管理规定的考核，杜绝城市生活垃圾运输作业人员无证上岗。对待车辆管理人员要定期组织安全教育会议，提高城市生活垃圾运输作业人员的安全行车意识，并注意车容车貌，确保环卫作业车辆及时清洗，车身整洁，环卫作业车辆在作业和运输城市生活垃圾

的过程中没有垃圾夹带和拖挂现象。在城市生活垃圾运输作业人员工作期间，城市生活垃圾运输政策要求其不得从事与作业无关的事情，更不能由于城市生活垃圾运输作业人员自身原因而影响城市生活垃圾运输的质量和效率。

四、优化处理政策内容，提升城市生活垃圾处理管理的效率

第一，城市生活垃圾处理政策要求进一步突出城市生活垃圾的公共产品特点，优化城市生活垃圾处理的体制机制。首先，城市生活垃圾处理政策应明确城市生活垃圾处理相关部门的职责权限和责任范围，加强城市生活垃圾处理政策内容优化的顶层设计方案，按照城市生活垃圾处理的“预防、减量、再用、他用、处理”层级目标和优先顺序，建立不同部门的统筹协调机制，明确规定相关部门既能分工开展，又能相互配合和互相支撑的工作机制。其次，优化城市生活垃圾处理政策中的信息公开制度，使城市生活垃圾管理人员定期进行城市生活垃圾处理现场检查工作质量，提出整改建议，并将信息内容及时公开上传，增加公众的认知范围和关注程度，实现城市生活垃圾处理政策的普遍落地。最后，优化城市生活垃圾处理政策中的市场准入机制，细化《城市生活垃圾行业准入条件》，规范城市生活垃圾处理单位特许经营条件，同时优化市场准入和退出条件，发挥城市生活垃圾处理政策的规范管理作用，做到市场准入、退出均有规可循。

第二，优化城市生活垃圾处理政策中的选址、监管和环评标准。首先，在城市生活垃圾处理政策中严格筛选城市生活垃圾处理场地理位置要求，控制用于城市生活垃圾处理场的土地开发程度，尽量远离居民区、学校、工厂等人群聚集的场所，避免对公众的日常生活造成严重影响，提高城市生活垃圾处理政策的可接受程度。其次，城市生活垃圾处理政策要规范城市生活垃圾处理的监管标准，优化城市生活垃圾处理监管评价标准体系，避免出现地方标准、国家标准和国际标准并存、监管工作难以顺利开展问题的出现。特别是，城市生活垃圾处理政策要细化我国目前简单的焚烧发电政策条目，规定以“低消耗、高产能”作为最高焚烧发电目标，优化二氧化硫、有害烟尘、城市生活垃圾残渣等在内的所有由城市生活垃圾处理而产生的排放物质的评价标准。最后，根据我国低碳发展要求，修订城市生活垃圾处理环评准则，特别是要修订城市生活垃圾处理环评准则中的有关城市生活垃圾分类标准、处理设施的选址技术规范和城市生活垃圾处理技术创新等方面的相关内容，形成比较完整的城市生活垃圾处理环评准则，使城市生活垃圾处理环评管理有章可循。

第三节　丰富管理政策手段，推进城市生活垃圾管理政策高效运行

一、深化各种教育手段，推进城市生活垃圾管理政策高效运行

首先，深化社区教育手段，加大对城市生活垃圾管理政策的宣传力度，加强基层宣传方案的执行，运用定期考核等形式督促各街道和居委会经办人员做好宣传，除了公告宣传栏和上门宣传的宣传方式外，还可定期联系环保组织开展垃圾源头减量、资源化利用等技能培训营，在社区内设立城市生活垃圾减量行为和资源化利用行为指导中心；宣传内容不仅要包括各项城市生活垃圾管理政策，还可以针对关系到居民切身利益的问题进行普及，让居民意识到城市生活垃圾管理的必要性，明确自身的权利和义务。只有紧紧围绕全市城市生活垃圾分类工作，以新闻消息、专题报道、新闻综述的形式，做好全市的城市生活垃圾管理宣传报道，不断提升市民生活垃圾分类知晓率和参与率，引导市民们养成对生活垃圾进行自觉分类处理的习惯，助推垃圾分类工作从“新时尚”向“好习惯”转型，营造上下齐抓共管的浓厚舆论氛围。

其次，深化学校教育手段，将城市生活垃圾管理政策内容纳入学校教育体系。“零废弃”城市生活垃圾管理理念应贯穿幼儿园、小学的初等教育和大学的高等教育中①。初等教育要根据不同年龄段的青少年学生对城市生活垃圾相关知识接纳程度的不同，以其可以接受方式进行知识传播，旨在使青少年意识到“零废弃”城市生活垃圾管理的重要性，养成基本认知和绿色环保的生活习惯观念。例如，幼儿园学生可以通过召开趣味班会、制作环保物件等增加学生对城市生活垃圾相关概念的了解和城市生活垃圾分类的认知，小学生可以通过国旗下的讲话、演讲比赛等活动让学生针对污染事故危害、城市生活垃圾分类带来的环境改善等议题进行讨论。对高中阶段学生和大学生而言，要将“零废弃”城市生活垃圾管理等绿色环保理念、环保教育与学科进行整合，将“零废弃”城市生活垃圾管理纳入学科专业化教育中，或者开设专门的“零废弃”城

① 罗艺：《广州市生活垃圾分类管理政策执行研究》，华南理工大学硕士学位论文，2018 年。

市生活垃圾管理专业课，通过课程学习或学术科研的方式对“零废弃”城市生活垃圾管理有更深入的理解。此外，学校应鼓励学生积极参与环保社团，定期举行环保公益活动或具体的社会实践，让学生切身感受到城市生活垃圾“零废弃”的紧迫性、重要性。

最后，深化全民教育手段，提高社会对城市生活垃圾管理政策的关注度。例如：通过举办“零废弃”的城市生活垃圾管理方面的大赛，激发社会资源进入宣传领域，制作好的公益广告，使“零废弃”的城市生活垃圾管理的宣传更切合实际、更具有操作性[①]。另外，要与时俱进，创新城市生活垃圾管理政策的宣传形式，例如通过抖音和快手等新媒体以短视频的形式加以宣传。同时，还要依托微博、微信公众号平台等新时代大数据互联网媒体的力量，与公众及时沟通，并保持密切的联系，随时接受来自各方的反馈建议。此外，还可以通过流动评定主题示范单位的方式，开展“零废弃”的城市生活垃圾管理学习的“示范学校”“优秀示范小区”“标兵家庭”和“优秀示范小区”等示范单位评选活动，增强参与“零废弃”的城市生活垃圾管理学习的荣誉感[②]。

二、严格行政执法手段，推进城市生活垃圾管理政策高效运行

适时、适度、适情、高效、灵活地运用一定行政执法手段能够落实城市生活垃圾管理政策，在行政执法过程中，可以采取宣传引导和行政处罚相结合、社会动员和警示曝光相结合、全面覆盖和重点督导相结合、末端执法和前端监管相结合的方式，稳步推进城市生活垃圾分类执法检查和行政处罚工作，分别在行政章程和条例、问责手段、协商手段三方面加以严格规定，使城市生活垃圾管理政策具有法律的强制性、严肃性和权威性[③]。

首先，严格确定行政章程和条例。从制度上捋顺行政结构，成立由市委书记带头、各市区、各部门主要负责同志为成员的领导小组，并下设办公室，在各市区常态化运行，负责具体的城市生活垃圾管理政策的相关工作。在此基础上，进一步细化各成员单位的职责分工，各市区政府根据总体要求，制定城市生活垃圾管理政策方案。从职能上细化各部门的行政章程和条例，例如：宣传部门要细化

① 樊博、朱宇轩、冯冰娜：《城市居民垃圾源头分类行为的探索性分析——从态度到行为的研究》，载于《行政论坛》2018 年第 6 期。

② 郭施宏、李阳：《城市生活垃圾强制分类政策执行逻辑研究》，载于《中国特色社会主义研究》2022 年第 1 期。

③ 大卫·施韦卡特：《超越资本主义（资本主义研究丛书）》，社科文献出版社 2006 年版。

城市生活垃圾管理政策的宣传方式、宣传途径、宣传内容等方面的章程和条例；发展改革部门要细化城市生活垃圾项目的立项、审批、运营、补助等方面的章程和条例；教育部门要细化城市生活垃圾管理政策的教育目标、教育内容、教育方式等方面的章程和条例。

其次，强化考核问责手段的使用。要越来越重视考核问责等手段，即上级政府通过设定创建考核目标，推动下一级政府组织开展城市生活垃圾管理，进一步规范政府职能，统筹和协调城市生活垃圾政策制定主体，使部门能动性与联动性有机结合，从组织源头上扎实推进城市生活垃圾管理工作有序开展①。同时，国家相关部门应基于国情进一步优化顶层设计，科学指引并及时补充和完善城市生活垃圾管理相关的法律法规，优化管理政策文本类型结构，对不同主体的参与方式和行为进行有效约束，促进城市生活垃圾管理更加科学规范。另外，要以现有的行政法规为基础，建立一套城市生活垃圾管理的管理政策条文，不仅仅是对政府的监督，还要完善对非政府组织、民间自发组织等机构的地位、活动、资金等的监督管理②。政府可以将部分权力下放，让非政府组织及民间组织有自主权利进行管理，如将城市生活垃圾管理的部分环节交给非政府组织进行，以提高参与的积极性。

最后，加强协商手段的使用。党的十八大首次提出“健全社会主义协商民主制度”，明确公民在国家发展中的重要性③，据此，各地行政部门要高度重视与企业、社会组织和公众协商手段的使用，发挥协商手段的优势。城市生活垃圾的产生和处理关系每个人的生活，关系每个组织的生产，是城市治理的一部分，不仅牵涉绿化市容局等相关市级部门、关注城市生活垃圾分类的环保NGO，还包括广大的街道居委、相关的企业和拾荒者，以及居民自组织等方面。通过优化协商手段激发企业、社会组织和公众参与城市生活垃圾管理的热情，不断完善城市生活垃圾管理政策，切实保障企业、社会组织和公众权利，培育企业、社会组织和公众的环保精神，使企业、社会组织和公众成为城市生活垃圾管理政策制定、执行和实施的有效载体④，按照城市生活垃圾管理政策要求与政府保持密切合作关系，从而促进城市生活垃圾“零废弃”管理目标的早日实现。

---

① 陈海楠：《我国公民社会发展的困境与出路浅探》，载于《苏州教育学院学报》2016 年第 2 期。

② 汪丹丹：《我国城市生活垃圾分类的法律政策研究》，载于《太原城市职业技术学院学报》2021 年第 3 期。

③ 林怀艺：《论国家治理与中国特色协商民主》，载于《云南社会科学》2014 年第 5 期。

④ 范仓海、任红柳：《城市生活垃圾分类中的政府职能——内在逻辑及职能谱系》，载于《环境保护科学》2021 年第 6 期。

三、运用经济干预手段，推进城市生活垃圾管理政策高效运行

首先，完善特许经营办法。为了吸引社会资本广泛参与城市生活垃圾处理处置的公共基础设施建设、运营和管理，特许经营是一种广泛使用并且行之有效的运作方法之一。特许经营制度可以由政府部门通过选拔评优，将城市生活垃圾处理的部分投资权、建设权和经营权让渡给社会资本，充分发挥特许经营制度在引进资金和技术方面的优势，广泛吸引包括民营资本和外资在内的社会资本进入城市生活垃圾处理行业。通过实行特许经营办法整合城市生活垃圾回收企业，控制城市生活垃圾回收企业的数量，降低城市生活垃圾回收企业的成本，维护城市生活垃圾回收市场的秩序。同时通过施行特许经营办法确保城市生活垃圾回收企业能够及时、全额地获得产品生产商缴纳的回收处理费，并将回收处理费用用于支付城市生活垃圾的实际回收、清运、处理费用中的部分（补助和奖励等）由生产商承担的补贴费以及其他补助、奖励等费用①。

其次，完善城市生活垃圾补偿机制。第一，各城市应结合本地实际情况，从地方立法的层面组织专业的立法团队，尽快启动地方立法程序，将城市生活垃圾处理补偿机制建设纳入立法程序，为改善本地生态环境做好准备工作。第二，探索多元补偿方式。要求各地根据自身实际情况，建立直接补偿（金钱补偿）与间接补偿（垃圾处理费用减免，设施设备建设补偿等优惠政策）等多种补偿方式②，并由财政部门设立专门账户，向城市生活垃圾产生区征收，补贴城市生活垃圾处理区费用支出，补贴资金不可挪作他用，必须要专款专用，以保障补偿款项落到实处③。第三，确定合理的补偿适用范围。在各地的城市生活垃圾处理补偿机制中，要科学、准确、具体地确定补偿适用范围，防止出现补偿适用范围过大给国家造成损失，也防止补偿适用范围过小而干扰周边居民。另外，补偿适用范围要与补偿根本目的一致，都是改善生活居住环境，建设生态文明。

最后，由定额收费转变为计量收费。当前，我国各城市普遍实施定额收费制，未按照“谁排放、谁污染、谁付费”的原则征收垃圾处理费，收费标准缺乏

① 韩冬梅、韩静：《推进市场主导型城市生活垃圾管理对策研究》，载于《经济研究参考》2016年第59期。

② 刘承毅：《城市生活垃圾减量化效果与政府规制研究》，载于《东北财经大学学报》2014年第2期。

③ 张燕、李花粉：《北京市农村地区垃圾零废弃关键环节研究》，载于《中国资源综合利用》2014年第8期。

公平性和合理性[1]。随着城市居民生活水平的提高，城市生活垃圾的产生量不断增大，政府的财政负担也日益沉重。按照当前的情况，意味着“谁产生的垃圾越多，获得的财政补贴也越多”，这违背了“谁受益谁付费”的原则和公平性原则。因此，为降低基于“零废弃”的城市生活垃圾管理政策问题的负外部性风险，应考虑财政压力和费用缺口等实际情况，遵循“污染者付费”原则，改革当前城市生活垃圾处理收费制，结合城市发展的实际情况，由定额收费模式向计量收费模式转变，制定出城市生活垃圾最佳缴费模式。特别是在城市生活垃圾投放环节，参考“定时 + 定点”垃圾分类投放模式，以城市生活垃圾的体积或重量为计量单位征收垃圾处理费。不同的地区在实行计量收费时，要结合本地实际制定具体细则，因地制宜、因城施策、有序推进，各地区应当着眼长远、立足现状，具体实施时间由各地区结合城市生活垃圾分类投放、分类收集、分类运输、分类处理系统建立健全等情况确定，尽快实现城市生活垃圾收运监管全覆盖。

第四节　加强管理政策监管，确保城市生活垃圾管理政策有效运行

一、完善信息公开制度，确保城市生活垃圾管理政策有效运行

第一，完善城市生活垃圾管理信息共享平台。近年来，在互联网和各项新兴技术的蓬勃发展背景下，加之随着新冠疫情暴发而来的后疫情时代倒逼着各行各业的数字化转型，如今，数字化转型已经成为一个具有中国特色的概念，是指国家运作系统中的政治、经济、文化、社会、生态文明建设的全域数字化。通过完善城市生活垃圾管理信息共享平台，可以确保数据的透明性、公开性，促进数据处理工作高效率，助力中国的数字化转型，确保城市生活垃圾管理政策有效运行。由专人负责城市生活垃圾管理过程中的各种各样信息的甄别、整理和录入工作，并不断完善信息沟通基础设施建设，建立“扁平式”的城市生

① 郭施宏、李阳：《城市生活垃圾强制分类政策执行逻辑研究》，载于《中国特色社会主义研究》2022 年第 1 期。

活垃圾管理信息平台，加强城市生活垃圾管理所需信息的沟通，使信息传递渠道上下贯通，横向畅通，使城市生活垃圾管理信息实现流动及时性与透明度。同时，完善城市生活垃圾管理信息共享平台的第三方监管工作，并将所发现的问题迅速反馈给相关职能部门，实现城市生活垃圾管理信息反馈的实效性，从而使城市生活垃圾管理的数据得以高效利用，确保城市生活垃圾管理政策的有效执行。

第二，建立城市生活垃圾信息化管理系统。云计算和大数据分析等新技术的运用建立了一个低成本的信息获取和管理渠道，一方面，可以节约运作成本，并且信息畅通、线上云端合作为跨部门合作提供良好平台。另一方面，依托数据、信息能够提高对城市生活垃圾治理问题的分析和决策速度。应用信息化技术，将信息技术与城市生活垃圾管理相融合[①]，对城市生活垃圾收集、运输、处理中所涉及的人员、设备和制度等各项信息数据进行收集、整理和录入，并通过定位系统，准确掌握城市生活垃圾收转运点的堆存量与转运量，并对各区域城市生活垃圾运输车辆的行驶路线、活动范围和城市生活垃圾处理情况进行监测，实现对城市生活垃圾收、运、处的实时监管，从而高效收集城市生活垃圾，节省城市生活垃圾的运输时间，降低城市生活垃圾运输成本，提高城市生活垃圾处理效率，以信息化的方式实现对城市生活垃圾系统的管理，确保城市生活垃圾管理政策的有效运行[②]。

二、建立奖励惩戒制度，确保城市生活垃圾管理政策有效运行

在奖励制度方面，根据基于“零废弃”的城市生活垃圾管理政策目标群体的不同年龄差异、不同受教育程度，以物质奖励和精神奖励为手段，结合各城市自身的实际情况，科学设置奖励的具体对象、具体条件以及具体方式等内容，对城市生活垃圾管理中表现突出的单位和个人给予奖励，特别重要的是，要将奖励制度纳入城市生活垃圾管理的地方性法规中，做到有法可依、有法必依、执法必严、违法必究，避免奖励成为空话，从而确保城市生活垃圾管理政策的有效运行[③]。例如：深圳市建立了城市生活垃圾分类奖惩机制，财政补助资金最高限额

① 任丙强、武佳璇：《“全链条—多主体”视角下城市生活垃圾治理政策的特征分析——基于133份市级政策的文本分析》，载于《内蒙古大学学报》（哲学社会科学版）2021年第6期。

② 谢梦阳、李光明、张珺婷、黄菊文、朱昊辰：《信息化技术在城市生活垃圾收运管理中的应用》，载于《环境科学与技术》2016年第S1期。

③ 王丹丹、訾利荣、付帅帅：《城市生活垃圾分类回收治理激励监督机制研究》，载于《中国环境科学》2020年第4期。

为3 125 万元，明确将单位、住宅、家庭、个人作为奖励对象，且详细规定了激励程序。浙江省金华市义乌城西街道积极推进城市生活垃圾分类奖惩机制，实行城市生活垃圾分类新模式，利用城市生活垃圾分类积分卡，激发辖区民众的垃圾分类积极性。

在惩戒制度方面，政府要以现有城市生活垃圾管理相关法律法规作为基础，积极完善相应的城市生活垃圾违规行为惩罚性政策法规，责令城市生活垃圾管理相关职能部门对违反城市生活垃圾管理的各种行为予以教育和纠正。其中，对于违法行为比较严重的或者屡教不改的要给予罚款，具体罚款金额要与违法行为所造成的危害成正比[①]。特别需要关注的是对城市生活垃圾相关企业的违法行为的惩戒。例如：《上海市生活垃圾管理条例》第五十七条、第六十一条分别对个人和单位违反垃圾分类行为明确了处罚规定。浙江省金华市综合行政执法局城西大队联合街道各部门对初次分类不准确或者没有进行垃圾分类的居民进行劝导，行为严重者给予批评教育，对于多次提醒仍不按规定投放的居民，经查实后给予罚款，确保垃圾分类责任落实到每一个人。

三、健全多级监督制度，确保城市生活垃圾管理政策有效运行

首先，健全城市生活垃圾管理全员监督制度。国家层面要出台城市生活垃圾管理全员监管指导意见，各地城市政府要制定具体的城市生活垃圾管理全员监管实施细则，号召社会组织、行业组织和公共传媒等社会各界力量按照城市生活垃圾管理政策的要求参与监督城市生活垃圾管理[②]。特别重要的是，在确保客观公正的同时，相关职能部门要合理利用广播、电视、微博、公共场所的 LED 大屏幕、公共交通工具的车载视频、社区宣传栏等媒介，采用线上线下多种形式向社会公布监督工作流程，宣传全员监督的具体要求、具体内容和具体方式等内容，方便全员监督城市生活垃圾管理全过程，形成多级全员监督制度，确保城市生活垃圾管理政策有效运行。除此以外，还可以依托履职平台，强化日常监督。例如一方面，乐清市开展“文明城市创建”志愿服务活动。全体市人大机关干部发挥工作优势，发挥示范表率作用，全员上路巡街，以“文明乐清”App 为载体，通过“随手拍”上传身边垃圾分类工作中存在的问题，促进工作整改完善，提高垃

① 段婧婧：《公众参与视域下城市生活垃圾分类法治路径研究》，载于《山东纺织经济》2021 年第 7 期。

② 田华文：《中国城市生活垃圾管理政策的演变及未来走向》，载于《城市问题》2015 年第 8 期。

圾分类的监督实效。另一方面，乐清市完善垃圾分类人大联动监督体系。充分发挥人大代表的监督作用，同步开展市人大代表和各镇（街道）人大（工委）视察监督，同时组织代表拍摄《全市垃圾处理工作》专题片在询问会上播放，会后组织代表拍摄《垃圾治理代表在现场》电视节目对职能部门所作的承诺进行"回头看"，进一步提升监督工作实效。

其次，强化志愿者的监督作用。志愿者是城市生活垃圾管理领域最亮丽的"风景线"，他们是城市生活垃圾管理政策最重要的推动者、执行者和监督者，也是对城市生活垃圾管理政策更为关注和更有热情的群体。为此，各地政府要建立城市生活垃圾管理志愿者队伍，加强其监督作用。具体来说，在城市生活垃圾管理领域的志愿者可以分为城市生活垃圾管理监督员和巡视员。监督员主要负责日常监督城市生活垃圾管理者、目标群体的行为是否符合城市生活垃圾管理政策的要求，对不符合管理政策要求的行为予以制止。巡视员主要负责巡视志愿者的行为是否符合城市生活垃圾管理政策的要求。城市生活垃圾管理领域志愿者的主要作用是加强对监督盲区的监督，避免监督不及时情况的发生。例如，上海市绿化市容局组织开展了"上海市垃圾分类志愿者骨干专题培训班"和"上海市垃圾分类社会监督员骨干专题培训班"，使本市垃圾分类志愿者和社会监督员进一步了解垃圾分类知识，学习先进社区经验，优化志愿服务工作，提高社区治理水平，在志愿者和社会监督的岗位上充分发挥社会引领作用，带领市民持续做好垃圾分类工作。

最后，加强第三方的监督作用。按照城市生活垃圾管理政策的要求，公平公正地引入行业协会、人大、政协和其他专业组织，通过监督、巡查和抽检等多种方式对城市生活垃圾管理开展有效的第三方监督。第三方监督应贯穿于城市生活垃圾管理"预防、减量、再用、他用、处理"的全过程。为避免监管效果因职能分工造成的监管越位缺位现象，还必须完善第三方监督职能分工细则，明确政府部门与第三方监督机构的权责边界，确保第三方监督的专业性与客观性。同时也要将第三方监督纳入我国现有法律体系当中，明确第三方监督的合法性与参与程序的合理性，规范第三方监督行为规范，确保对城市生活垃圾"预防、减量、再用、他用、处理"全过程管理的监督权利①。例如，深圳市出台了《深圳市生活垃圾分类社会监督员管理办法（试行）》，由城市管理和综合执法局向社会公开选聘城市生活垃圾分类社会监督员，其中包含人大代表、政协委员、生活垃圾分类推广大使、蒲公英志愿讲师、文明使者、物业企业代表等。

---

① 赵长东：《我国大城市生活垃圾物流系统运作瓶颈与对策》，载于《价值工程》2011年第11期。

四、强化长效考核制度，确保城市生活垃圾管理政策有效运行

首先，强化长效制度建设①。按照城市生活垃圾管理政策的要求，将城市生活垃圾管理工作检查考核纳入城市综合管理标准化考核体系中，建立起“区、街道、社区”三级考核体系，每季一考核、一排队，在宣传媒体上公布名次，并作为财政奖补资金分配使用的主要依据；半年一观摩，年终总排队，把城市生活垃圾管理工作纳入市、区考核重要内容，进行年度绩效考评。在考核方式上可以包括材料核查和实地抽查、暗访等，对工作推进有力、成效明显的地区和单位要予以表扬，对季度测评和年度综合考核排名后三名的市，要酌情约谈负责城市生活垃圾分类的相关工作人员，督促其及时加以整改。各级分管领导和工作人员强化城市环境卫生统计和评价机制，制订城市生活垃圾管理工作考核办法，对城市生活垃圾管理重点区域和难点问题开展专项考核，推进城市生活垃圾管理的常态化、正规化和专业化。

其次，长效考核指标有效衔接。紧密结合相关职能部门的城市生活垃圾管理年度工作任务，确定与国家层面城市生活垃圾管理的考核内容有效衔接的考核指标体系，具体包括城市生活垃圾环卫基础设施建设情况、市政保洁人员队伍建设、城市生活垃圾管理经费保障、城市环境卫生面貌和群众满意度等关键考核指标。同时，各区、街道、社区对辖区也要建立关于城市生活垃圾设施建设、城市生活垃圾收运、清扫保洁人员配备和经费收支等方面的考核指标，方便各职能部门机构按时进行考核，并将群众举报电话、短信和邮件等作为重点考核指标，据此增强各区、街道、社区对于城市生活垃圾管理工作的责任意识②。例如，《广西生活垃圾分类工作考核细则（2021 年修订）》的考核项目分为体制机制建设、设施建设、分类作业等 9 大项内容，其中设施建设分值占比最高，达 30%。

最后，考核对象全覆盖。根据考核办法，采取明察暗访、新闻督访和联合督查等手段，聘请第三方机构每两个或三个月定期开展一次考核，及时考核政府、企业、社会组织和公众在城市生活垃圾管理工作中的具体情况，并借助媒体对城市生活垃圾管理所涉及的责任主体存在的严重问题进行曝光，实现对小区、机关

---

① 吕维霞、杜娟：《日本垃圾分类管理经验及其对中国的启示》，载于《华中师范大学学报》（人文社会科学版）2016 年第 1 期。

② 阚德龙、黄军：《如皋生活垃圾源头分类治理实效调查》，载于《城乡建设》2017 年第 21 期。

单位和公共场所等区域的城市生活垃圾管理所涉及的责任主体考核全覆盖[①]。例如，广州市增城区出台《增城区生活垃圾分类工作考核暂行办法》，明确建立层级生活垃圾分类考核制度：区对行政区域内的区直局以上单位、镇街进行考核排名；镇街对辖区内的村居及其他生活垃圾分类管理责任人（居住小区、机关单位、经营区域、公共场所等）进行考核排名。除了确保考核对象的覆盖度外，考核结束后，对城市生活垃圾管理所涉及的责任主体考核得分情况及存在的问题进行及时通报。对城市环境卫生整洁、措施得力、成效明显的市、区，加大奖励和宣传力度；对存在环境卫生“脏、乱、差”、管理成效反弹严重、资金不落实等问题严重的市、区，实施公开通报、集中约谈、限期整改等措施。

① 龚文娟、赵罂、Aaron WBUTT：《中国城市生活垃圾处置状况及治理研究》，载于《海南大学学报》（人文社会科学版）2022 年第 11 期。

附录一

表 A1　　中央性相关政策文本一览表

发布时间	标题	时效性	发布部门
1957 年 10 月 22 日	中华人民共和国治安管理处罚条例	失效	全国人大常委会
1960 年 4 月 11 日	全国农业发展纲要	失效	全国人民代表大会
1979 年 9 月 13 日	中华人民共和国环境保护法（试行）	失效	全国人大常委会
1982 年 11 月 19 日	中华人民共和国食品卫生法（试行）	失效	全国人大常委会
1982 年 12 月 10 日	中华人民共和国国民经济和社会发展第六个五年计划 1981～1985	现行有效	全国人民代表大会
1984 年 5 月 11 日	中华人民共和国水污染防治法	已被修改	全国人大常委会
1986 年 12 月 2 日	中华人民共和国国境卫生检疫法	已被修改	全国人大常委会
1987 年 4 月 9 日	第六届全国人民代表大会第五次会议主席团第四次会议关于第六届全国人民代表大会第五次会议代表提出的议案的处理意见的报告	现行有效	全国人民代表大会
1995 年 10 月 30 日	中华人民共和国固体废物污染环境防治法	已被修改	全国人大常委会
1995 年 10 月 30 日	中华人民共和国食品卫生法	失效	全国人大常委会
1996 年 3 月 17 日	中华人民共和国国民经济和社会发展“九五”计划和 2010 年远景目标纲要	现行有效	全国人民代表大会
1996 年 5 月 15 日	中华人民共和国水污染防治法（1996 年修正）	已被修改	全国人大常委会
1999 年 12 月 25 日	中华人民共和国海洋环境保护法（1999 年修订）	已被修改	全国人大常委会

续表

发布时间	标题	时效性	发布部门
2000 年 3 月 15 日	第九届全国人民代表大会第三次会议关于 1999 年国民经济和社会发展计划执行情况与 2000 年国民经济和社会发展计划的决议	现行有效	全国人民代表大会
2000 年 4 月 29 日	中华人民共和国大气污染防治法（2000 年修订）	已被修改	全国人大常委会
2001 年 3 月 15 日	第九届全国人民代表大会第四次会议关于国民经济和社会发展第十个五年计划纲要及关于纲要报告的决议	现行有效	全国人民代表大会
2001 年 3 月 15 日	中华人民共和国国民经济和社会发展第十个五年计划纲要	现行有效	全国人民代表大会
2001 年 3 月 15 日	第九届全国人民代表大会第四次会议关于 2000 年国民经济和社会发展计划执行情况与 2001 年国民经济和社会发展计划的决议	现行有效	全国人民代表大会
2002 年 3 月 15 日	第九届全国人民代表大会第五次会议关于 2001 年国民经济和社会发展计划执行情况与 2002 年国民经济和社会发展计划的决议	现行有效	全国人民代表大会
2003 年 3 月 18 日	第十届全国人民代表大会第一次会议关于 2002 年国民经济和社会发展计划执行情况与 2003 年国民经济和社会发展计划的决议	现行有效	全国人民代表大会
2003 年 3 月 18 日	第十届全国人民代表大会第一次会议关于《政府工作报告》的决议	现行有效	全国人民代表大会
2004 年 3 月 14 日	第十届全国人民代表大会第二次会议关于 2003 年国民经济和社会发展计划执行情况与 2004 年国民经济和社会发展计划的决议	现行有效	全国人民代表大会
2004 年 8 月 28 日	中华人民共和国公路法（2004 年修正）	已被修改	全国人大常委会

续表

发布时间	标题	时效性	发布部门
2004年12月29日	中华人民共和国固体废物污染环境防治法（2004年修订）	已被修改	全国人大常委会
2005年3月14日	第十届全国人民代表大会第三次会议关于2004年国民经济和社会发展计划执行情况与2005年国民经济和社会发展计划的决议	现行有效	全国人民代表大会
2005年12月29日	中华人民共和国畜牧法	已被修改	全国人大常委会
2006年3月14日	第十届全国人民代表大会第四次会议关于2005年中央和地方预算执行情况与2006年中央和地方预算的决议	现行有效	全国人民代表大会
2006年3月14日	中华人民共和国国民经济和社会发展第十一个五年规划纲要	现行有效	全国人民代表大会
2007年3月16日	中华人民共和国物权法	现行有效	全国人民代表大会
2007年3月16日	第十届全国人民代表大会第五次会议关于2006年国民经济和社会发展计划执行情况与2007年国民经济和社会发展计划的决议	现行有效	全国人民代表大会
2007年10月28日	中华人民共和国城乡规划法	已被修改	全国人大常委会
2007年12月29日	中华人民共和国国境卫生检疫法（2007年修正）	已被修改	全国人大常委会
2008年2月28日	中华人民共和国水污染防治法（2008年修订）	已被修改	全国人大常委会
2008年3月18日	第十一届全国人民代表大会第一次会议关于2007年国民经济和社会发展计划执行情况与2008年国民经济和社会发展计划的决议	现行有效	全国人民代表大会
2008年8月29日	中华人民共和国循环经济促进法	已被修改	全国人大常委会
2009年3月13日	第十一届全国人民代表大会第二次会议关于2008年中央和地方预算执行情况与2009年中央和地方预算的决议	现行有效	全国人民代表大会

续表

发布时间	标题	时效性	发布部门
2009 年 3 月 13 日	第十一届全国人民代表大会第二次会议关于 2008 年国民经济和社会发展计划执行情况与 2009 年国民经济和社会发展计划的决议	现行有效	全国人民代表大会
2009 年 12 月 25 日	全国人民代表大会常务委员会办公厅关于第十一届全国人民代表大会第二次会议代表建议、批评和意见处理情况的报告	现行有效	全国人大常委会办公厅
2010 年 3 月 14 日	第十一届全国人民代表大会第三次会议关于 2009 年中央和地方预算执行情况与 2010 年中央和地方预算的决议	现行有效	全国人民代表大会
2010 年 3 月 14 日	第十一届全国人民代表大会第三次会议关于 2009 年国民经济和社会发展计划执行情况与 2010 年国民经济和社会发展计划的决议	现行有效	全国人民代表大会
2010 年 6 月 25 日	全国人民代表大会常务委员会关于批准 2009 年中央决算的决议	现行有效	全国人大常委会
2011 年 2 月 5 日	全国人民代表大会常务委员会法制工作委员会关于印送《立法技术规范（试行）（二）》的函	现行有效	全国人大常委会法制工作委员会
2011 年 3 月 14 日	第十一届全国人民代表大会第四次会议关于 2010 年国民经济和社会发展计划执行情况与 2011 年国民经济和社会发展计划的决议	现行有效	全国人民代表大会
2011 年 3 月 14 日	第十一届全国人民代表大会第四次会议关于 2010 年中央和地方预算执行情况与 2011 年中央和地方预算的决议	现行有效	全国人民代表大会
2011 年 3 月 14 日	中华人民共和国国民经济和社会发展第十二个五年规划纲要	现行有效	全国人民代表大会
2011 年 6 月 30 日	全国人民代表大会常务委员会关于批准 2010 年中央决算的决议	现行有效	全国人大常委会

续表

发布时间	标题	时效性	发布部门
2012年3月13日	十一届全国人大五次会议秘书处关于第十一届全国人民代表大会第五次会议代表提出议案处理意见的报告	现行有效	全国人民代表大会
2012年3月14日	第十一届全国人民代表大会第五次会议关于2011年国民经济和社会发展计划执行情况与2012年国民经济和社会发展计划的决议	现行有效	全国人民代表大会
2012年6月30日	全国人民代表大会常务委员会关于批准2011年中央决算的决议	现行有效	全国人大常委会
2012年12月28日	全国人民代表大会环境与资源保护委员会关于第十一届全国人民代表大会第五次会议主席团交付审议的代表提出的议案审议结果的报告	现行有效	全国人大环境与资源保护委员会
2013年3月17日	第十二届全国人民代表大会第一次会议关于2012年国民经济和社会发展计划执行情况与2013年国民经济和社会发展计划的决议	现行有效	全国人民代表大会
2013年6月29日	中华人民共和国固体废物污染环境防治法（2013年修正）	已被修改	全国人大常委会
2013年12月28日	中华人民共和国海洋环境保护法（2013年修正）	已被修改	全国人大常委会
2014年3月13日	第十二届全国人民代表大会第二次会议关于2013年国民经济和社会发展计划执行情况与2014年国民经济和社会发展计划的决议	现行有效	全国人民代表大会
2014年10月27日	全国人大财政经济委员会关于第十二届全国人民代表大会第二次会议主席团交付审议的代表提出的议案审议结果的报告	现行有效	全国人大财政经济委员会
2014年12月28日	中华人民共和国航道法	已被修改	全国人大常委会

续表

发布时间	标题	时效性	发布部门
2015年3月14日	十二届全国人大三次会议秘书处关于第十二届全国人民代表大会第三次会议代表提出议案处理意见的报告	现行有效	全国人民代表大会
2015年3月15日	第十二届全国人民代表大会第三次会议关于2014年国民经济和社会发展计划执行情况与2015年国民经济和社会发展计划的决议	现行有效	全国人民代表大会
2015年4月24日	中华人民共和国固体废物污染环境防治法（2015年修正）	已被修改	全国人大常委会
2015年4月24日	中华人民共和国食品安全法（2015年修订）	已被修改	全国人大常委会
2015年4月24日	中华人民共和国城乡规划法（2015年修正）	已被修改	全国人大常委会
2015年4月24日	中华人民共和国畜牧法（2015年修正）	现行有效	全国人大常委会
2015年4月24日	中华人民共和国防洪法（2015年修正）	已被修改	全国人大常委会
2015年8月29日	中华人民共和国大气污染防治法（2015年修订）	已被修改	全国人大常委会
2015年10月30日	全国人民代表大会环境与资源保护委员会关于第十二届全国人民代表大会第三次会议主席团交付审议的代表提出的议案审议结果的报告	现行有效	全国人大环境与资源保护委员会
2015年12月24日	全国人民代表大会常务委员会办公厅关于第十二届全国人民代表大会第三次会议代表建议、批评和意见办理情况的报告	现行有效	全国人大常委会办公厅
2016年3月15日	十二届全国人大四次会议秘书处关于第十二届全国人民代表大会第四次会议代表提出议案处理意见的报告	现行有效	全国人民代表大会
2016年3月16日	中华人民共和国国民经济和社会发展第十三个五年规划纲要	现行有效	全国人民代表大会
2016年7月2日	中华人民共和国航道法（2016年修正）	现行有效	全国人大常委会

续表

发布时间	标题	时效性	发布部门
2016 年 7 月 2 日	全国人民代表大会常务委员会关于批准 2015 年中央决算的决议	现行有效	全国人大常委会
2016 年 7 月 2 日	中华人民共和国防洪法（2016 年修正）	现行有效	全国人大常委会
2016 年 11 月 7 日	全国人民代表大会常务委员会关于修改《中华人民共和国对外贸易法》等十二部法律的决定（含：海上交通安全法、海关法、档案法、中外合作经营企业法、体育法、民用航空法、固体废物污染环境防治法、煤炭法、公路法、气象法、旅游法）	部分失效	全国人大常委会
2016 年 11 月 7 日	中华人民共和国公路法（2016 年修正）	已被修改	全国人大常委会
2016 年 11 月 7 日	中华人民共和国海洋环境保护法（2016 年修正）	已被修改	全国人大常委会
2016 年 11 月 7 日	中华人民共和国固体废物污染环境防治法（2016 年修正）	已被修改	全国人大常委会
2016 年 12 月 21 日	全国人民代表大会环境与资源保护委员会关于第十二届全国人民代表大会第四次会议主席团交付审议的代表提出的议案审议结果的报告	现行有效	全国人大环境与资源保护委员会
2016 年 12 月 25 日	中华人民共和国环境保护税法	已被修改	全国人大常委会
2017 年 3 月 15 日	第十二届全国人民代表大会第五次会议关于 2016 年国民经济和社会发展计划执行情况与 2017 年国民经济和社会发展计划的决议	现行有效	全国人民代表大会
2017 年 4 月 11 日	全国人大常委会 2017 年监督工作计划	现行有效	全国人大常委会
2017 年 6 月 27 日	全国人民代表大会常务委员会关于修改《中华人民共和国水污染防治法》的决定（2017 年）	现行有效	全国人大常委会
2017 年 6 月 27 日	全国人民代表大会常务委员会关于批准 2016 年中央决算的决议	现行有效	全国人大常委会

续表

发布时间	标题	时效性	发布部门
2017年6月27日	中华人民共和国水污染防治法（2017年修正）	现行有效	全国人大常委会
2017年11月4日	中华人民共和国海洋环境保护法（2017年修正）	现行有效	全国人大常委会
2017年11月4日	中华人民共和国公路法（2017年修正）	现行有效	全国人大常委会
2017年12月24日	全国人民代表大会环境与资源保护委员会关于第十二届全国人民代表大会第五次会议主席团交付审议的代表提出的议案审议结果的报告	现行有效	全国人大环境与资源保护委员会
2018年3月16日	第十三届全国人民代表大会第一次会议秘书处关于第十三届全国人民代表大会第一次会议代表提出议案处理意见的报告	现行有效	全国人民代表大会
2018年3月20日	第十三届全国人民代表大会第一次会议关于2017年国民经济和社会发展计划执行情况与2018年国民经济和社会发展计划的决议	现行有效	全国人民代表大会
2018年3月20日	第十三届全国人民代表大会第一次会议关于2017年中央和地方预算执行情况与2018年中央和地方预算的决议	现行有效	全国人民代表大会
2018年4月27日	中华人民共和国国境卫生检疫法（2018年修正）	现行有效	全国人大常委会
2018年8月31日	中华人民共和国土壤污染防治法	现行有效	全国人大常委会
2018年10月26日	中华人民共和国循环经济促进法（2018年修正）	现行有效	全国人大常委会
2018年10月26日	中华人民共和国大气污染防治法（2018年修正）	现行有效	全国人大常委会
2018年10月26日	中华人民共和国环境保护税法（2018年修正）	现行有效	全国人大常委会

续表

发布时间	标题	时效性	发布部门
2018 年 12 月 24 日	全国人民代表大会环境与资源保护委员会关于第十三届全国人民代表大会第一次会议主席团交付审议的代表提出的议案审议结果的报告	现行有效	全国人大环境与资源保护委员会
2018 年 12 月 29 日	中华人民共和国食品安全法（2018 年修正）	现行有效	全国人大常委会
2019 年 3 月 15 日	第十三届全国人民代表大会第二次会议关于 2018 年中央和地方预算执行情况与 2019 年中央和地方预算的决议	现行有效	全国人民代表大会
2019 年 3 月 15 日	第十三届全国人民代表大会第二次会议关于 2018 年国民经济和社会发展计划执行情况与 2019 年国民经济和社会发展计划的决议	现行有效	全国人民代表大会
2019 年 4 月 23 日	中华人民共和国城乡规划法（2019 年修正）	现行有效	全国人大常委会
2019 年 6 月 29 日	全国人民代表大会常务委员会关于批准 2018 年中央决算的决议	现行有效	全国人大常委会
2020 年 2 月 13 日	全国人大常委会预算工作委员会、全国人大财政经济委员会关于行政事业性国有资产管理情况调研报告	现行有效	全国人大常委会预算工作委员会；全国人大财政经济委员会
2020 年 4 月 29 日	中华人民共和国固体废物污染环境防治法（2020 年修订）	现行有效	全国人大常委会
2020 年 5 月 28 日	第十三届全国人民代表大会第三次会议关于 2019 年中央和地方预算执行情况与 2020 年中央和地方预算	现行有效	全国人民代表大会

表 A2　　地方性相关政策文本一览表

发布时间	标题	时效性	发布部门
2000 年 8 月 25 日	济南市城市生活垃圾管理办法	失效	济南市人大（含常委会）
2004 年 6 月 29 日	银川市城市生活垃圾处理费征收管理办法	现行有效	银川市人大（含常委会）
2004 年 9 月 23 日	济南市城市生活垃圾管理办法（2004 年修正）	失效	济南市人大（含常委会）
2011 年 11 月 18 日	北京市生活垃圾管理条例	已被修改	北京市人大（含常委会）
2015 年 8 月 24 日	杭州市生活垃圾管理条例	已被修改	杭州市人大（含常委会）
2015 年 9 月 25 日	广东省城乡生活垃圾处理条例	现行有效	广东省人大（含常委会）
2015 年 11 月 27 日	沈阳市生活垃圾管理条例	现行有效	沈阳市人大（含常委会）
2016 年 12 月 1 日	广东省人民代表大会常务委员会关于居民生活垃圾集中处理设施选址工作的决定	现行有效	广东省人大（含常委会）
2016 年 12 月 2 日	银川市城市生活垃圾分类管理条例	现行有效	银川市人大（含常委会）
2016 年 12 月 7 日	云浮市农村生活垃圾管理条例	现行有效	云浮市人大（含常委会）
2017 年 8 月 28 日	厦门经济特区生活垃圾分类管理办法	现行有效	厦门市人大（含常委会）
2017 年 9 月 28 日	甘肃省农村生活垃圾管理条例	现行有效	甘肃省人大（含常委会）
2017 年 11 月 29 日	襄阳市农村生活垃圾治理条例	现行有效	襄阳市人大（含常委会）（原襄樊市人大）
2018 年 4 月 16 日	金华市农村生活垃圾分类管理条例	现行有效	金华市人大（含常委会）
2018 年 4 月 16 日	广州市生活垃圾分类管理条例	现行有效	广州市人大（含常委会）
2018 年 6 月 13 日	揭阳市生活垃圾管理条例	现行有效	揭阳市人大（含常委会）
2018 年 8 月 10 日	海口市生活垃圾分类管理办法	现行有效	海口市人大（含常委会）
2018 年 10 月 25 日	襄阳市城市生活垃圾治理条例	现行有效	襄阳市人大（含常委会）（原襄樊市人大）
2018 年 11 月 2 日	常德市城乡生活垃圾管理条例	现行有效	常德市人大（含常委会）
2018 年 11 月 12 日	宜春市生活垃圾分类管理条例	现行有效	宜春市人大（含常委会）

续表

发布时间	标题	时效性	发布部门
2018 年 11 月 23 日	邢台市城乡生活垃圾处理一体化管理条例	现行有效	邢台市人大（含常委会）
2018 年 12 月 5 日	太原市生活垃圾分类管理条例	现行有效	太原市人大（含常委会）
2018 年 12 月 21 日	阜阳市生活垃圾管理条例	现行有效	阜阳市人大（含常委会）
2018 年 12 月 25 日	河源市农村生活垃圾治理条例	现行有效	河源市人大（含常委会）
2019 年 1 月 31 日	上海市生活垃圾管理条例	现行有效	上海市人大（含常委会）
2019 年 3 月 20 日	新宾满族自治县农村生活垃圾分类及资源化利用管理条例	现行有效	新宾满族自治县人大（含常委会）
2019 年 4 月 11 日	长春市生活垃圾分类管理条例	现行有效	长春市人大（含常委会）
2019 年 6 月 10 日	无锡市生活垃圾分类管理条例	现行有效	无锡市人大（含常委会）
2019 年 6 月 13 日	宁波市生活垃圾分类管理条例	现行有效	宁波市人大（含常委会）
2019 年 7 月 1 日	濮阳市农村生活垃圾治理条例	现行有效	濮阳市人大（含常委会）
2019 年 7 月 26 日	福建省城乡生活垃圾管理条例	现行有效	福建省人大（含常委会）
2019 年 8 月 15 日	杭州市生活垃圾管理条例（2019 年修正）	现行有效	杭州市人大（含常委会）
2019 年 8 月 15 日	杭州市人民代表大会常务委员会关于修改《杭州市生活垃圾管理条例》的决定（2019 年）	现行有效	杭州市人大（含常委会）
2019 年 9 月 12 日	咸宁市农村生活垃圾治理条例	现行有效	咸宁市人大（含常委会）
2019 年 9 月 26 日	福州市生活垃圾分类管理条例	现行有效	福州市人大（含常委会）
2019 年 11 月 27 日	北京市生活垃圾管理条例（2019 年修正）	现行有效	北京市人大（含常委会）
2019 年 11 月 27 日	北京市人民代表大会常务委员会关于修改《北京市生活垃圾管理条例》的决定（2019 年）	现行有效	北京市人大（含常委会）
2019 年 11 月 29 日	海南省生活垃圾管理条例	尚未生效	海南省人大（含常委会）
2019 年 12 月 3 日	漳州市生活垃圾管理办法	现行有效	漳州市人大（含常委会）
2019 年 12 月 9 日	苏州市生活垃圾分类管理条例	现行有效	苏州市人大（含常委会）
2020 年 1 月 2 日	蚌埠市城市生活垃圾管理条例	现行有效	蚌埠市人大（含常委会）
2020 年 3 月 27 日	铜陵市生活垃圾分类管理条例	现行有效	铜陵市人大（含常委会）

续表

发布时间	标题	时效性	发布部门
2020年5月11日	桓仁满族自治县生活垃圾分类管理条例	现行有效	桓仁满族自治县人大（含常委会）
2020年7月3日	深圳市生活垃圾分类管理条例	现行有效	深圳市人大（含常委会）
2020年7月24日	泰安市生活垃圾分类管理条例	尚未生效	泰安市人大（含常委会）
2020年7月29日	天津市生活垃圾管理条例	尚未生效	天津市人大（含常委会）
2020年7月30日	河北省城乡生活垃圾分类管理条例	尚未生效	河北省人大（含常委会）
2020年7月31日	合肥市生活垃圾分类管理条例	尚未生效	合肥市人大（含常委会）
2020年8月5日	长沙市生活垃圾管理条例	尚未生效	长沙市人大（含常委会）
2020年8月7日	南京市生活垃圾管理条例	尚未生效	南京市人大（含常委会）
2020年8月11日	嘉兴市生活垃圾分类管理条例	现行有效	嘉兴市人大（含常委会）

附录二

一、基于“零废弃”的城市生活垃圾管理政策执行效率影响因素的专家调查问卷

尊敬的专家：

您好，我们是上海交通大学国际与公共事务学院褚祝杰教授团队的成员，现在正进行“基于‘零废弃’城市生活垃圾管理政策研究”的项目结题报告撰写。其中，基于“零废弃”的城市生活垃圾管理政策执行效率影响因素指标体系的构建需要专家们的智慧，我们深知您在“固废管理”和“环境政策”领域的学术成就，特冒昧邀请您对我们初步设计的指标体系进行评估。我们的研究设计可能会存在一些不足，竭诚地欢迎您提出建设性的修改建议，对此表示衷心的感谢！

下面向您报告设计思路：

通过查阅国内外文献和结合城市生活垃圾管理实践，我们认为基于“零废弃”的城市生活垃圾管理政策执行效率影响因素可以从地方政府、企业、公众和社会组织等政策主体入手，从不同的“多元主体”视角探究执行主体、执行客体、执行手段和执行路径对执行效率的影响，具体各设置了 3 个测算指标，最终构建了由 48 个观测指标组成的基于“零废弃”的城市生活垃圾管理政策执行效率指标体系。

为了定量地评价各因素对基于“零废弃”的城市生活垃圾管理政策执行效率的影响，我们需要您对这 48 个指标的“影响程度”做出判断，具体采用了 0 ~ 4 分制的形式。我们会在第一时间向您反馈本设计的统计结果及依据统计结果修订的内容，整个研究过程可能要持续（至多）两轮，恳请您能够不吝赐教，我们对此不胜感激。

最后，祝您身体健康，生活愉快；工作顺利，万事如意！

专家咨询表

姓名		工作单位	
职称		研究特长	
电话		专家签名	

填写说明：

请在“影响程度”空白栏处对相应指标进行评价，并将评价结果写成 0～4 的整数值。其中，0 表示“没有影响”，1 表示“影响较小”，2 表示“影响一般”，3 表示“影响较大”，4 表示“影响极大”。若您有具体的修改意见和建议，请在表下方空白处填写，谢谢！

一级指标	二级指标	三级指标	影响程度
地方政府	执行主体	执行结构	
		执行态度	
		执行能力	
	执行客体	执行制度完备度	
		监督制度完备度	
		问责制度完备度	
	执行手段	执行手段的多元性	
		执行手段的合理性	
		执行手段的灵活性	
	执行路径	“自上而下”执行路径的合理性	
		“自下而上”执行路径应用的合理性	
		“互动关系”的相互协调合理性	
企业	执行主体	执行结构	
		执行态度	
		执行能力	
	执行客体	员工意愿	
		员工能力	
		技术水平	
	执行手段	执行手段的多元性	
		执行手段的合理性	
		执行手段的灵活性	
	执行路径	参与“自上而下”执行路径的合理性	
		参与“自下而上”执行路径的合理性	
		“互动关系”中协调作用的合理性	

续表

一级指标	二级指标	三级指标	影响程度
公众	执行主体	执行结构	
		执行态度	
		执行能力	
	执行客体	知情权利	
		意见采纳	
		激励机制	
	执行手段	执行手段的多元性	
		执行手段的合理性	
		执行手段的灵活性	
	执行路径	参与“自上而下”执行路径的合理性	
		参与“自下而上”执行路径的合理性	
		“互动关系”中协调作用的合理性	
社会组织	执行主体	执行结构	
		执行态度	
		执行能力	
	执行客体	政府的接受度	
		企业的需要度	
		公众的满意度	
	执行手段	执行手段的多元性	
		执行手段的合理性	
		执行手段的灵活性	
	执行路径	参与“自上而下”执行路径的合理性	
		参与“自下而上”执行路径的合理性	
		“互动关系”中协调作用的合理性	

您对本问卷的修改意见和建议：

二、基于“零废弃”的城市生活垃圾管理政策实施效果预估指标体系构建专家问卷（第一轮）

尊敬的专家：

您好！我们是上海交通大学国际与公共事务学院褚祝杰教授团队的成员，目前我们参与的教育部哲学社会科学研究重大项目攻关项目“基于‘零废弃’的城市生活垃圾管理政策研究”的子项目“基于‘零废弃’的城市生活垃圾管理政策系统研究”需要确定基于“零废弃”的城市生活垃圾管理政策实施效果预估指标体系。该指标体系的构建需要专家的智慧，我们久知您在城市生活垃圾管理以及城市生活垃圾管理政策领域的专业成就，特冒昧邀请您对我们初步设计的指标体系进行评估。由于经验和能力的不足，我们的设计难免存在各种问题和缺陷，竭诚地欢迎您提出修改意见和建议。我们将充分尊重您的宝贵见解，先行向您表示衷心的感谢！

下面向您报告设计思路：通过对我国重点城市的城市生活垃圾管理现状以及城市生活垃圾管理政策现状进行调查，在结合相关理论的基础上，我们认为基于“零废弃”的城市生活垃圾管理政策实施效果预估指标体系包括4个方面的主要内容，他们分别是：（1）环境维度；（2）经济维度；（3）社会维度；（4）技术维度；这4个维度下面共包括23个测算指标。我们需要得到您对这23个指标的“赞同”程度，为了便于量化分析，我们采用5分制来对您的评价结果进行统计。我们会在第一时间向您反馈统计结果以及依据统计结果而修订的新的指标体系。整个研究过程可能要持续（至少）两轮，恳请您能够拨冗赐教，我们将不胜感激。最后，祝您身体健康、工作顺利、万事胜意！

专家信息简表

姓名		职称	
研究方向（从事领域）		单位	
填表时间		本人签名	

填写说明：

我们采用李克特5分量表对您的结果进行统计，其中包括“非常赞同（5分）”“赞同（4分）”“不一定（3分）”“不太赞同（2分）”以及“不赞同（1分）”。从1至5对应的评价结果是正向递增的。“赞同程度”是指您对指标在相关维度下的赞同程度，如果您有增补或具体的修订意见及建议，请在表下方的空白处填写。谢谢！

续表

评估维度	度量指标	赞同程度
环境维度（B_1）	城市生活垃圾产生数量（C_1）	
	城市生活垃圾收集数量（C_2）	
	城市生活垃圾收集比率（C_3）	
	城市生活垃圾人均产生数量（C_4）	
	有害垃圾收集数量（C_5）	
	城市生活垃圾无害化处理数量（C_6）	
经济维度（B_2）	再生资源回收数量（C_7）	
	城市生活垃圾处理设施数量（C_8）	
	城市生活垃圾管理企业数量（C_9）	
	城市生活垃圾设备制造企业数量（C_{10}）	
	城市生活垃圾管理投入资金数（C_{11}）	
	城市生活垃圾管理从业人员工资（C_{12}）	
社会维度（B_3）	公众对城市生活垃圾管理的满意程度（C_{13}）	
	公众参与城市生活垃圾管理的程度（C_{14}）	
	城市生活垃圾管理从业人员数量（C_{15}）	
	公众环保意识的提升程度（C_{16}）	
	基层政府城市生活垃圾管理的责任感（C_{17}）	
技术维度（B_4）	城市生活垃圾智能垃圾桶使用数量（C_{18}）	
	城市生活垃圾智能运输车辆使用数量（C_{19}）	
	城市生活垃圾焚烧处理数量（C_{20}）	
	城市生活垃圾堆肥处理数量（C_{21}）	
	城市生活垃圾综合处理数量（C_{22}）	
	城市生活垃圾填埋处理数量（C_{23}）	

您对本问卷的其他修订意见和建议：

三、基于“零废弃”的城市生活垃圾管理政策实施效果预估指标体系构建专家问卷（第二轮）

尊敬的专家：

您好！我们是上海交通大学国际与公共事务学院褚祝杰教授团队的成员，目前我们参与的教育部哲学社会科学研究重大项目攻关项目“基于‘零废弃’的城市生活垃圾管理政策研究”的子项目“基于‘零废弃’的城市生活垃圾管理政策系统研究”需要确定基于“零废弃”的城市生活垃圾管理政策实施效果预估指标体系。该指标体系的构建需要领域专家的智慧，我们久知您在城市生活垃圾管理以及城市生活垃圾管理政策领域的专业成就，特冒昧邀请您对我们初步设计的指标体系进行评估。由于经验和能力的不足，我们的设计难免存在各种问题和缺陷，竭诚地欢迎您提出修改意见和建议。我们将充分尊重您的宝贵见解，先行向您表示衷心的感谢！

下面向您报告设计思路：通过对我国重点城市的城市生活垃圾管理现状以及城市生活垃圾管理政策现状进行调查，在结合相关理论的基础上，我们认为基于“零废弃”的城市生活垃圾管理政策实施效果预估指标体系包括4个方面的主要内容，他们分别是：（1）环境维度；（2）经济维度；（3）社会维度；（4）技术维度；这4个维度下面共包括23个测算指标。我们需要得到您对这23个指标的“赞同”程度，为了便于量化分析，我们采用5分制来对您的评价结果进行统计。我们会在第一时间向您反馈统计结果以及依据统计结果而修订的新的指标体系。整个研究过程可能要持续（至少）两轮，恳请您能够拨冗赐教，我们将不胜感激。最后，祝您身体健康、工作顺利、万事胜意！

专家信息简表

姓名		职称	
研究方向（从事领域）		单位	
填表时间		本人签名	

填写说明：

我们采用李克特5分量表对您的结果进行统计，其中包括“非常赞同（5分）”、“赞同（4分）”、“不一定（3分）”、“不太赞同（2分）”以及“不赞同（1分）”。从1至5对应的评价结果是正向递增的。“赞同程度”是指您对指标在相关维度下的赞同程度，如果您有增补或具体的修订意见及建议，请在表下方的空白处填写。谢谢！

续表

评估维度	度量指标	赞同程度
环境维度（B_1）	城市生活垃圾人均产生量（C_1）	
	城市生活垃圾收集比率（C_2）	
	城市生活垃圾处理比率（C_3）	
	有害垃圾收集比率（C_4）	
经济维度（B_2）	再生资源回收比率（C_5）	
	城市生活垃圾管理企业数量（C_6）	
	城市生活垃圾管理投入资金数（C_7）	
	城市生活垃圾管理从业人员工资（C_8）	
社会维度（B_3）	公众对城市生活垃圾管理的满意程度（C_9）	
	公众参与城市生活垃圾管理的程度（C_{10}）	
	城市生活垃圾管理从业人员数量（C_{11}）	
	公众环保意识的提升程度（C_{12}）	
技术维度（B_4）	城市生活垃圾智能设施使用数量（C_{13}）	
	城市生活垃圾焚烧处理比率（C_{14}）	
	城市生活垃圾堆肥处理比率（C_{15}）	
	城市生活垃圾综合处理比率（C_{16}）	

您对本问卷的其他修订意见和建议：

四、基于“零废弃”的城市生活垃圾管理政策实施效果预估指标体系权重调查

尊敬的专家：

您好！我们是上海交通大学国际与公共事务学院褚祝杰教授团队的成员，目前我们参与的教育部哲学社会科学研究重大项目攻关项目“基于‘零废弃’的城市生活垃圾管理政策研究”的子项目“基于‘零废弃’的城市生活垃圾管理政策系统研究”需要确定基于“零废弃”的城市生活垃圾管理政策实施效果预估指标体系的指标权重。请您根据您对基于“零废弃”的城市生活垃圾管理政策评估的了解做出相关的评价。本调查采用匿名形式进行，只用于政策实施效果的预评估，请您放心如实填写，谢谢您的配合。

非常感谢您的大力支持！

（一）问卷说明及示例

1. 问卷说明

目标层	准则层	指标层
基于“零废弃”的城市生活垃圾管理政策实施效果（A_1）	环境维度（B_1）	城市生活垃圾人均产生量（C_1）
		城市生活垃圾收集比率（C_2）
		城市生活垃圾处理比率（C_3）
		有害垃圾收集比率（C_4）
	经济维度（B_2）	再生资源回收比率（C_5）
		城市生活垃圾管理企业数量（C_6）
		城市生活垃圾管理投入资金数（C_7）
		城市生活垃圾管理从业人员工资（C_8）
	社会维度（B_3）	公众对城市生活垃圾管理的满意程度（C_9）
		公众参与城市生活垃圾管理的程度（C_{10}）
		城市生活垃圾管理从业人员数量（C_{11}）
		公众环保意识的提升程度（C_{12}）
	技术维度（B_4）	城市生活垃圾智能设施使用数量（C_{13}）
		城市生活垃圾焚烧处理比率（C_{14}）
		城市生活垃圾堆肥处理比率（C_{15}）
		城市生活垃圾综合处理比率（C_{16}）

本问卷是针对基于“零废弃”的城市生活垃圾管理政策实施效果预估进行的一次调查，目的是调查不同指标对基于“零废弃”的城市生活垃圾管理政策实施效果的影响大小，评价指标体系如下所示：

请您根据给出的指标两两比较重要性标准，对表 A7 中的各指标做两两比较。

i 比 j	重要程度相同	稍重要	重要	很重要	绝对重要
a_{ij}	1	3	5	7	9

注：在每两个重要程度之间都有一个中间量，a_{ij}可分别取值表中相邻各值的中间数，若 i 与 j 的重要程度之比为 a_{ij}重，则 j 与 i 的重要程度之比为 $a_{ji}=1/a_{ij}$。

2. 示例

对于影响基于“零废弃”的城市生活垃圾管理政策实施效果的各个指标，请两两比较重要性。

基于“零废弃”的城市生活垃圾管理政策实施效果	环境维度	经济维度	社会维度	技术维度
环境维度	1	2		
经济维度		1		
社会维度			1	
技术维度				1

注：(a) 只需要填写表格对角线以上右三角部分，表格黑色区域不用填写。

(b) 您需要把判断的数值写在相应的空格内，如左边第一个指标“环境维度”与上面第二个指标“经济维度”比较，结果填在“环境维度”与“经济维度”相交的空格内。“2”说明在衡量“环境维度”与“经济维度”时，“环境维度”对大众体育政策执行效果的影响稍强，以此类推。

（二）对一级指标进行打分

基于“零废弃”的城市生活垃圾管理政策实施效果	环境维度	经济维度	社会维度	技术维度
环境维度	1			
经济维度		1		
社会维度			1	
技术维度				1

（三）对二级指标进行打分

1. 对“环境维度”所属的指标进行打分评比

环境维度	城市生活垃圾人均产生量	城市生活垃圾收集比率	城市生活垃圾处理比率	有害垃圾收集比率
城市生活垃圾人均产生量	1			
城市生活垃圾收集比率		1		
城市生活垃圾处理比率			1	
有害垃圾收集比率				1

2. 对“经济维度”所属的指标进行打分评比

经济维度	再生资源回收比率	城市生活垃圾管理企业数量	城市生活垃圾管理投入资金数	城市生活垃圾管理从业人员工资
再生资源回收比率	1			
城市生活垃圾管理企业数量		1		
城市生活垃圾管理投入资金数			1	
城市生活垃圾管理从业人员工资				1

3. 对“社会维度”所属的指标进行打分评比

社会维度	公众对城市生活垃圾管理的满意程度	公众参与城市生活垃圾管理的程度	城市生活垃圾管理从业人员数量	公众环保意识的提升程度
公众对城市生活垃圾管理的满意程度	1			
公众参与城市生活垃圾管理的程度		1		
城市生活垃圾管理从业人员数量			1	
公众环保意识的提升程度				1

4. 对“技术维度”所属的指标进行打分评比

技术维度	城市生活垃圾管理智能设施使用数量	城市生活垃圾管理焚烧处理比率	城市生活垃圾管理堆肥处理比率	城市生活垃圾管理综合处理比率
城市生活垃圾管理智能设施使用数量	1			
城市生活垃圾管理焚烧处理比率		1		
城市生活垃圾管理堆肥处理比率			1	
城市生活垃圾管理综合处理比率				1

参考文献

[1] 陈楚、曹佚铖、钱雨申等：《“互联网+”背景下废品回收的问题及对策》，载于《现代营销》（下旬刊）2019年第6期。

[2] 陈海楠：《我国公民社会发展的困境与出路浅探》，载于《苏州教育学院学报》2016年第2期。

[3] 陈宏军：《供应链绿色驱动机理与驱动强度评价方法研究》，吉林大学博士学位论文，2012年。

[4] 陈劲、傅菊惠、张建会、王显赫、王洪艳：《亚临界水技术的应用研究进展》，载于《分子科学学报》2021年第5期。

[5] 陈晓艳、杜波：《城市生活垃圾处理技术的现状与发展趋势》，载于《内蒙古环境科学》2009年第1期。

[6] 陈秀珍：《德国城市生活垃圾管理经验及借鉴》，载于《特区实践与理论》2012年第4期。

[7] 陈严：《城市生活垃圾管理系统动力学模型研究》，杭州电子科技大学硕士学位论文，2009年。

[8] 陈云俊、石磊：《论我国城市生活垃圾治理中的公众参与制度》，载于《科技视界》2014年第20期。

[9] 陈治东：《公民参与视角下的农村最低生活保障制度研究》，华中师范大学博士学位论文，2011年。

[10] 程毕燊、徐海兼、曹景林、刘先勇：《基于情感化理念的城市生活垃圾收集产品再设计》，载于《设计》2021年第16期。

[11] 程明涛、潘安娥：《城市生活垃圾焚烧处理环境补偿价值评估》，载于《安全与环境工程》2019年第6期。

[12] 程严晖：《基于系统动力学的连锁超市配送效率研究》，北京物资学院硕士学位论文，2011年。

[13] 程伊琳、朱世洋、顾海燕：《城市社区垃圾分类管理面临的困境与完

善对策——以上海市浦东新区潍坊街道为例》，载于《中外企业家》2016年第31期。

[14] 仇方道、佟连军、姜萌：《东北地区矿业城市产业生态系统适应性评价》，载于《地理研究》2011年第2期。

[15] 褚祝杰、王文拿、徐寅雪、汪璇、谢元博：《国际先进城市生活垃圾管理政策的经验与启示》，载于《环境保护》2021年第6期。

[16] 崔建新：《基于系统动力学的长江三角洲港口群物流系统协调发展研究》，上海海事大学，2006年。

[17] 大卫·施韦卡特：《超越资本主义（资本主义研究丛书）》，社科文献出版社2006年版。

[18] 董小婉：《基于群决策层次分析法的重庆市生活垃圾处理技术方案优选研究》，2016年。

[19] 段婧婧：《公众参与视域下城市生活垃圾分类法治路径研究》，载于《山东纺织经济》2021年第7期。

[20] 樊博、朱宇轩、冯冰娜：《城市居民垃圾源头分类行为的探索性分析——从态度到行为的研究》，载于《行政论坛》2018年第6期。

[21] 范仓海、任红柳：《城市生活垃圾分类中的政府职能——内在逻辑及职能谱系》，载于《环境保护科学》2021年第6期。

[22] 方伶俐、张紫微、吴思雨、王君丽：《主要发达国家城市生活垃圾分类处理的实践及对中国的启示》，载于《决策与信息》2021年第6期。

[23] 冯亚斌、张跃升：《发达国家城市生活垃圾治理历程研究及启示》，载于《城市管理与科技》2010年第5期。

[24] 高广阔、魏志杰：《瑞典垃圾分类成就对我国的借鉴及启示》，载于《物流工程与管理》2016年第9期。

[25] 龚文娟：《城市生活垃圾治理政策变迁——基于1949～2019年城市生活垃圾治理政策的分析》，载于《学习与探索》2020年第2期。

[26] 龚文娟、赵曌、Aaron WBUTT：《中国城市生活垃圾处置状况及治理研究》，载于《海南大学学报》（人文社会科学版）2022年。

[27] 苟欢：《政策工具视角下地方政府治理能力现代化研究》，西华师范大学硕士学位论文，2015年。

[28] 顾丽梅、李欢欢：《行政动员与多元参与：生活垃圾分类参与式治理的实现路径——基于上海的实践》，载于《公共管理学报》2021年第2期。

[29] 管素婕：《垃圾焚烧发电厂环境群体性事件中政府和公众的博弈分析》，西南交通大学硕士学位论文，2019年。

[30] 郭利利：《物流园区低碳发展竞争力评价体系研究》，郑州大学硕士学位论文，2015年。

[31] 郭施宏、李阳：《城市生活垃圾强制分类政策执行逻辑研究》，载于《中国特色社会主义研究》2022年第1期。

[32] 郭威、邹谢华、马俊科：《国土资源管理决策模拟剧场与设计——以宅基地退出制度为例》，载于《国土资源科技管理》2015年第1期。

[33] 郭燕：《“零废弃”概念、原则及层次结构管理的研究》，载于《纺织导报》2014年第10期。

[34] 郭燕：《我国“零废弃”管理实践及意义研究》，载于《商场现代化》2014年第29期。

[35] 郭智谋、王翔：《完善公众参与城市生活垃圾管理的对策研究》，载于《现代经济信息》2018年第7期。

[36] 国家统计局：《中国统计年鉴2020》，中国统计出版社2020年版。

[37]《国务院关于印发“十三五”国家信息化规划的通知》，载于《国家国防科技工业局文告》2017年第2期。

[38] 韩冬梅、韩静：《推进市场主导型城市生活垃圾管理对策研究》，载于《经济研究参考》2016年第59期。

[39] 韩淑丰：《论利益集团对公共政策执行的影响》，山西大学硕士学位论文，2008年。

[40] 何敏：《大众传媒在青海多民族城市社区宣传中的角色和功能——以西宁市共和路和中华巷社区为例》，载于《青海民族大学学报》（社会科学版）2019年第4期。

[41] 何青原、程明：《基于系统动力学的建设施工项目成本控制研究》，载于《武汉冶金管理干部学院学报》2011年第2期。

[42] 胡一蓉：《从国外城市生活垃圾的分类处理看我国城市垃圾处理发展方向》，载于《天津科技》2011年第1期。

[43] 郇鹏、沈风武：《基于循环经济的垃圾零废弃管理系统研究》，载于《山西财经大学学报》2011年第S1期。

[44] 黄勇：《绿色生产——21世纪中国企业的立足之本》，载于《南通职业大学学报》2000年第3期。

[45] 贾娜：《我国城市生活垃圾收运系统的研究》，大连海事大学硕士学位论文，2014年。

[46] 贾悦：《基于BP神经网络模型的城市生活垃圾组分预测研究》，载于《环境卫生工程》2018年第3期。

[47] 姜寒雪、王胜本：《转型期大众传媒对公共政策制定的影响》，载于《河北联合大学学报》（社会科学版）2014年第5期。

[48] 金辉：《转型时期我国非政府组织发展研究》，广西师范学院硕士学位论文，2013年。

[49] 金科学：《日本城市生活垃圾分类的经验及借鉴》，载于《城乡建设》2020年第19期。

[50] 靳玫：《北京市交通结构演变的系统动力学模型研究》，北京交通大学硕士学位论文，2008年。

[51] 鞠阿莲、陈洁：《日本“零废弃”城市的垃圾分类回收及处理模式——以德岛县上胜町为例》，载于《环境卫生工程》2017年第3期。

[52] 阚德龙、黄军：《如皋生活垃圾源头分类治理实效调查》，载于《城乡建设》2017年第21期。

[53] 李朝明：《城市生活垃圾分类存在的问题及对策研究》，载于《资源节约与环保》2022年第1期。

[54] 李丹：《城市生活垃圾不同处理方式的模糊综合评价》，清华大学硕士学位论文，2014年。

[55] 李金惠：《“无废城市”建设的国际经验分析》，载于《区域经济评论》2019年第3期。

[56] 李梦瑶：《我国城市生活垃圾管理政策的变迁逻辑——基于历史制度主义视角》，载于《四川行政学院学报》2021年第5期。

[57] 李倩：《邵阳市城市生活垃圾处理问题与对策研究》，湖南大学硕士学位论文，2018年。

[58] 李文丹、成文连、关彩虹等：《贵州湄潭县固体废弃物综合处置规划》，中国环境科学学会学术年会，2011年。

[59] 李晓微：《可持续发展视野下的农村生活垃圾回收再利用问题》，载于《黑龙江环境通报》2017年第3期。

[60] 李莹莹：《我国“城中村”改造政策执行过程的研究》，湖北大学硕士学位论文，2012年。

[61] 梁满艳：《地方政府政策执行力测评指标体系构建研究》，武汉大学博士学位论文，2014年。

[62] 林怀艺：《论国家治理与中国特色协商民主》，载于《云南社会科学》2014年第5期。

[63] 刘承毅：《城市生活垃圾减量化效果与政府规制研究》，载于《东北财经大学学报》2014年第2期。

[64] 刘国伟:《“无废城市”理念溯源　邻避效应逼出“零废弃”小镇》，载于《环境与生活》2019年。

[65] 刘洁、何彦锋:《基于GIS的成都市生活垃圾收运路线优化研究》，载于《西南师范大学学报》(自然科学版) 2013年第4期。

[66] 刘宁宁、简晓彬:《国内外城市生活垃圾收集与处理现状分析》，载于《国土与自然资源研究》2008年第4期。

[67] 刘抒悦:《美国城市生活垃圾处理现状及对我国的启示》，载于《环境与可持续发展》2017年第3期。

[68] 刘细良、胡芳倩:《基于SWOT-AHP的城市生活垃圾分类管理研究》，载于《天津商业大学学报》2022年第2期。

[69] 刘晓宇:《我国公共政策冲突及其治理研究》，湖南大学硕士学位论文，2010年。

[70] 刘燕、马扬、张红侠:《基于生命周期理论的绥德县生活垃圾卫生填埋评价》，载于《环境卫生工程》2017年第5期。

[71] 刘杨:《基于SG-MA-ISPA模型的区域可持续发展评价研究》，重庆大学博士学位论文，2012年。

[72] 刘中华、张寅:《一种新型环保压缩式垃圾车》，载于《专用汽车》2022年第1期。

[73] 龙海丽:《乌鲁木齐市城市垃圾管理市场化运作研究》，新疆师范大学硕士学位论文，2006年。

[74] 陆颖:《自媒体时代地方政府应对网络舆情的问题研究》，2019年。

[75] 吕维霞、杜娟:《日本垃圾分类管理经验及其对中国的启示》，载于《华中师范大学学报》(人文社会科学版) 2016年第1期。

[76] 罗朝璇、童昕、黄婧娴:《城市“零废弃”运动：瑞典马尔默经验借鉴》，载于《国际城市规划》2019年第2期。

[77] 罗方娜、周振峰、王佩:《某新型压缩式垃圾车液压系统测试》，载于《建设机械技术与管理》2021年第5期。

[78] 罗艺:《广州市生活垃圾分类管理政策执行研究》，华南理工大学硕士学位论文，2018年。

[79] 马佳:《我国房产税政策试点的研究》，天津师范大学硕士学位论文，2014年。

[80] 马嘉宁、张立昂、张荣峰、蔚嘉龙:《智能垃圾分拣机器人》，载于《河北农机》2021年第7期。

[81] 马眸眸:《区域信息化与工业化融合的影响因素及综合评价研究》，中

国地质大学，2017 年。

[82] 潘永刚、周汉城、唐艳菊：《两网融合——生活垃圾减量化和资源化的模式与路径》，载于《再生资源与循环经济》2016 年第 12 期。

[83] 亓俊国：《利益博弈：对我国职业教育政策执行的研究》，天津大学博士学位论文，2010 年。

[84] 綦良群：《高新技术产业政策管理体系研究》，哈尔滨工程大学博士学位论文，2005 年。

[85] 綦文生：《城市生活垃圾分类策略探讨——以循环经济为视角》，载于《人民论坛》2014 年第 14 期。

[86] 秦梦真、陶鹏：《政府信任、企业信任与污染类邻避行为意向影响机制——基于江苏、山东两省四所化工厂的实证研究》，载于《贵州社会科学》2020 年第 10 期。

[87] 任丙强、武佳璇：《"全链条—多主体"视角下城市生活垃圾治理政策的特征分析——基于 133 份市级政策的文本分析》，载于《内蒙古大学学报》（哲学社会科学版）2021 年第 6 期。

[88] 阮辰旼、吴晓晖：《亚临界水处理技术处理污泥效果的初步试验》，载于《给水排水》2012 年第 S2 期。

[89] 上观新闻：《上海生活垃圾管理条例 7 月起施行个人混投垃圾最高罚 200 元》，载于《住宅与房地产》2019 年第 7 期。

[90] 沈明明、厉以宋：《改革发展与社会变迁》，华夏出版社 2001 年版。

[91] 盛金良、杨云：《我国城市生活垃圾收集模式综述与展望》，载于《科技资讯》2008 年第 10 期。

[92] 宋国君、杜倩倩、马本：《城市生活垃圾填埋处置社会成本核算方法与应用——以北京市为例》，载于《干旱区资源与环境》2015 年第 8 期。

[93] 宋河宇、徐凌、赵宇等：《基于 ICMOMILP 模型的固体废物管理研究——以大连开发区为例》，环境污染与大众健康学术会议，2010 年。

[94] 苏慧敏：《公共政策执行过程中的问题与对策——以"新国五条"为例》，载于《法制与社会》2013 年第 21 期。

[95] 粟颖：《广东省城市生活垃圾组分分析及对垃圾分类的启示》，载于《再生资源与循环经济》2021 年第 11 期。

[96] 孙玲珑、郭瑞：《哈尔滨程家岗垃圾场垃圾渗滤液对周边土壤污染状况的调查》，载于《黑龙江科技信息》2010 年第 3 期。

[97] 谭嫄嫄、穆荣兵、彭馨弘：《"零废弃"产品包装设计案例探析》，载于《包装工程》2010 年第 14 期。

[98] 田安丽：《广西新型农村社会养老保险的政策过程及其优化》，广西师范大学硕士学位论文，2013 年。

[99] 田华文：《中国城市生活垃圾管理政策的演变及未来走向》，载于《城市问题》2015 年第 8 期。

[100] 田阳、项娟、路垚、李妍、梁海恬、何宗均：《生活垃圾堆肥处理研究》，载于《中国资源综合利用》2020 年第 11 期。

[101] 万筠、王佃利：《中国城市生活垃圾管理政策变迁中的政策表达和演进逻辑——基于 1986~2018 年 169 份政策文本的实证分析》，载于《行政论坛》2020 年第 2 期。

[102] 汪丹丹：《我国城市生活垃圾分类的法律政策研究》，载于《太原城市职业技术学院学报》2021 年第 3 期。

[103] 汪鲸、吴金铭、夏越等：《我国垃圾分类回收政策实施效果的探究——以杭州为例》，载于《经济视角》（下）2012 年第 3 期。

[104] 汪清清：《生命周期评价在成都市生活垃圾可持续填埋中的应用》，西南交通大学硕士学位论文，2010 年。

[105] 王碧玉：《城市生活垃圾分类管理政策的可接受性研究》，山西财经大学硕士学位论文，2017 年。

[106] 王澄：《城市生活垃圾分类处理及对策探究》，载于《绿色环保建材》2018 年第 9 期。

[107] 王丹丹、菅利荣、付帅帅：《城市生活垃圾分类回收治理激励监督机制研究》，载于《中国环境科学》2020 年第 4 期。

[108] 王芳芳、秦侠、刘伟：《城市生活垃圾收集与运输路线的优化》，载于《四川环境》2010 年第 4 期。

[109] 王虹：《绿色壁垒下出口制造型企业绿色生产运作系统研究》，天津财经大学博士学位论文，2008 年。

[110] 王花：《黑龙江省国有森林资源配置的影响因素和效率研究》，东北林业大学博士学位论文，2014 年。

[111] 吴双金：《上海市社区生活垃圾分类激励机制实效探索——以徐汇三个社区为例》，华东理工大学硕士学位论文，2016 年。

[112] 吴涛、李浩斐、牛其东：《拉臂式垃圾车的发展现状分析》，载于《现代国企研究》2016 年第 8 期。

[113] 吴宇：《从制度设计入手破解“垃圾围城”——对城市生活垃圾分类政策的反思与改进》，载于《环境保护》2012 年第 9 期。

[114] 武鹏：《基于系统动力学的城市垃圾处理系统研究》，天津理工大学

硕士学位论文，2013 年。

[115] 夏旻：《“十二五”中国非正规生活垃圾填埋场存量整治工作进展》，载于《环境科学与管理》2016 年第 7 期。

[116] 谢梦阳、李光明、张珺婷、黄菊文、朱昊辰：《信息化技术在城市生活垃圾收运管理中的应用》，载于《环境科学与技术》2016 年第 S1 期。

[117] 徐江涛：《广州市居民实施生活垃圾分类存在问题研究》，华南理工大学硕士学位论文，2015 年。

[118] 许锋：《我国城市生活垃圾收集处理存在的问题及对策》，载于《科技创新与应用》2014 年第 24 期。

[119] 宣琳琳、马丹阳：《城市生活垃圾问题与治理——以哈尔滨市为例》，载于《哈尔滨商业大学学报》（社会科学版）2014 年第 1 期。

[120] 薛立强、范文宇：《城市生活垃圾管理中的公共管理问题：国内研究述评及展望》，载于《公共行政评论》2017 年第 1 期。

[121] 薛万磊、牛新生、曾鸣等：《基于系统动力学评价的可再生能源并网保障机制》，载于《电力建设》2014 年第 2 期。

[122] 闫国东、康建成、谢小进、王国栋、张建平、朱文武：《中国公众环境意识的变化趋势》，载于《中国人口·资源与环境》2010 年第 10 期。

[123] 闫建星：《新能源汽车产业发展中政策工具选择研究》，华北电力大学（北京）硕士学位论文，2019 年。

[124] 阎宪、马江雅、郑怀礼：《完善我国城市生活垃圾分类回收标准的建议》，载于《环境保护》2010 年第 15 期。

[125] 杨彩丽：《郑州市生活垃圾分类可持续推进研究》，郑州大学硕士学位论文，2017 年。

[126] 杨光、刘懿颉、周传斌：《生活垃圾资源化管理的国际实践及对我国的经验借鉴》，载于《环境保护》2019 年第 12 期。

[127] 杨杰：《德国循环经济起源和现状》，载于《北方环境》2010 年第 3 期。

[128] 杨君、高雨禾、秦虎：《瑞典生活垃圾管理经验及启示》，载于《世界环境》2019 年第 3 期。

[129] 杨娜、邵立明、何品晶：《我国城市生活垃圾组分含水率及其特征分析》，载于《中国环境科学》2018 年第 3 期。

[130] 姚圣：《基于平衡计分卡的企业环境控制研究》，载于《财会通讯》（理财版）2008 年第 1 期。

[131] 叶启绩：《全球化背景下中国特色社会主义价值研究》，中山大学出

版社 2005 年版。

[132] 佚名：《全国人大常委会再次审议〈固体废物污染环境防治法〉》，载于《砖瓦》2020 年第 1 期。

[133] 于东平、逯相雪、宋贵峰：《中小企业扶持性政策执行效率影响因素研究——基于模糊集理论的 DEMATEL 和 ISM 集成法》，载于《科学与管理》2017 年第 4 期。

[134] 余茹、成金华：《国内外资源环境承载力及区域生态文明评价：研究综述与展望》，载于《资源与产业》2018 年第 5 期。

[135] 俞卫民、向盛斌：《城市生活垃圾减量对策分析》，载于《环境卫生工程》2002 年第 4 期。

[136] 袁泉：《中国企业绿色国际竞争力研究》，中国海洋大学硕士学位论文，2003 年。

[137] 曾秀莉：《成都市典型地区农村生活垃圾处理与利用的适宜性研究》，西南交通大学硕士学位论文，2012 年。

[138] 曾志文、于紫萍、胡术刚：《"无废城市"生活垃圾的处理与发展》，载于《世界环境》2019 年第 2 期。

[139] 占绍文、张海瑜：《城市垃圾分类回收的认知及支付意愿调查——以西安市为例》，载于《城市问题》2012 年第 4 期。

[140] 张丹：《绿色施工推广策略及评价体系研究》，重庆大学硕士学位论文，2010 年。

[141] 张环：《生活垃圾焚烧处理 BOT 项目效益评价研究》，上海工程技术大学，2016 年。

[142] 张剑芳：《系统动力学在物流系统中的运用》，载于《商品储运与养护》2003 年第 6 期。

[143] 张梦玥：《日本〈废弃物处理法〉对我国城市生活垃圾分类立法的启示》，载于《再生资源与循环经济》2020 年第 3 期。

[144] 张敏：《基于物流过程的北京市生活垃圾管理优化分析》，北京交通大学硕士学位论文，2007 年。

[145] 张楠：《城市生活垃圾分类处理的政府监管问题及对策研究》，长春工业大学硕士学位论文，2021 年。

[146] 张农科：《关于中国垃圾分类模式的反思与再造》，载于《城市问题》2017 年第 5 期。

[147] 张昕宇：《美对华贸易政策制定中利益集团的影响研究》，载于《商业时代》2010 年第 21 期。

[148] 张学才、李大勇：《城市生活垃圾收费方式比较》，载于《生态经济》（中文版）2005年第10期。

[149] 张燕、李花粉：《北京市农村地区垃圾零废弃关键环节研究》，载于《中国资源综合利用》2014年第8期。

[150] 张永红：《浅谈城市生活垃圾物流收集系统中的环卫工人收集方式》，载于《科技资讯》2018年第4期。

[151] 张媛美：《乐亭县公共文化服务体系建设研究》，燕山大学硕士学位论文，2017年。

[152] 张舟航：《"零废弃"未来展望：中国生活垃圾管理机制的路径完善》，载于《世界环境》2021年第6期。

[153] 赵长东：《我国大城市生活垃圾物流系统运作瓶颈与对策》，载于《价值工程》2011年第1期。

[154] 赵春雷：《论公共政策解读中的冲突与整合》，载于《南京工业大学学报》（社会科学版）2011年第3期。

[155] 赵莉莉：《谈城市生活垃圾收集方式与方法的选用》，载于《科技展望》2015年第36期。

[156] 赵玲玲：《城市生活垃圾治理问题与对策研究》，湘潭大学硕士学位论文，2019年。

[157] 赵薇：《基于准动态生态效率分析的可持续城市生活垃圾管理》，天津大学博士学位论文，2009年。

[158] 赵振振、张红亮、殷俊、黄慧敏：《对我国城市生活垃圾分类的分析及思考》，载于《资源节约与环保》2021年第8期。

[159] 郑芬芸：《城市生活固体废弃物回收处理物流系统的构建与评价》，载于《科技管理研究》2011年第5期。

[160] 郑勤：《试论和谐社会目标下公共政策的有效选择》，载于《福州党校学报》2010年第5期。

[161] 周材华：《我国战略性新兴产业环境技术效率的测度研究》，江西财经大学硕士学位论文，2014年。

[162] 周翠红、路迈西、吴文伟：《北京市城市生活垃圾组分预测》，载于《安全与环境学报》2004年第5期。

[163] 周杰：《低碳视角下的临汾市旅游发展模式研究》，山西师范大学硕士学位论文，2018年。

[164] 周鹏程：《湖北省基础教育均衡化发展政策与实践范式研究》，华中师范大学硕士学位论文，2013年。

[165] 周睿、毕晨：《城市生活垃圾分类公众参与机制探讨》，载于《今日财富》（金融发展与监管）2011年第11期。

[166] 周兴宋：《美国城市生活垃圾减量化管理及其启示》，载于《特区实践与理论》2008年第5期。

[167] 周月婷：《基于执行力改善的基层政府政策执行程序优化研究》，长安大学硕士学位论文，2013年。

[168] 周振鹏、曾彩明、王德汉：《城市小区垃圾分类的实践与对策研究》，载于《环境卫生工程》2012年第4期。

[169] 朱皓洁：《大型集会生活固体废弃物物流系统构建研究》，北京交通大学硕士学位论文，2009年。

[170] 朱洁：《论环境法的价值内涵》，载于《重庆理工大学学报》2002年第2期。

[171] 朱雨茜：《城市生活垃圾分类回收的法律规章制度》，载于《科学咨询》（科技·管理）2019年第12期。

[172] Abd Manaf L., Samah M. A. A, Zukki N. I. M. Municipal solid waste management in Malaysia: Practices and challenges [J]. *Waste Management*, 2009, 29 (11): 2902 - 2906.

[173] Anyaoku C. C., Baroutian S. Decentralized anaerobic digestion systems for increased utilization of biogas from municipal solid waste [J]. *Renewable and Sustainable Energy Reviews*, 2018, 90: 982 - 991.

[174] Batar A. S., Chandra T. *Municipal Solid Waste Management: A Paradigm to Smart Cities* [M]//From Poverty, Inequality to Smart City. Springer, Singapore, 2017: 3 - 18.

[175] Bhanot N., Sharma V. K., Parihar A. S., et al. A conceptual framework of internet of things for efficient municipal solid waste management and waste to energy implementation [J]. *International Journal of Environment and Waste Management*, 2019, 23 (4): 410 - 432.

[176] Buenrostro O., Bocco G., Cram S. Classification of sources of municipal solid wastes in developing countries [J]. *Resources, Conservation and Recycling*, 2001, 32 (1): 29 - 41.

[177] Das S., Bhattacharyya B. K. Optimization of municipal solid waste collection and transportation routes [J]. *Waste Management*, 2015 (43): 9 - 18.

[178] Dos Muchangos L. S., Tokai A., Hanashima A. Analyzing the structure of barriers to municipal solid waste management policy planning in Maputo city, Mo-

zambique [J]. *Environmental Development*, 2015, 16: 76 - 89.

[179] Hargreaves J. C. , Adl M. S. , Warman P. R. A review of the use of composted municipal solid waste in agriculture [J]. *Agriculture, Ecosystems & Environment*, 2008, 123 (1 - 3): 1 - 14.

[180] Karadimas N. V. , Loumos V. G. GIS - based modelling for the estimation of municipal solid waste generation and collection [J]. *Waste Management & Research*, 2008.

[181] Magrinho A. , Didelet F. , Semiao V. Municipal solid waste disposal in Portugal [J]. *Waste Management*, 2006, 26 (12): 1477 - 1489.

[182] Mani S. , Singh S. Sustainable municipal solid waste management in India: A policy agenda [J]. *Procedia Environmental Sciences*, 2016, 35: 150 - 157.

[183] Minghua Z. , Xiumin F. , Rovetta A. , et al. Municipal solid waste management in Pudong new area, China [J]. *Waste Management*, 2009, 29 (3): 1227 - 1233.

[184] Peng H. , Zhou J. Study on urban domestic waste recycling process and trash can automatic subdivision standard [C]//IOP Conference Series: Earth and Environmental Science. IOP Publishing, 2019, 330 (3): 032043.

[185] Schmidt S. , Laner D. , Van Eygen E. , et al. Material efficiency to measure the environmental performance of waste management systems: a case study on PET bottle recycling in Austria, Germany and Serbia [J]. *Waste Management*, 2020, 110: 74 - 86.

[186] Su J. P. , Chiueh P. T. , Hung M. L. , et al. Analyzing policy impact potential for municipal solid waste management decision - making: A case study of Taiwan [J]. *Resources, Conservation and Recycling*, 2007, 51 (2): 418 - 434.

[187] Sun X. , Li J. , Zhao X. , et al. A review on the management of municipal solid waste fly ash in American [J]. *Procedia Environmental Sciences*, 2016, 31: 535 - 540.

[188] Tao C. , Xiang L. Municipal solid waste recycle management information platform based on internet of things technology [C]//2010 International Conference on Multimedia Information Networking and Security. IEEE, 2010: 729 - 732.

[189] Vergara S. E. , Tchobanoglous G. Municipal solid waste and the environment: A global perspective [J]. *Annual Review of Environment and Resources*, 2012, 37: 277 - 309.

[190] Zhang D. Q. , Tan S. K. , Gersberg R. M. Municipal solid waste manage-

ment in China: status, problems and challenges [J]. *Journal of Environmental Management*, 2010, 91 (8): 1623 - 1633.

[191] Zhao Y., Wang Q., Zang Y., et al. Design of intelligent garbage collection system [C] //International Conference on Applications and Techniques in Cyber Security and Intelligence. Springer, Cham, 2019: 542 - 547.

[192] Zhou H., Long Y. Q., Meng A. H., et al. Classification of municipal solid waste components for thermal conversion in waste - to - energy research [J]. *Fuel*, 2015, 145: 151 - 157.

教育部哲学社會科学研究重大課題攻關項目
成果出版列表

序号	书　名	首席专家
1	《马克思主义基础理论若干重大问题研究》	陈先达
2	《马克思主义理论学科体系建构与建设研究》	张雷声
3	《马克思主义整体性研究》	逄锦聚
4	《改革开放以来马克思主义在中国的发展》	顾钰民
5	《新时期　新探索　新征程 ——当代资本主义国家共产党的理论与实践研究》	聂运麟
6	《坚持马克思主义在意识形态领域指导地位研究》	陈先达
7	《当代资本主义新变化的批判性解读》	唐正东
8	《当代中国人精神生活研究》	童世骏
9	《弘扬与培育民族精神研究》	杨叔子
10	《当代科学哲学的发展趋势》	郭贵春
11	《服务型政府建设规律研究》	朱光磊
12	《地方政府改革与深化行政管理体制改革研究》	沈荣华
13	《面向知识表示与推理的自然语言逻辑》	鞠实儿
14	《当代宗教冲突与对话研究》	张志刚
15	《马克思主义文艺理论中国化研究》	朱立元
16	《历史题材文学创作重大问题研究》	童庆炳
17	《现代中西高校公共艺术教育比较研究》	曾繁仁
18	《西方文论中国化与中国文论建设》	王一川
19	《中华民族音乐文化的国际传播与推广》	王耀华
20	《楚地出土戰國簡册［十四種］》	陈　伟
21	《近代中国的知识与制度转型》	桑　兵
22	《中国抗战在世界反法西斯战争中的历史地位》	胡德坤
23	《近代以来日本对华认识及其行动选择研究》	杨栋梁
24	《京津冀都市圈的崛起与中国经济发展》	周立群
25	《金融市场全球化下的中国监管体系研究》	曹凤岐
26	《中国市场经济发展研究》	刘　伟
27	《全球经济调整中的中国经济增长与宏观调控体系研究》	黄　达
28	《中国特大都市圈与世界制造业中心研究》	李廉水

序号	书　名	首席专家
29	《中国产业竞争力研究》	赵彦云
30	《东北老工业基地资源型城市发展可持续产业问题研究》	宋冬林
31	《转型时期消费需求升级与产业发展研究》	臧旭恒
32	《中国金融国际化中的风险防范与金融安全研究》	刘锡良
33	《全球新型金融危机与中国的外汇储备战略》	陈雨露
34	《全球金融危机与新常态下的中国产业发展》	段文斌
35	《中国民营经济制度创新与发展》	李维安
36	《中国现代服务经济理论与发展战略研究》	陈　宪
37	《中国转型期的社会风险及公共危机管理研究》	丁烈云
38	《人文社会科学研究成果评价体系研究》	刘大椿
39	《中国工业化、城镇化进程中的农村土地问题研究》	曲福田
40	《中国农村社区建设研究》	项继权
41	《东北老工业基地改造与振兴研究》	程　伟
42	《全面建设小康社会进程中的我国就业发展战略研究》	曾湘泉
43	《自主创新战略与国际竞争力研究》	吴贵生
44	《转轨经济中的反行政性垄断与促进竞争政策研究》	于良春
45	《面向公共服务的电子政务管理体系研究》	孙宝文
46	《产权理论比较与中国产权制度变革》	黄少安
47	《中国企业集团成长与重组研究》	蓝海林
48	《我国资源、环境、人口与经济承载能力研究》	邱　东
49	《"病有所医"——目标、路径与战略选择》	高建民
50	《税收对国民收入分配调控作用研究》	郭庆旺
51	《多党合作与中国共产党执政能力建设研究》	周淑真
52	《规范收入分配秩序研究》	杨灿明
53	《中国社会转型中的政府治理模式研究》	娄成武
54	《中国加入区域经济一体化研究》	黄卫平
55	《金融体制改革和货币问题研究》	王广谦
56	《人民币均衡汇率问题研究》	姜波克
57	《我国土地制度与社会经济协调发展研究》	黄祖辉
58	《南水北调工程与中部地区经济社会可持续发展研究》	杨云彦
59	《产业集聚与区域经济协调发展研究》	王　珺

序号	书　名	首席专家
60	《我国货币政策体系与传导机制研究》	刘　伟
61	《我国民法典体系问题研究》	王利明
62	《中国司法制度的基础理论问题研究》	陈光中
63	《多元化纠纷解决机制与和谐社会的构建》	范　愉
64	《中国和平发展的重大前沿国际法律问题研究》	曾令良
65	《中国法制现代化的理论与实践》	徐显明
66	《农村土地问题立法研究》	陈小君
67	《知识产权制度变革与发展研究》	吴汉东
68	《中国能源安全若干法律与政策问题研究》	黄　进
69	《城乡统筹视角下我国城乡双向商贸流通体系研究》	任保平
70	《产权强度、土地流转与农民权益保护》	罗必良
71	《我国建设用地总量控制与差别化管理政策研究》	欧名豪
72	《矿产资源有偿使用制度与生态补偿机制》	李国平
73	《巨灾风险管理制度创新研究》	卓　志
74	《国有资产法律保护机制研究》	李曙光
75	《中国与全球油气资源重点区域合作研究》	王　震
76	《可持续发展的中国新型农村社会养老保险制度研究》	邓大松
77	《农民工权益保护理论与实践研究》	刘林平
78	《大学生就业创业教育研究》	杨晓慧
79	《新能源与可再生能源法律与政策研究》	李艳芳
80	《中国海外投资的风险防范与管控体系研究》	陈菲琼
81	《生活质量的指标构建与现状评价》	周长城
82	《中国公民人文素质研究》	石亚军
83	《城市化进程中的重大社会问题及其对策研究》	李　强
84	《中国农村与农民问题前沿研究》	徐　勇
85	《西部开发中的人口流动与族际交往研究》	马　戎
86	《现代农业发展战略研究》	周应恒
87	《综合交通运输体系研究——认知与建构》	荣朝和
88	《中国独生子女问题研究》	风笑天
89	《我国粮食安全保障体系研究》	胡小平
90	《我国食品安全风险防控研究》	王　硕

序号	书 名	首席专家
91	《城市新移民问题及其对策研究》	周大鸣
92	《新农村建设与城镇化推进中农村教育布局调整研究》	史宁中
93	《农村公共产品供给与农村和谐社会建设》	王国华
94	《中国大城市户籍制度改革研究》	彭希哲
95	《国家惠农政策的成效评价与完善研究》	邓大才
96	《以民主促进和谐——和谐社会构建中的基层民主政治建设研究》	徐 勇
97	《城市文化与国家治理——当代中国城市建设理论内涵与发展模式建构》	皇甫晓涛
98	《中国边疆治理研究》	周 平
99	《边疆多民族地区构建社会主义和谐社会研究》	张先亮
100	《新疆民族文化、民族心理与社会长治久安》	高静文
101	《中国大众媒介的传播效果与公信力研究》	喻国明
102	《媒介素养：理念、认知、参与》	陆 晔
103	《创新型国家的知识信息服务体系研究》	胡昌平
104	《数字信息资源规划、管理与利用研究》	马费成
105	《新闻传媒发展与建构和谐社会关系研究》	罗以澄
106	《数字传播技术与媒体产业发展研究》	黄升民
107	《互联网等新媒体对社会舆论影响与利用研究》	谢新洲
108	《网络舆论监测与安全研究》	黄永林
109	《中国文化产业发展战略论》	胡惠林
110	《20 世纪中国古代文化经典在域外的传播与影响研究》	张西平
111	《国际传播的理论、现状和发展趋势研究》	吴 飞
112	《教育投入、资源配置与人力资本收益》	闵维方
113	《创新人才与教育创新研究》	林崇德
114	《中国农村教育发展指标体系研究》	袁桂林
115	《高校思想政治理论课程建设研究》	顾海良
116	《网络思想政治教育研究》	张再兴
117	《高校招生考试制度改革研究》	刘海峰
118	《基础教育改革与中国教育学理论重建研究》	叶 澜
119	《我国研究生教育结构调整问题研究》	袁本涛 王传毅
120	《公共财政框架下公共教育财政制度研究》	王善迈

序号	书　名	首席专家
121	《农民工子女问题研究》	袁振国
122	《当代大学生诚信制度建设及加强大学生思想政治工作研究》	黄蓉生
123	《从失衡走向平衡：素质教育课程评价体系研究》	钟启泉 崔允漷
124	《构建城乡一体化的教育体制机制研究》	李　玲
125	《高校思想政治理论课教育教学质量监测体系研究》	张耀灿
126	《处境不利儿童的心理发展现状与教育对策研究》	申继亮
127	《学习过程与机制研究》	莫　雷
128	《青少年心理健康素质调查研究》	沈德立
129	《灾后中小学生心理疏导研究》	林崇德
130	《民族地区教育优先发展研究》	张诗亚
131	《WTO 主要成员贸易政策体系与对策研究》	张汉林
132	《中国和平发展的国际环境分析》	叶自成
133	《冷战时期美国重大外交政策案例研究》	沈志华
134	《新时期中非合作关系研究》	刘鸿武
135	《我国的地缘政治及其战略研究》	倪世雄
136	《中国海洋发展战略研究》	徐祥民
137	《深化医药卫生体制改革研究》	孟庆跃
138	《华侨华人在中国软实力建设中的作用研究》	黄　平
139	《我国地方法制建设理论与实践研究》	葛洪义
140	《城市化理论重构与城市化战略研究》	张鸿雁
141	《境外宗教渗透论》	段德智
142	《中部崛起过程中的新型工业化研究》	陈晓红
143	《农村社会保障制度研究》	赵　曼
144	《中国艺术学学科体系建设研究》	黄会林
145	《人工耳蜗术后儿童康复教育的原理与方法》	黄昭鸣
146	《我国少数民族音乐资源的保护与开发研究》	樊祖荫
147	《中国道德文化的传统理念与现代践行研究》	李建华
148	《低碳经济转型下的中国排放权交易体系》	齐绍洲
149	《中国东北亚战略与政策研究》	刘清才
150	《促进经济发展方式转变的地方财税体制改革研究》	钟晓敏
151	《中国—东盟区域经济一体化》	范祚军

序号	书　名	首席专家
152	《非传统安全合作与中俄关系》	冯绍雷
153	《外资并购与我国产业安全研究》	李善民
154	《近代汉字术语的生成演变与中西日文化互动研究》	冯天瑜
155	《新时期加强社会组织建设研究》	李友梅
156	《民办学校分类管理政策研究》	周海涛
157	《我国城市住房制度改革研究》	高　波
158	《新媒体环境下的危机传播及舆论引导研究》	喻国明
159	《法治国家建设中的司法判例制度研究》	何家弘
160	《中国女性高层次人才发展规律及发展对策研究》	佟　新
161	《国际金融中心法制环境研究》	周仲飞
162	《居民收入占国民收入比重统计指标体系研究》	刘　扬
163	《中国历代边疆治理研究》	程妮娜
164	《性别视角下的中国文学与文化》	乔以钢
165	《我国公共财政风险评估及其防范对策研究》	吴俊培
166	《中国历代民歌史论》	陈书录
167	《大学生村官成长成才机制研究》	马抗美
168	《完善学校突发事件应急管理机制研究》	马怀德
169	《秦简牍整理与研究》	陈　伟
170	《出土简帛与古史再建》	李学勤
171	《民间借贷与非法集资风险防范的法律机制研究》	岳彩申
172	《新时期社会治安防控体系建设研究》	宫志刚
173	《加快发展我国生产服务业研究》	李江帆
174	《基本公共服务均等化研究》	张贤明
175	《职业教育质量评价体系研究》	周志刚
176	《中国大学校长管理专业化研究》	宣　勇
177	《"两型社会"建设标准及指标体系研究》	陈晓红
178	《中国与中亚地区国家关系研究》	潘志平
179	《保障我国海上通道安全研究》	吕　靖
180	《世界主要国家安全体制机制研究》	刘胜湘
181	《中国流动人口的城市逐梦》	杨菊华
182	《建设人口均衡型社会研究》	刘渝琳
183	《农产品流通体系建设的机制创新与政策体系研究》	夏春玉

序号	书 名	首席专家
184	《区域经济一体化中府际合作的法律问题研究》	石佑启
185	《城乡劳动力平等就业研究》	姚先国
186	《20 世纪朱子学研究精华集成——从学术思想史的视角》	乐爱国
187	《拔尖创新人才成长规律与培养模式研究》	林崇德
188	《生态文明制度建设研究》	陈晓红
189	《我国城镇住房保障体系及运行机制研究》	虞晓芬
190	《中国战略性新兴产业国际化战略研究》	汪 涛
191	《证据科学论纲》	张保生
192	《要素成本上升背景下我国外贸中长期发展趋势研究》	黄建忠
193	《中国历代长城研究》	段清波
194	《当代技术哲学的发展趋势研究》	吴国林
195	《20 世纪中国社会思潮研究》	高瑞泉
196	《中国社会保障制度整合与体系完善重大问题研究》	丁建定
197	《民族地区特殊类型贫困与反贫困研究》	李俊杰
198	《扩大消费需求的长效机制研究》	臧旭恒
199	《我国土地出让制度改革及收益共享机制研究》	石晓平
200	《高等学校分类体系及其设置标准研究》	史秋衡
201	《全面加强学校德育体系建设研究》	杜时忠
202	《生态环境公益诉讼机制研究》	颜运秋
203	《科学研究与高等教育深度融合的知识创新体系建设研究》	杜德斌
204	《女性高层次人才成长规律与发展对策研究》	罗瑾琏
205	《岳麓秦简与秦代法律制度研究》	陈松长
206	《民办教育分类管理政策实施跟踪与评估研究》	周海涛
207	《建立城乡统一的建设用地市场研究》	张安录
208	《迈向高质量发展的经济结构转变研究》	郭熙保
209	《中国社会福利理论与制度构建——以适度普惠社会福利制度为例》	彭华民
210	《提高教育系统廉政文化建设实效性和针对性研究》	罗国振
211	《毒品成瘾及其复吸行为——心理学的研究视角》	沈模卫
212	《英语世界的中国文学译介与研究》	曹顺庆
213	《建立公开规范的住房公积金制度研究》	王先柱

序号	书　名	首席专家
214	《现代归纳逻辑理论及其应用研究》	何向东
215	《时代变迁、技术扩散与教育变革：信息化教育的理论与实践探索》	杨　浩
216	《城镇化进程中新生代农民工职业教育与社会融合问题研究》	褚宏启 薛二勇
217	《我国先进制造业发展战略研究》	唐晓华
218	《融合与修正：跨文化交流的逻辑与认知研究》	鞠实儿
219	《中国新生代农民工收入状况与消费行为研究》	金晓彤
220	《高校少数民族应用型人才培养模式综合改革研究》	张学敏
221	《中国的立法体制研究》	陈　俊
222	《教师社会经济地位问题：现实与选择》	劳凯声
223	《中国现代职业教育质量保障体系研究》	赵志群
224	《欧洲农村城镇化进程及其借鉴意义》	刘景华
225	《国际金融危机后全球需求结构变化及其对中国的影响》	陈万灵
226	《创新法治人才培养机制》	杜承铭
227	《法治中国建设背景下警察权研究》	余凌云
228	《高校财务管理创新与财务风险防范机制研究》	徐明稚
229	《义务教育学校布局问题研究》	雷万鹏
230	《高校党员领导干部清正、党政领导班子清廉的长效机制研究》	汪　曦
231	《二十国集团与全球经济治理研究》	黄茂兴
232	《高校内部权力运行制约与监督体系研究》	张德祥
233	《职业教育办学模式改革研究》	石伟平
234	《职业教育现代学徒制理论研究与实践探索》	徐国庆
235	《全球化背景下国际秩序重构与中国国家安全战略研究》	张汉林
236	《进一步扩大服务业开放的模式和路径研究》	申明浩
237	《自然资源管理体制研究》	宋马林
238	《高考改革试点方案跟踪与评估研究》	钟秉林
239	《全面提高党的建设科学化水平》	齐卫平
240	《“绿色化”的重大意义及实现途径研究》	张俊飚
241	《利率市场化背景下的金融风险研究》	田利辉
242	《经济全球化背景下中国反垄断战略研究》	王先林

序号	书　名	首席专家
243	《中华文化的跨文化阐释与对外传播研究》	李庆本
244	《世界一流大学和一流学科评价体系与推进战略》	王战军
245	《新常态下中国经济运行机制的变革与中国宏观调控模式重构研究》	袁晓玲
246	《推进21世纪海上丝绸之路建设研究》	梁　颖
247	《现代大学治理结构中的纪律建设、德治礼序和权力配置协调机制研究》	周作宇
248	《渐进式延迟退休政策的社会经济效应研究》	席　恒
249	《经济发展新常态下我国货币政策体系建设研究》	潘　敏
250	《推动智库建设健康发展研究》	李　刚
251	《农业转移人口市民化转型：理论与中国经验》	潘泽泉
252	《电子商务发展趋势及对国内外贸易发展的影响机制研究》	孙宝文
253	《创新专业学位研究生培养模式研究》	贺克斌
254	《医患信任关系建设的社会心理机制研究》	汪新建
255	《司法管理体制改革基础理论研究》	徐汉明
256	《建构立体形式反腐败体系研究》	徐玉生
257	《重大突发事件社会舆情演化规律及应对策略研究》	傅昌波
258	《中国社会需求变化与学位授予体系发展前瞻研究》	姚　云
259	《非营利性民办学校办学模式创新研究》	周海涛
260	《基于“零废弃”的城市生活垃圾管理政策研究》	褚祝杰
	……